绿色化学化工技术

王 敏 宋志国 等编著

第二版

化学工业出版社

·北京·

内 容 简 介

　　绿色化学是 21 世纪化学的重要研究内容，是当今世界各国政府、企业界和学术界关注的热点之一。《绿色化学化工技术》（第二版）以绿色化学原理为主线，全面、系统地介绍了绿色化学化工技术及其在现代化学工业中的应用。全书共分 9 章，内容包括绿色化学的兴起与发展、绿色化学的研究内容及特点、绿色化学原则、化学反应绿色化的途径、绿色合成技术、绿色能源、绿色化工技术与清洁生产实例、化工过程强化技术、绿色化学化工过程的评估、绿色化学发展趋势等。

　　本书内容丰富，结构严谨，注重先进性、实用性和前瞻性，并有配套的电子教案。既可作为高等院校化学化工及相关专业本科生和研究生教材，也可供从事科学研究与开发、化工生产和企业管理的科技人员参考使用。

图书在版编目（CIP）数据

　　绿色化学化工技术/王敏等编著. —2 版. —北京：化
学工业出版社，2020.10 （2024.8重印）
　　ISBN 978-7-122-37909-2

　　Ⅰ.①绿…　Ⅱ.①王…　Ⅲ.①化学工业-无污染技术
Ⅳ.①X78

　　中国版本图书馆 CIP 数据核字（2020）第 199661 号

责任编辑：曾照华　　　　　　　　　　　文字编辑：林　丹　姚子丽
责任校对：赵懿桐　　　　　　　　　　　装帧设计：刘丽华

出版发行：化学工业出版社（北京市东城区青年湖南街 13 号　邮政编码 100011）
印　　装：河北延风印务有限公司
787mm×1092mm　1/16　印张 16　彩插 1　字数 383 千字　2024 年 8 月北京第 2 版第 6 次印刷

购书咨询：010-64518888　　售后服务：010-64518899
网　　址：http://www.cip.com.cn
凡购买本书，如有缺损质量问题，本社销售中心负责调换。

定　　价：69.00 元

前言

本书自第一版出版以来，受到广大师生的欢迎和好评。随着化学教育改革的推进，教学内容也需要与时俱进，进行相应的革新。为满足化学化工行业教育的需要，更好地适应化学化工绿色化的发展趋势，我们对第一版进行了修改、更新和完善。同时为方便老师教学及学生自学，在书中增加了课件二维码的内容。

全书共分9章，第1章简要叙述了绿色化学产生和发展的时代背景及绿色化学的研究内容和特点；第2章论述绿色化学的基本原则；第3章分别围绕原料、催化剂、溶剂、产品、污染物处理的绿色化展开说明，讲述了化学反应绿色化的途径；第4章介绍了应用在无机合成反应和有机合成反应中，具有代表性、实用性和前沿性的绿色合成技术；第5章介绍了绿色能源的研究与开发利用现状；第6章论述了绿色化工、清洁生产和可持续发展的关系，并列举了典型产品的清洁生产工艺实例；第7章叙述了化工过程强化技术在绿色化学化工中的应用；第8章论述了绿色化学化工过程的评估准则；第9章展望了绿色化学未来发展趋势。

本书内容具有较强的先进性、实用性和前瞻性。具体修订内容如下：

（1）全面查阅新文献，融合编者多年实践经验，丰富和更新相关内容，力求引用最新资料与案例，反映最新动态；

（2）注重信息化技术的应用，本书以新形式呈现，读者只要扫描页边二维码就能直接学习相应的教学课件，极大地方便了读者学习、激发了读者的学习兴趣；

（3）保持内容的科学性和严谨性，注重实用性，对第一版中存在的部分不合理之处进行了修正和更新。

王敏、宋志国承担了本书主要编写工作，参加编写工作的还有万鑫和赵爽，曹春艳参与了本书的整理和校核工作，全书由王敏、宋志国统一修改定稿。本书是在全体编者多年教学和科研实践的基础上完善并充实的，在编写过程中得到了各同行与化学工业出版社的关注与支持，在此表示感谢。

本书在编写过程中参阅了很多书籍和资料，以及互联网上有关数据与案例，对本书中引用文献资料的作者致以衷心的感谢！

本次改版基本维持了原有的体系和结构，由于编者水平有限，书中难免存在不足之处，恳请专家与读者批评指正，以待再版修订。

编著者

2020 年 5 月

第一版前言

"绿色化学"由美国化学会（ACS）提出，目前得到世界广泛的响应。其核心是利用化学原理从源头上减少和消除工业生产对环境的污染；反应物的原子全部转化为期望的最终产物。绿色化学的最大特点是在始端就采用预防污染的科学手段，因而过程和终端均为零排放或零污染。世界上很多国家已把"化学的绿色化"作为新世纪化学进展的主要方向之一。

国际上兴起的绿色化学与清洁生产技术浪潮，也引起了我国科学界的高度重视。1994年，我国政府发表了《中国21世纪议程》白皮书，制定了"科教兴国"和"可持续发展"战略，郑重声明走经济与社会协调发展的道路，将推行清洁生产作为优先实施的重点领域。绿色化学在中国虽然起步较晚，但在近几年受到了充分的重视，得到了长足的发展，成为当前化学研究的热点和前沿。为适应我国绿色化学化工技术发展的要求，帮助人们认识绿色化学化工技术对经济和社会可持续发展的重要性，本书以绿色化学原理为主线，评述了近二十年来绿色化学各方面，包括：原料、化学反应、产品、催化剂、溶剂、能源、生产工艺等绿色化的一些重要研究进展。全书共分9章，第1章简要叙述绿色化学产生和发展的时代背景及绿色化学的研究内容和特点；第2章论述绿色化学的基本原则；第3章分别围绕原料、催化剂、溶剂、产品、污染物处理的绿色化展开说明，讲述了化学反应绿色化的途径；第4章介绍了应用在无机合成反应和有机合成反应中，具有代表性、实用性和前沿性的绿色合成技术；第5章介绍了绿色能源的研究与开发利用现状；第6章论述了绿色化工、清洁生产和可持续发展的关系，并列举了典型产品的清洁生产工艺实例；第7章叙述了化工过程强化技术在绿色化学化工中的应用；第8章论述了绿色化学化工过程的评估准则；第9章展望了绿色化学未来发展趋势。本书内容具有较强的前瞻性、现代性和实用性。

本书由王敏担任主编，宋志国担任副主编，参加编写工作的还有万鑫和赵爽。各章分工如下：第1～4章由王敏编写，第5、8章由宋志国编写，第6章由赵爽编写，第7、9章由万鑫编写。曹春艳参与了本书的整理和校核工作，全书由王敏、宋志国统一修改定稿。

在本书编写过程中参阅了大量有关文献资料和学术著作，谨向原文作者表示衷心的感谢。

由于绿色化学发展迅速，科学成果层出不穷，涉及的学科知识面广，有关文献浩如烟海，在我们编写过程中难免出现挂一漏万的问题，书中疏漏之处敬请作者和读者原谅。加之编著者水平有限，书中疏漏或不妥之处在所难免，敬请广大读者批评指正，以待再版修订。

编著者
2012 年 1 月

目录

第1章

绪论

　　绿色化学是适应人类可持续发展而诞生的一门新兴交叉学科，是当今国际前沿研究领域之一。绿色化学的核心就是要利用化学原理和新化工技术，以"原子经济性"为基本原则，从源头上减少或消除污染，最大限度地满足人类可持续发展的需求，实现人和自然的和谐。应该认识到，谁在实现化学绿色化和绿色植物的化学转化技术方面领先，谁就会在 21 世纪中叶的世界经济竞争中占据有利位置。因此，绿色化学的研究已成为各国政府、学术界及企业界关注的热点。本书以绿色化学示意图 1-1 所列内容为主，全方位介绍绿色化学化工技术。

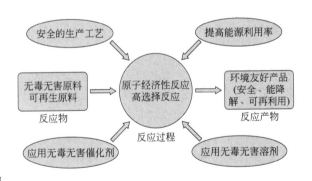

图 1-1　绿色化学示意图

1.1　绿色化学的兴起

　　化工科技的进步，为人类带来了巨大的益处。药品的发展有助于治愈不少疾病，延长人类的寿命；聚合物科技创造新的制衣和建造材料；农药化肥的发展，控制了虫害，也提高了生产力。然而，制造这些化学品时，亦带来了新的问题，也就是对环境造成污染。人类赖以生存的自然环境遭到破坏，在地球上的生存受到危害。1962 年，美国女科学家 R. Carson 所著的《寂静的春天》详细而生动地描述了 DDT [双对氯苯基三氯乙烷，dichlorodiphenyltrichloroethane,

化学式为（ClC_6H_4）$_2CH(CCl_3)$〕通过食物链对环境和人类所造成的影响。DDT 是一种曾被广泛使用的杀虫剂，自 1941 年面世到 1972 年被禁止使用，前后共 30 多年。刚开始使用时人们发现它杀虫效果较好，但随后发现其具有残留的问题。通过食物链使秃头鹰的数量急剧减少，同时也危及其他鸟类，使原本叶绿花红、百鸟歌唱的春天"一片寂静"。此外，DDT 通过皮肤、消化道进入人体，使人中毒。同时，在地球大气循环作用下，DDT 被带到世界各地，甚至在两极地区的动物体内也有发现，这种污染造成的危害无法挽回，强烈地唤醒了人类对生态环境保护的关注。

另一个典型的例子是氯氟烃（CFCs），氯氟烃是由以托马斯·米基利为首的美国科学家于 1928 年人工合成的，用作冷藏器的冷冻剂（雪种），因为以往的冷冻剂（例如氨及二氧化硫）都易燃或有毒，所以，氯氟烃被广泛使用，直至 20 世纪末科学家才意识到氯氟烃的害处。它在地球表面很稳定，可是，一到距地球表面 15～50km 的高空，受到紫外线的照射，就会生成新的物质和氯离子，氯离子可产生一系列破坏多达上千到数万个臭氧分子的反应，而本身不受损害。这样，臭氧层中的臭氧被消耗得越来越多，臭氧层变得越来越薄，局部区域例如南极上空甚至出现臭氧层空洞。由于氯氟烃对臭氧层的破坏日益严重，故多个国家于 1987 年 9 月在加拿大蒙特利尔签署《蒙特利尔议定书》，分阶段限制氯氟烃的使用。中国在 1991 年也成为该议定书的缔约方。20 多年来，通过议定书各缔约方的共同努力，全球已成功地削减了 95% 的消耗臭氧层物质，议定书被公认为迄今最成功的国际环境公约之一。

化学品的生产及应用对人类和环境造成的危害往往具有隐蔽性和持续性的特点，而一些突发的意外事件更是令人猝不及防、损失惨重，如人们熟知的印度博帕尔毒气泄漏案。1969 年，美国联合碳化物公司在印度中央邦博帕尔市北郊建立了联合碳化物（印度）有限公司，专门生产涕灭威、西维因等杀虫剂。这些产品的化学原料是一种叫异氰酸甲酯（methylisocyanate，简写为 MIC，化学式为 $CH_3—N=C=O$）的剧毒气体。1984 年 12 月 2 日午夜到 12 月 3 日凌晨，印度博帕尔市，大地笼罩在一片黑暗之中，人们还沉浸在美好的梦乡里。没有任何警告，没有任何征兆，这家工厂储存液态异氰酸甲酯的钢罐发生爆炸，40t 毒气很快泄漏，一片"雾气"在博帕尔市上空蔓延，很快，方圆 40km^2 以内 50 万人的居住区已整个儿被"雾气"形成的云雾笼罩。人们从睡梦中惊醒并开始咳嗽，呼吸困难，眼睛被灼伤。许多人在奔跑逃命时倒地身亡，还有一些人死在医院里，众多的受害者挤满了医院，医生却对有毒物质的性质一无所知。多年后，有人这样写道："每当回想起博帕尔时，我就禁不住要记起这样的画面：每分钟都有中毒者死去，他们的尸体被一个压一个地堆砌在一起，然后放到卡车上，运往火葬场和墓地；他们的坟墓成排堆列；尸体在落日的余晖中被火化；鸡、犬、牛、羊也无一幸免，尸体横七竖八地倒在没有人烟的街道上；街上的房门都没上锁，却不知主人何时才能回来；存活下的人已惊吓得目瞪口呆，甚至无法表达心中的苦痛；空气中弥漫着一种恐惧的气氛和死尸的恶臭。这是我对灾难头几天的印象，至今仍不能磨灭"。这就是 20 世纪最可怕的一场灾难，2.5 万人直接致死，55 万人间接致死，20 多万人永久残废。

可以看出，20 世纪的高度工业化，为人类带来丰富物质产品的同时，人类对制造这些化学品工业的怀疑和恐惧程度也增加了。在科学技术迅速发展的今天，人类生存的生态环境迅速恶化，全球变暖与温室效应、厄尔尼诺和拉尼娜现象频繁出现、生物多样性减少、土地荒漠化、酸雨蔓延、大气污染等，导致人类面临着前所未有的重大环境危机。

随着人类环境保护意识的提高，人类越来越重视自己赖以生存的环境，并开始治理。人类对环境的保护大体经历了三个阶段：

（1）20世纪中期以前——稀释废物来防治污染时期　在20世纪中期以前，人类对化学物质毒性的时间性、致癌性和生物聚集性尚缺乏了解，存在认识上的误区，人们普遍认为只要充分降低某一化学物质在特定介质中的浓度就足以减轻其最终影响，甚至认为把废水、废渣和废气稀释排放就可以无害。因此，对废水、废气和废渣的排放没有相关的法律法规来限制。这个时期的环保对策可以称为"稀释废物来防治环境污染"。虽然说自然生态系统对某些外来的化学物质有一定的抵抗和净化能力（称为环境的自净能力），但这种能力毕竟是有一定限度的，当污染物超出环境的自净能力时，就会对环境造成严重破坏，进而通过皮肤、呼吸道和消化道等途径进入人体，威胁人体健康。正是由于这种认识上的误区和对污染采取放任自流的态度，导致了20世纪30年代以来世界范围内的"八大公害事件"的发生。八大公害事件：①比利时马斯河谷烟雾事件；②美国多诺拉烟雾事件；③伦敦烟雾事件；④洛杉矶光化学烟雾事件；⑤日本水俣病事件；⑥日本富山骨痛病事件；⑦日本四日市哮喘病事件；⑧日本米糠油事件。

（2）20世纪中期至80年代末——末端治理时期　八大公害事件和许多污染事件的相继发生，使得人类对化学品污染所带来的危害逐步有了深入的了解，各国政府相继立法，开始限制废物的排放量，特别是废物排放的浓度，这个时期的环保对策进入了"管制与控制"时代。由于环保法规日益严格，许多企业不得不将废水、废气和废渣进行处理后再排放，于是一系列"三废"的后处理技术相继出现，如中和废液、洗涤排放废气、焚烧废渣等。但从科学层面上看，这种用法规来控制污染的方法是有欠缺的，没有考虑到排放物彼此之间的相互作用所产生的叠加效应，如受控化合物和受控化合物之间或受控化合物和非受控化合物之间，甚至是非受控化合物和非受控化合物之间都有可能相互发生化学反应，反应产生的叠加效应可能会使污染物浓度增加，或产生新的污染物。可见，这一欠缺是行政管理手段无法跨越的。所以，利用行政控制手段可在一定程度上对污染有所控制，但不能从根本上解决环境污染问题。事实也说明了这一点，以美国为例，仅按1993年排放的365种有毒物质估算，其排放量就达到了 $1.36 \times 10^9 \mathrm{kg}$。不仅如此，处理污染物所需费用也十分巨大。1992年，美国化学工业用于环保的费用为1150亿美元，而美国政府清理已污染地区的费用更高，达7000亿美元。高昂的治理费用使环境治理陷入困境，同时也制约着化工行业本身的发展。

（3）20世纪90年代以后——污染预防为主、末端治理为辅时期　日趋恶化的环境使得人们看到后期治理并未达到预期的效果，于是一种新的环保理念逐步形成。1990年，美国颁布了污染防治法案，将污染防治确定为美国的国策。所谓污染防治就是使得废物不再产生，不再有废物处理的问题。绿色化学就是在这一背景下应运而生的。绿色化学正是实现污染预防的基础和重要工具，绿色化学主张"源头治理"，实现了从"先污染，后治理"向"源头上根除污染"的转变，根本上改变了以后期治理为主的传统环境保护理念，从而使得人类的环境保护进入了一个新的时期，即污染预防为主、末端治理为辅时期。由此可见，绿色化学的兴起是历史发展的必然产物。

今天，研究人员在开发化工新产品的同时，也正努力应付各种环境问题，探讨各种物质对环境造成的影响及研究怎样清除污染。对持久的发展来说，补救环境工作是必要的，但不能从根本上解决问题，只有绿色化学及技术才是解决此问题行之有效的办法。

1.2　绿色化学的含义

绿色化学（Green Chemistry）又称环境无害化学（Environmentally Benign Chemistry）、环境友好化学（Environmentally Friendly Chemistry）、清洁化学（Clean Chemistry）。绿色化学即是用化学的技术和方法去减少或消灭那些对人类健康、社区安全、生态环境有害的原料、催化剂、溶剂和试剂、产物、副产物等的使用和产生。绿色化学是当今国际化学科学研究的前沿。它吸收了当代物理、生物、材料、信息等学科的最新理论和技术，是具有明确的科学目标和明确的社会需求的新兴交叉学科。

绿色化学倡导人，原美国绿色化学研究所所长，现耶鲁大学教授 P. T. Anastas 在 1992 年提出的"绿色化学"定义是："The design of chemical products and processes that reduce or eliminate the use and generation of hazardous substances"。从这个定义看，绿色化学的基础应该是化学，而其应用和实施更像是化工。实际上，绿色化学代表了化学和化工学科的共同发展趋势和目标之一。绿色化学化工是解决全球污染问题的一种方法。它不同于传统化学，传统化学更关注如何通过化学的方法得到更多的目标产物，而此过程中对环境的影响则考虑较少；它亦不同于环境保护，环境保护是研究和治理已经产生的污染物的原理和方法，是一种治标的方法；绿色化学是从源头上治理污染的方法，或者说，绿色化学就是把化学知识、化学技术和化学方法应用于所有的化学过程，以减少直到消除对人类健康和对环境有害的反应原料的使用、反应过程的利用、反应产物的生产和使用，是从根本上减少或消除污染的化学，是一种治本的方法。绿色化学的基本思想可应用于化学化工的所有领域。

近年来，"绿色化学"这个词的使用频率非常高，如政府、媒体、工厂、研究机构等均将其广泛用于政府报告、规划书、研究论文中。但许多人只是将其作为一种"时髦"的词在使用，而对其真正含义及其中一些深层次问题却不甚了解。甚至将其与环境化学、清洁生产、循环经济等混为一谈。基于这种情况，笔者认为非常有必要对绿色化学的基本问题，如定义、原理、特点、研究范围、研究对象，以及方法、手段等进行清晰的界定。特别需要说明的是："绿色化学"与"绿色化学化工"概念相同，使用"绿色化学化工"是为了强调"绿色化学"与"化工"的关系。本书结合绿色化学化工发展现状及趋势，从绿色化学的基本问题出发，以绿色化学原理为主线，评述了近 30 年来绿色化学各方面的一些重要研究进展，突出绿色化学化工技术对经济和社会可持续发展的重要性。希望对绿色化学化工技术在我国的开展具有积极的推动作用。

1.3　绿色化学的发展历程

1.3.1　绿色化学在国外的发展

从化学工业自身发展的要求来看，目前，绝大多数的化工技术都是 30 多年前开发的，当时的加工费用主要包括原材料、能耗和劳动力的费用。近年来，化学工业向大气、水和土壤等排放了大量有毒有害的物质，以 1993 年为例，美国仅按 365 种有毒物质排放估算，化学工业的排放量为 136 万吨。因此，加工费用又增加了废物控制、处理和埋放，环保监测、人身保险、事故责任赔偿等费用。1992 年，美国化学工业用于环保的费用为 1150 亿美元，清理已污染地区花去 7000 亿美元。1996 年美国 Dupont 公司的化学品销售总额为 180 亿美元，环保费用为 10 亿美元。所以，从环保、经济和社会的要求看，化学工业不能再承担使用和产生有毒有害物质的费用，需要大力研究与开发绿色化工技术。绿色化学作为未来化学工业发展的方向和基础，越来越受到各国政府、企业和学术界的关注，绿色化学化工技术已成为世界各国政府关注的最重要问题之一，也是各国企业界和学术界极感兴趣的研究领域。绿色化学在各国的兴起，大体可以分为三个阶段：

(1) 初级阶段（1990～1994 年）　1990 年，美国联邦政府通过了"防治污染行动"的法令，将污染的防治确立为国策。所谓防治污染就是使废物不再产生，该法令条文中第一次出现了"绿色化学"一词。同年，日本成立了由工业界、学术界和政府联合组织的地球创新技术研究院，来承担促进重建"21 世纪新地球"活动的最重要角色之一；还成立了化学创新研究院，其目标是通过工业界、学术界和政府的共同努力来实现社会的可持续发展，把学术界和工业界的不同知识结合在一起，以发展创新并开创新的工业领域。

1991 年，"绿色化学"由美国化学会（ACS）提出并成为美国环境保护署（EPA）的中心口号，从而确立了绿色化学的重要地位。

1992 年，在巴西里约热内卢举行了举世瞩目的联合国环境与发展大会，102 个国家的元首或政府首脑出席了会议，共同签署了《关于环境与发展的里约热内卢宣言》《21 世纪议程》等 5 个文件。这是 20 世纪末人类对地球、对未来美好而庄严的承诺！

(2) 发展阶段（1995～1998 年）　1995 年，美国前总统克林顿设立了"总统绿色化学挑战奖"，从 1996 年开始每年颁发一次。这是化学领域唯一的总统级科学奖。每年在华盛顿科学院对在绿色化学方面做出了重大贡献的化学家和企业颁奖。此奖下设 5 个奖项：①更新合成路线奖；②改变溶剂/反应条件奖；③设计更安全化学品奖；④小企业奖；⑤学术奖。该奖项旨在推动社会各界合作，防治化学污染和进行工业生态学的研究，鼓励、支持重大的创造性科学技术突破，从根本上减少乃至杜绝化学污染源，通过美国环境保护署与化学化工界的合作实现新的环境目标。美国"总统绿色化学挑战奖"颁奖仪式至今年已经举办过 16 次，根据 EPA 统计，在整个项目评选中获奖的 82 项技术，减少了超过 $9.03×10^7$ kg 的危险化学品，节约了 795 亿升的水，避免了 $2.59×10^7$ kg 的二氧化碳释放到空气中。

1997 年，由美国国家实验室、大学和企业联合，成立了绿色化学院，美国化学会成立了绿色化学研究所。

1997 年，德国制订"为环境而研究"的计划。主要包括三个主题：区域性和全球性环境工程、实施可持续发展经济及进行环境教育。计划的年度预算达 6 亿美元，其中将实施可持续发展经济的部分内容交给了化学工业。

1998 年，第一部有关绿色化学的专著"Green Chemistry：Theory and Practice"由牛津大学出版社出版，可以说是绿色化学发展史上的里程碑。

(3) 高潮（1999 年以后）　1999 年，由英国皇家化学学会主办的国际性杂志"Green Chemistry"正式创刊，2001 年该杂志首次被 SCI 收录，2019 年影响因子达到 9.405，由此表明该领域的研究工作越来越受到关注。

1999 年，澳大利亚皇家化学研究所设立了"绿色化学挑战奖"，旨在推动绿色化学的发展。下设三个奖项：科研技术奖、小型企业奖、绿色化学教育奖。其重点是更新合成路线、更新反应条件、设计更安全化学品。

2000 年，英国"绿色化学奖"由英国皇家化学会（RSC）、Satler 公司、Jerwood 慈善基金会、工商部、环境部联合赞助，完成首届颁奖仪式。旨在鼓励更多的人投身于绿色化学的研究工作，推广工业界的最新科研成果。该奖分为三类：一是被称作"Jerwood. Salters 环境奖"的年度学术奖，奖金额为 10000 英镑，用于奖励那些与工业界密切合作而卓有成就的年轻学者；另两项年度奖用于奖励在技术、产品或服务方面做出成绩的英国公司，其中至少有一家为中小型企业，这两项奖励为奖品和证书。

2000 年，美国化学会出版了第一本绿色化学教科书。

2002 年，日本设立"绿色和可持续发展化学奖"，由日本绿色与可持续化学网（GSCN）发起，该组织由日本化学及其相关行业的代表共同组成，每年评选一次，2002 年首次颁奖。

2005 年，诺贝尔化学奖授予了法国科学家伊夫·肖万、美国科学家罗伯特·格拉布和理查德·施罗克，以表彰他们在绿色化学方面的突出贡献。

2010 年，美国化学会（ACS）全国会议上传出消息，美国绿色化学和绿色工程的支持者们已经在着手创建一种能够明确鉴别绿色化学品和绿色工艺的综合性工业标准。有了这一绿色标准，化学品生产商和用户就可根据明确的判断条件，来衡量化学品及其衍生物的环境影响和可持续发展特性。

同时，美国化学会、英国皇家化学会、德国化学会、日本化学会等均大力发展绿色化学教育，University of Nottingham、York University、Monash University、University of Massachusetts 等已开设"绿色化学专业"，开始招收本科生、硕士生和博士生。

1.3.2 绿色化学在国内的发展

我国虽然幅员辽阔，资源丰富，但由于人口众多，人均能源和资源拥有量位于世界后列，目前中国已是除日本之外世界上第二大粮食进口国，也是纯能源（主要是石油及其加工品）进口国。改革开放后中国经济以每年 10% 的速度持续发展，但经济格局仍以粗放型经营为主，不仅造成了能源和资源消耗强度巨大，而且带来了严重的环境污染等社会问题。国际上兴起的绿色化学与清洁生产技术浪潮，也引起了我国科学界的高度重视。

1994 年，我国政府发表了《中国 21 世纪议程》白皮书，制定了"科教兴国"和"可持续发展"战略，郑重声明走经济与社会协调发展的道路，将推行清洁生产作为优先实施的重点领域。

1995 年，绿色化学问题被提到议事日程上。首先是中国科学院化学部组织了《绿色化学与技术——推进化工生产可持续发展的途径》院士咨询活动，对国内外绿色化学的现状与发展趋势进行了大量调研，并结合国内情况，提出了发展绿色化学与技术、消灭和减少环境污染源的七条建议，建议国家科技部组织调研，将绿色化学与技术研究工作列入"九五"基础研究规划。

1996 年，召开了工业生产中绿色化学与技术专题研讨会，就工业生产中的污染防治问题进行了交流讨论。

1997 年，由国家自然科学基金委员会和中国石油化工总公司联合资助的"九五"重大基础研究项目《环境友好石油化工催化化学与化学反应工程》正式启动。项目涉及我国石油化工的一些重要过程，开展采用无毒无害原料、催化剂和"原子经济"反应等新技术的探索研究，为解决现有生产工艺存在的环境问题奠定了基础。同年，中国科学技术大学绿色科技与开发中心在该校举行了专题讨论会，并出版了《当前绿色科技中的一些重大问题》论文集。同年，在北京举行了以"可持续发展问题对科学的挑战——绿色化学"为主题的香山科学会议，中心议题为"可持续发展问题对科学的挑战——绿色化学"。中国科学技术大学朱清时院士作了题为"可持续发展战略对科学技术的挑战"的专题报告，中国石油化工总公司闵恩泽院士作了题为"基本有机化工原料生产中的绿色化学与技术"的专题报告，中国科学院化学冶金研究所陈家墉院士作了题为"绿色化学与技术：冶金和无机化工的挑战与机遇"的专题报告。香山科学会议有力地推进了我国绿色化学研究的开展。同年，为实施科教兴国战略，实现到 21 世纪中叶，我国经济、科技和社会发展的宏伟目标，确保科技自身发展能力不断增强，制定了《国家重点基础研究发展规划》，亦将绿色化学的基础研究项目作为支持的重要方向之一。

1998 年，在中国科学技术大学举办了第一届国际绿色化学研讨会。1999 年 5 月，在成都举办了第二届国际绿色化学高级研讨会。截至 2008 年，我国先后举办了九届国际绿色化学研讨会（举办地点分别是合肥、成都、广州、济南、合肥、成都、珠海、北京、合肥）。会议就最近国内外的绿色化学新进展展开详细的报告和研讨。该会议是国际绿色化学重要系列会议之一，特别是在促进国内的绿色化学发展方面起到了重要的作用。同年，《化学进展》杂志出版了《绿色化学与技术》专辑；四川联合大学也成立了绿色化学与技术研究中心。

1999 年，在北京九华山庄举行的第 16 次九华科学论坛上，专家们以可持续发展的战略眼光，对绿色化学的基本科学问题进行了充分的研讨，并提出了如何在"十五"期间优先安排和部署我国在该领域研究工作的意见，确定了绿色化学三方面研究重点：其一，绿色合成技术、方法学和过程的研究；其二，可再生资源的利用和转化中的基本科学问题；其三，绿色化学在矿物资源高效利用中的关键科学问题。同年，国家自然科学基金委员会设立了"用金属有机化学研究绿色化学中的基本问题"的重点项目。

2000 年，把绿色化学作为"十五"优先资助领域。

2006 年，我国正式成立了中国化学会绿色化学专业委员会，旨在促进绿色化学的研究与开发，加强绿色化学的学术交流与合作。

此外，一些院校也纷纷成立了绿色化学研究机构，很多大学都开设了"绿色化学"课程。绿色化学在中国虽然起步较晚，但在近几年受到了充分的重视，得到了长足的发展。

1.4 绿色化学的研究内容及特点

1.4.1 绿色化学的研究内容

绿色化学是人类用环境的巨大代价换来的。绿色化学要求在综合考虑环境因素与社会可持续发展的前提下，重新审视传统的化学问题，绿色化学是对传统化学思维方式的更新和发展。绿色化学的理想在于不再使用有毒有害物质，不再产生废物，不再处理废物，是一门从源头上阻止污染的化学。绿色化学着重于"更安全"这个概念，不仅针对人类的健康，还包括整个生命周期中对生态环境、动物、水生物和植物的影响；而且除了直接影响之外，还要考虑间接影响，如转化产物或代谢物的毒性等。因此，绿色化学的研究内容主要包括以下几个方面：

① 设计或重新设计对人类健康和环境更安全的化合物，这是绿色化学的关键部分；

② 探求新的、更安全的、对环境更友好的清洁合成路线和生产工艺，这可从研究、变换基本原料和起始化合物以及引入新试剂入手；

③ 提高原料和能源的利用率，大量使用可再生资源，如生物技术和生物质的利用；

④ 新的分离技术、绿色技术和工艺过程的评价；

⑤ 发展适时分析技术以便监控有害物质的形成；

⑥ 进行绿色化学的教育，用绿色化学变革社会生活，促进社会经济和环境的协调发展。

随着全球性环境污染问题的日益加剧和能源、资源急剧减少，环境问题日益严峻，绿色化学已成为 21 世纪的主题，是化学学科发展的必然趋势。

1.4.2　绿色化学的特点

绿色化学又称环境友好化学，它的主要特点是：

① 充分利用资源和能源，采用无毒、无害的原料；

② 在无毒、无害的条件下进行反应，以减少废物向环境排放；

③ 提高原子的利用率，力图使所有作为原料的原子都被产品所消纳，实现"零排放"；

④ 生产出有利于环境保护、社区安全和人体健康的环境友好的产品。

在"循环经济"成为我国经济发展重要策略的今天，绿色化学在学术界被提到了一个前所未有的重要位置。绿色化学的基础是化学，并涵盖了化工的内容。从科学的观点看，绿色化学是对传统化学思维方式的更新和发展，需要化学家重新考虑重要的化学问题；从环境观点看，与先污染后治理的传统做法截然不同，它是从源头上消除污染的、与生态环境协调发展的更高层次的化学；从经济观点看，它要求合理利用资源和能源、降低生产成本，符合经济可持续发展的要求。在解决经济、资源、环境三者矛盾的过程中，绿色化学的作用和地位日益提高。

第**2**章

绿色化学原理

绿色化学是指利用化学原理在化学品的设计、生产和应用中消除或减少有毒有害物质的使用和产生，设计研究没有或只有尽可能少的环境副作用、在技术上和经济上可行的产品和化学过程，是在始端实现污染预防的科学手段，是更高层次的化学，是人们应该倾力追求的目标。掌握绿色化学基本原理，我们可以看到绿色化学能够和将要向何处发展。

2.1 绿色化学化工——从根本上解决环境问题的可持续方案

理解绿色化学定义及其基本原理，我们要弄清绿色化学与环境化学和环境治理的区别。

环境化学是一门研究污染物的分布、存在形式、运行、迁移及其对环境影响的科学；环境治理则是对已被污染了的环境进行治理，即研究污染物对环境的污染情况和治理污染物的原理和方法；绿色化学是从源头上阻止污染物生成的新科学，它是利用化学原理来预防污染，不让污染产生，而不是处理已有的污染物。

从经济的观点看，绿色化学合理利用资源和能源，降低生产成本，符合经济可持续发展的要求。因此，它成为当今国际化学科学研究的前沿，它吸收了当代化学、物理、生物、材料、信息等学科的最新理论和技术，是具有明确的社会需求和科学目标的新兴交叉科学。

化学领域的研究者或许都熟悉这样一本书：1998 年出版的《绿色化学：理论与实践》。这本由 P. T. Anastas 编写的书籍已成为绿色化学领域的经典之作。2009 年 5 月，美国前总统奥巴马提名 P. T. Anastas 为美国环境保护署负责研究开发的助理局长，这一提议改变了他的职业路径。之前，他是耶鲁大学绿色化学与绿色工程中心主任，在环境科学领域有着很高的学术地位。P. T. Anastas 说"构成社会和经济的基础都是化学物质，化学影响了每一个构成我们社会与经济看得见、摸得着与感觉得到的东西"。绿色化学强调的是在传统化学的基础上，必须考虑绝对减少毒性物质和废弃物产生，并且在材料的获取、生产、储存与流通等所有过程实现环境友好。可以说，绿色化学化工是从根本上解决环境问题的可持续方案。

2.2 绿色化学的原则

从源头上减少或消除化学污染是绿色化学的理想，而绿色化学原则是对绿色化学原理的最好诠释。绿色化学的研究者们总结出的绿色化学原则，可作为实验化学家开发和评估一条合成路线、一个生产过程、一种化合物是不是绿色的指导方针和标准。

2.2.1 绿色化学前12条原则

1998年，Anastas和Warner从源头上减少或消除化学污染的角度出发，提出了著名的绿色化学12条原则（twelve principles of green chemistry），作为开发环境无害产品和工艺的指导，简称前12条，这些原则现已成为世界化工界的共识，它们分别是：

① 预防（prevention）。防止废物的产生比产生废物后进行处理为好。

一般说来，一种化学物质的毒性越大，其处理的费用也越高。避免与降低这些费用的唯一办法，是利用绿色化学的技术来防治或减少废物的产生，从而避免或减少由于废物的工程控制、操作人员保护等方面所造成的支出。污染治理要比污染防治所消耗的费用大得多。因为废物一经形成，就需要相应的分离、处理等程序。而这些废物一旦对人类健康及环境产生影响，所造成的损失将是难以估量的。因此，环境保护同其他事情一样，预防永远优于治理。

② 原子经济性（atom economy）。设计的合成方法应当使工艺过程中所有的物质都转化到最终的产品中去。

对于一个化学反应若所使用的全部材料均转化至最终目标产物中，则该反应就没有废物或副产物产生。这种反应的效率最高、最节约能源与资源，同时也避免了废物或副产物的分离与处理等过程，是化学反应的理想目标。

③ 低毒害化学合成（less hazardous chemical syntheses）。设计的合成方法中所采用的原料与生成的产物对人类与环境都应当是低毒或无毒的。

绿色化学的基本目标，是在化学设计的各个方面将危害性降至最小。绿色化学将化学作为解决污染的一个方法，而不是产生污染的源头，通过改进化学设计与化学技术防止污染的产生。进行化学设计时必须充分考虑危害性，采用各种方法与手段将其降至最小。这不仅可从根本上消除或减小危险，而且可以大大降低费用，是最佳的污染防治方法。

④ 设计较安全的化合物（designing safer chemicals）。设计生产的产品要考虑限制其毒性。

设计更安全化学品的目标，是使所设计的化学品具有最大的所需性能与功能的同时，具有最小的毒性与危险性。这种设计的关键是如何在所需性能与危害性之间进行平衡。

⑤ 使用较安全的溶剂与助剂（safer solvents and auxiliaries）。如有可能就不用辅助物质（溶剂、分离试剂等），必须用时也要用无毒的。

在化学品的制造、加工与使用过程中，几乎处处都使用辅助剂，例如溶剂与许多操作中的分离剂的使用。通常，这些辅助剂对人类与环境具有一定的负面影响。溶剂的广泛使用会产生一些问题。例如氯仿、四氯化碳及苯等芳香化合物长期以来被认为同人类致癌有关。但由于这些物质具有优良的溶解性，被广泛地使用。可是，人类在利用它们的这些优点的同时，它们也给人类健康、环境及生物圈带来了危害。辅助剂的使用不仅对人类健康与环境产生危害，而且大量地消耗能源与资源。因此，应尽量减少其使用量。在必须使用时，应选择无害的物质来代替有害的辅助剂。这方面的研究是绿色化学的研究方向之一。

⑥ 有节能效益的设计（design for energy efficiency）。化工过程的能耗必须节省，并且要考虑其对环境与经济的影响。

如有可能，合成方法要在常温、常压下进行。长期以来，人们已认识到能量的产生与使用对环境有很大的影响。化学及化学转换，在将物质转换成能量或将已存在的能量转换成可用的形式上起主要作用。化学领域需要绿色化，以使这些过程成为可持续过程。目前，工业化国家消耗了大量能源，特别是美国，其消耗的能源约占世界消耗能源总量的四分之一。在工业化国家，化学工业消耗了很大部分的能源，是能耗最大的工业之一。因此，必须在化学过程的设计中充分考虑能量的节约与最佳利用。

⑦ 使用可再生资源作原料（use of renewable feedstock）。使用可再生资源作为原料，而不是使用在技术与经济上可耗尽的原料。

可再生资源的利用一直是科学、工业及环境方面所关心的重要问题。可再生资源与枯竭资源的区别主要在于"时间"。通常所说的枯竭资源一般指化石燃料，主要是由于其形成需要几百万年时间，这么长的再生时间是人类所无法等待的。事实上，真正的枯竭资源是太阳与太阳能。因为太阳能一旦被耗尽，就永远不能再补充。但由于太阳将持续几百万年，人们认为太阳是一个无限的能源，从而将太阳能看作是可持续的能源。可再生原料一般指各种生物质原料。

⑧ 减少运用衍生物（reduce derivativer）。如有可能，减少或避免运用生成衍生物的步骤（如用阻断基团、保护/脱保护、暂时修饰的物理/化学过程）。

在化学反应中将某一种或几种物质制成衍生物（包括形成共价键、成盐等），目的是进行官能团或反应位置的保护或导向、暂时改变化合物的性质（溶解度等）以便于反应能够顺利进行。特别是在合成一些经过预先"分子设计"的化合物时必须要对反应点进行控制，以提高反应的选择性。衍生化步骤带来的麻烦是一方面衍生化时要消耗试剂和能量，另一方面反应结束时又必须去掉这些衍生的基团而再一次消耗能量并产生废物。显然，避免衍生化的步骤对于降低消耗、减少污染物的生成是重要的。

⑨ 催化反应（catalysis）。催化剂（选择性）优于计量反应试剂。

催化反应较传统的化学反应具有许多突出的优点。催化剂的作用是促进所需的转化，但本身在反应中不被消耗，也不出现在最终产品中。这种促进作用有两种形式：一是加强选择性，利用催化作用来加强反应的选择性，是一个长期以来的重要研究领域。选择性催化可实现反应程度、反应位置及立体结构方面的控制。选择性催化不仅可提高原料的利用率，而且可降低废物的产生，是绿色化学的重要工具与研究方向。二是降低反应活化能。催化反应除了具有材料的利用与废物产生方面的益处，在能量利用方面亦有巨大的优点。催化剂可以降低反应活化能，这不仅有益于控制，而且可以降低反应发生所需的温度。在大规模生产中，这种能量的降低无论从环境影响方面还是从经济影响方面来看，都是非常重要的。

⑩ 设计可降解产物（design for degradation）。化学产物应当设计成为在使用之后能降

解为无毒无害的降解产物而不残存于环境之中。

环境中所关心的一个主要问题是所谓的"持久性化学品"，化学品在被使用后或被释放到环境中后，其在环境中保持原状或被各种植物和动物吸收，并在动植物体内积累与放大。通常，这种积累可对人类和生物体产生危害，包括直接的影响和间接的毒性。因为以往在化学品的设计中没有或很少考虑其使用后的处理，及其对人类健康与环境可造成的影响，所以目前许多化学品难以降解，如有机氯农药、塑料等，由于其在环境中不易消失，因此成为主要的化学污染源之一。为此，目前许多研究人员致力于研究开发非持久性化学物质，特别是用可生物降解物质，来代替持久性化学物质，如可降解塑料、新农药等。

⑪ 及时分析以防止污染 (real time analysis for pollution prevention)。要进一步开发分析方法，使其可及时现场分析，并且能够在有害物质生成之前就予以控制。

分析化学在环境科学中一直起着重要的作用，如毒性分析、污染监测等是环境保护与污染治理的基础。目前，分析化学的重点领域是开发可防止与减少化学过程中有害物质生成的方法与技术。为了能在某一过程的操作中进行及时调节，必须开发精确而又可靠的传感器、监视器及分析技术来评估过程中有害物质的产生。如果开发出这些方法，并能检测出微量有害物质的存在，那么可以通过调节过程参数来降低或消除这些有害物质的产生。若传感器同过程控制系统相连，则可实现有害物质生成的自动控制，而使有害物质的生成量降至最低。

⑫ 采用本身安全、能防止发生意外的化学品 (inherently safely chemical for accident prevention)。在化学过程中，选用的物质以及使用的形态，都必须能防止或减少隐藏的意外 (包括泄漏、爆炸与火灾) 事故发生。

化学与化学工业中防止事故的重要性是众所周知的。在化学品及化学过程的设计中应充分考虑由毒性、易燃性、易爆性带来的危害。绿色化学的目标是消除或减少所有的危害而不仅仅是污染与毒性。更安全的化学设计方法正在研究开发中。方法之一是利用固体或低挥发性物质代替与多数化学事故相关的挥发性液体或气体。另外，可利用及时处理技术对有害物质进行快速处理。通过这种技术，化工厂可避免长期大量储存有害物质，从而大大降低事故的隐患。

从上述原则可以看出，和限制污染风险的规定与法案截然不同，绿色化学要求化学工作者在保护人类健康和环境的同时，以提升原料、能量使用性能和价值的方式对化学品的制备及其使用前后的过程进行分子水平的设计和污染预防的设计。尽管上述原则是常识性的，但这些原则的提出满足了现代社会可持续发展的要求，也指明了未来化学的发展方向，很快就被国际化学界公认为判断化学品及其制备过程是否绿色或比较若干个相互竞争过程环境友好性的指导方针和判断标准。但一些化学家从技术、经济和其他化学家通常并不强调的某些因素出发，认为前 12 条绿色化学原则仍然不够完整，不能准确衡量化学品及其制备和使用前后的过程中，对人体健康和环境的负面影响程度。Environ. Sci. & Tech. 杂志的主编 Glaze 认为化学转化的绿色化程度，只有在放大 (scaleup)、应用 (application) 与实践 (practice) 中才能评估。这就要求在技术、经济与商业所导致的一些竞争因素间作出权衡。

2.2.2 绿色化学后 12 条原则

为了弥补 Anastas 和 Warner 的不足，结合 Glaze 的意见，利物浦大学化学系

Leverhulme 催化创新中心的 Neil Winterton 从技术、经济和商业等角度出发，提出了另外的绿色化学 12 条原则（twelve more principles of green chemistry），简称后 12 条，其具体内容是：

① 鉴别与量化副产物（identify and quantify by products）。

② 报道转化率、选择性与生产率（report conversions, selectives and productivities）。

③ 建立整个工艺的物料衡算（establish full mass-balance for process）。

④ 测定催化剂、溶剂在空气与废水中的损失（measure catalyst and solvent losses in air and aqueous effluent）。

⑤ 研究基础的热化学（investigate basic thermochemistry）。

⑥ 估算传热与传质的极限（anticipate heat and mass transfer limitation）。

⑦ 向化学或工艺工程师咨询（consult a chemical or process engineer）。

⑧ 考虑全过程中选择化学品与工艺的效益（consider effect of overall process on choice of chemisty）。

⑨ 促进开发并应用可持续性量度（help develop and apply sustainability measases）。

⑩ 量化和减用辅料与其他投入（quantify and minimise use of utilities and other inputs）。

⑪ 了解何种操作是安全的，并与减废要求保持一致（recognise where safety and waste minimisation are incompatible）。

⑫ 监控、报道并减少实验室废物的排放（monitor, report and minimise laboratory waste emitted）。

后 12 条可用来评估一个工艺过程的绿色性，并与其他的工艺相比较。

2.2.3　绿色化学工程技术 12 条原则

绿色化学的前 12 条原则和后 12 条原则对于化学反应过程的绿色化研究具有重要意义，但是还必须认识到绿色化学在化学工程技术中的作用。W. McDonough 和 P. T. Anastas 等进一步提出了化学过程的绿色工程技术 12 条原则，用于指导化学工程的设计工作，应用这些绿色化学工程技术原则，可以设计开发出新的对环境友好的绿色化学工艺技术。绿色化学工程技术 12 条原则的具体内容如下：

① 设计者要尽可能保证所有输入和输出的能量和材料是无毒、无害的。

② 预防废物的产生比废物产生以后进行处理为好。

③ 产品分离和纯化操作应尽量减少能量和材料的消耗。

④ 设计的产品、工艺及其整个系统要使质量、能量、空间和时间效率最大化。

⑤ 设计的产品、工艺及所有系统应该是输出的"牵引"，而不是靠输入物质和能量的"推动"。

⑥ 当设计选择再生、循环利用和其他有益的处理时，应对内在的复杂性有充分的研究和认识。

⑦ 设计方案的目标产物要强调耐久性，而不是永久性。

⑧ 设计方案应着重于满足需要，使过量最小化。

⑨ 减少复杂组成产品中材料的多样性，尽量保存原料的价值。

⑩ 设计中应综合考虑可用原料和能源的相关情况，加强当地物质流和能量流的整合。

⑪ 产品、工艺及其所有系统的设计应考虑它们的使用功能结束后的处理和再利用。

⑫ 设计中采用的材料和能源应是可再生的。

鉴于化学工程科学在现实化学工业绿色化中的实际应用，2003 年在佛罗里达州 Sandestin 召开的绿色化学工程技术会议上，进一步提出了绿色化学工程技术的 9 条附加原则（即 Sandestin 原则）：

① 产品和工程设计要采用系统分析方法，应将环境影响评价工具视为工程的重要组成部分。

② 当涉及保护人类健康和社会福利时要考虑如何保护和改善生态系统。

③ 在所有的工程活动中要有"生命周期"的思想。

④ 要确保所有输入和输出的材料与能源是安全和环境友好的。

⑤ 尽可能减少自然资源的消耗。

⑥ 尽量避免产生废物。

⑦ 所开发和实施的工程解决方案应符合当地的实际情况和要求，要得到当地的地理和文化的认同。

⑧ 对工艺的改进革新和发明要符合"可持续发展"的原则。

⑨ 要使社会团体和资本占有者积极参与工程解决方案的设计和开发。

上述原则已不再局限于绿色化学化工，它已拓展到整个工程领域，更加注重人和自然的和谐，更加重视社会的安全和可持续发展。

2.2.4 绿色化学的 5R 原则

5R 原则是绿色化学的现代内涵：

（1）减量——reduction　"减量"是从省资源、无污染、零排放角度提出的，包括两层意思：① 利用最少的能源和消耗最少的原材料，获得最多的产品产量，理想的转化过程是"原子经济反应"，即原料分子中的原子百分之百地转变成产物，不产生副产物或废物，实现废物的"零排放"。如何减少资源用量，有效途径之一是提高原料转化率，提高能源利用率，减少"原子"损失率。② 减少"三废"排放量，主要是减少废气、废水及废渣的排放量，目前情况下，"三废"排放量必须降低到一定标准以下，努力实现"三废"的"零排放"。

（2）重复使用——reuse　"重复使用"是指实际工业生产中，能多次使用的物质应该不断重复使用。重复使用不仅是降低成本的需要，更是减废的需要。诸如化学工业生产过程中的催化剂及其载体、反应介质、分离和配方中所用的溶剂等，不仅必须保证无毒、无害、无腐蚀性，真正实现绿色化，而且从一开始就应考虑有重复使用的工艺流程设计，保证其无限次地使用。当然，为了更好实现有关物质的重复使用，必须选择稳定性好，容易分离的催化剂、介质和溶剂。

（3）回收——recycling　"回收"是指对工业生产过程中与产品无关的物质或生活废弃物进行全面的回收。回收可以有效实现"省资源、少污染、减成本"的要求，回收包括：回收未反应的原料，回收副产物（含"三废"），回收助溶剂、催化剂、稳定剂、反应介质等非反应试剂，回收生活固体废弃物等。化学工业生产中的循环操作及废旧金属、塑料等其他用品的回收，都是常见的回收方式。

（4）再生——regeneration "再生"包括废旧物质的再生利用，也包括可再生能源、原材料的利用等。再生是变废为宝、节省资源、减少污染的有效途径，它要求化工产品生产在设计的开始，就应考虑到有关产品的再生利用，特别是高分子材料产品的再生显得尤为重要。同时，在能源与资源的开发与利用过程中，也要考虑能源与资源的可再生性，如，利用生物原料代替当前广泛使用的石油，把废旧物资转化成动物饲料、工业化学品和燃料等。

（5）拒用——rejection "拒用"是实现生产、生活绿色化的最根本办法。一方面，是指拒绝使用非绿色化的工业产品、食品、生活用品等；另一方面是指对一些有毒、有害，无法替代，又无法回收、再生和重复使用的原料及辅助原料等，拒绝在生产过程中使用。

2.3 绿色化学的核心

绿色化学的核心之一是"原子经济性"，它是指在化学品合成过程中，合成方法和工艺应被设计成能把反应过程中所用的所有原材料尽可能多地转化到最终产物中。"原子经济性"的概念最早于 1991 年由美国斯坦福大学的 B. M. Trost 教授提出，他针对传统上一般仅用经济性来衡量化学工艺是否可行的做法，明确指出应该用一种新的标准来评估化学工艺过程，即选择性和原子经济性，原子经济性考虑的是在化学反应中究竟有多少原料的原子进入了产品之中，这一标准既要求尽可能地节约不可再生资源，又要求最大限度地减少废弃物排放。理想的原子经济反应是原料分子中的原子百分之百地转变成产物，不产生副产物或废物，实现废物的"零排放"（zero emission）。"原子经济性"的概念目前已被普遍承认。B. M. Trost 获得了 1998 年美国"总统绿色化学挑战奖"的学术奖。

化学过程的原子经济性一般用原子利用率来衡量。原子利用率的定义是目标产物的分子量占反应物总分子量的百分比。即

原子利用率＝（目标产物的分子量/反应物的分子量总和）×100%

用原子利用率可以衡量在一个化学反应中，生产一定量目标产物到底会生成多少废物。在化学反应中，一旦要利用的化学反应计量式被确定下来，则其最大原子利用率也就确定了。一般状况下，重排反应和加成反应的原子经济性最高，为 100%。其他类型反应原子经济性则较低。

原子利用率达到 100% 的反应有两个最大的特点：一是最大限度地利用了反应原料，最大限度地节约了资源；二是最大限度地减少了废物排放（"零废物排放"），因而最大限度地减少了环境污染，或者说从源头上消除了由化学反应副产物引起的污染。

近年来，开发原子经济性反应已成为绿色化学研究的热点之一。例如，环氧丙烷是生产聚氨酯塑料的重要原料，传统上主要采用二步反应的氯醇法，不仅使用可能带来危险的氯气，而且还产生大量污染环境的含氯化钙废水，国内外均在开发催化氧化丙烯制环氧丙烷的原子经济反应新方法。再如，Eni Chem 公司采用钛硅分子筛催化剂，将环己酮、氨、过氧化氢反应，可直接合成环己酮肟。对于已在工业上应用的原子经济反应，也还需要从环境保护和技术、经济等方面继续研究和改进。实现反应的高原子经济性，就要通过开发新的反应途径、用催化反应代替化学计量反应等手段，1997 年的新合成路线奖的获得者 BCH 公司的

工作即是一个很好的例证。该公司开发了一种合成布洛芬的新工艺（布洛芬是一种广泛使用的非类固醇类的镇静、止痛药物），传统生产工艺包括 6 步化学计量反应，原子的有效利用率低于 40%；新工艺采用 3 步催化反应，原子的有效利用率达 80%，如果再考虑副产物乙酸的回收利用，则原子利用率达到 99%。

第3章

化学反应绿色化的途径

化学反应从原料到产品要使之绿色化涉及原料、催化剂、溶剂、产品及后处理等多方面的绿色化。为了突出绿色化学的主要研究领域，闵恩泽等提出了化学反应的绿色化，如图3-1所示，概括了绿色化学反应所研究的关键内容。本节以图3-1为主线，分节介绍了原料绿色化、催化剂绿色化、溶剂绿色化、产品绿色化及化学反应产生的污染物处理绿色化的内容，详细说明了实现各个步骤的重要意义和途径，并列举了近年来取得实效的工业化成果及今后努力的目标。由于美国"总统绿色化学挑战奖"的获奖项目代表了最新的高水平根治环境污染的成就，因此在所列举的实例中尽可能多地进行了详细介绍。

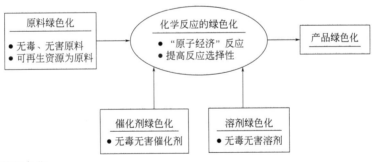

图 3-1 化学反应的绿色化

3.1 原料绿色化

化学反应中，有许多原料是有毒的，甚至是剧毒物质，如光气、氢氰酸、氰化物、硫酸二甲酯等。它们的化学性质活泼，以它们为原料生产一些传统的化学品已经相当成熟，工艺简单，条件缓和，成本较低，所以沿用至今。但是，大量使用这些原料将危害从业人员的健康，并对环境造成严重污染。绿色有机合成的一个重要任务是采用无毒无害的或低毒的原料来代替毒性大的原料。

从绿色化学的高度来考虑，作为人类能够长久依赖的未来资源和能源，它必须是储量丰富，最好是可再生的，而且它的利用不会引起环境污染。目前全世界所需能源和有机化工原料绝大部分来源于石油、煤和天然气这些不可再生的资源，石油炼制消耗大量的能量，而氧化过程是所有化学合成中污染最严重的过程。因此，十分有必要开发石油的替代原料，以减少其在化学合成中的使用。如果人类不设法用可再生的资源去替代之，最终这些资源将会不可避免地枯竭，人类就无法实现可持续发展。此外，人类所面临的环境危机直接或间接地与这些矿物资源的加工和使用有关。因此，为了可持续发展，应该采用可再生的且不会引起环境污染的资源去代替现行的消耗性资源。目前普遍认为生物质资源将是人类未来的理想选择。

改变反应原料的一般原则：

① 考虑原料所可能带来的危害性或者是否符合绿色化学要求。考虑是否有毒有害、是否是低能源原料、对经济的影响、对生态环境的影响等。

② 要注重可再生资源的利用。注重以废弃物作原料、选用可循环使用的物质作原料、利用可再生资源作原料等。

3.1.1　原料的绿色化学评价

原料在化学品的合成中非常重要，其可以成为影响一种化学品的制造、加工与使用的最大因素之一。初始原料的选择是绿色化学所应考虑的重要因素，寻找替代的、环境无害的原料也是绿色化学的主要研究方向之一。原料的绿色化学评价一般从以下几个方面进行：

① 原料本身有无危害性。评估原料的第一个问题是研究原料本身有无危害性。绿色化学每一步评估的核心问题是考虑对人类健康和环境的内在危害性，对于原料的评估也不例外。选择原料时，必须要关注其是否具有长期的毒性、致癌性和生态毒性，甚至还要考虑发生意外事故的可能性以及是否存在其他不友好的性质等。因为生产化学品常常涉及大量地制备原料和对原料进行大批量地处理，如果这个起始原料对人类健康和环境有明显的危害，那么在化学产品的整个生产周期这种危害将一直存在。

对于有些物质，其性质诸如毒性、可燃性、挥发性等，都有大量数据信息可查，而对另一些物质，不一定能找到我们所需要的信息，但我们可能利用构效关系进行推测，以帮助我们找到更加无害的反应原料。

② 原料的起源。原料本身也许是没有危害的，但制备原料的过程会不会产生危害呢，这个问题与原料是怎么得来的有直接的关系。诸如这个原料是由开采、炼制、合成、分馏等哪一种方法制备的，这些方法可能带来什么样的后果。如果一个化学品的制备充分利用了在其他方面无用的废弃物，显然对环境是有好处的。然而，制备一种化学品的化学过程消耗了有限的自然资源，或对环境造成了不可逆转的破坏，那么，把这个化学品作为原料就会对环境造成严重的负面影响。不论是否已经考虑到所研究的物质本身是有害或无害，以上两种情况都会存在。因此，首先应搞清这个物质是怎样制备的。

③ 原料的可更新性。绿色化学评价的另一问题是原料是可更新的，还是耗竭的。因此，通常将石油及其他基于化石燃料的原料看成是枯竭资源，而将基于生物质和农作物残渣的原料看成是可更新的资源。

④ 原料选择对下游的影响。化学品作为原料是相对而言的，对于整个化工生产过程来

说，它可能是上游生产的产品，同时也是下游生产的原料。所以在选择原料时不仅要考虑这个原料的来源对上游生产的影响，还要考虑利用这一原料对下游生产的影响。如果因某个起始原料的选择，使得在完成下一个合成步骤时需要使用毒性很强的试剂，那么，这种选择将会间接地产生极大的负面环境影响，甚至超过在预先分析原料时做出的估计。一种无害的、可再生的起始原料原本是不会引起环境破坏的，但是，因为利用了该起始原料，下游的物质也可能会对人类健康和环境造成破坏，因此，非常重要的是，进行绿色化学评估时，不仅要关注每一步被评估的物质，而且还要考虑使用这些物质所带来的影响和间接的结果。

⑤ 选用该原料制备化学品的工艺过程的复杂程度和路线的长短。如果化学品的制备只是经过一步催化反应就转化为石油化工的基本原料，那么，起始原料对环境的影响就很重要。但是，如果最终产品是一个药物，需 12 个复杂的加工和纯化的合成步骤，那么，起始原料的环境影响就可以被忽略了。

3.1.2 无毒无害及可再生原料

原料直接影响产品的设计、加工、生产等过程。目前广泛使用的有机化工原料中，不可再生的化石原料所占比例很大，其中许多有毒有害，且终将枯竭。绿色化学要求化学品合成中所使用的原料无毒无害。为了满足可持续发展的要求，应充分重视利用可再生原料。据估计，木质素和纤维素这些可再生资源每年以约 1640 亿吨的速度不断再生，如以能量换算，相当于目前石油年产量的 15～20 倍。如果这部分资源能得到利用，人类相当于拥有了一个取之不尽、用之不竭的资源宝库。而且，由于生物质来源于 CO（光合作用），燃烧后产生 CO_2，但不会增加大气中 CO 的含量，因此生物质与矿物燃料相比更为清洁。

生物质包括农作物、植物及其他任何通过光合作用生成的物质。由于其含有较多的氧元素，在产品制造中可以避免或减少氧化步骤的污染。近期的研究表明，许多农产品，比如玉米、马铃薯、大豆、糖浆等均可转化为有用化学品或燃料，诸如纺织品、燃油等。农业废物、生物质和非食物性生物制品通常都含有木质纤维素，也可作为化学化工原料。同时，用生物质作原料的合成过程较以石油作原料的过程的危害性小得多。当然，生物质炼制中产生的原料也可作为石油化学炼制中的原料，而进一步用于制造其他产品。生物质的有效利用还可解决其他环境问题。因此，生物质是理想的石油品替代原料。石油化学炼制与生物质炼制的物料流程示意图如图 3-2。

3.1.2.1 生物质应用实例

（1）用生物质制汽车燃料——乙醇　燃料乙醇作为可再生能源，来源广泛，同时制备也较为容易，能够实现快速量产。将乙醇加入汽油中能有效地降低化石燃料的开采和使用，同时乙醇汽油燃烧排放物中，碳、细颗粒物以及其他有害物质含量会明显降低，能够减少汽车尾气对环境的危害。

2017 年 9 月，国家发改委等 15 个部委联合印发了《关于扩大生物燃料乙醇生产和推广使用车用乙醇汽油的实施方案》，该方案表示，到 2020 年，将基本实现全国范围内的乙醇汽油覆盖，同时在 2025 年实现纤维素乙醇规模化生产，形成完善的市场机制。乙醇汽油的推广正是汽车环保的一环。

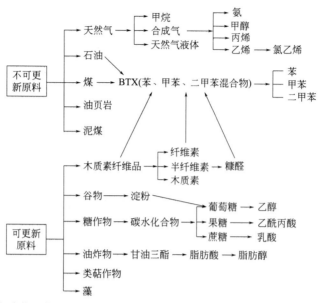

图 3-2 石油化学炼制与生物质炼制的物料流程示意图

（2）用生物质制天然气 尽管目前天然气资源储量多于石油，但其储量也是有限的，估计如以天然气为人类的主要能源，充其量也只能使用 100 年。另外，天然气储量分布不均，而输送设备建设投资巨大，因此开发生物质资源制备天然气技术具有重大意义。

天然气有时也称为沼气，其主要成分是甲烷，目前广泛用作发电厂和家庭用燃料，部分天然气还用作化工原料。2016 年，北京化工大学环境科学与工程系主任李秀金在"治理雾霾与节能环保产业的趋势与未来"论坛上表示，生物天然气的发展潜力非常巨大，市场前景非常广阔。政府一定会支持生物质能的发展，"把良田变成气田"是完全可以做到的。2019 年政府工作报告提出："增加天然气的供给，完善风能、太阳能、地热能、生物质能等发展扶持政策，提高清洁能源比重，鼓励秸秆资源化利用，减少直接焚烧"。由生物质制造天然气其中很重要的一个技术手段就是通过厌氧发酵得到沼气，再把甲烷分离出来，替代天然气的使用。

（3）用生物质制氢 氢气被认为是未来最为理想的能源。氢气燃烧热效应大，且只产生水，因而是高效清洁的燃料，其开发利用有助于解决能源危机与环境污染问题，受到研究者们广泛关注。

生物质制氢是借助化学或生物方法，以光合作用产出的生物质为基础的制氢方法，可以以制浆造纸、生物炼制以及农业生产中的剩余废弃有机质为原料，具有节能、清洁的优点，成为当今制氢领域的研究热点，主要包括化学法与生物法。化学法又细分为气化法、热解重整法、超临界水转化法以及其他化学转化方法。生物法可细分为光解水制氢、光发酵制氢、暗发酵制氢以及光暗耦合发酵制氢。

（4）由生物质制乙酰丙酸 随着能源危机的日益严重和不可再生资源的迅速消耗，利用可再生资源代替不可再生资源正越来越引起全世界的关注，尤其是利用木质纤维素类可再生资源代替石油作为原料生产重要的化工产品具有非常重要的战略意义。

在众多的化工产品中，乙酰丙酸（LA）是一种新型的绿色平台化合物，因其广泛的用途而备受关注。纤维素制备乙酰丙酸工艺成本低廉，原料易得。目前国内处于研究阶段，国外处于中试放大阶段。如1999年，美国的Biofine公司获得"美国总统绿色化学挑战奖"之小企业奖。他们的获奖项目是把废纤维素转化成乙酰丙酸。反应的原料可以是造纸废物、城市固体垃圾、不可循环使用的废纸、废木材和农业残留物，用稀硫酸在200～220℃处理15min，产率可达70%～90%，同时可得有价值的副产品甲酸和糠醛。

3.1.2.2 生物质作为化学化工原料的利弊

生物质作为化学化工原料其优点在于：

① 生物质可给出结构多样的产品材料，通常具有特定的立体结构和光学特征结构，使用者可在合成过程中利用这些已有的结构因素。

② 生物质的结构单元通常比原油的结构单元复杂，如能在最终产品中利用这种结构单元在结构上的复杂性，则可减少副产物的生成。

③ 由原油的结构单元衍生所得物质，通常是没有被氧化的，而在烃类化合物中引入氧的方法是极其有限的，且经常需要使用有毒试剂（比如铬、铅等），易造成环境污染。而由生物质衍生所得物质常常已是氧化产物，无需再通过氧化反应引入氧。

④ 增大生物质的使用量可增长原油的使用时间，为可持续发展做出贡献，为必须使用石油作原料的产品的生产提供保证。

⑤ 使用生物质可减少二氧化碳在大气中的浓度，从而减轻温室效应。生物质在形成过程中要吸收二氧化碳，故在大气中二氧化碳浓度的净增加会受到抑制，甚至达到平衡态。

⑥ 化学工业使用更多的可再生资源可使其本身在原料上更有保障。由于原油仅产于世界少数国家和地区，因而其价格容易随国际关系的变化而变化，进而使化学工业本身受到大的影响。

⑦ 生物质资源比原油有更大的灵活性。原油的组成和性质与一系列地理因素有关，生物质的结构单元具有结构多样性，可用于生产不同的产品，同时，利用基因工程，还可以对植物的生长进行调变，使植物长出更多我们需要的化学品所需的结构。

当然生物质也有不足，主要表现在：

① 在经济上还不具备竞争力。石油工业已相当成熟，从石油开采到从原油中提取出各种有用的烃类，再将其加工成为中间体或最终化学品，已形成了大规模的、高效的生产系统。许多得到高纯单一产品过程的操作及其机理均已被人们掌握。这些都使石油工业在经济上具有相当的竞争力。短期内用可再生资源取而代之存在很多问题，所以目前用可再生生物资源所生产的化学品在整个化学品生产的份额中占的比例还很小。利用生物质作原料的化学工业系统仍处于研究开发之中，经济上还没有竞争力。

② 现在考虑用作化学化工原料的生物质是传统的食品原料，把食品原料改作化学化工原料还存在一些问题，生物质需要土地来种植，大面积的种植对环境又有何影响？是否有足够的土地资源供种植化学化工上所需使用的植物？传统的化石原料（石油、天然气、煤）可从"三维"获取，即在一个小面积范围内可集中大量的化石原料，但种植生物质则是"二维"的，不可能在一小面积区域内集中种植获得大量的生物质原料。

③ 生物质的生产季节性很强。植物的生长有季节性，在一年中，一定时间种植，一段时间之后才能收获，这就要求使用生物质作原料的工厂要很好地制定生产计划。而实际上，

现在的化学品生产厂家要求天天有相同质量的原料供应，改换为生物质之后，很可能年初和年底得到的原料质量就不尽相同，无疑将对生产产生很大的影响。

④ 生物质的组成极为复杂，不同种类的物质，其组成和性质都可能不尽相同，若需要对每一类生物质有针对性地修建工厂，这将使生物质的利用变得十分困难。同时，传统的化学品生产装置可能还不能处理由生物质提取得到的结构单元，获得我们需要的化学品，故传统化学品生产商还需要重新认识、学习这方面的知识，也还需要再投资，这是目前他们还不十分乐意做的。

由此可见，虽然可再生资源替代石油等矿物质资源将成为必然的发展趋势，但这条发展之路也将任重而道远，需要我们每代人不懈的努力。

3.1.3 绿色原料的应用

在现有化工生产中，剧毒的光气和氢氰酸等仍作为原料使用。为了人类健康和社区安全，需要用无毒无害的原料代替它们来生产所需的化工产品。下面举几个采用绿色原料代替旧原料的实例：

3.1.3.1 取代光气

光气（$COCl_2$）又称碳酰氯，为无色气体，沸点为 8.2℃，微溶于水，溶于多数有机溶剂。它的主要毒性在于伤害呼吸器官，严重时导致急性窒息性死亡。光气是重要的有机原料，大部分用于生产异氰酸酯和聚碳酸酯。

由光气制异氰酸酯传统的方法：

$$RNH_2 + COCl_2 \longrightarrow R-N=C=O$$

新方法一：Monsanto 公司以伯胺、二氧化碳、有机碱为原料，先生成氨基甲酸酯阴离子，再用乙酐脱水得异氰酸酯和乙酸，乙酸再脱水循环使用，整个过程无废物排放。

$$RNH_2 + CO_2 + B \longrightarrow RNHCOO^-B^+$$

新方法二：日本旭化成公司和美国杜邦公司开发了用一氧化碳和胺直接氧化羰化合成氨基甲酸酯，然后分解生成异氰酸酯的方法。

3.1.3.2 取代硫酸二甲酯

硫酸二甲酯 $[(CH_3)_2SO_4]$，为有机化合物，无色或微黄色，是略有洋葱气味的油状可燃性液体，在 50℃ 或者碱水中易迅速水解成硫酸和甲醇。在冷水中分解缓慢。遇热、明火或氧化剂可燃。硫酸二甲酯属高毒类化合物，作用与芥子气相似，急性毒性类似光气，比氯气大 15 倍。对眼、上呼吸道有强烈刺激作用，对皮肤有强腐蚀作用。可引起结膜充血、水肿、角膜上皮脱落，气管、支气管上皮细胞部分坏死，穿破导致纵隔或皮下气肿。此外，还可损害肝、肾及心肌等，皮肤接触后可引起灼伤、水疱及深度坏死。

硫酸二甲酯作为甲基化试剂应用广泛。用碳酸二甲酯取代它，同样可以实现甲基化。除解决了毒性问题以外，也解决了原来方法产生废酸带来的环境污染问题。以苯酚制苯乙酮的反应为例：

使用硫酸二甲酯为原料的旧方法：

$$C_6H_5OH + (CH_3)_2SO_4 \longrightarrow C_6H_5OCH_3 + CH_3SO_4H$$

使用碳酸二甲酯为原料的新方法：

$$C_6H_5OH + H_3CO-\overset{O}{\underset{}{C}}-OCH_3 \longrightarrow C_6H_5OCH_3 + CH_3OH + CO_2$$

碳酸二甲酯以前也是由光气制造的：

$$ClCCl(O) + 2CH_3OH \longrightarrow H_3CO-\overset{O}{\underset{}{C}}-OCH_3 + 2HCl$$

① 新方法一：酯交换法。用二氧化碳和环氧乙烷反应，生成碳酸乙二醇酯。

$$CO_2 + H_2C-CH_2(O) \longrightarrow \begin{matrix} O \\ C \end{matrix}\text{（碳酸乙二醇酯）}$$

再与甲醇酯交换：

$$\text{（碳酸乙二醇酯）} + 2CH_3OH \longrightarrow H_3CO-\overset{O}{\underset{}{C}}-OCH_3 + HOCH_2CH_2OH$$

酯交换法是目前在工业上占据第一位的生产方法，缺点是原料成本高、利润低。

② 新方法二：甲醇氧化羰基化法。20 世纪 70 年代中期以来，国内外竞相开发的生产工艺，更为符合绿色化学的要求。该方法以甲醇、一氧化碳和氧气为原料，原料廉价易得、投资少、成本低且理论上甲醇全部转化为碳酸二甲酯，无其他有机物生成，受到工业界极大重视，被认为是碳酸二甲酯最有前途的生产方法，也是各大工业国重点研究开发的技术路线。

$$2CH_3OH + \frac{1}{2}O_2 + CO \longrightarrow H_3CO-\overset{O}{\underset{}{C}}-OCH_3 + H_2O$$

3.1.3.3 取代氢氰酸

氢氰酸（HCN）为无色液体或气体，沸点为 26.1℃，有剧毒，其口服致死量为 0.1～0.3g。氢氰酸主要用于生产聚合物单体如甲基丙烯酸甲酯、己二腈等。

（1）替代氢氰酸制造甲基丙烯酸甲酯　传统的氢氰酸制甲基丙烯酸甲酯的方法是丙酮-氰醇法，丙酮先与氢氰酸加成得到氰醇，然后再水解、酯化：

① 新方法一：第一步，异丁烯或叔丁醇催化氧化为甲基丙烯醛。

第二步再氧化为甲基丙烯酸：

最后酯化：

② 新方法二：以丙炔为原料。

（2）苯乙酸的制备　苯乙酸的制备过去采用的是由苄氯和氢氰酸反应合成的路线：

新方法：同样以氯苄为原料，采用羰化法生产苯乙酸。

用一氧化碳代替氢氰酸不仅避免了使用剧毒原料，而且原料成本也大大降低。

3.1.3.4 绿色氧化剂——过氧化氢的利用

过氧化氢（H$_2$O$_2$）是一种强氧化剂。近年来，随着环保要求的提高，作为一种"清洁氧化剂"越来越受到人们的关注。从原子经济性上讲，H_2O_2 几乎是一种理想的氧化剂，提供氧，自身变为水。用它可一步制取许多化合物，使现有生产工艺大大简化。尤其是钛硅分子筛催化剂的开发成功，使 H_2O_2 参与的选择性氧化过程选择性高、无污染且不会深度氧化（图 3-3）。

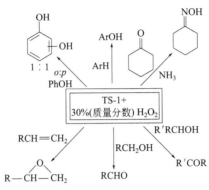

图 3-3 TS-1 钛硅分子筛催化的主要的 H_2O_2 氧化反应

（1）苯酚氧化反应　用稀 H_2O_2 为氧化剂使苯酚直接羟基化生成邻苯二酚、间苯二酚、对苯二酚的反应中，H_2O_2 具有有效利用率高、苯二酚选择性高、成本低、产品易分离和环境污染少等优点。苯酚与双氧水反应产物一般为三种苯二酚异构体混合物，反应式如下：

苯酚、双氧水比为 3∶1，反应温度为 97℃，催化剂浓度为 3%（质量分数），H_2O_2 的转化率为 100%，按苯酚计算的选择性为 94%，对苯二酚、邻苯二酚比为 1∶1，对 H_2O_2 计算的产率为 84%。

（2）环己酮肟的合成

① 传统的方法：

$$2 \text{(环己酮)} + (NH_2OH)_2 \cdot H_2SO_4 + 2NH_3 \longrightarrow 2 \text{(环己酮肟)} + (NH_4)_2SO_4 + H_2O$$

羟胺硫酸盐的生产很复杂。而且，每生产 1t 环己酮肟就要产生 2.8t 硫酸铵。

② 新方法：

$$\text{(环己酮)} + NH_3 + H_2O_2 \xrightarrow{\text{TS-1}} \text{(环己酮肟)} + 2H_2O$$

使用 H_2O_2 作氧化剂，环己酮转化率为 99.9%，环己酮肟选择性为 98.2%，过氧化氢利用率为 93.2%，新的生产过程不生成硫酸铵。

（3）丙烯环氧化反应　传统氯醇法的原子利用率为 31%。该方法先由氯气和水配制成次氯酸，丙烯与次氯酸在常压、60℃下加成得到氯丙醇。氯丙醇经氢氧化钙（熟石灰）处理，凝缩、蒸馏得到环氧丙烷。

$$2CH_3CH = CH_2 + 2HClO \longrightarrow CH_3 - \underset{\underset{OH}{|}}{C}H - \underset{\underset{Cl}{|}}{C}H_2 + CH_3 - \underset{\underset{Cl}{|}}{C}H - \underset{\underset{OH}{|}}{C}H_2$$

$$\downarrow Ca(OH)_2$$

$$2CH_3 - \underset{\underset{O}{\diagdown}}{C}H - CH_2 + CaCl_2 + H_2O$$

新方法：

$$2CH_3CH = CH_2 + H_2O_2 \xrightarrow{\text{TS-1}} 2CH_3 - \underset{\underset{O}{\diagdown}}{C}H - CH_2 + H_2O$$

使用较廉价而安全的 H_2O_2 作为氧化剂，在 TS-1 钛硅分子筛催化剂作用下，丙烯环氧化反应具有反应条件温和、反应速率快、选择性极高、过程无污染等优点，原子利用率达到 76.3%。

（4）己二酸的合成

① 旧方法：苯经 Ni 催化加氢生成环己烷，后者经催化氧化生成环己酮和环己醇，然后利用 HNO_3 进一步氧化生成己二酸。

② 新方法一：以葡萄糖为原料，经 DNA 重组技术改进的微生物催化作用，将葡萄糖转化为己二烯二酸，再在温和条件下催化加氢合成己二酸。

新方法二：2002 年，姜恒等报道了用 H_2O_2 水溶液氧化环己酮制备己二酸的方法，具有反应条件温和、易于控制、不使用有机溶剂、不产生无机酸碱废水等优点，是绿色合成己二酸的好方法。该实验以环己酮为原料，在钨酸钠催化下，磺基水杨酸为配体，双氧水氧化合成己二酸。其反应方程式为：

3.1.3.5 以二氧化碳为原料的有机合成

地球上有极为丰富的二氧化碳（CO_2）资源。目前，每年排入大气的 CO_2 约为 290 亿吨，有一半存留于大气中。大气中 CO_2 含量逐年上升，温室效应越来越严重，随之而来的是南极冰川融化、海平面升高，这是 21 世纪面临的严重的环境问题之一。同时，燃烧时产生 CO_2 的化石燃料日渐枯竭。在这种形势下，开发 CO_2 的循环利用技术及以 CO_2 这种价廉无毒的资源作为合成原料的研究就很有意义。

（1）CO_2 为原料合成甲醇、甲烷　不少化学家致力于 CO_2 的利用，以 CO_2 为原料催化合成甲醇、甲烷的方法研究。

$$CO_2 + 3H_2 \longrightarrow CH_3OH + H_2O$$
$$CO_2 + H_2 \longrightarrow CO + H_2O$$
$$CO_2 + 4H_2 \longrightarrow CH_4 + 2H_2O$$

CO_2 加氢时，上述三个反应同时进行。但在相同条件下，以钌和镍为催化剂，生成较高产率的甲烷；而以铂和钯为催化剂，生成较高产率的甲醇。

（2）CO_2 催化氢化合成甲酸及其衍生物　CO_2 催化氢化合成甲酸及其衍生物是一种利用 CO_2 为有机合成原料的有效途径。在超临界 CO_2 中进行均相加氢反应可以生成甲酸：

$$CO_2 + H_2 \longrightarrow HCOOH$$

催化剂为 $Ru(PMe_3)_4H_2$ 或 $Ru(PMe_3)_4Cl_2$ 等钌膦配合物。如果在反应中加入醇或伯（仲）胺还可以生成甲酸酯或甲酰胺：

$$CO_2 + H_2 + ROH \longrightarrow HCOOR$$
$$CO_2 + H_2 + RNH_2 \longrightarrow HCONHR$$

（3）CO_2 催化氢化制低碳烃　中国科学院成都有机所陈栋梁等研究了在微波等离子体下，CO_2 催化氢化制甲烷和 C_2 烃，其中甲烷和乙炔是主要产物。随着微波输入功率的增加和（H）／（CO）的减少，产物中乙炔的比率增加。实验证明以 CO_2 催化氢化制低碳烃是可行的。

（4）CO_2 高分子的合成　近 20 多年来，CO_2 已逐渐被开发成一种高分子合成的单体，在合适的条件下，CO_2 可固定于高分子单体上，得到各种缩聚或加聚产物。

CO_2 作单体的反应，关键是要有合适的催化剂。陈立班等研制成含锌的高分子负载双金属催化剂（PBM），不经过高耗能的反应，可从 CO_2 与环氧化物共聚制备系列脂肪族聚碳酸酯；Supper 等发展了高活性的氟化锌催化剂，合成了 CO_2 与氧化环己烯（CHO）的共聚物；此外，CO_2 与烯类单体形成环内酯，与乙烯醚或二烯烃生成低分子量的聚酯，与环硫化物、环氮化物也能形成相应的共聚物。

有机合成工业多以石油为基本原料，而地球上石油的储藏量是有限的。所以，若能以 CO_2 作为有机合成的碳源，将是一举两得。

除上述介绍的采用无毒无害或低毒的原料代替毒性大的原料实例外，这方面的工作还有很多报道。Monsanto 公司从无毒无害的二乙醇胺原料出发，经过催化脱氢，开发了安全生产氨基二乙酸钠的工艺。改变了过去的以氨、甲醛和氢氰酸为原料的二步合成路线。并因此获得了 1996 年美国"总统绿色化学挑战奖"中的变更合成路线奖。还有以二苯基碳酸酯代替光气与双酚 A 进行固态聚合等。特别应该指出的是，最近我国科学家利用自行设计的催化剂，在过氧化氢的作用下，直接从丙烯制备环氧丙烷。整个过程只消耗烯烃、氢气、分子氧，实现了高选择性、高产率、无污染的环氧化反应，替代或避免了易造成污染的氧化剂和其他试剂，被认为是一个"梦寐以求的（化学）反应"和"具有环境最友好的体系"。

3.2　绿色催化剂

催化剂在化学工业中占有重要的地位，80％以上的化学品均是通过催化反应制备的。目前采用的许多催化剂都基于金属，但金属储量有限，甚至有毒有害；其他催化剂多是强酸碱或有毒气体。它们的制备、活化等对能源的耗费大。采用储量丰富、便宜易得的原料设计和制备高效无害的绿色催化剂具有重要意义。

绿色催化剂是指在催化转化反应过程中，不产生环境污染，甚至是"零排放"，从而能够实现清洁生产的这样一类催化剂。绿色化学要求化学品的生产最大限度地合理利用资源，最低限度地产生环境污染和最大限度地维护生态平衡。它对化学反应的要求是：采用无毒无害的原料；在无毒无害及温和的条件下进行；反应必须具有高效的选择性；产品应是环境友好的。这四点要求之中有两点涉及催化剂，人们将这类催化反应称为绿色催化反应，其使用的催化剂也就称为绿色催化剂。

绿色催化剂应具有高活性、高选择性、性能稳定、无毒无害、成本低、原料易得、制备过程对环境无害、容易回收利用等特点。通过新催化剂的开发形成新工艺、新技术，最终提高反应的原子经济性。目前，绿色催化剂的研究非常活跃，涉及的领域也非常广泛。无毒无害和高效催化剂的研究和开发是绿色化学的一个重要研究方向。

3.2.1　传统催化剂存在的问题

① 催化剂造成的危害事例。由于催化剂本身也是各种化学物质，因此它们的使用就有可能对人体及环境构成危害。历史上由于催化剂的毒性引起的污染曾给人类带来沉痛的教训。其典型的实例就是由于污染引起的水俣病。20 世纪中叶，世界主要的化工原料是煤，当时大量采用由煤经电石法制备的乙炔为原料，在硫酸汞（$HgSO_4$）催化剂作用下制取乙醛。废硫酸汞催化剂掺在污水中排放到大海里成为甲基汞，这种物质溶于海水中。经鱼食过后被浓缩，人又不断食用这种鱼，就在体内积累了汞，最终导致脑细胞遭破坏，造成水俣病。20 世纪 60～70 年代，世界各地多处出现水俣病，造成许多人死亡。

② 常见的有害催化剂。随着环境问题的日益突出，催化过程所引起的腐蚀、污染问题引起了人类越来越多的关注。特别是像无机酸、碱、金属卤化物、金属羰基化合物、有机金属配合物等均相催化剂，其本身具有强烈的毒性、腐蚀性，甚至有致癌作用，它们的使用会引起严重设备腐蚀问题且对操作人员的安全构成危害，而且这些催化剂与产物难以分离，产物处理产生的大量废物以及废旧催化剂的排放造成严重的环境污染。

③ 目前最为突出的催化剂问题。目前仍大量使用硫酸、氢氟酸和三氯化铝等无机酸或酸性较强的催化剂。硫酸是一种具有强烈腐蚀性、脱水性和氧化性的三大无机强酸之一，它在工业生产过程中对设备的腐蚀可能会导致设备泄漏事故的发生而危及操作人员的安全，同时在其作催化剂后很难分离回收，而是掺入废水中排放，危害环境；氢氟酸属剧毒化学品，具有强烈的脱水作用和腐蚀作用，它的排放对植物危害很大；三氯化铝本身具有较强的腐蚀性，在其充当催化剂时还要加氯化氢作助催化剂，使其腐蚀性进一步加强，采用它作催化剂的生产工艺是目前腐蚀、污染最严重的工艺之一。因此，设计高效无害的催化剂对化工生产的绿色化是至关重要的。

3.2.2　生物催化剂

工业用生物催化剂是游离或固定化酶或活细胞的总称。由于具有反应条件温和、催化效率高和专一性强的优点，利用生物催化或生物转化等生物方法来生产药物组分已成为当今生物技术研究的热点课题。虽然，对于某些生物催化剂是否会导致污染还没有明确的定论，但是总的来看，生物转化反应非常符合绿色化学的要求（具有高效、高选择性和清洁反应的特点）：反应产物单纯，易分离纯化；可避免使用贵金属和有机溶剂；能源消耗低；可以合成一些用化学方法难以合成的化合物。

酶是具有催化功能的蛋白质，是最常见、最重要的一类生物催化剂。酶催化剂的应用十分广泛，石油化工行业利用微生物细胞内复合酶的作用，可将乙烯、丙烯和丙烯腈等合成环氧乙烷、环氧丙烷和丙烯酰胺及其他所需产品。食品工业广泛应用各种酶制造酱油、饴糖、啤酒等产品，既简化设备、流程，又节约大量粮食。皮革工业利用角蛋白酶使兽皮脱毛、裘皮软化、丝绸脱胶，降低了能耗，缩短了工时，提高了产品的质量，减少了污染。农业上用淀粉酶和纤维酶处理饲料，制成青贮饲料和糖化饲料，提高了饲料的营养价值。值得一提的是化学模拟生物固氮已有很大进展，人们从固氮微生物内将固氮酶分离出来，对固氮酶的结构及固氮功能间的相互关系积累了大量基础知识，为化学方法模拟生物固氮酶在温和条件下固定氮的方法奠定了基础。除此外，酶还广泛应用于生物工程、纺织和医疗等行业。酶催化已经成为有机合成和制药工业的重要手段。随着酶催化工程方面的发展以及可用酶的增加，将会有更多的工艺用于精细化学品和制药工业。酶催化仅仅是一个年轻的学科，发展的空间很大。1996 年，美国"总统绿色化学挑战奖"把学术奖授予得克萨斯 A & M 大学的 M. Holtzapple 教授，奖励他用石灰处理和细菌发酵等简单技术，把废生物质转化成动物饲料、工业试剂和燃料。著名化学家 Chi-Huey Wong 以在酶促反应所取得的引人瞩目的创新性成就获得了 2000 年美国"总统绿色化学挑战奖"的学术奖。正如 Frances Arnold 教授在 21 世纪化学挑战研讨会上所说的那样，"酶催化的未来只会被我们想象力所限制"。

3.2.2.1　酶和酶催化

已知有 2500 多种不同的酶，其中至少已有 200 种已制出结晶物质，并已证明酶都是蛋白质，其分子量范围约从 10000 到 1000000 以上。通常酶按照所催化的反应来分类和命名。

① 氧化还原酶。氧化还原酶可催化电子传递反应，在细胞呼吸和能量产生中起着重要的作用，典型反应如下：

$$\text{脱氢} \quad A \cdot 2H + B \xrightarrow{\text{脱氢酶}} A + B \cdot 2H$$

$$\text{氧化} \quad A \cdot 2H + O_2 \xrightarrow{\text{氧化酶}} A + H_2O_2$$

② 转移酶。转移酶可催化一种化学基团，从一个底物转移到另一底物，如转移甲基、甲酰基、糖苷基、氨基等基团，典型反应如下：

$$AB + C \xrightarrow{\text{转移酶}} A + BC$$

如丙氨酸与谷氨酸之间的氨转移：

$$\underset{\text{丙氨酸}}{CH_3CHCOOH} + \underset{\text{α-酮戊二酸}}{HOOCCCH_2CH_2COOH} \xrightarrow[\text{NADPH-NADP}]{\text{谷丙转氨酶}} \underset{\text{丙酮酸}}{CH_3CCOOH} + \underset{\text{谷氨酸}}{HOOCCH_2CH_2CHCOOH}$$

其中丙氨酸含 NH_2，α-酮戊二酸含 O，丙酮酸含 O，谷氨酸含 NH_2。

③ 水解酶。水解酶可催化蛋白质、核酸、淀粉、脂肪、磷酸酯及其他物质的水解，典型反应如下：

$$AB + HOH \underset{水解酶}{\longleftrightarrow} AH + BOH$$

如蔗糖水解成葡萄糖和果糖：

$$\underset{蔗糖}{C_{22}H_{22}O_{11}} + H_2O \xrightarrow{蔗糖酶} \underset{葡萄糖}{C_6H_{12}O_6} + \underset{果糖}{C_6H_{12}O_6}$$

④ 裂合酶。裂合酶能促进底物移去一个基团而留下一个双键的反应或其逆反应。如脱羧酶、脱氨酶、水化酶等，均属此类。典型反应如下：

$$AB \underset{裂合酶}{\longleftrightarrow} A + B$$

如氨基酸脱去羧酸：

$$\underset{NH_2}{\overset{H}{R-\underset{|}{\overset{|}{C}}-COOH}} \xrightarrow{脱羧酸} \underset{NH_2}{R-\underset{|}{CH_2}} + CO_2$$

⑤ 异构酶。异构酶可催化异构物相互转化等。例如将甜度为 74%（以蔗糖的甜度为 100%）的 D-葡萄糖转化为甜度为 173% 的 D-果糖。典型反应如下：

$$A \underset{异构酶}{\longleftrightarrow} B$$

如 D-葡萄糖和 D-果糖之间的异构：

$$D\text{-}葡萄糖 \underset{异构酶}{\longleftrightarrow} D\text{-}果糖$$

⑥ 连接酶。连接酶可以促进两种物质分子在三磷酸腺苷（ATP）的参与下合成一种新物质的反应。连接酶也称合成酶。典型反应如下：

$$A + B + ATP \underset{连接酶}{\longleftrightarrow} AB + ADP(或AMP) + Pi(或PPi)$$

如丙酮酸和二氧化碳合成草酰乙酸：

$$丙酮酸 + H_2O + CO_2 + ATP \xrightarrow{连接酶} 草酰乙酸 + AMP + PPi$$

有些酶类的活性仅由它们的蛋白质结构所决定，而另一些酶类还需要一种或多种非蛋白质组分，称为辅助因子。辅助因子可以是金属离子或金属配合物，也可以是被称为辅酶的有机分子；有些酶类两者都需要。在自然界中，大约有三分之一的酶需要金属离子作为辅助因子或活化剂。有些含金属的酶，其所含的金属离子，特别是铁、钼、铜、锌等过渡金属离子与蛋白质部分牢固地结合，形成酶的活性部位。这种酶称为金属酶，例如使大气中游离的氮分子固定为氨的、含钼和铁的固氮酶；使底物氧化同时将氧分子还原为水的铜氧化酶；使 H_2（或 H^+）转化为 H^+（或 H_2）的含铁、硫的氢酶；一类含钼的氧化还原酶（如硝酸盐还原酶、嘌呤脱氢酶、黄嘌呤氧化酶、醛氧化酶、亚硫酸氧化酶和甲酸脱氢酶）等。在这些酶的大分子内部含有由若干金属原子组成的原子簇，作为活性中心，以络合活化底物分子。它们使底物络合活化的方式和通过配位体实现电子与能量偶联传递的原理，与相应的均相络合催化和多相络合催化过程有相似的地方。

酶催化是最古老的催化方法也是最先进的催化方法。古时候，人类就懂得用发酵的方法制酒：淀粉→葡萄糖→酒。酶催化可以看作是介于均相与非均相催化反应之间的一种催化反应。既可以看成是反应物与酶形成了中间化合物，也可以看成是在酶的表面上首先吸附了反应物，然后再进行反应。弄清自然界在亿万年进化过程中巧妙设计的各种酶作用机理，不仅能揭开生物催化过程的奥妙，也能为人类利用其中某些原理来研究开发新型高效催化剂奠定科学基础，并带动催化的边缘学科——光助催化、电催化和光电催化的发展。

酶是高效而又无害的催化剂，酶催化剂除具有一般催化剂的共性外，还有如下一些特性。

① 催化效率高。酶催化反应比一般的非催化反应快 $10^8 \sim 10^{20}$ 倍，比一般的催化反应快 $10^7 \sim 10^{13}$ 倍。在一定条件下，每个过氧化氢酶在 1min 内能转化 5×10^6 个过氧化氢分子，比其他催化剂效率要高几个数量级。在化学实验室中需几天或几个月才能完成的复杂反应序列，酶能在数秒钟之内催化完成。

② 高度专一性。生物催化具有更高的选择性，甚至达到专一的程度，称为专一性，这是酶与非生物催化剂的最主要区别。酶催化剂作用的专一性大致有三种类型：其一是反应的专一性，即某酶只能催化某一类型的反应；其二为反应物专一性，即某酶只对某种反应物或具有某种特定键型的反应物进行催化；其三为立体专一性，指某种酶只对具有某种特定的立体结构的反应物，如光学异构体中的一种，或立体构型异构体、几何异构体中的某一种实施催化。这类专一性的催化作用对生命的存在和新陈代谢过程是必不可少的。正是依靠了这种特别的专一性，各种酶才能在周围许多共同存在的反应物中，识别出其作用对象。定向地引起反应。没有酶的专一性，就不可能在生物体内有规则地、协调地进行物质和能量的代谢，生命亦就无法存在了。

③ 温和的反应条件。所有酶催化的反应都是在常温常压下进行，而普通催化剂大部分情况下对反应的条件要求较高，比如高温、高压、强酸和强碱等。强酸、强碱、有机溶剂、重金属、光辐射等，凡是能够破坏蛋白质的都会使酶失活。

④ 酶的活性可以调节和控制。酶的催化活性与底物（原料、反应物）的立体结构有关，如果底物中有抑制剂就可以降低酶的活性。

⑤ 酶本身无毒，在反应过程中也不产生有毒物质，因此不造成环境污染，属典型的环境友好催化剂。

⑥ 多样性。就微生物的催化作用看，现有 2 万多种含酶的微生物几乎可以催化所有的化学反应，而我们目前发现的酶只有 2500 多种。

由于酶催化的这种高度专一、高选择性和原子经济性，我们称之为分子机器，其大小以纳米计，关于酶催化剂的研制与开发还在不断地深入。最近，美国能源部组织的新原料计划发展了一个有效地把木质纤维素的三个组分分离开的方法，得到的纯净纤维素能够十分有效地转化成葡萄糖，再用细菌或酶把葡萄糖催化转化成酒精和其他化学品。维生素 C 是人体必需的一种维生素和抗氧剂，在医药工业和食品工业有很大的市场，它的前体 2-酮基-L-古龙酸（2-KLG）也是从葡萄糖发酵制得的。2-KLG 原来采用"莱氏法"或改良的二步发酵法。近年来，各国生物学家不断探索和研究，构建基因工程菌，实现了葡萄糖一步发酵直接生产 2-KLG。

近年来，除了生物化学反应外，酶在有机化工、精细化工领域都有着广泛的应用，利用酶催化反应来制备和生产化学品是化工清洁生产的重要发展方向。例如，以葡萄糖为原料，通过酶催化反应可制得己二酸等；利用酶技术可进行石油的生物脱硫；据悉，南伊利诺大学的研究人员已开发出一种采用三种酶来转化 CO_2 排放气体成为甲醇的方法。该工艺技术对于要控制 CO_2 全球性温室气体排放的能源密集型工业来说，是一种经济有效的方法。该工艺就是让 CO_2 通过一种浸入有两种细酶的水中的多孔硅胶。这两种酶是纤维素脱氢酶和甲醛脱氢酶。纤维素脱氢酶把 CO_2 转化为甲酸，然后由甲醛脱氢酶使其进一步转化为甲醛，最后在人肝酶（醇类脱氢酶）的作用下，甲醛转化为甲醇。该工艺的一个缺点是存在潜在的可逆性，但有一种叫作 nad 的酶可以阻止这种可逆性，目前研究人员正在开发一种可循环利用这种酶的工艺，以降低生产成本，使之能够大规模地工业化。

由于酶催化剂的优良性能，酶工业有广阔的发展前景。专家预言，21 世纪，酶工业将朝着以下几个方向发展：

① 固定化酶与固定化细胞将成为工业生产与分析化学、医学等方面的重要工具。

② 发展多酶系统，来代替目前化工产业中高温高压下的化学合成和设备庞大、效率低下的发酵生产。

③ 处理高分子有机废物，使废物废水转变为酒精、氢、沼气等燃料。

④ 发展酶在有机化学工业的应用，合成精细化学品。

⑤ 发展酶生物传感器，研制临床用的灵敏、精确、痛苦小的自动测定仪。

酶催化的缺点是酶在水溶液中一般不是很稳定，而且酶与底物只能作用一次，不经济。克服这一缺点的方法是采用固定化技术，即通过化学或物理方法将酶束缚在一定的区域内，将酶固定化之后再起催化作用。

3.2.2.2　仿酶催化

由于天然酶来源有限、难以提纯、敏感易变，实际应用尚有不少困难。开发具有与天然酶功能相似甚至更优越的人工酶已成为当代化学与仿生科技领域的重要课题之一。

模拟酶，就是从天然酶中挑选出起主导作用的一些因素，如：活性中心结构、疏水微环境、与底物的多种非共价键相互作用及其协同效应等，用以设计合成既能表现酶的优异功能又比酶简单、稳定得多的非蛋白质分子或分子集合体，模拟酶对底物的识别、结合及催化作用，开发具有绿色化学特点的新合成反应或方法。

（1）水解酶和醛缩酶的模拟　α-胰凝乳蛋白酶是一种蛋白质水解酶，具有包结底物的疏水性环状结合部位，催化部位中含有 57-组氨酸咪唑基、102-天门冬氨酸羧基及 195-丝氨酸羟基，三者共同织成"电荷中继系统"在催化底物水解时起着关键作用。近年，模拟 α-胰凝乳蛋白酶等水解酶的研究进展迅速，取得了一些重要结果。如 M. L. Bender 等设计合成的 β-Benzyme 催化醋酸间叔丁苯酯水解反应比酶催化更快，K_{cat}/K_m 与酶相当，热稳定性和酸碱稳定性高于天然酶。R. Breslow 等合成的桥联环糊精与 Cu^{2+} 的配合物在中性条件下催化一些双疏水部位的水解反应速率比无催化剂时提高 $1.8 \times 10^4 \sim 2.2 \times 10^5$ 倍。

（2）模拟酪氨酸酶　传统化学方法难以实现酚类化合物高选择性邻位氧化反应。然而，酪氨酸酶在生物体内却能高效、高选择性实现单酚的邻位羟化以及氧化邻二酚为邻二醌。

模拟酪氨酸酶这些优异功能，谢如刚等开发了酚类化合物的咪唑甲基化新方法，设计合成了一系列含多个咪唑基的双核铜酶模型物，并成功地实现了模型物在室温下对氧气的络合、活化和催化苯偶姻生成二苯基乙二酮的反应，以及催化羧酸酯和磷酸酯的水解反应。

（3）手性识别作用与模拟硫胺素酶　环番不仅兼备环糊精、冠（穴）醚和多齿配体的一些特点，还具有合成方法与结构修饰的灵活多样性，能更好发挥氢键、疏水作用、静电作用。π-π、阳离子-π 的协同效应，可望发展为更优越的仿酶体系。咪唑作为很重要的"生物配体"，其特异的质子授-受、共轭酸-碱、选择络合性能是公认的。将咪唑引入环番主链，可望赋予环番以新活性，进一步改善其仿酶功能。研究发现含两个手性中心的咪唑环番，对一系列 α-氨基酸酯具有较好的手性识别能力。

含两个手性中心的咪唑环番

（4）化学酶：新型手性噁唑硼烷催化剂　一些人工合成的手性配体或催化剂被称为化学酶（chemzyme），它们的催化作用类似于酶的催化作用，具有很高的对映选择性和效率。手性 1,3,2- 噁唑硼烷就是一类重要的化学酶。近年，它们在不对称催化合成反应中的应用发展迅速。如著名的 CBS（Corey-Bakshi-Shibata，取自三个作者的姓）化学酶催化前手性酮的对映选择性还原，ee％高达 95％以上。

由噻唑烷酸衍生的噻唑烷并手性噁唑硼烷 CTO（Chengdu-Taipei-Oldenburg，取自三个工作小组所在地地名）催化前手性酮不对称还原的研究，发现以噻唑烷代替 CBS 化学酶中的吡咯烷后，其催化苯乙酮和 α-卤代苯乙酮还原反应所得产物构型与 CBS 化学酶所得产物构型相反。

CBS化学酶　　　　CTO

R=H,Ph
R^1=H,CH$_3$

3.2.3　分子筛催化剂

分子筛（图 3-4）是一种具有立方晶格的硅铝酸盐化合物。其化学通式为：$M_{x/m}$ $[(AlO_2)_x \cdot (SiO_2)_y] \cdot zH_2O$。M 代表阳离子，$m$ 表示其价态数，z 表示水合数，x 和 y 是整数。沸石分子筛活化后，水分子被除去，余下的原子形成笼形结构，孔径为 $3 \sim 10 \text{Å}$（$1 \text{Å} = 10^{-10} \text{m}$）。分子筛晶体中有许多一定大小的空穴，空穴之间由许多同直径的孔（也称"窗口"）相连。由于分子筛能将比其孔径小的分子吸附到空穴内部，而把比孔径大的分子排斥在其空穴外，起到筛分分子的作用，故得名分子筛。

分子筛具有均匀的微孔结构，它的孔穴直径大小均匀，对极性分子和不饱和分子具有优

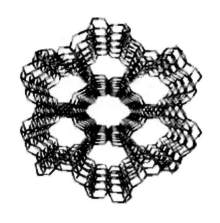

图 3-4　分子筛

先吸附能力，因而能把极性程度不同、饱和程度不同、分子大小不同及沸点不同的分子分离开来。分子筛由于具有吸附能力高、热稳定性强等其他吸附剂所没有的优点，因此其在冶金、化工、电子、石油化工、天然气等工业中广泛使用。

20 世纪 50 年代中期，美国联合碳化物公司首先生产 X 型和 Y 型分子筛，它们是具有均一孔径的结晶性硅铝酸盐，其孔径为分子尺寸数量级，可以筛分分子。1960 年用离子交换法制得的分子筛，增强了结构稳定性。1962 年石油裂化用的小球分子筛催化剂在移动床中投入使用，1964 年 XZ-15 微球分子筛在流化床中使用，将石油炼制工业提高到一个新的水平。自分子筛出现后，1964 年联合石油公司与埃索标准油公司推出载金属分子筛裂化催化剂。利用分子筛的形状选择性及 20 世纪 60 年代在炼油工业中取得的成就，20 世纪 70 年代以后在化学工业中开发了许多以分子筛催化剂为基础的重要催化过程。在此时期，石油炼制工业催化剂的另一成就是 1967 年出现的铂-铼/氧化铝双金属重整催化剂。

继石油炼制催化剂之后，分子筛催化剂也成为石油化工催化剂的重要品种。20 世纪 70 年代初期，出现了用于二甲苯异构化的分子筛催化剂，代替以往的铂/氧化铝；开发了甲苯歧化用的丝光沸石（M 分子筛）催化剂。1974 年莫比尔石油公司开发了 ZSM-5 型分子筛，用于择形重整，可使正烷烃裂化而不影响芳烃。70 年代末期开发了用于苯烷基化制乙苯的 ZSM-5 分子筛催化剂，取代以往的三氯化铝。80 年代初，开发了从甲醇合成汽油的 ZSM-5 分子筛催化剂。近年来，我国的分子筛催化材料的合成与制备以及催化转化研究等也受到了国家的高度重视，自"七五"以来，已经取得了一系列重大科技成果，尤其是沸石分子筛合成、介孔材料研究等领域均处于国际前沿，在国际学术界有了相当的地位。

分子筛有天然沸石和合成沸石两种：①天然沸石大部分由火山凝灰岩和凝灰质沉积岩在海相或湖相环境中发生反应而形成。目前已发现有 1000 多种沸石矿，较为重要的有 35 种，常见的有斜发沸石、丝光沸石、毛沸石和菱沸石等。主要分布于美、日、法等国，中国也发现有大量丝光沸石和斜发沸石矿床，日本是天然沸石开采量最大的国家。②因天然沸石受资源限制，从 20 世纪 50 年代开始，大量采用合成沸石。最初的分子筛是天然沸石，即 Si 和 Al 组成的晶体化合物；目前，分子筛还可以是杂原子分子筛，可以由 P、B、Ti 等和 Si 或 Al 组成。

分子筛按硅铝比分为低硅（A 型）、中硅（X、Y 型）、高硅（ZSM-5 型）和全硅型（silicalite）。其中 A 型有：钾 A（3A），钠 A（4A），钙 A（5A）；X 型有：钙 X（10X），钠

X（13X）；Y 型有：钠 Y，钙 Y。按孔道大小划分，孔道尺寸小于 2 nm、2～50nm 和大于 50nm 的分子筛分别称为微孔、介孔和大孔分子筛。按骨架元素组成可分为硅铝类分子筛、磷铝类分子筛和骨架杂原子分子筛。一些常见沸石分子筛的孔结构见表 3-1。

⊡ 表 3-1　一些常见沸石分子筛的孔结构

沸石分子筛的名称	孔径/nm	孔径形状	孔径结构
A	0.41	圆形	三维
ZSM-5	0.51～0.55	椭圆	三维
NaX	0.74	圆形	三维
$AlPO_4$-11	0.39～0.63	椭圆	一维
$AlPO_4$-5	0.73	圆形	一维
$AlPO_4$-8	0.79～0.87	椭圆	一维
VPI-5	1.21	圆形	一维
Cloverite	0.60～1.32	三叶形	三维
JDF-20	0.62～1.45	椭圆	三维

分子筛具有均匀的微孔结构，比表面积为 $200～900m^2/g$，孔体积占分子筛晶体体积的 50%左右，随硅铝比的提高，分子筛的酸稳定性、热稳定性增强，高硅分子筛对烃类的裂解和转化催化反应表现出相当高的活性。自 1945 年研究分子筛进行混合物的选择分离以来，基于其良好的吸附、离子交换和催化性能，分子筛在气体和液体的干燥、混合气体的选择分离、石油混烃的分离、石油烃的催化裂解、污水和废气的处理、离子交换剂等许多领域得到了广泛的应用。

分子筛是一种理想的适合于创造环境友好工艺的催化剂。因为它能择形催化，提供超高级别的反应选择性，具有很高的活性中心密度，能产生较高的反应速率；它可以再生，即使废弃也能与环境兼容，因为其自身就是天然原料，合成的与天然的完全相同。分子筛是一种多功能的催化剂，它可作为酸性催化剂，对反应原料和产物也有筛分作用。它们无毒无污染、可再生，是理想的环境友好催化剂。下面简要介绍分子筛作为绿色催化剂的几种应用实例。

3.2.3.1　环氧丙烷的生产

环氧丙烷是一种重要的有机化工原料，在丙烯衍生物中是产量仅次于聚丙烯和丙烯腈的第三大品种，主要应用于制取聚氨酯所用的多元醇和丙二醇，用以生产塑料等，还可作为溶剂使用。

生产环氧丙烷的传统工艺是从国外引进的氯醇法。不仅以有毒的氯气为原料，而且还伴生大量的氯化钙废水。

$$CH_3CH = CH_2 \xrightarrow[\text{(2) Ca(OH)}_2]{\text{(1) Cl}_2} CH_3CH \overset{O}{-\!\!-} CH_2 + CaCl_2 + H_2O$$

新型催化材料——钛硅分子筛 TS-1 的开发，使由丙烯环氧化生产环氧丙烷过程的原子经济性得到明显提高（表 3-2）。而且，由于使用低浓度过氧化氢作为氧化剂，氧化源安全易得，还原产物为 H_2O，没有对反应体系引入杂质，不会造成环境污染。

$$CH_3CH = CH_2 + H_2O_2 \xrightarrow{\text{TS-1}} CH_3CH \overset{O}{-} CH_2 + H_2O$$

⊡ 表 3-2　Enlchem 公司 TS-1 催化合成环氧丙烷的原子经济性

反应物分子式	分子量	产物被利用的分子式	分子量	产物中未被利用的分子式	分子量
C_3H_6	42	C_3H_6	42		
H_2O_2	34	O	16	H_2O	18
合计		合计		废物	
$C_3H_8O_2$	76	C_3H_6O	58	H_2O	18

TS-1 分子筛具有 ZSM-5 结构，它被用作各种有机物选择性氧化的催化剂。采用 TS-1 分子筛作为催化剂进行氧化的体系有如下显著优点：①反应条件温和，可在常压、低温（20～100℃）下进行；②氧化目的产物收率高，选择性好；③工艺过程简单。

3.2.3.2　丝光沸石择形催化合成乙苯和异丙苯新工艺

乙苯和异丙苯都是重要的有机化工原料，乙苯主要用来制备聚苯乙烯的单体，聚苯乙烯广泛用于注塑电话机、吸尘器、录像带外壳等高光泽部件，注塑各种容器，用于食品、医药、日用等领域，可挤压成片、膜，还可发泡用于热食品包装等。异丙苯主要用于合成苯酚，苯酚是重要的基本有机化工原料，广泛应用于化学工业、染料工业和医药工业，是制造洗涤剂、香料和农药的原料，还被用来制造溶剂、实验试剂和消毒剂。因此，年需求量都十分大，分别高达 1700 万吨和 1000 万吨，而且这种需求量还在不断增长。如此大量的需求必然导致生产量的加大，传统乙苯和异丙苯的生产均采用三氯化铝作为催化剂，这种催化剂本身就具有腐蚀性，再加之在使用过程中还要加上氯化氢作为助催化剂，使得生产过程中要用大量的强碱氢氧化钠去中和废酸，如果生产量再大，其产生的废水、废酸、废渣和废气对环境产生的污染可想而知。而采用分子筛固体催化剂工艺，污染状况大为改善。

ZSM-5 是人工合成的高硅铝比的结晶铝硅酸，3DDM 是脱铝丝光沸石。新工艺大大简化，不用分离产物和催化剂，燕山石化公司采用新法生产异丙苯后彻底消灭了废酸、废液的产生，废渣、废气排放也很少，废渣主要是废催化剂，但无毒、无腐蚀性。

3.2.3.3　萘的烷基化反应

以丝光沸石为催化剂取代传统的磷酸或 $AlCl_3$，不但可以避免传统催化剂 $AlCl_3$ 或磷酸对环境的污染，而且还可以使 2,6- 和 2,7- 二羧基萘异构体的比例从 1∶1 提高到 2.9∶1。

3.2.3.4 苯氧化制苯酚

旧工艺以异丙苯氧化成过氧化异丙苯，再经过酸水解成苯酚和丙酮，不但原子利用率低，而且产生大量含酚和含盐的废水。新工艺以 H-ZSM-5 为催化剂，直接把苯气相氧化成苯酚，产率可达 99%，副产物是无毒害的氮气。

3.2.4 电催化

电极在电化学反应中的行为可分为两种类型：第一类电极，直接参加电化学反应，并有所消耗（阳极溶解）或生长（阴极电沉积），多属于金属电极过程；第二类电极，本身并不直接参加电极反应和消耗（惰性电极或不溶性电极），但对电化学反应的速度和反应机理有重要影响，这一作用称为电化学催化。

电催化作用的概念由苏联 Kobosev 等提出后，经 Bockris、Grubb 等大力倡导，而今在燃料电池领域已广泛使用。电催化作用既可由电极材料本身产生，也可通过各种工艺使电极表面修饰和改性后获得。

电催化作用根据电催化的性质可以分为氧化-还原电催化和非氧化-还原电催化两大类。氧化-还原电催化是指固定在电极表面或存在于溶液相中的催化剂本身发生了氧化-还原反应，或为反应底物的电荷传递的媒介体，加速了反应底物的电子传递，因此也称为媒介体电催化。

选用合适的电极材料，以加速电极反应的作用很重要。所选用的电极材料在通电过程中具有催化剂的作用，从而改变电极反应速率或反应方向，而其本身并不发生质的变化。电极上施加的过电位也能影响反应速率，因此衡量电催化作用的大小，必需用平衡电位 E_e 时的电极反应速率（常称为交换电流密度 i^0）。电解池和原电池的电位分别为 E_1 和 E_2：

$$E_1 = E_e + IR' - \eta_a + |\eta_c| + \eta_0$$

$$E_2 = E_e - IR' - \eta_a - |\eta_c| + \eta_0$$

$$|\eta| = \frac{RT}{\alpha nF}\ln\frac{i}{i_0}$$

式中，η_a 和 η_c 分别为阳极和阴极的电活化过电位；i 为电流；R' 为电阻；n 为电极反应的电子转移数；R 为气体常数；T 为热力学温度；F 为法拉第常数；α 为阴极反应的传递系数；η_0 为其他过电位。显然，交换电流密度愈大，则电活化过电位愈小，有利于反应的进行。

不同的金属电极对释氢反应的过电位有非常明显的差异，在 1mol/L 硫酸介质中，从钯 ($i_0 = 10\text{A/m}^2$) 到汞 ($i_0 = 10^{-8.3}\text{A/m}^2$)，这么大数量级的变动，就足以反映出电极材料对反应速率的影响。

3.2.4.1 电催化特征

① 电极电位是重要的观察参数，特别是对组成一定的体系，超越平衡电位的电极电位（超电位）是使反应进行的驱动力（自由能降低大，$-\Delta G$），也称为亲和力（affinity）。这在研究反应动力学的特性时有重大意义。

② 可利用外部回路（例如恒电位）控制超电压，使反应条件/反应速度较易控制，且可实现剧烈的电解和氧化-还原条件。

③ 电流可作为测定反应速度的量。因此，测定的灵敏度和精确度都比较高（$\sim\mu\text{A}$，精确度高 3 个数量级）。像过渡状态那样的快速步骤（$\sim\mu\text{S}$）也能较容易地观测出来。

④ 反应的 $-\Delta G$ 值变化幅度相当大。通过改变电极电位，可控制反应方向（氧化反应和还原反应），同时，由于变化幅度大，还能引起反应机理改变。

⑤ 电催化是以自由能变化为对象的化学反应。自由能变化直接和电极电位变化相对应，对这样大小的值可直接测量。

⑥ 在有些电催化反应中（例如燃料电池），和化学反应伴生的一部分能量可以作为电能引向外部直接加以利用。利用逆反应，电能又可能变为化学能储存（二次电池和电解合成等）。

⑦ 反应主要在电解质溶液中进行。故电极仅限于金属、半导体等电性材料。

⑧ 反应种类仅和以离子形式出现的场合有关。故仅限于电解质溶液体系（也包括高温时的熔融盐和固体电解质体系）。

3.2.4.2 电催化剂设计思路

电极本体或构成电极反应表面的其他材料叫电催化剂。人们一般不把那些变更电极种类而反应速度并不改变的电极称为电催化剂。电极仅作为电催化剂的基体。如：新型表面合金电催化剂技术，在碳基底表面形成纳米材料层，对涉及电化学还原的有机合成反应具有效率高、选择性好、显著降低能耗的特点。

电极催化剂的范围仅限于金属和半导体等的电性材料。研究较多的有骨架镍、硼化镍、碳化钨、钠钨青铜、尖晶石型与钨态矿型的半导体氧化物，以及各种金属化物及酞菁一类的催化剂。

电催化作用涉及电极反应和催化作用两个方面，因此电催化剂必须同时具有这两种功能：①能导电和比较自由地传递电子；②能对底物进行有效地催化活化。能导电的材料并不都具有对底物的活化作用，反之亦然。因此，设计电催化剂的可行办法是修饰电极。将活性组分以某种共价键或化学吸附的形式结合在能导电的基底电极上，可达到既能传递电子，又能活化底物的双重目的。当然，除了考虑电极的宏观传质因素外，还有一个修饰分子和基底电极的相互作用问题，这种相互作用有待进一步研究。

对电催化剂的要求：

① 高的电催化活性：使电极反应具有高的反应速度，在较低的过电位下进行，以降低槽压和能耗。

② 稳定、耐蚀，具有一定的机械强度，使用寿命长。

③ 良好的电催化选择性：对给定电极反应具有高的催化活性，对副反应催化活性低.使其难以发生。

④ 良好的电子导电性：可降低电极本身的电压降，使电极可能在高电流密度下工作。

⑤ 易加工和制备，成本较低。

3.2.4.3　绿色电催化反应

电化学反应称为电催化反应。电催化反应通常以电池的形式出现。电极（导体）和电解质溶液相互接触，它们的界面间出现静电电位梯度时，形成所谓的双电荷层（electrial double layer，图 3-5），电极反应中，有静电子的转移，电极作为一种非均相催化剂，既是反应场所，也是电子的供-受场所。换言之，电催化同时具有化学反应和使电子迁移的双重性质。

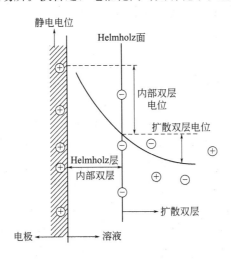

图 3-5　双电层模型的概念图

电催化主要应用于有机污水的电催化处理；含铬废水的电催化降解；烟道气及原料煤的电解脱硫；电催化同时脱除 NO_x 和 SO_2；二氧化碳的电解还原。目前对能源利用、燃料电池和某些化学反应（如丙烯腈二聚、分子氧还原）的电催化作用研究得较深入。电催化的有机合成由于不使用化学试剂作催化剂、不需要在高温高压下进行反应，所以不存在催化剂对环境的污染，生产过程也相对比较安全。下面介绍三个绿色电化学反应应用实例：

① 自由基环化。自由基反应是有机合成中一类非常重要的碳-碳键形成反应。自由基环化的传统方法是使用三丁基锡烷作催化剂，有机锡是有毒的试剂，而且反应过程原子利用率低。这两方面的问题用维生素 B_{12} 催化的电还原方法可完全避免。采用天然、无毒、手性的维生素 B_{12} 催化的电还原法，可在温和、中性的条件下实现自由基环化。

② 苯胺电催化氧化。最近，T. Selvam 等比较了在 H_2O_2 和 TBHP（叔丁基过氧化氢）存在下用 VS-1 分子筛对苯胺催化氧化和电催化氧化，发现转化率和选择性有所不同。在 TBHP 存在下，用 VS-1 催化氧化苯胺成硝基苯的选择性为 73%，而电催化氧化苯胺成硝基苯的选择性为 91.8%，所需电压为 700mV。

③ 电催化环氧化。环氧丙烷的生产通常使用氯醇法，使用有毒气体氯气和腐蚀性原料，并生成大量废水、废渣。使用电催化法，利用水在阳极产生活性氧直接使丙烯环氧化，可在常温常压下进行，不产生废弃物，实现零排放，是清洁生产过程。

目前，电催化作用的不足之处是不能改变反应的方向和平衡以及具有选择性等特征。当电极材料本身或表面状态物性起催化作用时，则该电极既是电子导体又是催化剂。所以，如何选择电极材料和改善电极材料（如纳米表面状态）的表面性能，使它除作电子导体外，还赋予它具有一定的电催化性能，则是电化学工作者研究的一个永恒课题。另外，电催化今后在开拓精细有机合成方面可能会得到较大的进展，特别是对那些与电子得失有关的氧化还原反应。

3.2.5 手性催化（不对称催化）

自然界里有很多手性化合物，这些手性化合物具有两个异构体，它们如同实物和镜像的关系，通常叫作对映异构体。对映异构体很像人的左右手，它们看起来非常相似，但是不完全相同。当一个手性化合物进入生命体时，它的两个对映异构体通常会表现出不同的生物活性。对于手性药物，一个异构体可能是有效的，而另一个异构体可能是无效甚至是有害的。以前由于对此缺少认识，人类曾经有过惨痛的教训。例如德国一家制药公司在 20 世纪 50 年代开发的一种治疗孕妇早期不适的药物——反应停，药效很好，但很快发现服用了反应停的孕妇生出的婴儿很多是四肢残缺。虽然各国当即停止了反应停的销售，但已经造成了数以千计的儿童畸形。后来发现反应停中一种构型有致畸作用，而另一构型没有致畸作用。很明显，研究手性化合物对于科学研究以及人类健康有着重要意义。

2001 年，皇家科学院宣布将诺贝尔化学奖奖金的一半授予美国科学家威廉·诺尔斯（W. S. Knowles）与日本科学家野依良治（R. Noyori），以表彰他们在"手性催化氢化反应"领域所做出的贡献；奖金另一半授予美国科学家巴里·夏普莱斯（K. B. Sharpless），以表彰他在"手性催化氧化反应"领域所取得的成就。1968 年诺尔斯首先应用手性催化剂催化烯烃的氢化反应，第一次实现了用少量手性催化剂控制氢化反应的对映选择性。经过不断改进，很快他就将这一反应的选择性提高，这个反应 1974 年被用于治疗帕金森病的药物——左旋多巴的生产。1980 年，野依良治等发现了一类能够适用于各种双键化合物氢化的有效手性催化剂，现在这类手性催化剂已经被广泛地应用于手性药物及其中间体的合成。1980 年夏普莱斯发现用钛和酒石酸二乙酯形成的手性催化剂可以有效地催化烯丙醇化合物的环氧化反应，选择性非常高。后来，他又发现了催化不对称烯双烃基化反应。

研究手性化合物首先要将两个对映异构体分别合成出来。过去要想合成手性化合物的一个异构体而不是另一个异构体是非常困难的。人工合成是获得手性物质的主要途径。外消旋体拆分、底物诱导的手性合成和手性催化合成是获得手性物质的三种方法。其中，使用外消旋体拆分，理想的产率也只能达到 50%；另一半异构体只能废弃，而可能对环境造成污染。

从绿色化学的角度看，原子经济性是很差的。因此，对于合成单一的手性分子，催化的不对称合成反应应该是首选的，也是最重要的。手性催化合成方法被公认为学术和经济上最为可取的手性技术，因而得到广泛的关注和深入的研究。因为一个高效的手性催化剂分子可以诱导产生成千上万乃至上百万个手性产物分子，达到甚至超过了酶催化的水平。

手性催化反应使用催化剂的不对称中心来诱导产物的手性。手性催化剂包括两部分：手性配体和中心过渡金属。手性配体有单膦配体、双膦配体、含 N 手性配体、含 C 手性配体等。中心过渡金属则有铑、钌、铱等。近年来，手性催化合成领域取得了很大的进展，各类手性配体及催化剂已达数千个，但还存在许多问题。如，手性催化剂大部分只对特定的反应甚至特定的底物有效，没有广泛适用的万能手性催化剂，而且多数手性催化剂转化数较低，稳定性不高，难以回收和重复使用，等等。因此，如何设计合成高效、新型的手性催化剂，探讨配体和催化剂设计的规律，解决手性催化剂的选择性和稳定性，以及研究手性催化剂的设计、筛选、负载和回收的新方法，发展一系列重要的不对称反应是该研究领域面临的新挑战。

我国对于手性催化合成的研究始于 20 世纪 80 年代，从 90 年代逐渐引起重视。1995 年戴立信、陆熙炎和朱光美先生曾撰文呼吁我国应对手性技术特别是手性催化技术的研究给予重视。国家自然科学基金委员会九五和十五期间分别组织了"手性药物的化学与生物学研究""手性与手性药物研究中的若干科学问题研究"重大研究项目，同时中国科学院和教育部等也对手性科学与技术的研究给予了重点支持，极大地推动了我国手性科学和技术领域特别是在手性催化领域的发展，取得了一批在国际上有较大影响的研究成果，并培养了一支优秀的研究队伍，在手性催化研究领域开始在国际上占有一席之地。

3.2.5.1　手性催化中的新概念与新方法

随着对手性催化研究的逐步深入，化学家在不断地总结和发展一些新概念和新方法，一方面可以进一步提高手性催化的效率，另一方面，也为认识手性起源和手性催化的规律提供了新的线索和思路，为新型手性催化剂和新的手性催化反应的设计提供了理论指导。比如 Kagan 等提出的非线性效应、Noyori 等提出的不对称放大、Yamamoto 与 Faller 提出的"不对称毒化"以及 Mikami 提出的"不对称活化"等概念曾为设计手性催化剂提供了全新的思路。此外，还包括 Soai 等提出的"不对称自催化"和 Sharpless 等提出的"配体加速的催化反应"等。这些概念和最近提出的"组合不对称催化""超分子手性催化"等成了国内外手性催化研究的热点。

2004 年，我国科学家在新概念和新方法研究方面也取得了一些重要进展，例如：丁奎岭等运用组合化学方法，基于不对称活化、毒化、手性传递、非线性效应等概念，发展了一系列新型、高效和有应用前景的手性催化剂体系。该方法的主要内容就是选用两个（或多个）配体和一个金属离子配位，以平行方式来构建自组装的手性催化剂库。他们依据这种组合策略，详细研究了醛与双烯的不对称杂 Diels-Alder 反应以及羰基-烯反应，获得了超高活性的手性催化剂体系。用单一催化剂同时催化两个不同的反应进而实现串联反应是手性催化研究新近发展的另一新方法，被形象地称为"一石二鸟"。丁奎岭等利用非手性亚胺活化手性催化剂的策略，成功实现了单一催化剂在一锅中、相同反应条件下催化两个不同的不对称反应，并获得了优异的非对映和对映选择性。他们还基于不对称活化策略，发展了第一例采用外消旋配体在光学纯手性添加剂存在下进行的不对称烷基化反应。最近，他们还将这种"组合手性催化剂"进一步拓展到手性桥联配体与金属的"组装手性催化剂"，首次提出了手性催化剂的"自负载"概念。

3.2.5.2 手性催化研究应重视两个问题

在催化不对称反应的研究日益发展的时候，应重视以下两个方面：

① 应重视新观念、新技术、新方法和新型手性催化剂的研究和应用。例如，外消旋体的动力学拆分是合成光学活性化合物的有效手段，但是理想的产率也只能达到50%，而另一半异构体只能作为副产品废弃掉，造成低的原子经济性。近年来，报道了"动态动力学拆分的方法"，即在反应体系中加入另一种催化剂，可以催化异构化反应，这样，单一光学活性化合物的产率就可以达到80%～90%，化学合成的原子经济性有了很大的提高。其他还比如，不对称活化（毒化）、不对称放大、去对称化反应等新的观念、方法和技术都是需要深入研究和发展的。至于新型手性催化剂的研制，更需要重视具有我国特色的新型手性配体和相应的手性催化剂的研究和开发。

② 注重总结规律，加强理论的研究和指导作用。目前，有关的研究主要还是通过经验的积累和反复的实验来筛选和发现优良的手性配体、手性催化剂，以及新型的不对称反应，因此，其发展的方向应该是更多地注重总结规律，加强理论的研究和指导作用。

3.2.5.3 手性催化研究的发展趋势

综上所述，手性催化研究在过去几十年中已经取得了巨大的成功，是目前化学学科最为活跃的研究领域之一。近年来，包括我国研究人员在内的科学家又在制备新型手性催化剂、发展新的高效的手性催化反应，以及相关新概念和新方法等研究方面取得了新的重要进展。但总体而言，实用和高效的手性催化合成方法依然处于发展的初期阶段，真正在手性工业合成中得到应用的技术还十分有限。2001年诺贝尔奖获得者Noyori教授指出："未来的合成化学必须是经济的、安全的、环境友好的以及节省资源和能源的化学，化学家需要为实现'完美的反应化学'而努力，即以100%的选择性和100%的收率只生成需要的产物而没有废物产生"。手性催化合成作为实现"完美合成化学"的重要途径之一，目前还有许多科学问题有待解决，比如：①手性催化剂的立体选择性及催化效率问题；②手性催化剂结构的创新性问题，也就是具有自主知识产权的、新型高效的手性催化剂的创制问题；③受限环境中手性诱导的规律性问题；④手性诱导过程中多因素控制的复杂性问题等。当然还包括关于生命起源中手性的起源和均一性等重大基本科学问题。其中，手性催化剂是手性催化研究中的最核心科学问题。目前对于手性催化剂的研究，还缺乏系统的理性指导以及规律性可循，手性催化剂及高效催化反应的开发大都凭借经验、运气和坚持不懈的努力。因此，要实现手性催化反应的高选择性、高效率，需要从基础研究入手，通过理论、概念和方法的创新，解决这一挑战性问题。

实现催化剂的高效率、高选择性是手性催化反应工业应用的关键，在未来的研究中，只有更多的手性催化技术得到真正应用，才能使得学科发展更具有活力。进一步加强学术界与企业界的合作，无疑将会进一步促进学术界更深入的研究工作。因此，从基础和应用两个方面考虑，手性催化研究领域应该重视的发展方向包括如下几个非常具有挑战性的中心研究

课题:

① 新型配体与手性催化剂体系设计。发展具有原始创新性骨架的新型手性配体和催化剂，研究配体和催化剂的刚性、电性和立体效应对催化反应影响的规律性，发展高效的手性催化合成方法。

② 金属配合物手性催化。利用手性活化、分子识别与组装原理，采用组合方法，发展手性双功能金属配合物以及多组分配体金属配合物催化剂新体系，在此基础上发展全新的高效、高选择性不对称碳-碳和碳-杂原子键形成反应，并应用到生物活性分子和天然产物合成中，为生物活性分子和天然产物合成发展高效、原子经济和绿色的合成方法。

③ 生物酶手性催化。利用细胞催化系统，建立和发展新型生物催化反应，揭示反应的机理；研究组合生物催化、生物催化与金属催化的结合，发展化学和生物催化相结合的方法，并应用于一些重要手性分子的合成。

④ 有机小分子手性催化。发展新型的有机小分子手性催化剂，研究有机小分子催化反应机制，通过揭示有机小分子手性催化过程中手性传递、诱导和放大的本质，提高催化效率和拓展新的催化反应类型。

⑤ 微米、纳米尺度多相手性催化。设计合成新型的微、纳米尺度固体手性催化材料，研究受限环境中手性诱导的规律性，发展包括手性光化学反应在内的高效手性催化反应，为均相手性催化剂的负载和实用化提供新的途径，这也是实现手性技术工业应用的重要途径。

⑥ 手性催化中的新概念、新方法。突破传统思路，运用分子识别与组装以及模拟酶催化的原理，综合考虑催化过程中的多中心活化、多手性因素控制以及微环境效应，进行新型手性催化剂的设计，实现从非手性分子到手性合成，提出和发展手性催化的一些新概念和新方法，为手性催化研究提供理论指导。

3.2.5.4 手性催化实例

（1）布洛芬的生产　在医药工业生产中，合成旋光纯的产品是化学家们苦苦追求的目标。手性催化剂的作用是使反应朝目标产物转化，直接合成旋光纯的化合物，或目标产物占绝对优势。布洛芬的生产传统工艺得到的是混合物，而以 S-铑催化剂催化，可得 96％旋光纯 S-布洛芬。

（2）合成手性耐普生达　Monsate 公司合成手性耐普生达，第一步为电催化氧化，第二步为酸催化脱水，第三步手性催化得 98.5％旋光纯度的 S-耐普生达。

（3）抗癌药物紫杉醇和多烯紫杉醇的合成　　近日，第四军医大学在国内首次利用手性催化技术成功合成了抗癌药物紫杉醇和多烯紫杉醇。据介绍，紫杉醇和多烯紫杉醇是一种高效、低毒、广谱的抗癌药，尤其被广泛用于治疗乳腺癌、卵巢癌、子宫癌等妇科肿瘤。与从珍稀植物红豆杉中提取、化学全合成等方法相比，手性催化技术是获得手性化合物最经济、最科学的方法。目前，国内外采用不对称催化反应或手性源合成紫杉醇和多烯紫杉醇，由于所用手性催化剂价格昂贵或者反应步骤较多，产品生产成本很高，难以投入工业化生产。采用可回收和再利用的手性催化剂成为降低生产成本的关键。第四军医大学开发成功的紫杉醇和多烯紫杉醇新技术具有成本低廉、产品纯度高等特点，为该药在我国实现工业化生产提供了技术保证。

手性是自然界与生命休戚相关的基本属性之一。生命体系的大部分基本单元都是手性分子，其所涉及的生命过程及相互作用也大多以手性方式进行。因此，具有生物活性的物质，如手性药物的对映体都以不同方式参与生命过程并对生物体产生不同的作用效果。近年来，人们对单一手性化合物及手性功能材料的需求推动了手性科学的蓬勃发展，手性物质的合成与医药、农药、精细化工和材料科学的密切关系也显示出重要的应用前景。

3.2.6　耐水性 Lewis 酸催化剂

传统的 Lewis 酸如 $AlCl_3$、$FeCl_3$、BF_3、$TiCl_4$、$SnCl_4$ 等对空气敏感，即使少量的水存在也会使催化剂分解或失活。反应结束之后，催化剂不但不能回收再利用，而且大量污泥、污水的排出会造成环境污染。同时，当前广泛使用的有机溶剂一般都是挥发性有机化合物（VOC），对环境有害，许多溶剂已列入禁止或劝阻使用范围。研究无毒无害溶剂的工作正在开展，其中用水代替有机溶剂成为研究的新热点。应用水相首先要解决的是催化剂的水溶性和水稳定性的问题，这在一定程度上限制了水相的应用。因此，开发对环境友好的新型耐水性固体 Lewis 酸代替质子酸和传统 Lewis 酸势在必行。耐水性催化剂在水相/有机相两相反应中的分离原理如图 3-6 所示。

3.2.6.1　全氟烷基磺酸盐

目前，解决催化剂的水溶性和水稳定性问题，常用的策略是设计合适的水溶性配体，增大催化剂在水中的溶解度。由于磺酸基的协同配位作用，金属磺酸盐表现出很强的 Lewis 酸性，可实现有机反应的高产率、高选择性转化。关于金属磺酸盐的研究，较全面、最具代表性的是全氟烷基磺酸盐。全氟烷基磺酸盐（主要是稀土金属盐）作为优秀的 Lewis 酸，用作

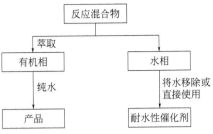

图 3-6 耐水性催化剂在水相/有机相两相分离原理

催化剂具有以下几个独特的优点：①具有高的热稳定性，不易分解；②具有非常好的催化选择性；③对水非常稳定，不会水解；④一般可以回收重复利用。据文献报道，该催化剂已成功催化多种有机反应，这些反应主要包括：

（1）酮与芳香醛的 Aldol 反应

$$\text{（反应式）} \quad \xrightarrow[\text{甲苯，}60℃，72h]{\substack{\text{Phebox-Rh(5\%,摩尔分数)}\\ \text{AgOTf(5\%,摩尔分数)}}}$$

（2）Micheal 加成反应

$$\xrightarrow[\substack{\text{亚磷酰胺(6\%,摩尔分数)}\\ \text{甲苯,亲电试剂,}-78℃}]{\text{R}_2\text{Zn(3 equiv),Cu(OTf)}_2\text{(3\%,摩尔分数)}}$$

（3）Friedel-Crafts 烷基化反应

$$\xrightarrow[\text{溶剂}]{\text{In(OTf)}_3} \quad + \ H_2O$$

（4）Imino-Ene 反应

$$\xrightarrow[\text{无溶剂，rt}]{\text{M(OTf)}_2\text{,TMSCl}}$$

（5）Biginelli 反应

$$R^1CHO + \text{（反应式）} + \text{（反应式）} \xrightarrow[\text{无溶剂}]{\text{Sr(OTf)}_2\text{(1\%,摩尔分数)}}$$

（6）Mannich 反应

（7）Yonemitsu 缩合反应

（8）Fries 重排

（9）Baylis-Hillman 反应

（10）Diels-Alder 反应

除上述反应以外，还有酯化反应、硝化反应、环加成反应，Friedel-Crafts 酰基化反应、开环反应，等等。从上可以看出，全氟烷基磺酸盐在很多有机合成反应中都表现出潜在的应用价值。不仅可以用其代替传统的 Lewis 酸，而且利用其耐水性的特点可以大大简化合成反应步骤，从而简化工艺过程，最终克服严重的污染问题，为发展绿色化学作贡献。因此，全氟烷基磺酸盐被认为是一类很有前途的有机合成催化剂。

3.2.6.2 无氟磺酸金属盐

无氟磺酸金属盐是近年来新兴起的耐水性 Lewis 酸，从合成无氟磺酸盐所使用的原料和途径上来看，无氟磺酸盐比全氟磺酸盐廉价得多，而且更易合成。王敏课题组目前已证明，部分金属甲基磺酸盐和金属苯磺酸盐对 Esterification 反应、Biginelli 反应、Tetrahydropyranylation 反应、Diacetoxylation 反应、Mannich 反应等有机合成反应具有较好的催化作用。

（1）无氟磺酸金属盐的催化性能　该催化剂催化的有机合成反应具有催化剂用量少、适用底物范围广、反应条件绿色环保等优点。代表性催化反应如下：

① Esterification 反应。

$$CH_3COOH + CH_3CH_2CH_2CH_2OH \xrightarrow[\text{环己烷，回流分水}]{\text{甲基磺酸钙}} CH_3COOCH_2CH_2CH_2CH_3 + H_2O$$

用甲基磺酸钙 Ca(CH$_3$SO$_3$)$_2$ 作催化剂，环己烷作共沸溶剂，在回流分水条件下进行反应。在醇酸摩尔比 1.1∶1，催化剂用量 0.5%（占醇的摩尔分数），环己烷 2.5mL，回流分水时间 2.5h 条件下，酯化率可达 93%。反应结束后，催化剂经简单的相分离就可重复使用，催化剂连续重复使用 5 次，活性无明显下降。

② Biginelli 反应。

1   **2**   **3**   **4(a～q)**

甲基磺酸锌作催化剂（10%，摩尔分数），脂肪醛 **1**、1,3-二羰基化合物 **2** 和脲 **3** 在无水乙醇中回流反应，生成 17 种二氢嘧啶酮衍生物 **4**。催化剂连续重复使用 4 次，活性无明显下降。

1   **2**   **3**   **4(a～u)**

90℃、无溶剂条件下，甲基磺酸铜（0.3mmol）可有效催化芳香醛（10mmol）、β-酮酯（10mmol）、单取代（硫）脲（13mmol）的 Biginelli 缩合反应，生成新型 N1 取代的 3,4-二氢嘧啶-2(1H)-酮。经催化剂循环研究，该催化剂重复使用 3 次仍保持较高活性。该方法具有原料和催化剂用量少、产率高、方法绿色等优点。

③ Tetrahydropyranylation 反应。

$$R-OH + \underset{\text{3,4-2}H\text{-二氢吡喃}}{\bigcirc} \xrightarrow[\text{室温，无溶剂}]{\text{CPTS(0.045mmol) + HOAc(12mmol)}} RO-\bigcirc$$

室温、无溶剂条件下，乙酸能有效促进对甲基苯磺酸铜 Cu(p-CH$_3$C$_6$H$_4$SO$_3$)$_2$·6H$_2$O（CPTS）催化一系列醇或酚和 3,4-2H-二氢吡喃反应，生成相应的四氢吡喃醚。对甲基苯磺酸铜用量仅需 0.3%（占醇或酚的摩尔分数）就能使反应在较短时间内完成。反应结束后，对甲基苯磺酸铜经简单相分离可多次重复使用，催化活性无明显下降。

④ Diacetoxylation 反应。

$$RCHO + Ac_2O \xrightarrow[\text{室温，无溶剂}]{\text{CPTS-HOAc}} RCH(OAc)_2$$

在室温、无溶剂条件下，乙酸促进对甲基苯磺酸铜 Cu(p-CH$_3$C$_6$H$_4$SO$_3$)$_2$·6H$_2$O（CPTS）催化一系列芳香醛或脂肪醛与乙酸酐生成相应的偕二乙酸酯。对甲基苯磺酸铜用量仅需醛的 0.3%（摩尔分数）就能使反应在较短时间内完成。反应结束后，对甲基苯磺酸铜经简单相分离可多次重复使用，催化活性无明显下降。

⑤ Mannich 反应。

室温条件下，对甲基苯磺酸铝（5%，摩尔分数）可有效催化芳香酮 **1**、芳香醛 **2** 和芳香胺 **3** 的 Mannich 反应，三组分"一锅法"合成了 26 种 β-氨基酮衍生物 **4**。酮、醛、胺的摩尔比为 1.1 : 1 : 1，无水乙醇作溶剂。反应结束后，催化剂经简单相分离可回收并多次重复使用，催化活性无明显下降。

⑥ 合成酰胺基烷基萘酚衍生物。

无溶剂、80℃条件下，对甲基苯磺酸铜 $Cu(p\text{-}CH_3C_6H_4SO_3)_2 \cdot 6H_2O$（CPTS，2%，摩尔分数）可有效催化 2-萘酚 **1**、醛 **2** 和酰胺 **3** 三组分"一锅法"合成酰胺基烷基萘酚衍生物 **4**。2-萘酚、醛、酰胺的摩尔比为 1 : 1 : 1.1。经催化剂循环研究，该催化剂重复使用 4 次仍保持较高活性。

⑦ 合成 3-取代-4(3H)-喹唑啉酮衍生物。

室温、无溶剂条件下，甲基磺酸亚铈有效催化邻氨基苯甲酸 **1**、原甲酸酯 **2** 和胺 **3** 三组分"一锅法"合成喹唑啉-4(3H)-酮衍生物 **4**。邻氨基苯甲酸、原甲酸酯和胺的摩尔比为 1 : 1 : 1.2。经催化剂循环研究，催化活性无明显变化。

⑧ 合成 2,3-二取代-4(1H)-喹唑啉酮衍生物。

以苯磺酸铜为催化剂，靛红酸酐 **1**、醛 **2** 和铵盐或伯胺为原料，在乙醇水溶液中三组分一锅法合成了一系列单取代和双取代 2,3-二氢-4(1H)-喹唑啉酮衍生物 **3**。靛红酸酐、醛和铵盐或伯胺的摩尔比为 1.1∶1∶1.1。经催化剂循环研究，催化活性无明显变化。

⑨ 合成 2-取代-4(1H)-喹唑啉酮衍生物。

在甲基磺酸亚铈 Ce(CH$_3$SO$_3$)$_3$·2H$_2$O[Ce(MS)$_3$] 催化作用下，以水为溶剂，将 2-氨基苯甲酰胺 **1** 和醛/酮 **2** 室温研磨后，60℃加热反应，可有效环化合成一系列 2-取代-2,3-二氢-4（1H）-喹唑啉酮衍生物 **3**。n(2-氨基苯甲酰胺)∶n(醛/酮)=1∶1。该方法操作简单，无需搅拌，且具有反应时间短、产率高、后处理步骤简单、绿色环保等优点。

⑩ 合成氨甲酸酯基烷基萘酚化合物。

以 2-萘酚 **1**（5mmol）、醛 **2**（5mmol）和氨基甲酸酯 **3**（6mmol）为原料，苯磺酸铜为催化剂，在加热、无溶剂条件下，通过三组分"一锅法"合成了 1-氨甲酸酯基烷基-2-萘酚衍生物。研究结果表明，仅 2%（摩尔分数）苯磺酸铜就可以催化该反应的进行。反应结束后，催化剂重复使用 4 次，催化活性无明显下降。提出了可能的催化作用机理。该方法具有反应温度低、产率高、催化剂可循环使用、后处理过程简单等优点。为含 1,3-二氨基-氧合官能团化合物的合成提供了新途径。

⑪ 合成 4,6-二芳基-3,4-二氢嘧啶-2(1H)-酮化合物。

无溶剂反应在提高反应效率、减少环境污染、节约成本等方面具有重要作用，符合绿色化学发展要求。王敏课题组以 10mmol 芳香醛、10mmol 芳香酮、15mmol 尿素、0.4mmol 对甲基苯磺酸铝［Al(p-CH$_3$C$_6$H$_4$SO$_3$)$_3$·5H$_2$O，简写为 APTS］为催化剂，在 90℃、无溶剂条件下，"一锅法"高效合成了 4,6-二芳基-3,4-二氢嘧啶-2(1H)-酮，并探讨了催化作用机理。实验也考察了催化剂重复使用效果，催化剂重复使用 3 次，产品产率略有下降。该方法具有催化活性高、催化剂可回收重复利用和对环境友好等优点，符合绿色化学发展理念。

（2）无氟磺酸金属配合物的晶体结构　近年来，金属-有机框架物（简称 MOFs）受到人们的广泛关注。MOFs 是利用有机配体与金属离子或离子簇间通过络合作用自组装形成具有网状骨架结构的混合多孔材料。磺酸、磷酸、羧酸、吡啶、嘧啶等因含有可以提供孤对电子的 N、O 原子，常常被用作制备 MOFs 的有机配体。

早期，含磺酸基配合物的研究报道并不多，含磺酸基的金属-有机配合物的结构和性能并未得到非常系统的研究。因为磺酸基被广泛认为是弱的配体，常作为不配位离子应用。但磺酸基也具有其他基团无法比拟的优点，磺酸基的氧原子不仅可以与金属离子以多样的配位方向和配位模式进行配位，容易形成高维结构，而且磺酸基的 O 原子也是较好的氢键受体，可以通过氢键形成一维链状、二维层状和三维网状结构。近年来的研究发现，含磺酸基配合物具有卓越的催化性能。而且磺酸类配合物作为表面活性剂和染料在工业上已有悠久的应用历史。因此，对含磺酸基配合物的研究也逐渐引起人们的注意。为了考察催化剂结构与催化性能之间的关系，王敏课题组对磺酸金属配合物的配位情况和晶体结构进行了表征，代表性配合物结构如下。

① 甲基磺酸锶配合物。甲基磺酸锶配合物 $[Sr(SO_3CH_3)_2 \cdot H_2O]$ 的晶体结构如下图 3-7（a）所示，中心离子与甲基磺酸根和水同时配位。中心离子被 7 个配位 O 原子所包围，其中 6 个配位 O 原子分别由 6 个甲基磺酸根配体提供，另外 1 个配位 O 原子由配位水提供，中心离子与配位 O 原子形成了近乎规则的带帽三方柱形状。中心离子间由甲基磺酸根作为三齿桥联配体，桥联形成沿着 b 轴方向无限生长的一维链状结构。配位水分子则暴露在链状结构的两个侧链方向，链与链间通过这些配位水分子和磺酸基之间形成 O—H⋯O 分子间氢键，排列成平行于晶面的二维层状结构。层与层之间则以一方侧面裸露的甲基磺酸根配体上的甲基作为氢键供体与另一方甲基磺酸根配体上磺酸基的氧形成 C—H⋯O 分子间氢键，堆砌成如图 3-7（b）所示的三维立体结构。

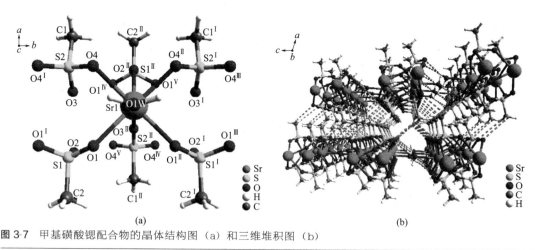

图 3-7　甲基磺酸锶配合物的晶体结构图（a）和三维堆积图（b）

② 甲基磺酸钡配合物。甲基磺酸钡配合物 $[Ba(SO_3CH_3)_2 \cdot 1.5H_2O]$ 的晶体结构如图 3-8（a）所示，中心离子也是与甲基磺酸根和水同时配位。但与甲基磺酸锶配合物不同的是，甲基磺酸钡配合物的中心离子具有两种不同的配位环境，Ba（2）被 10 个配位 O 原子包围，其中 9 个配位 O 原子由 7 个甲基磺酸根配体提供，剩下的 1 个由二桥联的水分子提

供。Ba（1）虽然同样被 10 个配位 O 原子所包围，但其中仅有 7 个配位 O 原子来自磺酸基，由 5 个甲基磺酸根配体提供。剩余的 3 个配位 O 原子，1 个来自二桥联的水分子，另外 2 个则由终端配位水分子提供。该配合物配位几何为不规则的。两个中心离子间，由磺酸基和二桥联的水分子作为桥基，进行桥联。并以这个连接模式为基础，拓展形成二维层状结构。层与层之间，则以水作为氢键供体，磺酸基作为氢键受体，以 O—H…O 分子间氢键形式，堆砌成如图 3-8（b）所示的三维结构。

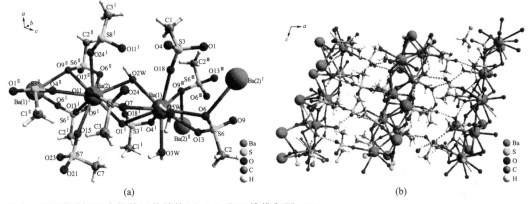

图 3-8　甲基磺酸钡配合物的晶体结构图（a）和三维堆积图（b）

③ 苯磺酸镉配合物。苯磺酸镉配合物$\{[Cd(H_2O)_6](C_6H_5SO_3)_2\}$属于单斜晶系 $P2_1/c$ 空间群。如下图 3-9（a）所示，在苯磺酸镉配合物的分子结构中，Cd^{2+} 分别与 6 个配位水分子中的氧原子配位，形成畸形的八面体空间构型，其中 Cd—O 的键长 Cd(1)—O(1W) 与 Cd(1)—O(1Wi) 键长相等，为 0.2444(4) nm，Cd(1)—O(2W) 与 Cd(1)—O(2Wi) 键长相等，为 0.2250(4)nm，Cd(1)—O(3W) 与 Cd(1)—O(3Wi) 键长相等，为 0.2078(4)nm。轴向的键角 O(1Wi)-Cd(1)-O(1W)、O(2W)-Cd(1)-O(2Wi)、O(3Wi)-Cd(1)-O(3W)（♯ 1：$-x+2$，$-y$，$-z+2$）均为 180°。但是这三个轴向之间的夹角均不为 90°，这些数据表明镉离子与 6 个配位水形成了六配位的畸形八面体结构。配合物由阳离子基团和阴离子基团构成，存在氢键。通过氢键和 π-π 相互作用使得苯磺酸镉配合物具有如图 3-9（b）所示的三维层状结构。

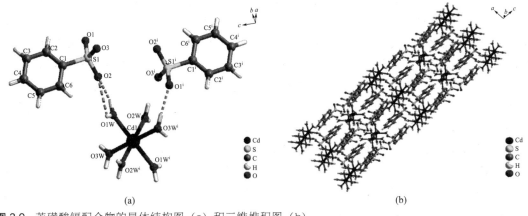

图 3-9　苯磺酸镉配合物的晶体结构图（a）和三维堆积图（b）

④ 对甲基苯磺酸镉配合物。对甲基苯磺酸镉配合物 $\{[Cd(H_2O)_5]\ (p\text{-}CH_3C_6H_4SO_3)_2 \cdot H_2O\}$ 属于单斜晶系 $P2_1/n$ 空间群。如下图 3-10（a）所示，配合物中，Cd^{2+} 分别与 5 个配位水分子中的氧原子和一个磺酸基团中的氧原子配位，形成畸形的八面体空间构型。配合物中磺酸基团的氧可以与金属配合，是由于在苯环的对位上存在甲基的缘故。配合物中存在多种氢键形式，其中游离水在与对甲基苯磺酸阴离子和配位水形成氢键时，分别作为氢键的供体和受体。正是由于这些氢键的作用，使得磺酸基与阳离子基团相连，并在 π-π 堆积作用下形成如图 3-10（b）所示的三维结构。

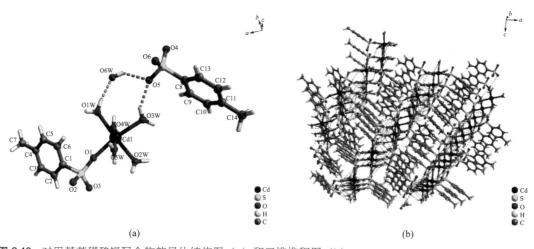

（a） （b）

图 3-10 对甲基苯磺酸镉配合物的晶体结构图（a）和三维堆积图（b）

由以上单晶结构分析可知，四种配合物属于 MOFs，有机磺酸配体和金属离子的排列具有明显的方向性，可以形成框架孔隙结构，有利于对反应物分子的吸附，并增加了催化剂的比表面积，金属位点与反应物分子容易进行配位，从而作为催化反应的催化剂加速反应的进行。

绿色催化剂的研制与开发，是化学工作者的重大课题，也是化学工业摆脱污染对环境伤害严重局面的希望所在。除上述介绍的生物催化、分子筛催化、电催化手性催化及耐水性 Lewis 酸外，纳米催化剂、光催化剂、石墨催化剂、超强酸催化剂等绿色催化研究也蓬勃发展。催化科学发展到今天已经成为化学品、燃料生产和环境保护的支柱技术。过去在研制催化剂时只考虑其催化活性、寿命、成本及制造工艺，极少估计环境因素。近年来以清洁生产为目的的绿色催化工艺及催化剂的研究开发已成为 21 世纪的热点，因为只有采用这种工艺及新催化剂才能实现科技创新与绿色环保相结合，才能带来企业的高效益和社会效益的同步增长。与此同时，将昭示一种新资源观念和环保观念，即人类对自然资源可以进行重复多次的利用，从而使有限的资源构成一个多次生成过程，这种既能多次重复利用资源又能保护环境的绿色科技产业，将使我国传统化工产业完成由夕阳产业到绿色产业的革命性转变。

绿色化学所追求的目标是实现高选择性、高效、极少副产物的化学反应，实现"零排放"，继而达到高"原子经济性"的反应。正确选择催化剂，对化学反应速度、反应的选择性和转化率，以及减少或消除产生副产物等有重要影响。绿色催化剂的开发和利用、催化和动力学理论研究是绿色化学的重要内容。

3.3 绿色溶剂（介质）

大量与化学品制造相关的污染问题不仅来源于原料和产品，而且源自在其制造过程中使用的物质。最常见的是在反应介质、分离和配方中所用的溶剂。当前广泛使用的溶剂是挥发性有机化合物（VOC）。由于这种挥发性使之更容易对环境构成危害。当它们进入空气中后，在太阳光的照射下，容易在地面形成光化学烟雾，从而对人体造成危害，如引起和加剧支气管肺炎、肺气肿等多种呼吸系统疾病，增加癌症发病率，同时也会影响农作物的生长，导致谷物减产，还能导致橡胶硬化、织物褪色等。这些挥发性溶剂还会进一步污染海洋和饮用水，对水生动物产生危害，像二氟二氯甲烷和二氟一氯甲烷等还能破坏地球大气中的臭氧层。总之，和其他有毒化学品一样，当它们在给人类带来方便的同时，也给人类带来了危害。因此，需要限制这类溶剂的使用。采用无毒无害的溶剂，代替挥发性有机化合物作溶剂已成为绿色化学的重要研究方向。

由于有机溶剂存在上述的一些问题，所以我们在设计一条合成路线时，首先应考虑的一个问题就是合成过程是否需要溶剂。按照绿色化学的原则，如果可能最好是采用无溶剂系统。如果溶剂是必须的，则需要从一系列物质中选择一个最佳的溶剂。那么在溶剂选择时应考虑哪些因素呢，首先要考虑的一个重要因素是溶剂本身的危害性。由于溶剂在合成过程中被大量地使用，因此其危害性及安全性是溶剂选择的一个必须考虑的因素，包括毒性、易燃易爆性等。其次在溶剂选择时应充分考虑其对人类健康及环境的影响，尤其是那些具有强挥发性的溶剂，更易暴露于人类与环境中。因此，溶剂的使用应遵循两条原则：其一是尽量采用无溶剂系统；其二是选择的溶剂在满足反应需要的同时也必须符合安全化学品的要求。

本节介绍的绿色溶剂主要有离子液体、超临界流体、水溶剂、超临界水和无溶剂。

3.3.1 离子液体

离子液体（ionic liquid，IL）是指室温或低温下为液体的盐，它一般由有机阳离子和无机阴离子组成，常见的阳离子有季铵盐离子、季磷盐离子、咪唑盐离子和吡咯盐离子等，阴离子有卤素离子、四氟硼酸根离子、六氟磷酸根离子等。

一般而言，离子化合物熔解成液体需要很高的温度才能克服离子键的束缚，这时的状态叫作"熔盐"。离子化合物中的离子键随着阳离子半径增大而变弱，熔点也随之下降。对于绝大多数的物质而言混合物的熔点低于纯物质的熔点。如果再通过进一步增大阳离子或阴离子的体积和结构的不对称性，削弱阴阳离子间的作用力，就可以得到室温条件下的液体离子化合物。大多数离子液体在室温或接近室温的条件下是呈液体状态存在的，并且在水中具有一定程度的稳定性。由于有机阳离子与无机阴离子的多样性，通过改变配比组合可设计出不同类型的离子液体，且可以根据生产实际中不同的使用条件，设计合成出具备特殊功能的离子液体新材料，因此被称为"未来的溶剂"以及"设计者的溶剂"。

离子液体对有机化合物、金属有机化合物、无机化合物有很好的溶解性，无可测蒸气压，无味，不燃，易与产物分离，易回收，可循环使用。可见，离子液体在作为与环境友好的"洁净"溶剂方面有很大的潜力。

3.3.1.1 离子液体的发展史

(1) 第一代离子液体——三氯化铝体系 1914 年，Walden 通过浓硝酸和乙胺反应制得了人类史上第一种离子液体：硝酸乙基胺（$EtNH_3$）NO_3，该物质熔点是 12℃。但是，该发现没有引起科学界的关注，这是因为其在空气中很不稳定而极易发生爆炸，这是最早的离子液体，也是第一代离子液体。

1951 年，R. H. Hurley 和 T. P. Wiler 首次合成出在室温条件下是液体状态的离子液体，他们将 n-乙基吡啶加入 $AlCl_3$ 中，两固体的混合物在加热后变成了无色透明的液体 $AlCl_3/[n\text{-}EtPy]Br$。该离子液体的阳离子是正乙基吡啶，合成出的离子液体是溴化正乙基吡啶和氯化铝的混合物。但这种离子液体的液体温度范围还是比较狭窄的，而且，氯化铝离子液体遇水会放出氯化氢，对皮肤有刺激作用。

1976 年，美国科罗拉多州立大学的 Robert 利用 $AlCl_3/[N\text{-}EtPy]Cl$ 作电解液进行有机电化学研究时，发现这种室温离子液体是很好的电解液，能和有机物混溶，不含质子，电化学窗口较宽。

1979 年，Osteryong 和 Wilkes 研究小组第一次成功地制取了室温氯铝酸盐。当时，离子液体的研究和发展主要集中在电化学应用上。

1982 年，Wilkes 以 1-甲基-3-乙基咪唑为阳离子合成出氯化 1-甲基-3-乙基咪唑[1-Me-3-EtIm]Cl，在摩尔分数为 50% 的 $AlCl_3$ 存在下，$AlCl_3/[1\text{-}Me\text{-}3\text{-}EtIm]Cl$ 熔点达到了 8℃。从此以后，离子液体的应用研究才真正得到广泛的开展。但是此类离子液体对水非常敏感，需要在完全真空中或惰性气氛下进行处理和研究，这缩小了其应用范围。

1986 年，Seddon 等在 *Nature* 上发表论文，报道采用 N,N-二烷基咪唑鎓与氯化铝组成的离子液体作为非水溶剂，研究过渡金属配合物的电子吸收波谱。值得一提的是，与其他刚刚出现的新事物一样，离子液体被人们认识和接受也不是一帆风顺的。当 Seddon 教授在 1986 年最初向英国政府提出开展离子液体研究的建议时，却被三位项目评审专家一致地否定了。可见，新事物总是很难被大家所接受！幸运的是英国 BP 石油公司却非常看好离子液体，给予 Seddon 教授资金资助，使得 Seddon 能够专心研究离子液体。

(2) 第二代离子液体——耐水离子液体 1992 年，Wilkes 和 Zaworotko 合成出抗水性、稳定性强的 1-乙基-3-甲基咪唑四氟硼酸盐{[bmim]BF_4}，自此以后，离子液体的研究步入正轨。这一类离子液体非常适合用作反应介质，意味着离子液体方法学的诞生，同时也意味着第二代离子液体从此诞生。

1996 年，Gratzol 和 Bonhote 报道了含 $N(CF_3SO_2)^{2-}$ 的咪唑类离子液体，这种离子液体比第一代离子液体对水稳定，不溶于水，还兼具低熔点、低黏度、高电导率、高热稳定性的优点，此后 $N(CF_3SO_2)^{2-}$ 成为被广泛采用的离子之一。

(3) 第三代离子液体——功能化离子液体 2000 年后，功能化成为离子液体研究方向，根据所需要的物理性质（如黏度、传导能力、熔点）、化学性质（配位能力、极性、酸性、手性、溶解性），可以在离子液体中嫁接一些功能化基团以适应所需的功能化需要。至此，离子液体迅速发展到第三代——功能化离子液体，离子液体也因此被称作"设计者的溶剂"。

2000 年，A. E. Visser 等报道了一种含有异喹啉类阳离子的离子液体。同年，David 工作组公布了含氟取代烷烃链的离子液体，它们可作为表面活性剂将全氟取代烃（即氟碳化合物）分散于离子液体中，这一发现无疑将推动两种新型绿色溶剂在应用中的结合。

2001 年，Golding 等发现了具有配位能力的 $N(CN)^{2-}$ 类新离子液体。

2003 年，Bao 等又从天然氨基酸中制备出稳定的手性咪唑阳离子，可见手性的引入将为离子液体的发展注入新的方向。

2005 年，Bicak 等发现了 2-羟基乙胺甲酸盐，这种离子液体具有极低的熔点（−82℃），室温时有很高的离子电导率（3.3 mS/cm）以及高可极化度，热稳定性达到 150℃，此离子液体能溶解许多无机盐，一些难以溶解的聚合物如聚苯胺和聚吡咯在此离子液体中也能很容易地溶解。

2018 年，美国 ACS 绿色化学挑战奖"绿色反应条件奖"颁给了 Mari Signum Mid-Atlantic 公司和 Robin Rogers 教授，以奖励他们开发的"甲壳素大规模生产的实用方法：一种基于离子液体的分离工艺"。

3.3.1.2 离子液体的特点

离子液体作为离子化合物，其熔点较低是因其结构中某些取代基的不对称性使离子不能规则地堆积成晶体所致。与典型的有机溶剂不一样，在离子液体里没有电中性的分子，100%是阴离子和阳离子，在 −100~200℃ 之间均呈液体状态，具有良好的热稳定性和导电性，在很大程度上允许动力学控制；对大多数无机物、有机物和高分子材料来说，离子液体是一种优良的溶剂；表现出酸性及超强酸性质，使得它不仅可以作为溶剂使用，而且还可以作为某些反应的催化剂使用，这些催化活性的溶剂避免了额外的可能有毒的催化剂或可能产生大量废弃物的缺点；离子液体一般不会成为蒸气，所以在化学实验过程中不会产生对大气造成污染的有害气体；价格相对便宜，多数离子液体对水具有稳定性，容易在水相中制备得到；离子液体还具有优良的可设计性，可以通过分子设计获得特殊功能的离子液体。总之，离子液体具有无味、无恶臭、无污染、不易燃、易与产物分离、易回收、可反复多次循环使用、使用方便等优点，是传统挥发性溶剂的理想替代品，它有效地避免了传统有机溶剂的使用所造成严重的环境、健康、安全以及设备腐蚀等问题，为名副其实的、环境友好的绿色溶剂。适合于当前所倡导的清洁技术和可持续发展的要求，已经越来越被人们广泛认可和接受。总之，在与传统有机溶剂和电解质相比时，离子液体具有一系列突出的优点：

① 液态范围宽，从低于或接近室温到 300℃ 以上，有高的热稳定性和化学稳定性；

② 蒸气压非常小，不挥发，在使用、储藏中不会蒸发散失，可以循环使用，消除了挥发性有机化合物环境污染问题；

③ 电导率高，电化学窗口大，可作为许多物质电化学研究的电解液；

④ 通过阴阳离子的设计可调节其对无机物、水、有机物及聚合物的溶解性，并且其酸度可调至超酸酸度；

⑤ 具有较大的极性可调控性，黏度低，密度大，可以形成二相或多相体系，适合作分离溶剂或构成反应-分离耦合新体系；

⑥ 对大量无机和有机物质都表现出良好的溶解能力，且具有溶剂和催化剂的双重功能，可以作为许多化学反应溶剂或催化活性载体。

由于离子液体的这些特殊性质和表现，它被认为与超临界 CO_2 和双水相一起构成三大绿色溶剂，具有广阔的应用前景。

3.3.1.3　离子液体的应用

离子液体兼有极性和非极性有机溶剂的溶解性能，溶解在离子液体中的催化剂，同时具有均相和非均相催化剂的优点，催化反应有高的反应速度和高的选择性。某些离子液体还具有 Lewis 酸性，可以不另加催化剂就能催化反应。由于离子液体所具有的独特性能，目前它被广泛应用于化学研究的各个领域。如离子液体作为反应的溶剂已被应用到多种类型反应中，在聚合反应、酰基化反应、选择性烷基化和胺化反应、化学键的重排反应、酯化反应、室温和常压下的催化加氢反应、电化学合成、烯烃的环氧化反应、支链脂肪酸的制备等方面都可以使用离子液体，具有反应速率快、反应的选择性高、催化体系可循环重复使用、转化率高等优点。

（1）氢化反应　将离子液体应用于氢化反应已有大量的报道，反应中应用离子液体替代普通溶剂优点是：反应速率比普通溶剂快几倍；所用的离子液体和催化剂的混合液可以重复利用。研究表明，在过程中离子液体起到溶剂和催化剂的双重作用。

由于离子液体能溶解部分过渡金属，因而目前在氢化反应中运用离子液体研究最多的是用过渡金属配合物作为催化剂的均相反应体系。另外，相对于传统溶剂来说，将离子液体运用于柴油（主要是针对其中含有的芳烃）的氢化反应时具有产品易于分离、易纯化，又不会造成环境污染等优点。

（2）Friedel-Crafts 反应　Friedel-Crafts 反应包括 Friedel-Crafts 酰基化和 Friedel-Crafts 烷基化反应，这两种类型的反应在有机化工中具有举足轻重的地位。比较成熟的催化剂有沸石、固体酸和分子筛等。但是出于绿色合成和成本的考虑，许多化学工作者已改传统溶剂为离子液体进行相关研究。

例如，Seddon 等利用离子液体研究了亲核试剂吲哚和 2-萘酚的烷基化反应，该方法简单、产品易于分离，杂原子上的区域选择性烷基化产率在 90% 以上，而且溶剂可以回收再利用，显示了离子液体作为烷基化反应的溶剂时所具有的优势。

1972 年，Parshall 研究了在四己胺三氯锡酸盐中乙烯的羰基化反应。近些年来，化学工作者在此方面做出了较多的努力。例如我国化学工作者邓友全等在烷烃的羰基化方面做了相关的研究。他们首次报道了几种烷烃，在卤化 1-烷基吡啶和 1-甲基-3-烷基咪唑盐与无水 $AlCl_3$ 组成的超强酸性室温离子液体中，与 CO 的直接羰基化反应，产物为酮。

在传统的有机溶剂中，烯烃与芳烃的烷基化反应是不能进行的；而在离子液体中，在 $Sc(OTf)_3$ 的催化下，反应在室温下则能顺利进行，收率为 96%，催化剂还能重复使用。

（3）Heck 反应　Heck 反应即烯烃和卤代芳烃或芳香酐在催化剂（如金属钯）的作用下，生成芳香烯烃的反应，是有机合成中一个重要的碳-碳结合反应。离子液体应用于此类反应中能较好地克服传统反应存在的催化剂流失、所使用的有机溶剂挥发等问题。2000 年，Vincenzo 等报道了将离子液体应用于 Heck 反应后，该反应的反应速率很快，而且收率提高到 90% 以上。Seddon 等研究小组在三相系统 [bmim(1-丁基-3-甲基咪唑)]PF_6/水/己烷中进行了 Heck 反应的研究，所用的催化剂留在离子液体中，可以循环使用，而产品溶解在有机层内，反应形成的副产物被提取到水相中，容易分离。

（4）Diels-Alder 反应　Diels-Alder 反应是有机化学中的一个重要反应，人们对该反应的注意点不仅是其产率和速率，更重要的是其立体选择性。将离子液体应用于 Diels-Alder 反应研究方面，现在已有大量的报道。如 Howarth 等研究小组报道了在咪唑盐室温离子液体中环戊二烯与烯醛类物质反应进行的情况。研究发现，在离子液体中进行时该反应的立体选择性较好，即得到的内外型产物的比例约在 95：5 左右。研究都发现，在离子液体中进行的该反应不但反应速度快，反应产率高，反应的立体选择性好，而且离子液体可以回收重新使用。这说明，离子液体在 Diels-Alder 反应方面比普通溶剂具有更大的优势。

（5）在不对称催化反应中的应用　研究表明，将离子液体应用于不对称催化反应，对映体的选择性相对于普通溶剂有很大的提高，而且解决了传统方法中产物不易从体系中分离出来这一难题。将离子液体应用于不对称催化反应中已有大量的报道，如 Chen 研究小组报道了将离子液体应用于不对称烯丙基烷基化反应中；Song 研究小组则将离子液体应用于不对称环氧化反应中；Wassers Chied 等最近报道了从"手性池"（chiral pool）衍生的新型手性离子液体的合成和特性，我们相信这些手性离子液体的合成对于研究不对称催化反应尤其在手性药物合成方面将会有重大意义。

（6）用于分离提纯技术　在合成化学中分离提纯回收产物一直是个难题。传统的液-液分离过程中经常使用有机溶剂-水两相体系，只有亲水产物才能用水提取分离，蒸馏技术也不适用于挥发性差的产物，要去除有毒、易燃且具有挥发性的有机相，安全措施投入增高，其中的有机溶剂还会引起交叉污染，这些有机残留物带来的环境污染问题也限制了它的进一步应用。现在全世界每年的有机溶剂消耗价值达到 50 亿美元，不仅造成了环境污染，还危及人体健康。随着人们环境保护意识的提高，在全世界范围内对绿色化学的呼声越来越高，传统的溶剂提取技术亟待改进。因此设计安全的、绿色无害的分离技术越来越被各国重视。离子液体具有独特的理化性能，非常适合作为分离提纯的绿色溶剂。

离子液体对有机物、无机物的溶解度高、蒸气压低，它已成为新型的液-液萃取剂。尤其是在液-液提取分离上，离子液体能溶解某些有机化合物、无机化合物和有机金属化合物，而同大量的有机溶剂不混溶，其本身非常适合作为新的液-液提取的介质。研究发现，非挥发性有机物可用超临界 CO_2 从离子液体中提取，CO_2 溶在液体里促进提取，而离子液体并不溶解在 CO_2 中，因此可以回收纯净的产品。

科学家还发现离子液体还可用于生物技术中的分离提取，常规使用的从发酵液中回收丁醇、蒸馏、全蒸发等方法都不经济，而离子液体因其不挥发性以及与水的不混溶性非常适合于从发酵液中回收丁醇。美国 Alabama 大学 Rogers 领导的小组研究了苯的衍生物如甲苯、苯胺、苯甲酸、氯苯等在离子液体相 [bmim]PF_6 与水相中的分配系数，并与其在辛醇-水间的分配进行比较，发现两者有对应关系。由于 [bmim]PF_6 不溶于水，不挥发，故蒸馏过程中不损失，可以反复循环使用，它既不污染水相，也不污染大气，是一种绿色溶剂。

邓友全等在此方面也有一定的研究。他们首次将离子液体应用到固-固分离领域中，以 [bmim]PF_6 作为分离牛磺酸和硫酸钠固体混合物的浸取剂，有效地分离了牛磺酸，回收率高于 97%，此方法具有很大的应用价值。

（7）用于电化学研究　离子液体具有导电性、难挥发、不燃烧、电化学稳定电位窗口比其他电解质水溶液大很多等特点，离子液体在电化学领域应用广泛，可应用于电解、电镀、电池、光电池等领域。

20 世纪 90 年代，Osteryoung 等就在离子液体研究中展现了离子液体宽电化学电位窗、良好的离子导电性等电化学特性，这些特性使得离子液体在电池、电容器、晶体管、电沉积等方面具有广阔的应用前景。作为电解液，离子液体的缺点是黏度太高，但只要混入少量有机溶剂就可以大大降低其黏度，并提高其离子电导率，再加上其高沸点、低蒸气压、宽阔的电化学稳定电位窗等优点，使其非常适合用于光电化学太阳能电池的电解液。瑞士联邦技术研究所的 Bonh 研究用离子液体作太阳能电池的电解质，因其蒸气压极低，黏度低，导电性高，有大的电化学窗口，在水和氧存在下有热稳定性和化学稳定性，耐强酸，研究了一系列正离子与憎水的负离子形成的离子液体，熔点在－30℃～常温之间，特别适用于应排除水气且长期操作的电化学系统。

Fuller 等人在 1-乙基-3-甲基咪唑四氟化硼 [emim]BF$_4$ 中研究了二茂铁、四硫富瓦烯的电氧化过程，实验结果证实，二茂铁和四硫富瓦烯在 [emim]BF$_4$ 中可形成可逆程度很高的氧化还原对，是一种可适用于电化学合成的溶剂。

在离子液体中，金属在电极的沉积所需的电位比在水溶液中低，科学家首先是用铝的电镀做实验，然后是银的电沉积，大量银沉积过程的电流效率几乎都为 100％。控制电压、电流密度、离子浓度等，可在非常宽范围内获得确定组成的金属或合金。

将离子液体应用于电化学研究时可以减轻放电，作为电池电解质使用温度远远低于融熔盐，目前离子液体已经作为电解液应用于制造新型高性能电池、太阳能电池以及电容器等。例如，美国航空化学研究中心的 Wilkes 等研究的 BIME 电池中使用的离子液体就是 [emim]BF$_4$；瑞士的 Bonhte 研究了一系列利用离子液体作为电解质的太阳能电池；McEewen 等人将离子液体应用于电容器，这些研究都取得了一定的成果。

（8）在金属冶金中的应用 离子液体是金属电解精炼中的一种理想的室温液态电解质，它含有高温熔盐和水溶液的优点：具有较宽的电化学窗口，在常温下即可得到在高温熔盐中才能电沉积得到的金属和合金，而且没有高温熔盐那样的强腐蚀性；同时，在离子液体中还可电沉积得到大多数能在水溶液中得到的金属，且无副反应，因而得到的金属质量更好，特别是对铝、钛、硅和锗等很难在水溶液中电沉积得到的金属更是如此。离子液体的上述特性及其良好的电导率使之成为电沉积研究的崭新的电解质。离子液体是一种新型"绿色"溶剂，具有不挥发和不燃烧、可溶解许多无机物和有机物、易通过物理方法再生而重复使用的优点，这些对于在金属及其氧化物的溶解腐蚀、矿物中有价元素提取分离等方面有着极其重要的意义。这些特性使其在冶金和材料制备领域尤其是金属提取与分离等方面具有广阔的应用前景。

近年来随着研究的深入和创造性成果的不断涌现，离子液体在有色金属提取分离领域的应用范围不断拓宽。不过离子液体作为一种新发现的物质，真正开始研究的时间还短，未知的方面还很多，许多性质还未被发现，在有色金属提取与分离方面还要进行大量的工作。

新世纪的离子液体具有可设计性，你可以让离子液体拥有任意的物理化学性能。离子液体的阳、阴离子可以有多种形式，可设计成为带有特定末端或具有一系列特定性质的基团。因此，离子液体也被称为"设计者的溶剂"，这就意味着它的性质可以通过对阳离子修饰或改变阴离子来进行改变，像熔点、密度、黏性、亲水性、疏水性等物理性质，均可以随着离子结构的改变而改变。因此，它不仅作为绿色溶剂可应用于电化学、分离过程、聚合反应、有机合成等方面，而且由于其独特的物理化学性质及性能，可作为新型功能材料使用。除此之外，离子液体也被用作润滑添加剂和塑料增塑剂等。而且，离子液体在物质的分离和纯化、溶剂萃取、废旧高分子化合物的回收、工业废气中二氧化碳的提取、燃料电池和太阳能电池、核燃料和核废料的分离、地质样品的溶解与处理等方面理论上也有广阔的应用前景。

3.3.1.4　离子液体的发展前景

迄今为止，室温离子液体的研究取得了惊人的进展。北大西洋公约组织于 2000 年召开了有关离子液体的专家会议；欧盟委员会有一个有关离子液体的 3 年计划；日本、韩国也相继投入大量经费研究。近年来离子液体市场不断增长，主要驱动力来自催化剂和溶剂行业需求增加。预计到 2024 年离子液体需求将达到 6.5 万吨，市场规模达到 25 亿美元。全球离子液体相关概念公司有 1500 余家，但市场仍由少数公司控制，全球主要化工企业控制超过 50％的市场份额，美国和德国公司控制着全球 70％的市场份额。世界领先的离子液体开发者——德国 Solvent Innovation 公司已推出数以吨计的商品。Solvent Innovation 公司也开发了一系列新的离子液体，以取代对环境极有害的溶剂。其 Ecoeng 商标的无卤素离子液体出售量达 1t，该系列包括 1-烷基-3-甲基咪唑硫酸酯，用来取代卤化的溶剂。

我国对离子液体的研究起步相对晚，2003 年，在邓友全教授的带领下，中科院兰州化学物理研究所成功地使用离子液体作为催化体系，用二氧化碳取代剧毒的光气和一氧化碳等应用于异氰酸酯中间体的合成。2005 年，我国中科院过程工程研究所成功自主开发了离子液体规模化制备清洁技术，解决了小规模制备原料成本高、合成过程复杂、溶剂和原料循环利用差、污染严重、转化率低等问题。2017 年 5 月 10 日，Chemical Reviews（《化学评论》）在线出版了张锁江院士课题组综述文章 Multiscale Studies on Ionic Liquids，介绍离子液体构效研究最新进展，这是第一篇发布在 Chemical Reviews 上从多尺度认识离子液体的构效关系的综述性文章，为推进离子液体的工业化提供重要的参考文献和理论依据。

离子液体作为新生化学物质，目前科学家们致力于把它应用于传统技术领域的学科，并已获得不错的成绩。例如，离子液体与超临界二氧化碳流体技术结合，从而更加完善了原有技术，这为中药有效成分提取提供了更好的技术手段。离子液体与水、有机溶剂可以组成种类繁多、功能各异的相分离萃取体系，为复杂化学成分的分离提供了更多的技术方法。离子液体是可设计的，因此功能化离子液体陆续被合成出来，我们可以用它吸收天然气中的二氧化碳；去除汽油、柴油中的硫化物；回收铁、核污染残渣、汞、镉等重金属。离子液体在仪器分析领域也大有用武之地，比如荧光分析，用作色谱固定相、毛细管电泳流动相的添加剂等。

离子液体由于具有低熔点、高化学和热稳定性、宽电化学窗口、性质可调等优良性质，在化学、物理、材料、航天、食品等众多领域已经得到广泛的应用，其价值和前景得到广泛关注。从理论上讲离子液体可能有 1 万亿种，化学家可以为化工企业合成出他们需要的任意性能的离子液体。不过由于离子液体还是新生事物，没有能工业化量产，所以成本一般较高，所以，目前对于如何提高离子液体的稳定性，降低离子液体的成本价格还是化学家的研究重点。

人类对于离子液体的研究仍然处于初级阶段，随着我国对环保的重视，作为绿色溶剂的离子液体必将大规模应用于化学工业，并促进我国治理水污染、空气污染，让青山绿水跟工业发展不再成为矛盾。

3.3.2　超临界流体

物质有气、液、固等相态，此外，在临界点以上还存在一种无论温度和压力如何变化都不凝缩的流体相，此种状态的物质为超临界流体（supercritical fluids，SCF）。换句话说，超临界流体是温度高于 T_c，压力高于 p_c 的流体。在无毒无害溶剂的研究中，最活跃的研究项目之一是开发超临界流体，特别是超临界二氧化碳作溶剂。超临界流体具有溶解其他物质的特殊能力。

3.3.2.1　超临界流体的发展史

1822 年，法国医生 T. Cagniard 首次发现并描述了物质的超临界状态。

1861 年，Core 描述了萘于两氧化碳中的溶解现象。

1869 年，英国女王学院的 T. Andrews 博士对二氧化碳和氮气进行二元化物相行为深入研究，在英国皇家学术会议上发表了超临界实验装置和超临界现象观察的论文，测得二氧化碳临界点。

1879 年，Hannay 和 Hogarth 两位学者研究发现，常压下碘化钾不溶于乙醇，但超临界状态下的乙醇则对碘化钾具有一定的溶解力。当压力增加时，碘化钾的溶解度增加；当压力下降时，则有雪花般的晶体析出。他们首次发现压力会影响溶质溶解度。

1906 年，Buchner 指出溶质在超临界流体中的溶解度，也受溶质本身蒸气压影响。之后由于技术、装备等原因，至 20 世纪 30 年代，Pilat 和 Gadlewicz 两位科学家才有了用液化气体提取大分子化合物的构想。

1950 年，美、苏等国即进行以超临界丙烷去除重油中的柏油精及金属，如镍、钒等，降低后段炼解过程中催化剂中毒的失活程度，但因涉及成本考量，并未全面实用化。

1954 年，Zosol 用实验的方法证实了二氧化碳超临界萃取可以萃取油料中的油脂；Francis 搜集了 464 个物质的相图，并描述了 261 种有机化合物在液态二氧化碳中的溶解度。

1955 年，Todd 和 Elgin 首先将超临界流体用于分离类似于固体的不挥发性物质。混合物质在高压状态下可以溶于超临界流体，当压力降低时，物质可被回收。

1959 年，Elgin 及 Weinstock 发表了超临界流体用于液体溶液的分离。

1963 年，Zosel 申请利用超临界二氧化碳萃取 68 种不同物质的专利。

1970 年，Zosel 采用超临界二氧化碳萃取技术从咖啡豆提取咖啡因，从此超临界流体的发展进入一个新阶段。

此后，利用超临界流体进行分离的方法沉寂了一段时间，20 世纪 70 年代后期，德国的 Stahl 等人首先在高压实验装置的研究取得了突破性进展之后，超临界二氧化碳萃取这一新的提取、分离技术的研究及应用，才有了实质性进展；1973 年及 1978 年第一次和第二次能源危机后，超临界二氧化碳的特殊溶解能力，才又重新受到工业界的重视。1978 年后，欧洲陆续建立以超临界二氧化碳作为萃取剂的萃取提纯技术，以处理食品工厂中数以千万吨计的产品，例如以超临界二氧化碳去除咖啡豆中的咖啡因，以及自苦味花中萃取出可放在啤酒内的啤酒香气成分。80 年代以来，作为一种"环境友好"工业技术，超临界流体技术开始迅速发展，在国内外受到广泛的重视。1992 年，DeSimone 首先报道了超临界二氧化碳为溶剂的超临界聚合反应，得到分子量达 27 万的聚合物，开创了超临界二氧化碳高分子合成的先河。超临界流体萃取技术近 40 多年来引起人们的极大兴趣，这项化工新技术在化学反应和分离提纯领域开展了广泛深入的研究，取得了很大进展，在医药、化工、食品及环保领域成果累累。

超临界二氧化碳是指温度和压力均在其临界点（$T_c = 31.26℃$，$p_c = 7.39MPa$）以上的二氧化碳流体。它通常具有液体的密度，因而有常规液态溶剂的溶解度；在相同条件下，它又具有气体的黏度，因而又具有很高的传质速度。而且，由于具有很大的可压缩性，流体的密度、溶剂溶解度和黏度等性能均可由压力和温度的变化来调节。超临界二氧化碳扩散系数为液体的 100 倍，因而具有惊人的溶解能力，用它可溶解多种物质，然后提取其中的有效成分。

3.3.2.2 超临界二氧化碳的特点

超临界二氧化碳是目前研究最广泛的流体之一，因为它具有以下几个特点：
① CO_2 临界温度为 31.26℃，临界压力为 7.39MPa，临界条件容易达到。
② CO_2 化学性质不活泼，无色无味无毒，安全性好。
③ 价格便宜，纯度高，容易获得。

3.3.2.3 超临界二氧化碳的应用

（1）超临界二氧化碳萃取技术的应用　超临界流体萃取是以超临界流体为溶剂，从原料中萃取溶质，在临界温度和临界压力以下，溶质的溶解度急剧降低，从而使溶质和溶剂分离，达到分离的目的。

超临界二氧化碳萃取分离过程的原理是利用超临界二氧化碳对某些特殊天然产物具有特殊溶解作用，利用超临界二氧化碳的溶解能力与其密度的关系，即利用压力和温度对超临界二氧化碳溶解能力的影响而进行的。在超临界状态下，将超临界二氧化碳与待分离的物质接触，使其有选择性地把极性大小、沸点高低和分子量大小的成分依次萃取出来。当然，对应各压力范围所得到的萃取物不可能是单一的，但可以控制条件得到最佳比例的混合成分，然后借助减压、升温的方法使超临界流体变成普通气体，被萃取物质则完全或基本析出，从而达到分离提纯的目的，所以超临界流体二氧化碳萃取过程是由萃取和分离组合而成的。

运用该技术可生产高附加值的产品，可提取过去用化学方法无法提取的物质，且廉价、无毒、安全、高效，适用于化工、医药、食品等工业。

① 超临界二氧化碳萃取技术在中药开发方面的优势。超临界流体技术对于中药现代化至关重要。根据中医辨证论治理论，中药复方中有效成分是彼此制约、协同发挥作用的。超临界二氧化碳萃取不是简单地纯化某一组分，而是将有效成分进行选择性地分离，更有利于中药复方优势的发挥。超临界二氧化碳还可直接从单方或复方中药中提取不同部位或直接提取浸膏进行药理筛选，开发新药，大大提高新药筛选速度。同时，可以提取许多传统法提取不出来的物质，且较易从中药中发现新成分，从而发现新的药理药性，开发新药。经药理、临床证明，超临界 CO_2 提取中药，不仅工艺上优越，质量稳定且标准容易控制，而且其药理、临床效果能够得到保证。

② 在食品方面的应用。目前已经可以用超临界二氧化碳从葵花籽、红花籽、花生、小

麦胚芽、可可豆中提取油脂，这种方法比传统压榨法的回收率高，而且不存在溶剂法的溶剂分离问题。

③ 在医药保健品方面的应用。在抗生素药品生产中，传统方法常使用丙酮、甲醇等有机溶剂，但要将溶剂完全除去，又不变质非常困难。若采用超临界二氧化碳法则完全符合要求。

另外，用超临界二氧化碳法从银杏叶中提取的银杏黄酮，从鱼的内脏、骨头等提取的多烯不饱和脂肪酸（dha，epa），从沙棘籽提取的沙棘油，从蛋黄中提取的卵磷脂等对心脑血管疾病具有独特的疗效。

④ 天然香精香料的提取。用超临界二氧化碳法萃取香料不仅可以有效地提取芳香组分，而且还可以提高产品纯度，能保持其天然香味，如从桂花、茉莉花、菊花、梅花、米兰花、玫瑰花中提取花香精，从胡椒、肉桂、薄荷提取香辛料，从芹菜籽、生姜、芫荽籽、茴香、砂仁、八角、孜然等原料中提取精油，不仅可以用作调味香料，而且一些精油还具有较高的药用价值。啤酒花是啤酒酿造中不可缺少的添加物，具有独特的香气、清爽度和苦味。传统方法生产的啤酒花浸膏不含或仅含少量的香精油，破坏了啤酒的风味，而且残存的有机溶剂对人体有害。超临界萃取技术为啤酒花浸膏的生产开辟了广阔的前景。

⑤ 在化工方面的应用。美国最近研制成功了用超临界二氧化碳既作反应剂又作萃取剂的新型乙酸制造工艺。俄罗斯、德国还把超临界二氧化碳技术用于油料脱沥青技术。

此外，超临界萃取还可以用于提取茶叶中的茶多酚，提取银杏黄酮、内酯，提取桂花精和米糖油，沙棘油萃取分离，咖啡豆的脱咖啡因，烟草的脱尼古丁，咖啡香料的提取，啤酒花中有用成分的提取，从大豆中提取豆油和蛋黄的脱胆固醇等。

超临界流体二氧化碳萃取与化学法萃取相比，具有以下几个优点：

a.可以在接近室温（35～40℃）及 CO_2 气体笼罩下进行提取，有效地防止了热敏性物质的氧化和逸散。因此，在萃取物中保持着药用植物的全部成分，而且能把高沸点、低挥发度、易热解的物质在其沸点温度以下萃取出来。

b.使用超临界流体二氧化碳是最干净的提取方法，由于全过程不用有机溶剂，因此萃取物绝无残留溶剂，同时也防止了提取过程对人体的毒害和对环境的污染，是 100% 的纯天然。

c.萃取和分离合二为一，当饱含溶解物的超临界流体二氧化碳流经分离器时，由于压力下降使得 CO_2 与萃取物迅速成为两相（气-液分离）而立即分开，不仅萃取效率高而且能耗较少，节约成本。

d.CO_2 是一种不活泼的气体，萃取过程不发生化学反应，且属于不燃性气体，无味、无臭、无毒，故安全性好。

e.CO_2 价格便宜，纯度高，容易取得，且在生产过程中循环使用，从而降低成本。

f.压力和温度都可以成为调节萃取过程的参数。通过改变温度或压力达到萃取目的。压力固定，改变温度可将物质分离；反之温度固定，降低压力使萃取物分离，因此工艺简单易掌握，而且萃取速度快。

由于超临界二氧化碳萃取技术在萃取后能将二氧化碳再次利用，把对环境的污染降至最低，所以未来传统工业若是能以超临界二氧化碳当作主要溶剂，那我们这颗唯一的地球，压力便能得到缓减。

（2）超临界二氧化碳在有机合成中的应用　在超临界条件下进行的有机化学反应近些年来得到了越来越广泛的关注，对有机合成反应的研究虽然起步较晚，但作为一种绿色新型反应系统，在当今全球环境问题不容乐观的形势下，超临界化学反应必将引起越来越多化学工作者的关心和兴趣。

① 超临界二氧化碳中的催化加氢。加氢反应通常是液态的反应物和气态的氢气在固体催化剂作用下完成的固-液-气三相反应，由于氢气在液体中的溶解度低，普通条件下的催化加氢效率较低。超临界条件下，氢气和许多有机物都可同时溶于超临界流体，减小反应物与催化剂之间的传质阻力。在超临界二氧化碳流体参与的反应中，最突出的就是 Los Alamos 实验室发现的不对称催化还原反应，尤其是加氢作用和氢转移反应，在超临界二氧化碳流体中比在传统有机溶剂中表现出更强的选择性。在二氧化碳中能成功进行的不对称催化还原部分要归结于二氧化碳的独特性质，例如其溶剂浓度的可调、气相混溶性、高的扩散系数以及易于分离等。20 世纪 90 年代初，Rathke 以 $Co_2(CO)_8$ 为催化剂在超临界二氧化碳流体中进行了丙烯氢甲酰化合成丁醛的反应，发现超临界二氧化碳不仅可以提高直链醛与支链醛比例，且使反应速度比非极性溶剂中快。丙烯氢甲酰化反应于 $Co_2(CO)_8$ 催化下在超临界二氧化碳流体中进行，不存在传统的气液混合问题，而在常规反应条件下仍存在着这个问题。

$$CH_3CH{=\!=}CH_2 + CO + H_2 \xrightarrow[ScCO_2]{Co_2(CO)_8} CH_3CH_2CH_2CHO + CH_3CH(CH_3)CHO$$

② 利用超临界二氧化碳合成有机碳酸酯。用超临界二氧化碳和甲醇（或其脱水衍生物）直接合成碳酸二甲酯（简称 DMC）。Sakakura 等提出可以用甲醇的脱水衍生物，如二甲醚、二甲缩醛、三甲基原酸酯为原料与二氧化碳直接合成。在催化剂 $[Bu_2Sn(OMe)_2]$ 存在时，于压力 30MPa 下实现了超临界二氧化碳中的二氧化碳与原乙酸三甲酯合成 DMC，反应避免了水的生成，DMC 产率达 70%。

③ 利用超临界二氧化碳合成甲酸。利用超临界二氧化碳与等物质的量的 H_2 加成便可生成甲酸。Jessop 等以钌的配合物为催化剂 $[Cl_2Ru(PMe_3)_4]$ 在三乙胺的存在下，通过 H_2 与超临界二氧化碳的加氢反应，高选择地合成了甲酸。

$$CO_2 + H_2 \xrightarrow[Et_3N,50℃,20.5MPa]{[Cl_2Ru(PMe_3)_4]} HCOOH$$
（超临界）

④ 利用超临界二氧化碳合成有机酚酸。以用苯酚和超临界二氧化碳直接合成水杨酸为例。在尝试了一系列 Lewis 酸催化剂的基础上，Lijima 等认为 $AlBr_3$ 催化超临界条件下由苯酚直接合成水杨酸具有较高的区域选择性和催化效率。实验在 8MPa 的压力下，仅以 80℃ 的温度，就取得了近 55.6% 的收率。反应在 30min 之内即可完成，且催化反应的选择性在 99.9% 以上，水杨酸产率随着催化剂量的增多而增加，可以达到近 100%。而传统羧基化则需要若干个小时。

⑤ 超临界二氧化碳中的聚合反应。二氧化碳表面活性剂技术是运用超临界二氧化碳流体或液态二氧化碳替代原有的有机物，这一技术涉及了发展相对于二氧化碳的表面活性剂体系，扩大了液态二氧化碳或超临界二氧化碳的应用，提高了它对大的烃骨架分子的溶解力。例如在聚合反应中，皂化二氧化碳既可用作有机反应的溶剂，也可替代卤代烃用作清洁、萃取介质。

$$\underset{R}{\overset{O}{\triangle}} + CO_2 \xrightarrow{\text{cat.}} \left[\underset{O}{\overset{O}{\parallel}}\text{---O---}\overset{R}{\underset{}{|}}\text{---O---}\right]_n + \underset{O}{\overset{O}{\parallel}}\overset{O}{\underset{R}{|}}$$

1992 年，DeSimone 首次报道了用超临界二氧化碳作溶剂，用偶氮二异丁腈（AIBN）为引发剂，进行 1,1-二氢全氟代辛基丙烯酸酯（FOA）的自由基均聚，得到了相对分子质量达 27 万的聚合物，开创了超临界二氧化碳高分子合成的先河。DeSimone 的实验室又用超临界合成的方法得到了一种氟链修饰的共溶剂 pol-FOA，再用该共溶剂使甲基丙烯酸甲酯（MMA）单体与超临界二氧化碳形成很好的多相分散体系，进行多相分散聚合，得到了粒子尺寸为微米级且分散度很小的有机玻璃（PMMA）粒子，转化率达到了 98%，超临界流体比常规的有机卤化物溶剂有显著的优越性。

此外，Tumas 及其合作者详细研究了环氧化合物的聚合、烯烃氧化和不对称加氢等。与常规溶剂体系相比，上述反应没有经历中间物，尤其在不对称加氢反应上表现出优异的性能。

⑥ 超临界二氧化碳中的金属有机反应。目前在超临界二氧化碳介质中钯催化有机反应主要有 Heck-Stille 反应、烯烃的羰基化反应和氧化-缩醛化反应等。例如，在超临界二氧化碳介质中利用钯-膦配合物催化碳-碳键偶合反应，可得到比常规溶剂中更高的转化率和选择性。由于含氟膦配合物在超临界二氧化碳介质中溶解度大大提高，从而使反应以均相催化进行。

$$\text{C}_6\text{H}_5\text{---I} + \text{CH}_2\text{=CH---R} \xrightarrow[\text{ScCO}_2]{\text{Pd(cat.)}} \text{C}_6\text{H}_5\text{---CH=CH---R}$$
（转化率99%，选择性99%）

李金恒等报道了在超临界二氧化碳介质中钯催化末端炔烃双羰基化反应。

$$\text{R}\text{---}\!\!\equiv\!\!\text{---H} + \text{CO} + \text{MeOH} \xrightarrow[\text{NaOAc, ScCO}_2]{\text{PdCl}_2/\text{CuCl}_2} \text{R}\text{---}\!\!\equiv\!\!\text{---COOMe}$$
（R=Ph,C_5H_{11}）

超临界二氧化碳作为反应介质，具有以下优点：①高溶解能力；②高扩散系数；③无毒性和不燃性；④有效控制反应活性和选择性。

（3）超临界二氧化碳在化学工业上的应用　常见使用超临界二氧化碳技术的应用包括传统产业的干洗业、纤维染色技术、化学反应和高科技产业的半导体清洗技术。传统干洗业正面临其所使用的有机溶剂——过氯酸乙烯（perchloroetylene）对于健康上与环保上的危害的压力，许多主要的相关产业从业者，也在不断地寻求替代的方法。事实上，利用超临界流体技术的干洗设备，已经在 1999 年正式在美国设立营业店面，这套设备的单价约在 50000 美金到 75000 美金之间。这个超临界流体工业化的应用证明，超临界二氧化碳能有效地与传统民生工业在价格上作竞争。另外的清洗应用包括金属零组件的清洗、商业用洗碗机与一般的家用清洗设备。

利用超临界二氧化碳取代现行有机溶剂的染色技术，在环保、废水处理与降低成本上，有非常多的优点。由于超临界二氧化碳流体基本的特性较接近气体，故对于应用有机液体进行聚酯纤维染色的工艺而言，不会产生排废问题，减少了工业用水量与有害工业废弃物的排放。经济方面的优点，还包括产量的增加和能源消耗的减少。因此，超临界流体染色技术，将会是更省时、更经济、更环保的新工程。超临界流体染色技术研究在科研人员的努力之下，将带领化工业者进入绿色化学时代的新摇篮。

对化学反应来说，超临界二氧化碳提供了传统有机溶剂使用的另一种选择。除了在环保上的优点之外，对于温度、压力、流速、反应物浓度等反应变因的控制，使反应本身的控制更为容易，由于反应操作控制容易，也相对地增加了反应的选择性与产量。因此，反应本身需要较少的时间与较小的空间，对于设备成本投资的减少也是一大贡献，对于一些反应物本身在二氧化碳流体中溶解度较小的物质，主要的技术克服要点在于乳化微粒（micelle）的形成与其在二氧化碳流体中的动速率。在这方面的应用，以美国杜邦公司在北卡罗兰那州投资达 4000 万美元的新建研究工厂投资案例最受关注，主要的研究方向就是想利用超临界二氧化碳作为反应溶液，以生产含氟聚合物（fluoropolymer）。

对于半导体晶片上光阻物质和蚀刻的残留物质，一直都没有一种有效的化学方法来去除。通常必须配合几种不同的方法与设备［例如电浆灰化（plasmaashing）与湿式或干式清洗］才能达到产品品质的要求。现有的湿式清洗方法是利用具有侵蚀性的硫酸、双氧水或有机溶剂的混合物清洗，这些传统的方法会产生大量的有机废液，对环境造成极大的冲击。因此包括隶属美国能源部著名的 Los Alamos 国家实验室和其他各国的研究机构，也在积极地开发超临界二氧化碳处理技术，以去除半导体晶片上的光阻物质。利用超临界流体技术处理方法，能有效地在单一清洗槽中，将半导体晶片上残留杂质清洗干净。由于超临界流体的表面张力和黏度非常低，故能有效而且快速地将清洁溶剂带到低于 $0.18\mu m$ 的微细组织结构中，除去光阻物质及其衍生物，同样能大量减少有害溶液的使用量，并减少废水的产生，更重要的是简化了流程并增加了产量。

此外，下列的化工产业也开始使用超临界二氧化碳萃取技术，以降低生产过程污染物的产生：

① 石油残渣油的脱沥；
② 原油的回收，润滑油的再生；
③ 烃的分离，煤液化油的提取；
④ 含有难分解物质废液的处理。

3.3.2.4　超临界流体的发展前景

近年来，超临界流体最引人注意的研究领域，主要在机能性成分的萃取，纤维染色技术，半导体的清洗，特殊药用成分颗粒的生产等。流体的应用，则以二氧化碳、水与丙烷三种为主。由于二氧化碳在使用安全性上的考虑，将在未来超临界流体应用上，持续占有重要的地位。超临界水的应用，预期将会是下一波的主流。而在某些食品的应用上，丙烷相较于二氧化碳在制造成本上的优点，也越来越受重视。

最早将超临界二氧化碳萃取技术应用于大规模生产的是美国通用食品公司，之后法、英、德等国也很快将该技术应用于大规模生产中。20 世纪 90 年代初，中国开始了超临界萃取技术的产业化工作，发展速度很快，实现了超临界流体萃取技术从理论研究、中小水平向大规模产业化的转变，使中国在该领域的研究、应用已同国际接轨，在某些方面达到了国际领先水平。

同时，国际上超临界流体萃取的研究重点已有所转移，为得到纯度较高的高附加值产品，对超临界流体逆流萃取和分馏萃取的研究越来越多。超临界条件下的反应研究成为重点，特别是超临界水和超临界二氧化碳条件下的各类反应，更为人们所重视。超临界流体技术应用的领域更为广泛，除了天然产物的提取、有机合成外还有环境保护、材料加工、油漆印染、生物技术和医学等；有关超临界流体技术的基础理论研究得到加强，国际上的这些动向值得我们关注。

整体而言，超临界流体技术将持续地在不同的领域（由食品到药品以至于化学品和工业化产品的生产应用）中发挥作用。此技术虽然不是万能加工技术，却绝对是 21 世纪环保生态化学工程中的另一种选择。

3.3.3　水和近临界水

以水为介质的有机反应是"与环境友好的合成反应"的一个重要组成部分。水相中的有机反应具有许多优点：操作简便，安全，没有有机溶剂的易燃、易爆等问题。在有机合成方面，可以省略许多诸如官能团的保护和去保护等的合成步骤。水的资源丰富，成本低廉，不会污染环境，因此是潜在的"与环境友善"的反应介质。

3.3.3.1　以水作为溶剂

长期以来，大部分有机反应是在有机溶剂中进行的，有的甚至必须在无水、无氧的条件下进行，有机合成反应的研究也是以有机反应介质为基础的。以水为介质必然会引出许多新问题，如：有机底物在水中的"疏水作用"；反应底物和试剂在水中的稳定性；水中存在的大量氢键对反应的影响等。但这些问题并非完全不利或不能克服，事实上水溶剂特有的疏水效应对一些重要有机转化是十分有益的，有时可提高反应速率和选择性，如周环反应在水中的反应速度比在有机溶剂中要快得多。因此以水作为溶剂的相关研究，如水中有机反应的机理、水中反应的立体化学、适合水相反应的新试剂和新反应的发现和应用等水相有机反应的研究，将会在有机合成化学中开辟出一个新的研究领域。2001 年美国"总统绿色化学挑战奖"之学术奖授予了李朝军教授，也表明水相有机反应的研究正在受到越来越多的关注。

水相有机反应的研究已涉及多个反应类型，如：氧化反应、还原反应、烯丙基化反应、环加成反应、克莱森反应、迈克尔反应、维悌希反应、缩合反应、偶联反应、自由基反应、有机光化学反应、取代反应等。近期的主要进展有：与水相溶的 Lewis 酸催化剂在水相形成新 C-C 键反应的应用；金属参与的，特别是金属铟参与的水相形成新 C-C 键的反应，以及在天然产物合成中的应用；过渡金属试剂催化的水相 Grignard 型和共轭加成反应；金属铑试剂催化的水相有机硼酸的不对称反应等。

（1）水相/有机相两相体系中的烯烃氢甲酰化反应　烯烃氢甲酰化反应是典型的原子经济反应，是生产增塑剂用丁醇和异辛醇的最主要方法。20 世纪 80 年代以前，这一生产过程是采用溶于有机溶剂的钴或铑配合物作催化剂，在均相催化反应体系中进行。为了避免使用有机溶剂，有利于产物的分离，减少有机溶剂的挥发和排放对环境的污染，1984 年德国 Ruhrchemie AG 公司开发成功了在以水溶性铑-膦配合物为催化剂的两相体系中，丙烯氢甲酰化合成丁醛的过程。在这一工艺中，由于在三苯基膦的苯环上引入磺酸盐基团，使其水溶性达到 1.1 kg/L。反应完成后，产物存在于有机相，催化剂保持在水相，通过两相分离，即可将催化剂与产物分开，而不需要采用蒸馏方法分离回收催化剂。铑-膦配合物水溶液催化的丙烯氢甲酰化反应和有机溶剂中进行的均相催化相比，生成醛的选择性由 95％提高到 99％，产物中正丁醛与异丁醛之比由 1∶10～14 提高到 1∶24 以上。每生产 100 kt 丁醛，采用两相催化体系比均相催化体系节约 4 kt 丙烯，相应也节约大量合成气，铑催化剂的消耗也显著减少。在两相催化体系中丙烯氢甲酰化工业生产过程获得成功，大大推动了水溶性有机金属配合催化的研究和发展。近年来水溶性铑-膦、钌-膦、钯-膦配合物在加氢二聚、选择性加氢、C—C 键偶联等方面也已获得重大进展，C_6 以上烯烃氨甲酰化制备高碳醛、醇的两相催化体系的新技术国外正在积极研究。

（2）水溶液中自由基溴代反应　New jersey 技术研究所和其他大学合作开发了一种多相反应器，它能使在药物和特殊化学品的制造中，可用水作反应介质，避免采用有害的有机溶剂。这种技术已用于有机物在水溶液中进行的自由基溴代反应，对环氧化反应已开发出一种半连续的滴流床反应器，这是从头治理挥发性有机化合物的方法。

（3）水相中铟促进的 Barbier 反应　Paquette 领导的科研组就水相中铟促进的 Barbier 反应的立体控制做了较为系统的研究，考察了醛和烯丙基溴组分的结构，特别是含配位基团如羟基、烷氧基、巯基和氨基的反应底物对反应的立体化学的影响。发现了这些基团的配位能力以及其他相邻基团的立体因素对立体选择性的影响，当醛的 α-位和 β-位含有羟基时，反应以很高的立体选择性分别生成顺式 1,2-二醇和反式 1,3-二醇化合物，提出即使在水相中反应仍主要经过螯合的过渡态 A 和 B。而在烯丙基溴的 β-位有羟基或烷氧基取代时，反应同样可以给出高立体选择性的结果。这些研究对揭示水相反应的立体化学控制机制以及在有机合成中正确应用此类反应具有重要意义。

（4）四烯丙基锡与 2-脱氧核糖在纯水中的反应　Kobayashi 等研究了四烯丙基锡与 2-脱氧核糖在纯水中的反应，发现催化量的三氟甲基磺酸钪和表面活性剂十二烷基磺酸钠（SDS）的同时加入大大提高了反应的速率，并使反应给出定量的产物。该方法适用于其他一系列醛和糖类化合物。值得注意的是，当仅用 Lewis 酸或表面活性剂时，该反应进行得极其缓慢，表面活性剂的加入使反应物在水中形成胶束体系，使催化剂 Lewis 酸与底物的相互作用得到增强，从而加快反应速度，提高反应产率。

水是地球上最无害、最安全也是最廉价的溶剂，通过选用适当的催化剂，以水为溶剂，可同时解决产物分离和环境污染问题。在近期，水相有机反应研究有以下几个方面值得重视：水相有机反应的特点和反应机理以及相关的理论问题；研究有机金属试剂或 Lewis 酸催化的水相反应，特别是相应的水相不对称反应；探索将水相有机反应和生物转化反应相结合的新合成方法；实现水相中的"原子经济性"反应；加强对水相有机反应工业应用中基本问题的研究。

采用水作溶剂虽然能避免有机溶剂，但由于其溶解度有限，限制了它的应用，而且还要注意废水是否会造成污染。

3.3.3.2 以近临界水作为溶剂

超临界水由于需要高温高压，应用受到限制。近来，近临界水（near-critical water）的研究引起了重视。近临界水有许多优点和特点：相对来说，需要的温度和压力都较低；作为溶剂，对有机物的溶解性能相当于丙酮或乙醇；近临界水的介电常数介于常态水和超临界水之间，因此，近临界水既能溶解盐，又能溶解有机化合物；水与产物易分离，用于分离纯化的耗费很小。在近临界水中进行的有机反应也有一些值得注意的特点。由于近临界水具有很大的离子化常数（ionization constant），对于某些需要酸催化或碱催化的反应，近临界水也可催化反应，而不必另加催化剂。例如，在近临界水中进行的 Friedel-Crafts 反应，不用像传统工业生产那样加入 2 倍当量的 $AlCl_3$ 或其他的 Lewis 酸即可反应，避免了大量的无机盐废弃物的产生。目前，已有报道在近临界水中进行烷基化反应、Aldol 缩合反应、氧化反应等的研究结果。近临界水的应用更适合于小规模、高附加值的化工过程。对于"洁净"的反应介质，近临界水中的有机反应研究是一个值得注意的课题。

3.3.4 无溶剂

除采用离子液体、超临界溶剂、水或近临界水作为溶剂外，采用无溶剂的固相反应也是避免使用挥发性溶剂的一个研究动向，如用微波来促进固、固相有机反应。不用溶剂，无论对人体健康还是对环境来说，好处均是十分明显的。在无溶剂状态下进行的反应有三种情况：原料本身可以互溶，反应可在熔融的状态下进行，反应可在固体表面进行。这些均可避免溶剂的使用。

3.3.4.1 无溶剂合成的优点

由于反应过程完全不用溶剂，彻底克服了反应过程中溶剂对环境造成的污染；不用溶剂，有利于降低生产成本；无溶剂合成为反应提供了与传统溶剂不同的新的分子环境，有可能使反应的选择性、转化率得到提高；可使产物的分离提纯过程变得较容易进行。如有的反应，完成后用少量水或有机溶剂洗净即可；有的反应当加入计量比的反应物，且转化率达到100％时，得到的是单一的纯净产物，不必进行分离提纯。因此无溶剂有机合成应当成为选择反应介质时首先加以考虑的方法，值得大力研究和提倡。归纳起来为以下四点：

① 经济（不需买溶剂）。

② 经常是计量反应（stoichiometric reaction），容易纯化。

③ 反应速率快（因为反应物的"浓度"高）。

④ 对环境友好。

3.3.4.2 无溶剂合成的缺点

无溶剂有机合成也有其固有的缺点，特别是对从前使用有机溶剂较为普遍的固体物质参与的反应，会有如下一些问题：

① 并非所有的反应都能在无溶剂条件下进行。因为参加反应的分子之间要接近到一个小距离（如<1nm）才可能发生反应，而不同固体反应物粉末混合时，达到此距离的异种分子对所占比例很小，因而许多反应无溶剂不能进行，需要研究采用什么方法促进反应的进行。

② 散热问题。有些反应进行时放热多，在无溶剂条件下就存在散热难的问题。

③ 分离问题。反应完成后若得到的是固体混合物，进行分离时，有可能又要使用有机溶剂。

④ 因反应系统无流动性、黏滞性高，组织大规模的自动化水平高的生产较难。

为使反应能够在无溶剂条件下进行，主要采用如下一些方法以提供化学反应所需的能量。比如有些反应只要加热、静置或加热、搅拌混合即可进行；又如用研钵研磨、粉碎、加压、混合方法；用球磨机或高速振动粉碎等强力机械方法；以及用超声波照射或用光照射使反应进行；用主体-客体方法，以反应底物为客体，以一定比例的另一种适当分子为主体形成包接化合物，然后再设法使底物发生反应，这时反应的定位选择性或光学选择性等都会因主体的作用而有所改变或改善，甚至变成只有一种选择。

3.3.4.3 无溶剂有机合成反应方法及实例

各国学者进行了大量的无溶剂有机合成研究，主要集中在采用多种方法促进各类固体反应，使之能平稳进行。

（1）用球磨法反应 在圆筒形金属制反应器中加入金属球和要进行反应的物质，使反应器旋转，进行研磨，以实现反应。

如烯胺类物质 **1** 与物质 **2** 用球磨法反应 3h，再加热到 80℃保持 5min，150℃保持 5min，系统经一系列反应得产物 **3**。

（2）用高速振动粉碎法反应　该方法是比球磨法更强的机械作用方法，在密封的不锈钢制反应器中加入不锈钢球，反应器以 3500r/min 的转速旋转，使加入的物质发生反应。

如 C_{60} 的（2+2）加成生成一聚体 C_{120} 的反应，是将 C_{60} 与 KCN 或 KOAc、K_2CO_3 及微量的 Li 或 Na、K 等碱金属一起进行高速振动粉碎条件下的反应，无机物作催化剂，反应 30min 达到平衡，二聚体含量为 30%。

（3）应用主体-客体包接化合物的方法　使用有光学活性的主体进行固相不对称还原反应。光学活性的 **1** 或 **2** 作为主体与酮 **3**（客体）的包接化合物结晶粉末，与硼烷·乙二胺（$2BH_3 \cdot NH_2CH_2CH_2NH_2$）的配合物粉末混合，反应，可得到光学活性的醇 **4**，反应的产率及光学活性见表 3-3。

表 3-3　无溶剂不对称还原酮为醇的反应中产物的产率和光学纯度

主体	3 中 Ar	产物 4	
		产率/%	光学纯度/ee%
（−）-1	Ph	96	44
（−）-1	o-甲苯基	57	59
（−）-1	1-萘基	20	22
（−）-2a	1-萘基	32	22

（4）光化反应　以吡啶酮 **1** 为客体，化合物 **2** 为主体形成的 1∶1 包接化合物，经光照吡啶酮 **1** 发生分子内环加成反应，得到光学纯度为 100% 的内酰胺 **3**。

（5）用研钵研磨反应　二苯乙二酮 **1** 与 2 倍量的 KOH 用研钵混合研磨，在 80℃ 反应

12min 后，混合物用稀酸洗净，得酸 **2**，产率为 90%。苯环上有吸电子基时反应加快，有供电子基时反应变慢。

$$\text{Ph}-\overset{\displaystyle \|}{\underset{\displaystyle O}{C}}-\overset{\displaystyle \|}{\underset{\displaystyle O}{C}}-\text{Ph} \xrightarrow[\text{12min}]{80^{\circ}C} \text{Ph}-\overset{\displaystyle Ph}{\underset{\displaystyle OH}{C}}-\text{COOH}$$

         1   **2**

（6）加热静置或室温下静置反应　如 2-甲基环己酮与甲基乙烯基甲酮在无溶剂条件下发生 Robinson 缩环反应，在室温下放置 3h，产物的产率为 25%。如下：

$$\text{（2-甲基环己酮）} + \text{（甲基乙烯基甲酮）} \xrightarrow{\text{MeONa}} \text{（产物）}$$

（7）室温无溶剂搅拌　姜恒等提出用三种无机锌盐〔分别是 $Zn(OAc)_2 \cdot 2H_2O$、$ZnCl_2$、$ZnBr_2$〕在室温、无溶剂、搅拌条件下，催化芳香醛 **1** 和活性亚甲基化合物 **2**，通过 Knoevenagel 反应，生成 16 种亚芳基化合物 **3**。

$$\text{ArCHO} + \overset{\displaystyle CN}{\underset{\displaystyle R}{H_2C}} \xrightarrow[\text{无溶剂,rt}]{Zn(OAc)_2 \cdot 2H_2O,ZnCl_2\text{或}ZnBr_2} \overset{\displaystyle Ar\quad CN}{\underset{\displaystyle H\quad R}{C=C}} + H_2O$$

    1   **2**   **3(a~p)**

              R=CN,COOC$_2$H$_5$

显然，室温下静置能耗最少，最为简易；其次是加热静置或加热搅拌；相比之下其他机械方法能耗较高或仪器多，操作较复杂。

总之，文献中报道过的研究成功的无溶剂有机合成反应很多，几乎包括大多数有机合成反应的类型，较为典型的反应类型有还原反应、氧化反应、碳-碳键的形成、碳-杂原子键的形成、氮-氮键的形成、重排反应、消除反应、水解反应、保护反应、去保护反应等。

目前，无溶剂有机合成研究主要集中在实验室实现反应的基础研究上，对产物的分离提纯研究不多，对实现无溶剂有机合成反应的规律认识不足，对进一步推进到生产中的应用研究更少，这也是正常的现象，因为无溶剂有机合成这一概念形成时间不长，可以预期今后对这些方面的研究会得到加强。

传统化学过程采用大量有毒有害的挥发性溶剂，是造成环境污染和浪费的重要原因之一。离子液体、超临界流体、水、近临界水、无溶剂等都是具有各自特点的绿色溶剂，他们在化学反应工程、材料科学、分离科学等领域具有广阔的应用前景。有效利用绿色溶剂的特性提高生产效率、开发新的反应和技术、制备高性能的材料是重要的研究课题。

3.4　绿色化学产品

对人类和环境无害的化学产品称为绿色化学产品。绿色化学产品有两个特征：①产品本身不会引起环境污染和健康问题，包括不会对野生生物、有益昆虫或植物造成损害；②当产品被使用后，应能再循环或易于在环境中降解为无害物质。

3.4.1 设计安全无毒化学品的一般原则

（1）"外部"效应原则 "外部"效应原则，主要是指通过分子设计，改善分子在环境中的分布、人和其他生物机体对它的吸收性质等重要物理化学性质，从而减少它的有害生物效应。通过分子结构设计，从而增大物质降解速度、降低物质的挥发性、减少分子在环境中的残留时间、减小物质在环境中转变为具有有害生物效应物质的可能性等均是重要的"外部"效应原则的例子。

另外，通过分子设计，从而降低或妨碍人类、动物和水生生物对物质的吸收也是"外部"效应原则要面对的问题。不同的生命机体对物质吸收的途径不完全相同。对人类而言，吸收物质的途径有皮肤吸收、眼睛吸收、肺吸收、肠胃系统吸收、呼吸系统吸收等。生物聚集（bio-accumulation）和生物放大（bio-magnification，即随食物链向上一级进展，化学物质在组织中的浓度增大这一现象），也是在进行分子结构设计时必须考虑的"外部"效应因素。众所周知，某些化学物质，比如氯代杀虫剂或其他氯代烃，可存留在多种生命机体中，并能聚集到致毒的水平。这一现象会在食物链中逐步加剧，因为鱼、鸟、哺乳动物等以这些食物链中的低级生命形式为食物，而人类则以鱼等为食物，因此，毒物可在低级生命形式中聚集，在更高一级的生命形式中被生物放大到更大的数量级，如此由低级生命形式传递到更高级的生命形式。"外部"效应原则也要考虑目标物质中可能产生的不纯物的性质，比如，在合成中是否会生成更毒的同系物、几何异物体、构象异构体、立体异构体或结构上不相关的不纯物。

（2）"内部"效应原则 "内部"效应原则通常包括通过分子设计以达到以下目标：增大生物解毒性（bio-detoxication），避免物质的直接毒性和间接生物致毒性（indirect bio-toxication）或称为生物活化（bio-activation）。增大生物解毒性包括把分子设计为本身是亲水性的或很容易与葡萄糖醛酸、硫酸盐或氨基酸结合，从而加速其从泌尿系统或胆汁中排出。要避免物质的直接毒性，就要把物质分子设计成无毒无害类化合物，或在分子中引入一些无毒功能团。间接生物致毒性或生物活化是指这样一种情况，即物质在初始结构时并不具毒性，但它进入体内后，会转化为有毒的代谢物，许多致癌物质、诱变物质、畸胎性物质都是通过生物活化特征机理变为有毒物质的。避免的办法是不使用具有生物活化途径的分子，或对可生物活化的结构进行生物屏蔽。

（3）"外部"效应＋"内部"效应原则 很明显，"外部"效应和"内部"效应原则在很大范围内为合成化学家设计分子结构以消除或减少物质的毒性提供了研究机会。在进行分子设计时，要同时把"外部"或"内部"效应结合在一起来考虑。必须承认，要使物质的安全性与使用功能和谐地统一在分子内是一项十分艰巨的任务，但完成这一任务是获得成功的前提。要实现安全化学品的有效设计，就必须拥有关于物质分子结构与物质使用功能之间关系的数据库和相关信息。更为重要的是，必须在分子水平上拥有物质分子结构与其生物活性之间关系的信息。而最重要的是仔细整合这两类数据和信息，从而在安全与使用功能之间找到平衡点。要达到这一目标，现行的毒理学研究和化学教育体系必须改变，更多地加强多学科的合作和交叉。

为推广安全有效化学品的设计应解决的问题：

① 加大宣传力度，让安全有效化学品的设计在学术界和工业界深入人心。

② 建立关于安全有效化学品的设计这一概念的科学的、技术的和经济的可靠性。

③ 进一步加强对风险化学品进行仔细认真的分析和研究。

④ 在毒理学研究中进一步强调机理研究和构效关系研究。

⑤ 改革和修正化学教育体系和化学教学内容，在其中引入与安全有效化学品的设计相关理论和实践性教学内容。

⑥ 化学界和工业界均要积极参与，积极开展这方面的工作。

关于安全有效化学品的分子设计，目前仍需要加大宣传，不仅使化学界，而且使整个科学界和工业界都要意识到这一概念（安全有效化学品的分子设计）的重要性进而为之努力工作。要为本概念建立起科学的可靠性，展示它在技术上、经济上的可实施性。目前在这方面已有很多成功例子。学术界和工业界都应该把注意力集中到对人类、对环境有害效应的风险物质上来，不仅要研究对毒性本身的评价问题，而且要研究它们潜在的环境效应和对人类健康的影响。

3.4.2 设计更安全化学品的方法与策略

设计更安全化学品包括一个分子结构分析的过程，以确定该分子中同所需性能相关及同毒性和其他危害性相关的部分。获得了这个信息后就可能通过设计，使该分子的危害性降至最低而保留其功效。设计更安全化学品可通过以下一些方法与策略实现：

① 确定危害性的作用机理。若已知化学品危害性的作用机理，则人们可以更好地设计对人类健康与环境更安全的化学品。因为如果知道了一个化学品在人体内或环境中导致毒性或其他危害的途径，而又可以防止该途径中任何一个步骤的发生，则该化学品的毒性作用就被避免，从而消除该毒性的影响。

② 结构-活性相关性。许多化学品的危害性作用机理是未知的。在这种情况下，可利用结构-活性相关性信息来设计更安全化学品。例如，如果一个物质的甲基取代类似物具有很大的毒性，而毒性随取代基由甲基到乙基到丙基等而变小，那么设计更安全化学品的过程，可考虑增加取代基的长度。虽然甲基取代物的毒性及随着取代基增大而毒性减小的作用机理不清楚，只要化学结构同其危害性可以经验地关联，则这种结构-活性相关性信息可成为设计更安全化学品的有力工具。

③ 消除毒性功能团。如果一个化学品的危害性作用机理未知，或其结构-活性相关性无法确定，则在设计更安全化学品时，可假设某些化学反应功能团在人体内或环境中发生类似的反应。在这种情况下，如果一个具有毒性的功能团同所需要的功能没有关系，则可以将其除去以消除或减小毒性。相反，若该功能团同化学品的功效有关，则可以将其转换成危害性小的形式以使整体危害性降至最低。

④ 降低生物利用率。设计更安全化学品的另一途径为降低其生物利用率。如果某一物质由于结构重新设计而无法进入其产生危害的环境，则其事实上已被转化成无害物质。如设计不能破坏臭氧层的化学品，一种物质若要破坏臭氧层，其必须达到一定的高度，并在该高度具有足以引起破坏的生命空间。目前设计的破坏臭氧层物质的替代物，虽与被替代物具有相似的性质，但其无法接触到危害的目标，即无法进入高空臭氧层，从而减少了对臭氧层的

破坏。降低生物利用率可通过调节其亲水性/亲油性关系实现。因为亲水性/亲油性通常控制一种物质通过生物膜（如皮肤、肺、胃肠道等）的能力，该原理也适合于设计对环境更安全的化学品。

⑤ 提高可降解性。化学品设计通常追求耐用性，将化学品设计得尽量持久耐用。这导致了废物、持久性物质及生物累积物质的大量存在。同时，亦占用了一定量的土地及毒性废物放置空间。

现在人们需要将化学品设计得在使用后不残留于环境中，而能降解成无毒、不持久存在的小分子物质。因此，设计更安全化学品不仅要考虑化学品在制造与使用时的危害性，还应考虑其在使用后处置所带来的危害性，即要进行一个化学品整个生命周期的全面考虑。

3.4.3 绿色化学产品开发实例

3.4.3.1 二氧化碳制可降解塑料

多年来，人类一直在探索把二氧化碳变成塑料的途径，但是由于催化剂成本太高，一直没能大规模应用。20 世纪末，中科院广州化学所的孟跃中博士通过新技术使原开发的催化剂的效率高过世界最高水平的两倍，成功地降低了制塑成本。成本降低使人类大规模利用二氧化碳的前景一片光明。据悉，我国每年增加工业排放二氧化碳超过 15 亿吨，利用废气制塑不仅从源头上减少了污染，而且，这种新塑料处理后还可以变成我们日常用的饮料瓶、快餐饭盒等，它还能够通过生物降解，不必担心造成二次污染。有权威专家认为，这一成果能批量生产，将有效减少目前面临的二氧化碳造成的温室效应及白色污染，并有可能成为新型的通用塑料，成功降低制塑成本。

把二氧化碳变成塑料的设想，最先在 1969 年由一位日本化学家实现，但他所用催化剂效率低且成本太高，难以做大规模的工业开发，其后 30 年，科学界未能在此方面取得重大进展，各种科学成果只能留在实验室里。

孟跃中博士通过新技术使原开发的催化剂的效率高过之前世界最高水平的两倍，新塑料中二氧化碳含量达到 42% 左右，成本也成功地降到每吨 1.2 万元，约为市场同类产品价格的 30%～40%。

这种可降解塑料的样品，它有不同的柔软度，而且有的十分轻薄透明如同玻璃。它还能够通过生物降解，不必担心造成二次污染，有效控制温室效应。

二氧化碳如何变成塑料？这里要过三道技术难关，第一个难题由日本科学家攻克，而孟跃中解决的是最后两个关键问题。

第一关，让碳、氧原子分开。二氧化碳（CO_2）的组成元素就是碳和氧，碳是构成有机物（如塑料）的必要元素，如果能够成功使二氧化碳与其他化合物发生反应，它就可以成为制塑的原材料。这一关已于 1969 年由一位日本科学家攻克，他首次通过一种名为二乙基锌的催化剂作为"第四者"，使氧原子与碳原子之间的双键断开或者若即若离，碳原子"移情别恋"，放出电子与其他物质结合成可降解塑料。其后各国科学家又不断发现了新的催化剂。

第二关，扩大催化接触面。科学家最初发现的催化剂成本很高，无法进行工业化开发。为了降低成本，科学家力求找到一个高效催化剂，目前最高催化效率已可达 60～70g，但催化剂价格更高。孟跃中走了另外一条路子，不再去寻找新的催化剂，而是利用现有的催化剂，来增加它的催化效率。在化学上有个正比关系，就是催化剂跟被催化物的接触面越大，催化反应也将会更加有效，这也就好比我们所用的电脑CPU上的散热器，风扇的风力是一定的，但如果散热的表面积越大，气体对流越快，降温效果也就越好。

第三关，分子与分子"握手"。要使催化剂接触面尽可能大，也就要使它的颗粒尽可能小，最好能够实现分子与分子的"握手"。孟跃中想到，含氟的化合物是能够溶于液态二氧化碳的。二氧化碳在高压之下会变成流体状态，如果把催化剂附在这种含氟化合物上，溶在二氧化碳中，那么催化剂也以分子状态跟二氧化碳的分子"握手"。通过这种方法，原来一颗催化剂表面积如果为 $1cm^2$ 的话，处理后表面积起码可以增加 500 倍，催化效率果然增大了近 70 倍，每吨成品的催化成本降到只需要 200 多元。

3.4.3.2　海洋生物防垢剂

船体外壳等沉没于海水中的部分会长出海洋生物如海藻和贝壳之类，其会增大船体运动的阻力，因此常称为"污垢"。虽然这些"污垢"看起来并无害处，但这会使燃料消耗增加 40%～50%，增大船的服务和清洁处理费用，降低船速，延长晒干船坞的时间等。据统计，美国军舰的污垢处理费用每年就高达 1 亿美元。为了防止船体外壳上污垢的生成，常在船壳上使用防垢涂料。

自 20 世纪 60 年代人们发现有机锡的防垢特性以来，有机锡特别是三丁基锡防垢涂料得到越来越广泛的应用。如三丁基氧化锡（tbto）被用来控制海藻和贝壳的生长。有机锡防垢涂料虽能有效减少海洋生物对海洋船舶和建筑物造成的危害，控制船体污垢的增长，但同时也带来广泛的环境问题。有机锡化合物作为防垢涂料进入海洋环境，尤其是 tbto，成为进入海洋环境毒性最大的污染物之一。

20 世纪 80 年代以来，人们发现 tbto 对环境有许多负面影响，每年均有 3000t tbto 等防垢涂料进入海洋，从而对海洋环境产生很大危害，诸如使牡蛎壳增厚、空腔以及螺类性畸变，在牡蛎贝壳的空腔中有大量的胶状蛋白质，不能正常钙化，影响螺体内激素代谢，在雌体内产生雄性激素睾酮，雌体表现雄性特征等，甚至对海湾、港口、船坞等局部海域的海洋生物带来毁灭性威胁。例如，20 世纪 70 年代末有机锡污染曾使法国防卡琼湾的牡蛎养殖业一度瘫痪，幼蚝和成体牡蛎养殖业直接经济损失近 1.5 亿美元。有关毒性试验表明，有机锡尤其是 tbto 和 tpt（三酚基锡）对鱼类毒性很大。鱼类对 tbto 有很强的富集能力，富集系数为 100～1000。

近 20 年以来，曾发现鲸和海豚大批冲滩自杀，其主要原因是鲸和海豚喜欢追逐海船，海船中的有机锡毒害了动物脑神经细胞，使其丧失方向，具有集体行动习性的动物当其中一头中毒冲滩后，其余便盲目跟进形成"集体自杀"。这里不仅有急性毒性还有生物累积所造成的持久性危害。这些有害的影响导致了 1988 年关于限制使用防船体积垢的有机锡涂料的法案。这个法案限制了有机锡化合物在美国的使用，也促使美国环境保护署和海军开展寻找有机锡化合物替代物的研究。

Rohm 和 Haas 公司在这方面进行了许多研究工作，寻找对非结垢水生物种无毒的防垢剂。经研究开发出 4,5-二氯-2-正辛基-4-异噻唑啉-3-酮，作为新的商用的防船体积垢涂料。这个被称为"海洋 9 号"的新型防垢涂料，荣获首届（1996 年）美国"总统绿色化学挑战奖"之设计更安全化学品奖。

3.4.3.3 第四代消毒剂——二氧化氯的使用

二氧化氯（ClO_2）作为第四代消毒剂，高效、安全、无污染，已被世界卫生组织列为A1级消毒剂，人们对它优异性能的认识经历了一个多世纪。

二氧化氯是一种水溶性的强氧化剂，在常温常压下是以气体形式存在，为一种黄绿色气体，浓度增加时，颜色变为橙红色，气体二氧化氯极不稳定。溶于水，在水中以二氧化氯单体存在，具有强的氧化性。二氧化氯对细胞壁有较强的吸附和穿透能力，可以快速地抑制微生物蛋白质的合成来破坏微生物。因此，二氧化氯除对一般细菌有杀死作用外，对芽孢、病毒、藻类、铁细菌、硫酸盐还原菌和真菌等均有很好的灭杀作用。如果以氯气的氧化能力为100%的话，二氧化氯的理论氧化能力是氯气的2.6倍，是次氯酸钠的2.8倍，是双氧水的1.3倍。

1811年，英国科学家 Humpheny Davey 在实验室无意中用氯酸钾和盐酸反应制备出二氧化氯，当时并不知道它的用途。最早二氧化氯仅用于造纸与纺织等工业中的漂白脱色处理。到1850年，欧洲开始用于消除水的臭味。直到20世纪40年代，才有人对二氧化氯的作用进行了较全面的研究，开始将其用于食品加工中的灭菌和水的消毒等。20世纪初，人们发现二氧化氯溶于醋酸稀溶液可用来漂白纸浆。1940年在美国的马蒂逊碱公司首次实现了二氧化氯工业化生产，开始了其工业化的广泛应用。1944年，美国尼亚加拉瀑布城水厂为控制水中由于藻类繁殖与酚污染所产生的臭味，率先使用二氧化氯获得成功，显示了二氧化氯在饮用水消毒，尤其是在处理含酚和有臭味的原水方面具有明显的优越性。美国食品药物管理局（FDA）和美国环境保护署（FPA）对二氧化氯进行了长期科学实验，最终其被确认为是医疗卫生、食品加工、食品（水产品、果蔬）保鲜、环境、饮水和工业循环水等方面杀菌消毒、除臭的理想药剂，也成为世界卫生组织（WHO）所确认的一种安全、高效的杀菌剂，国际上公认的氯系消毒剂最理想的更新换代产品。

从20世纪80年代开始，二氧化氯已被众多国家批准用于广泛的领域。1985年到1987年，美国先后同意将二氧化氯作为食品加工设备消毒液，用于食品厂的环境、墙面消毒，还批准作为医院、实验室和医药环境中的杀菌剂和除臭剂。1988年，日本食品卫生法规将二氧化氯列入食品添加剂作为食品漂白用。1992年，中国食品添加剂委员会批准，二氧化氯可用于鱼类加工过程，控制杂菌、大肠菌等污染。1996年，我国将二氧化氯列入食品添加剂中的"防腐剂"。

传统饮用水消毒使用的氯消毒剂在处理原水时会有大量的卤代烃产生，包括三卤甲烷（如氯仿）以及氯代酚和二氯乙腈等有机卤代物。氯仿已被美国国家肿瘤研究所确认为致癌物质，氯代酚和二氯乙腈等同样也具有致癌或致突变作用，而二氧化氯产物是强氧化剂，在水中对有机物的氧化降解不会像氯消毒剂那样产生氯化产物。用二氧化氯替代氯用作水处理剂的研究表明，用氯气处理后的水中三卤甲烷的含量比用二氧化氯高一倍，因此二氧化氯的使用可大大降低三氯甲烷的生成。另外它还能氧化水中的铁、锰以及硫化物，还具有较强的降低水臭味的作用，因而二氧化氯是一种有前途的可替代氯的水消毒剂。

二氧化氯产业已是国际公认的绿色朝阳产业，应用领域和消费量还将大规模拓展。其技术的发展趋势是低耗节能、高效高纯、低副产的系列生产工艺和针对各个行业而开发的使用便捷、应用成熟的下游产品的应用。而我国二氧化氯与国外相比仍存在着很大差距。首先，尽管近年来有不少科研院所、高校投入科研力量进行研制开发，但国内缺乏创新技术，未能在二氧化氯生产的成本、纯度、转化率等方面有所突破，致使许多厂家的产品缺乏行业竞争力。其次，由于行业起步较晚，目前我国生产稳定性二氧化氯和二氧化氯发生器的厂家大多存在着规模小、产品质量良莠不齐、应用技术不配套、使用经验相互封锁、产品销售追求短期暴利等弊病，这也是市场潜力虽大却不能快速推广的重要原因之一。尤其在应用技术上，科研单位一般只注重生产工艺的输出，而不注重产品使用过程中的技术开发和指导，从而造成科研与应用的脱节。在一个新兴产业发展初期，正确掌握实际应用技术，确保市场效果，一方面需要加强科研开发，另一方面需要政府相关部门制定并推行强制性应用法规，促使行业应用尽快发展成熟。我国二氧化氯产业正处在一个方兴未艾的阶段，加强二氧化氯生产技术和应用技术的开发，推动二氧化氯在我国的广泛应用，前景广阔，任重而道远。

3.4.3.4 绿色杀虫剂

据联合国粮农组织估计，全球每年粮食作物因病虫害而减产达 30%，由此而造成的经济损失达 1200 亿美元。为了对付病虫害，全球每年要生产 200 万吨农药，年销售额达 180 亿美元。但长期使用化学农药，会使害虫产生抗药性，导致杀虫剂用量大增，不仅增加经济负担，而且容易造成人畜中毒。据广东省有关部门统计，仅是蔬菜残留农药食物中毒一项，每年就超过 1000 宗，中毒人数超过 3 万人。联合国有关组织曾对使用杀虫剂作出严格规定，并禁用和限制使用 500 种化学农药。下面介绍三种最具代表性的绿色杀虫剂：

① Rohm 和 Haas 公司发现了一个新的杀虫剂家族——二酰基肼，它为农业和绿化提供了更安全、更有效的控制草地和各种农作物昆虫的技术。这个家庭中的一个成员 confirm^{TM} 是在毛虫方面的一个突破。该成果获得 1998 年美国"总统绿色化学挑战奖"设计更安全化学品奖。confirm^{TM} 的杀虫机制非常独特，它是通过模仿在昆虫体内发现的叫作 20-羟基蜕化素的物质而起作用的，这种蜕化素能导致昆虫脱皮（脱皮阶段不能进食）并调节昆虫的发育。毛虫食用 confirm^{TM} 后，使脱皮过程延长，致使它们因停食、脱水而死亡。由于 20-羟基蜕化素对许多非节肢动物不具有生物功能，所以 confirm^{TM} 对于各种各样的哺乳动物、植物、水生动物、益虫（蜜蜂、瓢虫、甲虫等）以及其他食肉节肢动物（如蜘蛛）都非常安全。它是迄今发现的最安全、最具选择性、最有效的昆虫控制剂之一，能有效地控制节肢动物中的昆虫害虫，而对人和生态系统没有显著的危险。

② 美国 Dow AgroSci 公司开发了一种杀白蚁的杀虫剂（hexaflumuron）。其作用机理是通过抑制昆虫外壳的生长来杀死昆虫。该化合物对人畜无害，是被美国 EPA 登录的第一个无公害的杀虫剂。预计不久的将来，原有的杀白蚁药物将会完全被 hexaflumuron 所代替。

③ 多杀菌素又名多杀霉素，是在刺糖多孢菌发酵液中提取的一种大环内酯类无公害高效生物杀虫剂。多杀菌素可使害虫迅速麻痹、瘫痪，最后死亡。其杀虫速度可与化学农药相媲美。安全性高，且与目前常用杀虫剂无交互抗性，它既有高效的杀虫性，又有对有益虫和哺乳动物安全的特性，最适合无公害蔬菜、水果应用。是一种低毒、高效、广谱的杀虫剂。但是，它在水中不稳定，因此不能用于控制害虫幼虫。

2010 年美国"总统绿色化学挑战奖"设计绿色化学品奖授予了 Clarke 公司，他们合成了一种改进型的多杀菌素，对灭杀蚊子幼虫非常有效。Clarke 公司把多杀菌素封装在石膏内，允许其在水中缓慢释放。这个基质是半水石膏不溶性硫酸钙和水溶性聚乙二醇的黏合剂，为不同的杀虫剂释放调整时间。聚乙二醇溶解缓慢，所以逐渐产生了多杀菌素和硫酸钙、水。这样多杀菌素就可以逐渐释放。Clarke 公司制定的杀幼虫剂石膏基质完全符合美国农业部的有机标准。Clarke 公司的无溶剂生产工艺，可最大程度减少对环境的污染。

改进型多杀菌素的利用率比传统的多杀菌素高，对环境的危害低，且其制造工艺避免了危险材料和步骤。改进型的多杀菌素是几十年来第一个新的控制蚊子的化学杀幼虫剂，它符合环境管理的最高标准。它特别在间歇性水环境，如潮汐产生的水域中非常有用。使用 Clarke 公司的新配方的优点就是减少了对环境的影响。

总之，改进型多杀菌素杀幼虫剂的开发和设计成了绿色化学的创新。2009 年，Clarke 公司开始商业化规模生产美国国家杀幼虫剂。这项专利申请中的配方已被接受，并成功在国内外使用。Clarke 公司还预计其缓慢释放基质将生成其他活性成分，其中包括绿色除草剂等。

3.4.3.5 环境友好抗菌剂——四羟甲基硫酸磷

一直以来，在油田与造纸工业中，污水的处理总是一个难以很好解决的问题。因在其污水中，会自动繁殖出一些细菌，这些细菌会消耗污水中的某些物质，产生磷化氢等有毒气体与黑色沉淀，这给我们的污水处理带来很大的麻烦。为了解决这一问题，美国 Albright 和 Wilson 公司发明了一种新的对环境友好的抗菌剂——四羟甲基硫酸磷（简称 THPS）。THPS 有优良的抗菌性，污水经本产品处理后，其中的有害菌类很快被杀灭，污水迅速变得透明澄清，完全达到污水排放标准，可直接对外排放。而产品本身马上降解成无毒物质溶于水。目前该新产品主要在下列行业得到广泛使用：油田工业、造纸工业、工业冷却水系统、其他环保行业。可以说，THPS 填补了污水处理行业中的一项空白。本产品在 1997 年在美国通过论证并正式投入环保领域，同年获得美国"总统绿色化学挑战奖"。

除以上介绍外，在环境友好机动车燃料方面，随着环境保护要求的日益严格。1990 年美国清洁空气法（修正案）规定，逐步推广使用新配方汽油，减小由汽车尾气中的一氧化碳以及烃类引发的臭氧和光化学烟雾等对空气的污染。新配方汽油要求限制汽油的蒸气压、苯含量，还将逐步限制芳烃和烯烃含量。还要求在汽油中加入含氧化合物，比如甲基叔丁基醚、甲基叔戊基醚。这种新配方汽油的质量要求已推动了汽油的有关炼油技术的发展。

柴油是另一类重要的石油炼制产品。对环境友好柴油，美国要求硫含量不大于 0.05%，芳烃含量不大于 20%，同时十六烷值不低于 40；瑞典对一些柴油要求更严。为达到上述目的，一是要有性能优异的深度加氢脱硫催化剂；二是要开发低压的深度脱硫/芳烃饱和工艺。国外在这方面的研究已有进展。

总而言之，化学产品的无害化问题值得注意。绿色化学是设计没有或只有尽可能小的对环境产生负面影响的，并在技术上、经济上可行的化学品和化学过程的科学。事实上，没有一种化学物质是完全良性的，因此，化学品及其生产过程或多或少会对人类产生负面影响，绿色化学的目的是用化学方法在化学过程中预防污染。研制和开发能控制其寿命、无毒害的化学化工产品，是绿色化学重要的课题。

3.5 污染物处理绿色化

虽然绿色化学是我们追求的目标,但在现阶段要做到生产过程完全没有毒害物质的产生,还是不能够完全实现。既然污染物已经产生了,像过去那样随意堆积或排放是绝对不允许的,处理化学实验产生的废物已成为实现化学反应绿色化的一个重要环节。如果不能达到排放标准,生产会被限制甚至是禁止。按污染物形态,可分为气体污染物、液体污染物和固体污染物三类。除污染物源的形态不同之外,这三种排放的最大区别还在于其流动性和污染所涉及的范围。固体废弃物排放流动性弱,涉及范围最小,但污染的程度因扩散地域有限而最严重。液体废弃物排放会随河流而流动,涉及面可延伸到河流流经的地域和国家。气体排放流动性最强,会随大气流动而散播,甚至扩散到全球。三类排放物的危害性、成本收益比和治理的优先顺序如表 3-4 所示。

▣ 表 3-4　三类污染物的危害性、成本收益比和治理的优先顺序比较

污染物类型	流动性	危害性	成本收益比	治理的优先顺序
固体污染物	低	长期、慢性污染,局部最严重,最难处理,最具综合性	高,可转移性特征使发达国家愿意支付小的转移成本,获取大的排放收益	局部最优先,最贴近民众生活,直接关系国民的生命安全,刻不容缓
液体污染物	中等	中等	中等	较次
气体污染物	高	全球扩散,较长时间才能体现	低,一国付出成本,全球享受收益	局部更次,应在考虑历史排放责任的基础上,明确承担的义务

由于生产过程中产生的废物有固体、液体、气体三种形式,并且不同的行业所含成分不同,因此处理手段繁多,下面仅就常见的处理方法作简单介绍。

3.5.1 吸附法

吸附法处理是利用多孔性固体相物质吸附分离水中污染物的水处理过程。吸附分离水中污染物的固体物质称作吸附剂。吸附剂有:活性炭、活化煤、焦炭、煤渣、树脂、木屑等。吸附是一种与表面能有关的表面现象,常分为物理吸附(靠吸附剂与吸附质之间的分子作用)、化学吸附(靠化学键力作用)和离子交换吸附(靠静电引力作用)三种类型。水处理过程中常采用吸附过滤床对水进行吸附法处理,可去除水中重金属离子(如汞、铬、银、镍、铅等),有时也用于水的深度处理。吸附法还可用于净化低浓度有机废气,如含氟、硫化氢的废气,一般采用固定床吸附装置。

例如:吸附法特别适合低浓度印染废水的深度处理,具有投资小、方法简便、成本低的特点,适合中小型印染厂废水的处理。传统的吸附剂主要是活性炭,活性炭只对阳离子染料、直接染料、酸性染料、活性染料等水溶性染料具有较好的吸附性能,但是不能去除水中的胶体疏水性染料,并且再生费用高,使活性炭的应用受到限制。近几年,研究的重点主要在开发新的吸附剂以及对传统的吸附剂进行改良方面。

3.5.2 混凝法

混凝法即混凝澄清法。混凝澄清法是对不溶态污染物的分离技术,指在混凝剂的作用下,经过脱稳、架桥等反应过程,使废水中的胶体和细微悬浮物凝聚成絮凝体。水中呈胶体状态的污染物质通常带有负电荷,胶体颗粒之间互相排斥形成稳定的混合液,若水中带有相反电荷的电介质(即混凝剂)可使污水中的胶体颗粒改变为呈电中性,并在分子引力作用下凝聚成大颗粒下沉,然后予以分离除去的水处理法即混凝法。混凝澄清法在给水和废水处理中的应用是非常广泛的,它既可以降低原水的浊度、色度等水质的感观指标,又可以去除多种有毒有害污染物。废水处理的混凝剂有无机金属盐类和有机高分子聚合物两大类,前者主要有铁系和铝系等高价金属盐,可分为普通铁、铝盐和碱化聚合盐;后者则分为人工合成的和天然的两类。

混凝澄清法的主要设备有完成混凝剂与原水混合反应过程的混合槽和反应池,以及完成水与絮凝体分离的沉降池等。这种方法用于处理含油废水、染色废水、洗毛废水等,该法可以独立使用,也可以和其他方法配合使用,一般作为预处理、中间处理和深度处理等方法。

混凝法具有投资费用低、设备占地少、处理容量大、脱色率高等优点。传统混凝法对疏水性染料脱色效率很高。缺点是需随着水质变化改变投料条件,对亲水性染料的脱色效果差,化学需氧量(COD)去除率低。如何选择有效的混凝脱色工艺和高效的混凝剂,则是该技术的关键。

3.5.3 化学氧化法

化学氧化法是指利用强氧化剂的氧化性,在一定条件下与中段水中的有机污染物发生反应,从而达到消除污染的目的。目前常用的化学氧化法根据氧化剂的种类分为臭氧氧化、Fenton氧化、氯氧化、光催化氧化、湿气氧化法等;根据技术发展的进展可以分为传统氧化法和高新技术氧化法。

传统氧化法的代表是臭氧氧化法。臭氧作为强氧化剂,除了在水消毒中得到应用,在废水脱色及深度处理中也得到广泛应用。臭氧具有强氧化作用的原因,曾经认为是在分解时生成新生态的原子氧,表现为强氧化剂。目前认为,臭氧分子中的氧原子本身就是强烈亲电子或亲质子的,直接表现为强氧化剂是更主要的原因。染料显色是由其发色基团引起,如:乙烯基,偶氮基,氧化偶氮基,羰基,硫酮,亚硝基,亚乙烯基等。这些发色基团都有不饱和键,臭氧能使染料中所含的这些基团氧化分解,生成分子量较小的有机酸和醛类,使其失去发色能力。所以,臭氧是良好的脱色剂。但因染料的品种不同,其发色基团位置不同,其脱色率也有较大差异。对于含水溶性染料废水,其脱色率很高。含不溶性分散染料废水也有较好的脱色效果。但对于以细分散悬浮状存在于废水中的不溶性染料如还原、硫化染料和涂料,脱色效果较差。影响臭氧氧化的主要因素有水温、pH值、悬浮物浓度、臭氧浓度、臭氧投加量、接触时间和剩余臭氧等。用臭氧处理印染废水,因所含染料品种不同,处理流程也不一样。对含水溶性染料较多、悬浮物较少的废水,可单独采用臭氧处理或用臭氧-活性炭联合处理,一般都与其他方法联用。当废水中所含染料以分散染料为主,且悬浮物含量较多时，宜采用混凝-臭氧联合流程。

高新技术氧化法的代表是光催化氧化法。光催化氧化法是在特殊的光照射条件下发生有机物参与的氧化分解反应，最终把有机物分解成无毒物质的处理方法。其原理是在污染体系中投加一定量的光敏半导体材料，同时结合一定能量的光辐射，这些半导体材料在能量高于其禁带值光的照射下，其价电子发生带间跃迁，从价带跃迁到导带，从而产生电子和空穴，即形成氧化还原体系。吸附在半导体上的溶解氧、水分子等与电子-空穴作用产生·OH 等氧化性极强的自由基，再通过与污染物之间的羟基加合、取代、电子转移等使污染物几乎全部矿化，生成 CO_2、H_2O、NO_3^-、PO_4^{3-}、SO_4^{2-}、卤素离子等。

光催化氧化法由于产生的电子-空穴对具有较强的氧化能力，能氧化有毒的无机物，降解大多数有机物，最终生成简单的无机物，使中段水对环境的影响降到最低。常用的催化剂有 TiO_2、H_2O_2、草酸铁等无机试剂，TiO_2 由于具有无毒、较高的催化能力和较好的化学稳定性等特点，成为应用最广泛的光催化剂。

在探索光催化氧化技术过程中，还出现了一个新的发展方向——电化学催化氧化降解技术即光电催化，利用光透电极和结构 TiO_2 作为工作电极和光催化剂，对水中染料进行电解，发现光电催化剂对三种染料——品红、铬蓝 K、铬黑 T 溶液的降解效果最佳。

化学氧化法的优点是：①反应条件温和且容易控制，操作方便；②选择性高。缺点是：①氧化剂价格高，有时对环境存在污染；②多为间歇生产，生产能力低。

3.5.4 电化学法

电化学法具有絮凝、气浮、氧化和微电解作用。在废水处理中电絮凝、电气浮和电氧化过程往往同时进行。其原理是可溶性阳极铁或铝不断地失去电子，以 Fe^{2+} 或 Al^{3+} 形式进入溶液中形成具有较高吸附絮凝活性的 $Fe(OH)_2$ 或 $Al(OH)_3$ 等，能有效地去除染色废水中的染料胶体微粒和杂质。在电流的作用下，废水中的部分有机物可能分解为低分子有机物，还有可能直接被氧化为 CO_2 和 H_2O。同时阳极产生的新生态氧可氧化破坏染料分子结构而脱色。同时，阴极上产生的新生态氢，其还原能力很强，可与废水中的污染物起还原反应，或生成氢气。未被彻底氧化的有机物部分还可和悬浮固体颗粒被 $Al(OH)_3$ 吸附凝聚并在氢气和氧气带动下上浮分离，从而提高水处理效率，处理后的印染废水，达到 GB 4287—2012 规定的《纺织染整工业水污染物排放标准》一级排放标准。电化学法具有设备小、占地少、运行管理简单、CODcr 去除率高和脱色好等优点，但是沉淀生成量及电极材料消耗量较大，运行费用较高。电化学法主要包括电化学氧化法、电化学还原法、电絮凝法、内电解法、电渗析法等。国外许多研究者从研制高电催化活性电极材料着手，对有机物电催化影响因素和氧化机理进行了较系统的理论研究和初步的应用研究。

3.5.4.1 电化学氧化法

电化学氧化法是在阳极上发生直接电解反应失去电子。直接阳极氧化过程中会有氧气析出，氧的生成使氧化降解有机物的电流效率降低，能耗升高，因此，电极材料对反应的影响很大。庞娟娟通过对 Pt 电极、石墨电极、SnO_2/Ti 阳极＋铁阴极、PbO_2/Ti 阳极＋铁阴极、IrO_2/Ti 阳极＋铁阴极、析氯阳极＋铁阴极、铁电极及铝电极进行筛选，得出析氯阳极

＋铁阴极的 CODcr 去除率最高。

间接阳极氧化是通过阳极发生氧化反应产生的强氧化剂间接氧化水中的有机物，达到强化降解的目的。由于间接阳极氧化既在一定程度上发挥了阳极氧化作用，又利用了产生的氧化剂，因此处理效率大为提高。关于间接阳极氧化的原理，一种研究认为是直接利用阴离子在阳极氧化过程中产生新生态的单质或进一步形成酸根，从而氧化降解水中的有机物；另一种则认为是利用可逆氧化还原电对间接氧化有机物。L. C. Chiang 等采用 PbO 作为电极，对电化学氧化法处理焦化废水进行了研究。结果表明：电解 2h 后，废水中 CODcr 由 2143mg/L 降到 226mg/L，去除率为 89.5％。这种氧化在处理焦化废水污染物的过程中具有重要作用。

3.5.4.2　电化学还原法

电化学还原法是在电解槽阴极上得到电子，或者间接还原，利用电解过程中形成的氧化还原介质去除污染物。He 等采用多孔铜作阴极对 CT 电解还原脱氯。结果表明：即使在电导率低的溶液中（如去离子水），在电位为 $-0.4V$（相对于标准氢电极电位），停留时间为 10min 的条件下，CT 的脱氯率达 80％。Ohmori 等采用多晶的金电极为阴极对硝酸盐类进行还原。结果表明：在酸性条件（溶液的 pH 值为 1.4～1.6）下，被电解还原的硝酸根的质量分数不超过 5％；在碱性条件下，则能被快速电解还原，其电流效率为 88％～99％；硝酸根被逐步还原为亚硝酸根和氨氮，产物的质量浓度受 pH 值的影响较大。贾保军等在电化学多相催化反应器中处理硝基苯废水，研究了在有、无催化剂的情况下，反应器对硝基苯模拟废水的处理效果。试验结果表明，有催化剂存在时电化学-多相催化反应器对电解硝基苯有较好的处理效果，尤其是以铁催化剂为填料时，处理效果最佳，可以将原有的复极固定床电化学反应器电解硝基苯的处理效果从 60％提高到 80％，催化剂的加入强化了电化学-多相催化反应器的电化学氧化过程。目前，对各类固定床、流化床反应器的研究成了处理重金属废水的研究热点。

3.5.4.3　电絮凝法

电絮凝法采用牺牲电极，通过电解产生其氢氧化物絮体凝聚水中的胶体物质形成絮凝沉淀，并在阳极析出氧气，在阴极析出氯气，因此具有气浮作用。牺牲阳极材料一般采用铝质或铁质。电絮凝法的优点在于操作简单、絮凝效率高、相对费用低。刘艳等通过正交实验用电絮凝法对模拟染料废水进行了研究。结果表明：在一定的 pH 值、电解时间、电流密度及极板间距等条件下，COD 去除率可以达到 97.1％。近年来发展的脉冲电絮凝法与普通电絮凝法相比，电极上的反应时断时续，有利于扩散，同时减少了耗铁量，降低了过电位。求渊等对电镀含铬废水进行脉冲电絮凝处理，分别讨论了 pH 值、极板间电压、水力停留时间及电流密度等条件对铬去除率的影响。结果表明：在 pH 值为 4，极板间电压为 2.5V，水力停留时间为 15min，电流密度为 25A/m^2 时，铬的去除率保持在 99.5％以上。

3.5.4.4　内电解法

内电解法是采用不同电极电位的两种金属或金属和非金属为电极，具有导电性的废水为电解质，形成无数微小的原电池，从而在电场作用下使大分子有机物短链、难氧化物质还原，通过吸附混凝机理，使废水得到一定程度的净化。孙友勋等采用催化内电解法深度处理经二级生化处理后的麦草浆造纸中段废水，确定了最佳工艺条件。李雯等对主要成分为小分子有机物的化工废水进行铁碳微电解实验研究，得出在最佳实验条件下，COD 去除率可达95％以上，并且提高了废水的可生化性。但是，若内电解反应器运行时间过长，会聚集很多悬浮物，容易堵塞填料孔；另外，填料过高时，底部铁屑会结块使污泥堆积而形成沟流。目前，广大研究者积极开发新型的内电解填料，研制各种形式的内电解反应器，已解决了工程中的诸多问题。

3.5.4.5 电渗析法

电渗析法是属于膜分离的范畴，是把阴、阳离子交换膜交替分布在阳、阴极之间并用隔板隔开，利用离子交换膜的选择透过性，使电解质分离出来。目前的电渗析技术有倒极电渗析、液膜电渗析、填充床电渗析、双极膜电渗析、无极水电渗析等，最有应用前景的是填充床电渗析和双极膜电渗析。填充床电渗析是将电渗析与离子交换法结合起来的一种新型水处理方法，它集中了电渗析和离子交换法的优点，提高了极限电流密度和电流效率。电渗析法最大特点是利用水解离产生的 H^+ 和 OH^- 自动再生填充在电渗析器淡水室中的混床离子交换树脂上，从而实现了持续深度脱盐。双极膜是一种新型离子交换复合膜，一般由层压在一起的阳离子交换膜组成，通过膜的水分子即刻分解成 H^+ 和 OH^-，因此可作为 H^+ 和 OH^- 的供应源。双极膜电渗析法的优点是过程简单、能效高、废物排放少。目前，双极膜电渗析工艺主要应用在酸碱制备领域。

徐传宁用电渗析技术处理含铬废水，有效地净化了漂洗废水，使六价铬得到回收，废水排放达标。Emiliya 等研究了电渗析法处理工业废水中的 Cu、Cr、As。通过电渗析和渗析的比较，证明电渗析技术处理是可行的，Cu、Cr、As 的去除率分别达84％、87％和95％。电渗析技术的发展与膜材料和电渗析装置的设计密切相关。因此，膜材料与电渗析装置的研制和开发对其在水处理中的应用起到了关键的作用。

电化学反应的进行与所涉及的废水的性质有关，对于不同来源的废水，其处理机理及影响因素不同。因此，关于电化学反应机理的研究是今后的重点。另外，随着化工和材料方面的研究，新型的电极材料和针对某种特定废水的电化学反应器的研制是一个具有潜力的研究领域。

3.5.5 生物处理法

生物处理法是利用微生物的新陈代谢作用处理废水的一种方法。具体就是污水生物处理时微生物在酶的催化作用下，利用微生物的新陈代谢功能，对污水中的污染物质进行分解和转化。微生物代谢由分解代谢（异化）和合成代谢（同化）两个过程组成，是物质在微生物细胞内发生一系列复杂生化反应的总称。微生物可以利用污水中大部分有机物和部分无机物作为营养源，这些可被微生物利用的物质，通常称为底物或基质。或者更确切地说，一切在生物体内通过酶的催化作用而进行生物化学变化的物质都被称为底物。分解代谢是微生物在利用底物的过程中，一部分底物在酶的催化作用下降解并同时释放能量的过程，这个过程也称作生物氧化。合成代谢是微生物利用一部分底物或分解代谢过程中产生的中间产物，在合成酶的作用下合成微生物细胞的过程，合成代谢所需要的能量是由分解代谢提供。污水生物处理过程中有机物的生物降解实际上是微生物将有机物作为底物进行分解代谢获取能量的过程。不同类型微生物进行分解代谢所利用的底物是不同的，异养微生物利用有机物，自养微生物则利用无机物。微生物的新陈代谢作用能将复杂的有机物分解为简单物质，使废水得到净化。

生物法处理废水，可大体分为好氧处理和厌氧处理两大类。好氧处理是在废水中有溶解氧存在的条件下，利用好氧微生物的代谢作用促使有机物降解，把高分子量、高能量的有机物转化为低分子量、低能量物质。厌氧处理法，又名生物还原自理法，是在水中不存在溶解氧条件下利用厌氧微生物的代谢作用使有机物降解，使用的处理设备主要为消化池。

废水生物处理广泛使用的是好氧生物处理法，好氧法又分为活性污泥法和生物膜法。活性污泥既能分解大量的有机物质，又能去除部分颜色，还可以微调 pH 值，运转效率高且费用低，出水水质较好，适合处理有机物含量较高的废水；生物膜法对废水的脱色作用较活性污泥法高。属于生物膜法的处理设备有生物滤池、生物转盘、生物接触氧化池以及最近发展起来的生物流化床等。废水中的污染物是多种多样的，不可能指望用一种处理单元就把所有的污染物去尽，往往需要通过由几种方法和几个自理单元组成的处理系统处理后，才能达到要求。

生物法存在着三个自身无法解决的问题：①剩余污泥的处里费用较高；②单一运用生物法已不能满足实际运用的需要；③有时需要在其前端加一道提高废水可生化性的预处理，提高了投资及运行成本。

有机废气的生物处理是最经济有效的方法，效果好、运行费用低于任何一种处理方法，安全、易操作。VOC 的生物净化法有直接微生物净化法、间接微生物处理法（先水吸收再废水生物处理）及植物净化法等。直接生物净化有生物吸收池、生物洗涤池、生物滴滤池、生物过滤池，处理效果好、操作方便，其中生物过滤池技术成熟，应用较多。如德国和荷兰建有几百座废气生物滤池，运行效果都很好。间接生物处理法是用水或弱碱液吸收 VOC，其中含有的醇类、醛类等物质易溶于水，吸收后的废水再生物降解，使废水达标排放。植物净化法就是厂区内增加绿化面积，利用绿色植物吸收和转化大气中的污染物来净化空气，这种方法适用于大环境低浓度的污染。

3.5.6　膜分离技术

膜分离技术是指在分子水平上不同粒径分子的混合物在通过半透膜时，实现选择性分离的技术。半透膜又称分离膜或滤膜，膜壁布满小孔，根据孔径大小可以分为：微滤膜（MF）、超滤膜（UF）、纳滤膜（NF）、反渗透膜（RO）等，膜分离都采用错流过滤方式。

膜分离技术由于具有常温下操作、无相态变化、高效节能、在生产过程中不产生污染等特点，因此在饮用水净化、工业用水处理，食品、饮料用水净化、除菌，生物活性物质回收、精制等方面得到了广泛应用，并迅速推广到纺织、化工、电力、食品、冶金、石油、机械、生物、制药、发酵等各个领域。分离膜因其独特的结构和性能，在环境保护和水资源再生方面异军突起，在环境工程，特别是废水处理和中水回用方面有着广阔的应用前景。

例如膜分离技术处理印染废水是通过对废水中污染物的分离、浓缩、回收而达到废水处理目的。具有不产生二次污染、能耗低、可循环使用、废水可直接回用等特点。

膜分离过程是一个高效、环保的分离过程，它是多学科交叉的高新技术，它在物理、化学和生物性质上可呈现出各种各样的特性，具有较多的优势。与传统的分离技术如蒸馏、吸附、吸收、萃取、深冷分离等相比，膜分离技术具有以下特点：高效的分离过程、低能耗、接近室温的工作温度、品质稳定性好、连续化操作、灵活性强、纯物理过程、环保等。虽然膜分离技术有如此多的优点，但也存在着尚待解决的问题，如膜污染、膜通量、膜清洗以及膜材质的抗酸碱、耐腐蚀性等问题，所以，现阶段运用单一的膜分离技术处理废水，回收纯净染料，还存在着技术、经济等一系列问题。现在膜处理技术主要用超滤膜、纳米滤膜和反渗透膜。

3.5.7 等离子体法

等离子体法是美国在 20 世纪 90 年代开始研发用以处理危险废物的新技术。等离子体是一种惰性气体和电生成的，通常称为"物质的第 4 种状态"，由大量正负带电粒子和中性粒子组成。其原理是在等离子体系统中，通入电流使惰性气体（如氩）发生电离，形成电弧，可以将裂解温度提高到 $1500\sim2000\,^{\circ}\text{C}$，有效打断有机物的化学键，达到很高的摧毁效率，并能避免在处理过程中排放 NO_x、CO 和二噁英类等在焚烧时生成的有害物质，因此适合处理各类难分解的危险废物，达到近零排放的水平。实验数据显示，等离子体法仅形成少量裂解气体、炭黑和玻璃体，特别有利于二次产物的后处理和无害化，处理一吨废物的电耗约为 $1200\sim1500\text{kW}\cdot\text{h}$，低于焚烧多氯联苯等高危废物的能耗和能源成本，产生的可燃性尾气中的能源还可以回收利用，因而也是节能型技术。但是由于技术复杂、成本昂贵，国际上发展速度并不快，主要是用于多氯联苯（PCBs）、废农药、焚烧飞灰、医疗废物等有机与无机废物的处理，国内尚没有成熟的商业化产品。

例如用等离子体法处理医疗废物，在 $1/1000\text{s}$ 内即可达到 $1200\sim3000\,^{\circ}\text{C}$ 的高温，从而使有机废物迅速脱水、热解、裂解，产生 H_2、CO、C_nH_m 等混合可燃气体，再经过二次燃烧，得以破坏医疗废物中潜在的病原微生物。等离子体技术可以将医疗废物变成玻璃状固体或炉渣，产物可直接进行最终填埋处置。

除了以上介绍的几种方法外，污染物处理技术还包括冷凝法、化学洗涤法、热力燃烧法、催化燃烧法、土壤堆肥法、矿化垃圾法、投加药剂法等。总之，污染物的处理是一项复杂的系统工程，不同的污染体系要使用不同的处理方法，更多的情况下要将不同的方法组合起来应用才能取得最理想的效果。

第 **4** 章

绿色合成技术

绿色合成技术主要是物理方法促进化学反应、串联反应、多组分反应等。绿色化学研究的目标就是运用化学原理和新化工技术，以"原子经济性"为基本原则，从源头上减少或消除化学工业对环境的污染，从根本上实现化学工业的"绿色化"，走资源-环保-经济-社会协调发展的道路。绿色有机合成的研究正围绕着反应原料、催化剂、溶剂等的绿色化而展开，而包括基因工程、细胞工程、发酵工程、酶工程和微生物工程在内的生物技术、微波技术、超声波技术、膜技术以及光化学合成技术等新兴技术也将大大促进绿色有机合成的发展。

4.1 生物技术

生物技术（biotechnology），有时也称生物工程，是指人们以现代生命科学为基础，结合其他基础科学的科学原理，采用先进的科学技术手段，按照预先的设计改造生物体或加工生物原料，为人类生产出所需产品或达到某种目的。生物技术是人们利用微生物、动植物体对物质原料进行加工，以提供产品来为社会服务的技术。它主要包括发酵技术和现代生物技术。因此，生物技术是一门新兴的、综合性的学科。

4.1.1 生物技术发展状况及生物反应过程的特点

生物技术也称生物工程或生物工艺。自 20 世纪 70 年代基因工程诞生，80 年代生物技术在医学领域初步实现产业化，90 年代以来逐渐形成一批庞大的新兴产业。现代生物技术是以运用生物学、化学等基础学科及多种工程原理和技术，生产生物制品和创造新物种的综合性科学技术；是探索生命现象和生物物质的运动规律，并利用或模仿生物体的机能进行物质生产的技术。现代生物技术主要包括基因工程、细胞工程、酶工程和发酵工程。这些生物技术是相互渗透、相互交融的，而基因工程在其中处于主导地位。现代生物技术是新兴高技术领域最重要的三大技术之一，因而日益受到各国的重视，有人预测，21 世纪将是"生物学技术的世纪"。生物技术正以巨大的活力改变着传统的社会生产方式和产业结构。

生物反应过程实质上是利用生物催化剂从事生物技术产品的生产过程。若采用活细胞（包括微生物、动物、植物细胞）为生物催化剂，称为发酵或细胞培养过程。若生物催化剂采用游离或固化酶，则称为酶反应过程。上述两类反应过程，从催化作用的实质看是没有什么区别的，利用活细胞作为催化剂的发酵生化过程，其实质也是通过生物细胞内部的酶起催化作用。酶是一种高效的、高度专一的生物催化剂。

生物反应过程的特点：

① 生物反应过程多以光合产物——生物质为原料，这些物质是一种取之不尽的再生资源，再生资源的利用可逐步减少对终究会枯竭的矿物资源（石油、煤、天然气等）的依赖。

② 由于采用了高活性的生物催化剂，生物反应过程通常在温和的反应条件下就可进行，从而使生产设备较为简单，能耗一般较少。

③ 生物反应过程产生的废弃物危害程度一般较小，生物反应过程本身也是环境污染治理的一种重要手段，在处理各种废弃物时往往还能获得有价值的产品（燃料，化工原料等）。

综上所述，生物反应过程体现出原料绿色化、反应绿色化及产品绿色化，生物技术与生物反应是名副其实的绿色科技。

4.1.2　生物技术与绿色化学的相互交叉与融合

随着生物技术的迅速发展，对许多生命现象的研究已经进入分子水平。生物大分子的结构与功能，生物分子之间的相互识别和作用机制，生命过程中复杂的变化及其调控机制等许多根本性问题，已经摆在生物学家和化学家的面前。毫无疑问，这将使化学和生命科学在更深的层次上密切结合、相互促进、共同发展。因此，国外许多著名化学家在展望 21 世纪化学学科发展时认为，研究解决生命现象中的化学问题，是化学学科未来发展的主要动力。化学生物学是 20 世纪 90 年代后期才发展起来的前沿学科。它结合传统的天然产物化学、生物有机化学、生物无机化学、生物化学、药物化学、晶体化学、波谱学和计算机化学等学科的部分研究方法，从更深的层面去研究生命现象和生命过程。其主要内容为利用小分子化合物作为工具来研究生物大分子的功能，核心科学问题是研究小分子与生命大分子的相互作用以及相互作用以后所产生的效应。运用生物活性小分子作为化学探针去理解蛋白质或核酸的生物功能和达到对生物体系的调控，探讨生物体系中分子识别和信息传递的机制。

化学生物学作为 21 世纪一个重要的化学研究领域日益得到关注和重视。一些大学和研究所也把化学面向生命过程的研究当作了一个主要的研究领域，将传统的化学系改为化学和化学生物学系，世界著名的 Harvard 大学于 1995 年将其化学系改名为化学与化学生物学系（Department of Chemical Biology）；1997 年哈佛大学成立了化学和细胞生物学研究所。化学生物学作为一个新兴前沿交叉学科将成为未来一段时间内的一个重要前沿学科方向，用绿色化学和生物学的技术、工具和理论来系统研究生命体系，将开创化学生物学研究的新领域，将对生命科学、医药和制药工业等带来新的发展机遇。

按照美国国会技术委员会的观点，未来生物技术的发展"需要融合生物界及化学工程的有关过程的基础知识"。随着生物技术发展而诞生的生物化工技术是利用生物体（酶、微生物、细胞及细胞组织）结合化学和工程学原理进行化学品的加工或提供相应的社会服务。生物技术离开化学工程就很难形成大规模的生物技术产业，生物化工将利用化学工程中的化工设备、放大技术等为解决生物技术中的产品分离纯化等下游技术，尤其是商业化起着重要作用。

化学生物学与生物化工是生物技术与化学学科相互交叉融合的结果。在绿色化学的思想指导下，通过化学生物学与生物化工等相关新兴学科将生物技术与绿色化学紧密结合，实现生物技术与绿色化学的共同发展。

在众多的学科中化学是一门"中心、实用、创新"的学科，化学学科的特点是与其他学科的相互交叉和相互渗透，在新时期，化学不断发展，产生绿色化学，化学也不断创新，将生物技术应用于绿色化学研究，生物技术领域的新概念与新技术将为化学如何进一步介入生命科学，与生物技术更紧密地交叉与融合提供了新的机遇。生物技术与绿色化学的交叉与融合必将为社会与经济的可持续发展提供有效途径。

4.1.3　生物技术在绿色化学反应中的应用

从生物反应过程的特点中，我们可以看出，生物技术与绿色化学与技术的思想与理念是相通的，生物催化合成已成为化学品合成的支柱之一，可以生产有特殊功能、性能、用途或环境友好的化工新材料。生物技术手段是实现绿色化学直接而有效的途径。生物技术越来越多地被用于化学品的生产，使传统的以石油为原料的化学工业发生变化，从而向条件温和、以再生资源为原料的生物加工过程转移。

(1) 生物发酵法生产 1,3-丙二醇　1,3-丙二醇是一种重要的化工原料，可以合成聚酯 PTT（聚对苯二甲酸丙二酯）。PTT 在服饰、室内装潢、树脂、无纺布等领域具有广泛的应用。过去主要采用依赖于传统化学和石油产品的原料通过化学法生成 PTT，不仅副产物多，而且选择性差。现已开始研究采用生物发酵法生产 1,3-丙二醇。如美国杜邦公司通过基因工程方法开发了以淀粉为原料生产 1,3-丙二醇的工艺。该工艺不产生污染物，并通过发酵法合成的 1,3-丙二醇合成了聚酯 PTT。杜邦公司这项利用可再生资源经生物催化生产 1,3-丙二醇的成果，遵循绿色化学原则，利用生物技术将可再生资源大量转化成了一种化学品。此技术生产 1,3-丙二醇的生产效率足以代替石油原料的合成路线，比传统的化学过程投入小，而且具有环保价值。杜邦公司也因此项目荣获 2003 年美国"总统绿色化学挑战奖"。

(2) 双酶法生产乙醛酸　乙醛酸是合成香兰素和许多中间体的重要原料，乙醛酸目前主要采用化学法生产，工艺路线有乙二醛氧化法、氯乙酸氧化法及草酸电解法等，生产厂家主要集中在日本、美国和德国等发达国家。其中草酸电解法由于反应条件较温和，转化率高，为目前国内外大多数厂家采用。化学法工艺的主要问题是反应条件苛刻（240℃），乙醛酸转化率低，仅为 60%～80%，环境污染严重。由于转化率低，分离纯化工艺复杂，一般乙醛酸产品纯度仅为 40%，而 90% 纯度的乙醛酸价格比 40% 纯度的乙醛酸高 5～6 倍。1995 年日本天野制药公司申请了第一个双酶法生产乙醛酸的工艺。其专利采用乙醇酸氧化酶和过氧化氢酶，首先乙醇酸氧化酶将乙醇酸转化为乙醛酸过氧化物，过氧化氢酶可将乙醇酸氧化产生的过氧化物分解，从而大大地提高了乙醛酸的转化率（达 100%），大大地简化了分离纯化工艺。1995 年底美国杜邦公司申请了基因工程菌方法生产乙醛酸的专利，乙醛酸的转化率达 100%。

（3）生物催化合成丙烯酰胺　丙烯酰胺传统化学法由丙烯腈合成，转化率仅为97%～98%，由化学法合成的丙烯酰胺聚合生成的聚丙烯酰胺分子量很难超过1200万；而采用生物法即采用丙烯腈水合酶催化合成，丙烯酰胺转化率达99.99%以上，比化学法成本低10%以上。由于丙烯酰胺纯度高，聚合生成的聚丙烯酰胺分子量可达到2000万，可成功用于油田三次采油。20世纪80年代在日本实现了生物法合成丙烯酰胺工业化，成本和产品纯度都优于化学法。我国在2000年实现了万吨级生物法合成丙烯酰胺的工业化，目前我国生物法合成聚丙烯酰胺能力已达10万吨，达到了国际领先水平。

（4）生物酶法生产单甘酯　单甘酯是一种重要的表面活性剂，目前主要为以天然油脂甘油解反应的化学法生产，该工艺在高温（高于200℃）下，以碱为催化剂催化油脂与甘油反应，产物为单甘酯和二甘酯（各占45%）。化学法工艺有以下缺点：需在高温条件下反应，能源消耗大；高温导致油脂的降解，产生深褐色和焦煳味；需要分子精馏分离单甘酯和二甘酯。国外如日本及德国在20世纪90年代开发了酶法生产单甘酯新工艺，单甘酯产率达80%，目前已达到生产规模。生物酶法生产单甘酯比化学法的专一性高，简化了后提取工艺，大大降低了生产成本。国内在酶固定化和酶反应器开发上进行了研究，单甘酯的转化率达76%。

（5）生物发酵法生产甘油　甘油是用途广泛的化工原料，目前有2条生产工艺路线：化学法和生物发酵法。化学法主要采用环氯丙烷水解工艺。发酵法以淀粉为原料，环保上有一定优势。我国目前在甘油发酵技术上达到了国际领先水平，可以生产药用和食品级甘油。我国目前的生物法甘油年生产能力已达1万吨以上。但发酵法甘油和化学法甘油的竞争还是很激烈的，二者的经济性在很大程度上取决于石油的价格。

（6）生物催化剂（酶）在手性药物合成中的应用　酶催化剂将化学合成的前体、潜手性化合物或外消旋衍生物转化成单一光学活性产物，这些手性化合物可作为医药、农药、香料、功能性材料的前体、中间体或最终产物，在精细化工产品的生产中占有极其重要的地位。手性化合物利用生物催化剂（酶）的生物合成与拆分，不仅可以解决化学合成所需的手性源问题，还可以减少化学合成造成的环境污染以及无效对映体，称为"绿色合成"。酶法或多酶系统催化（微生物转化）反应已经应用于药物、食品添加剂等工业化的生产合成中，在手性化合物、药物、功能生物高分子、非天然化合物、精细化学品及其中间体等方面有广阔应用前景。德国BASF公司研究的酶法可生产旋光性胺、氨基醇、醇和环氯化合物，用脂酶催化拆分外消旋混合物，产品收率高，对映异构体纯度高。

在我国手性药物中，抗生素、维生素、激素和氨基酸占相当大的数量，但大多采用传统的拆分方法。在20世纪70年代后期，我国开始生物合成手性化合物的研究，目前已实现L-天冬氨酸、L-苹果酸的工业化，对L-乳酸、D-苯甘氨酸、D-对羟基甘氨酸、L-苯丙氨酸、L-色氨酸的不对称合成和(S)-布洛芬的酶法拆分都取得了很好的结果。如天冬氨酸是生物化工技术在石油化工中应用的又一个成功例子，比化学法具有明显的优点。如果利用顺酐和富马酸等为原料经化学法生产天冬氨酸转化率仅为80%～85%；而采用酶法生产，天冬氨酸的转化率可达99%以上。我国目前天冬氨酸产量在7kt左右，90%以上采用酶法合成。以生物法合成的天冬氨酸可以合成分子量在10万以上的聚天冬氨酸。但手性技术的开发亟待加强，目前仍存在缺少创新和基础研究薄弱的问题，与世界手性工业的发展有较大差距。

2004年美国"总统绿色化学挑战奖"之更新合成路线奖的得主是Bristol-Myers Squibb

（BMS）公司，其获奖成就为"通过植物细胞发酵与提取制备的绿色合成工艺的开发"。该技术通过植物细胞连续培养生产治疗卵巢癌等癌症的特效药——紫杉醇。这一技术不仅改变了从紫杉树皮中粗放地提取紫杉醇的工艺，保护了国家一级保护植物紫杉树资源，而且克服了化学合成法生产紫杉醇过程复杂、总收率低、污染环境等缺点。

荣获 2004 年美国"总统绿色化学挑战奖"之改进溶剂和反应条件奖的是 Buckman 实验室国际股份有限公司，其通过生物技术解决了纸张循环利用过程中纸张黏合剂造成的污染与产品质量问题。纸张上粘胶污染物的主要成分是聚乙烯基乙酸酯或其类似物，使用一种通过微生物发酵产生的酯酶，催化这类聚合物的水解，使其成为没有黏性的、水溶性的聚乙烯醇。改变了传统处理方法中使用有毒溶剂的非环保工艺。

Jeneil 生物表面活性剂公司以"天然低毒的合成表面活性剂替代品鼠李糖脂生物表面活性剂"成果荣获 2004 年美国"总统绿色化学挑战奖"。该公司使用特殊的土壤细菌假单胞菌进行这种生物表面活性剂的商业化生产，生物表面活性剂可广泛用于洗涤等产品中。鼠李糖脂生物表面活性剂是一种天然的细胞外糖脂类化合物，存在于土壤和植物中，由于其生物可降解性、低毒性，解决了以石油为原料生产的化学合成表面活性剂对水或土壤等造成的环境污染。

2003 年度的美国"总统绿色化学挑战奖"授予的 5 个奖项中，有 3 个与生物技术密切相关。2004 年度的美国"总统绿色化学挑战奖"的 5 个奖项中，也有 3 个与生物技术密切相关。从以上实例中，我们可以看出在绿色化学研究中，生物技术被广泛采用，生物技术是实现绿色化学的有效手段。

4.2　微波技术

微波是指波长在 1～1000mm、频率在 300MHz～300GHz 范围之间的电磁波，因为它的波长与长波、中波与短波相比来说，要"微小"得多，所以它得名为"微波"。微波有着不同于其他波段波的重要特点，它自被人类发现以来，就不断地得到发展和应用。

19 世纪末，人们已经知道了超高频的许多特性，赫兹用火花振荡得到了微波信号，并对其进行了研究。但赫兹本人并没有想到将这种电磁波用于通信，他的实验仅证实了麦克斯韦的一个预言——电磁波的存在。20 世纪初期对微波技术的研究又有了一定的进展，1936年 4 月美国科学家 South Worth 用直径为 12.5cm 的青铜管，将 9cm 的电磁波传输了 260m 远，波导传输实验的成功激励了当时的研究者，因为它证实了麦克斯韦的另一个预言——电磁波可以在空心的金属管中传输，因此在第二次世界大战中微波技术的应用就成了一个热门的课题。战后微波技术进一步迅速发展，不仅系统研究了微波技术的传输理论，而且向着多方面的应用发展，并且一直在不断地完善。我国开始研究和利用微波技术是在 20 世纪 70 年代初期，首先是在连续微波磁控管的研制方面取得重大进展，特别是大功率磁控管的研制成功，为微波技术的应用提供了先决条件。20 世纪 80 年代，我国开始生产微波炉，到目前为止，已经发展有家用微波炉、工业微波炉等系列产品，产品质量接近或达到世界先进水平。随着科学技术的迅猛发展，微波技术的研究向着更高频段——毫米波段和亚毫米波段发展。

4.2.1 微波的特性

一是似光性。微波波长非常小,当微波照射到某些物体上时,将产生显著的反射和折射,就和光线的反射、折射一样。同时微波传播的特性也和几何光学相似,能像光线一样直线传播和容易集中,即具有似光性。这样利用微波就可以获得方向性好、体积小的天线设备,用于接收地面上或宇宙空间中各种物体反射回来的微弱信号,从而确定该物体的方位和距离,这就是雷达导航技术的基础。

二是穿透性。微波照射于介质物体时,能深入该物体内部的特性称为穿透性。例如微波是射频波谱中唯一能穿透电离层的电磁波(光波除外)。因而成为人类外层空间的"宇宙窗口";微波能穿透生物体,成为医学透热疗法的重要手段;毫米波还能穿透等离子体,是远程导弹和航天器重返大气层时实现通信和末端制导的重要手段。

三是信息性。微波波段的信息容量是非常巨大的,即使是很小的相对带宽,其可用的频带也是很宽的,可达数百甚至上千兆赫。所以现代多路通信系统,包括卫星通信系统,几乎无例外地都是工作在微波波段。此外,微波信号还可提供相位信息、极化信息、多普勒频率信息。这在目标探测、遥感、目标特征分析等应用中是十分重要的。

四是非电离性。微波的量子能量不够大,因而不会改变物质分子的内部结构或破坏其分子的化学键,所以微波和物体之间的作用是非电离的。而由物理学可知,分子、原子和原子核在外加电磁场的周期力作用下所呈现的许多共振现象都发生在微波范围,因此微波为探索物质的内部结构和基本特性提供了有效的研究手段。

微波技术是近代科学研究的重大成就之一,几十年来,它已经发展成为一门比较成熟的学科,在雷达、通信、导航、电子对抗等许多领域得到了广泛的应用,军事科学家们还应用微波的作用机理,研制新概念武器——微波武器。而微波另一方面的应用就是作为能源应用于工农业生产及人们的日常生活中,例如微波加热与解冻、微波干燥、微波灭菌与杀虫等方面,特别是随着微波炉的日益普及,使得微波产品也进入了寻常百姓的家中,直接为人类造福。

4.2.2 微波化学技术的发展及现状

微波直接作用于化学反应体系而促进各类化学反应的进行,这就是通常意义上的微波化学。微波与气态物质的作用,使气体先转变成等离子体,进而在各种化学反应中加以利用,即微波等离子体化学。从历史上看,微波化学学科的产生源于微波等离子体化学的研究。

最早在化学中利用微波等离子体的报道始于 1952 年,当时 Broida 等人采用形成微波等离子体的办法以发射光谱法测定了氢-氘混合气体中氘同位素的含量,后来他们又将这一技术用于氮的稳定同位素的分析,从而开创了微波等离子体原子发射光谱分析的新领域。微波等离子体用于合成化学与材料科学则是 1960 年以后的事,其中最成功的实例包括金刚石、多晶硅、氮化硼等超硬材料,有机导电膜,蓝色激光材料 c-GaN,单重激发态氧 O_2 的合成;高分子材料的表面修饰和微电子材料的加工等,其中不少现已形成了产业。1970 年。

Harwell 使用微波装置成功地处理了核废料。1974 年 Hesek 等利用微波炉进行了样品烘干；次年，有人用它作生物样品的微波消解并取得了很大成功，现在这一技术已经商品化并作为标准方法被广泛用于分析样品的预处理。

微波技术用于有机合成化学始于 1986 年，Lauventian 大学化学教授 Gedye 等首先发表了用微波炉来进行化学合成的"烹饪实验"文章，以 4-氯代苯基氧钠和苄基氯反应来制备 4-氯代苯基苄基醚。传统的方法是将反应物在甲醇中回流 12h，产率为 65%；而用微波炉加热方法，置反应物和溶剂于密闭的聚四氟乙烯容器中，在 560W 时，仅 35s 能得到相同产率的化合物，其反应速率可以快 1000 倍以上。这一在微波炉中进行的有机反应的成功，导致在其后的短短四五年内，辐射化学领域又增添了一门引人注目的全新课题——MORE 化学 (Micro-wave-Induced Organic Reaction Enhancement Chemistry)。

此后微波技术在有机化合物的几十类合成反应中也都取得了很大成功。微波应用于有机合成，由于能大大加快化学反应的速度，缩短反应的时间，特别是以无机固体物为载体的无溶剂的微波有机合成反应，操作简便，溶剂用量少，产物易于分离纯化，产率高。此外，由于微波反应还具有重现性高、环保、选择性高等诸多特点，迅速引起了人们的广泛关注。自 20 世纪 90 年代后半期以来，有关微波合成的报道逐年呈上升趋势，至今已有上万篇相关报道。事实上，现在有机合成类代表性杂志如 *Tetrahedron Letters*、*Synlett*、*Tetrahedron* 等基本上每期都刊登关于微波合成的文章。此外，已有关于微波化学的书籍出版，微波化学的学术论坛也方兴未艾。在美国，微波辅助化学合成已走进课堂，并得到了老师和学生们的高度认可。

微波技术在无机固相反应中的应用是近年来迅速发展的一个新领域，为制备新型的功能材料与催化剂提供了方便而快速的途径和方法；微波技术已广泛应用于陶瓷材料（包括超导材料）的烧结，快离子导体、超细纳米粉体材料、沸石分子筛的合成等。在催化领域，由于 Al_2O_3、SiO_2 等无机载体不吸收微波，微波可直接传送到负载于载体表面的催化剂上并使吸附其上的羧基、水、有机物分子激活，从而加速化学反应的进行。已研究过的催化反应有甲烷合成高级烃类、光合作用的模拟和酸气污染物的去除等。在分析化学、提取化学方面，用微波进行了样品溶解。在蛋白质水解方面，采用微波技术建立了一种快速、高效的新方法。在大环、超分子、高分子化学方面，开展了采用微波法制备一些聚合物的研究工作。

此外，微波技术在采油、炼油、冶金、环境污染物治理等方面也都取得了很多进展。可以看出，微波技术在化学中的应用已几乎遍及化学学科的每一个分支领域，微波化学实际上已成为化学学科中一个十分活跃而富有创新成果的新兴分支学科。

4.2.3 微波加热原理

物质置于微波电磁场中时，物料内极性分子极化并随外加交变电磁场极性变更而交变取向，并随着高频交变电磁场以每秒高达数亿次的速度摆动，产生类似于摩擦的作用，这个过程就会使得电磁场能量逐渐转化成新的热能，使介质温度出现大幅度的提升，这就是对微波加热最简单的解释。

由于分子在微波的辐射下，转向偶极矩发生变化，分子之间相互摩擦碰撞而产生热量，可以看出：在微波加热的情况下，热量来自分子本身，这和传统的加热方式——热量来自热源并经过物质的热传导有明显的区别。

4.2.4 微波技术在绿色化学反应中的应用

微波是一种内加热，加热速度快，只需外加热的 $1/10\sim1/100$ 的时间即可完成；受热体系温度均匀，无滞后效应，热效率高。电磁场对反应物分子间行为的直接作用，改变了反应的动力学，降低了反应的活化能。直接致使分子摩擦起热，越过分子活化能，提高反应速度和选择性。微波辅助有机合成的例子很多，如 Diels-Alder 反应、Ene 型反应、Suziki 反应、Heck 反应等。用于金属有机合成，高分子合成，天然有机物的化学修饰，糖类、呔类物质的合成等。微波对化学反应体系不产生污染，微波化学技术属于清洁技术。

4.2.4.1 微波技术在有机合成反应中的应用

1986 年 Lauventian 大学化学教授 Gedye 及其同事发现在微波中进行的 4-氯代苯基氧钠和苄基氯反应要比传统加热回流快 1000 多倍。这一发现引起人们对微波加速有机反应这一问题的广泛注意。如今，微波促进有机反应的研究已成为有机化学领域的一个热点。大量的实验研究表明，借助微波技术进行有机反应，反应速率较传统的加热方法快数十倍甚至上千倍，且具有操作简便、产率高及产品易纯化、安全卫生等特点。因此，微波有机反应发展迅速，几乎涉及各类有机反应，取得了一系列有意义的研究成果，大大地丰富了有机合成化学。

根据反应介质，微波有机合成又分为有机干反应和有机湿反应（也称有机液相反应）。干反应指以无机固体为介质的无溶剂反应。无机载体如 Al_2O_3 或 SiO_2 等不阻碍微波能量的传导，使吸附其表面的有机反应物能充分吸收微波能量后被活化，反应效率大大提高。干反应不存在产生高压的危险，反应可在很安全的条件下，利用普通微波炉在敞开容器中进行。如酸性黏土作催化剂在微波辐射下 5min 即可把苯甲酰苯甲酸脱水环化成蒽醌，产率高于90%。黏土作催化剂在外加热的条件下只能重复使用四五次，而加热至 $300\sim400℃$ 便失去催化活性。在 600W 微波辐射下 5min 可加热至 $350\sim400℃$，此时催化剂不失活且可重复使用十五次以上。

微波辐射无溶剂的有机合成反应大致有三种反应类型：①无溶剂介质的有机合成反应；②以矾土、硅土、黏土等无机物为固相载体的有机合成反应；③相转移催化（PTC）有机合成反应。以下分别给予举例介绍：

① 无溶剂介质的有机合成反应。如下所示的是一个醛类和硝基烷的缩合反应；1,3-加成合成具有生理活性的杂环类物质。采用传统的油浴加热（90℃）需 18h，而采用微波加热只需 $3\sim8min$ 且收率较高，达 $80\%\sim92\%$。

② 以矾土、硅土、黏土等无机物为固相载体的有机合成反应。下式列出了一些以无机氧化物为固相载体的有机合成反应。在微波辐射下，这些反应能在很短的时间内完成且反应收率较高。

$$\text{芴} \xrightarrow[\text{MW(10 min, 140℃)}]{\text{KMnO}_4/\text{矾土}} \text{芴酮} \quad 100\%$$

$$\xrightarrow[\text{MW(0.5}\sim\text{3 min)}]{10\%\text{NaBH}_4/\text{矾土}} \quad 62\%\sim93\%$$

$$\xrightarrow[\text{MW(0.8}\sim\text{2.5 min)}]{(\text{NH}_4)_2\text{S}_2\text{O}_8/\text{硅土}} \quad 64\%\sim83\%$$

③ 相转移催化（PTC）有机合成反应。下式是一个脱酯化反应。采用传统的加热方式加热 3h，以 DMSO 为溶剂时收率只有 20％；但在微波的辐射下，15min 后反应的收率可达到 94％。

$$\xrightarrow[\text{10\% TBTA}]{\text{BrLi,H}_2\text{O}}$$

分子在微波的辐射下（电场的作用下），转向偶极矩发生变化，由于摩擦产生热量。可以看出：在微波加热的情况下，热量来自分子本身，这和传统的加热方式——热量来自热源并经过物质的热传导有明显的区别。因此，微波更适合于对极性物质的加热。表 4-1 中给出了一些溶剂（10mL）在微波辐射下的升温速度，可以看出：极性溶剂的升温速度比非极性溶剂的升温速度快得多。故在采用微波加热进行化学合成的过程中，溶剂的选择显得非常重要。

⊡ 表 4-1　一些溶剂在微波辐射下的升温速度

溶剂(10mL)	温度/℃		沸点/℃
	30s	60s	
H_2O	62	104	100
1-甲基-2-吡咯烷酮	143	196	202
甲醇	66	68	65
乙醇	81	85	78
丙酮	58	60	56
乙酸乙酯	37	60	77
氯仿	35	43	61
苯	28	29	80
己烷	20	23	68

微波辐射往往使反应体系在几分钟内达到很高的温度和压力，有可能爆炸的危险。为了解决这一问题，可采取以下措施：

① 用耐高压的聚四氟乙烯材料制作的防爆反应容器。微波不仅对玻璃全透射，而且对

许多高分子材料也全透射。

② 改装微波炉，使反应可在普通玻璃容器中常压下进行。例如，在微波炉壁上打孔，插上聚四氟乙烯细管，一端与炉内反应瓶相连，在炉外的另一端可与回流冷凝管等各种装置相连。

③ 选择一种既有高极性，又有高沸点（沸点必须高于反应所需温度20～30℃）的溶剂，不仅升温速度快，而且也无需改装微波炉，使微波辐射反应在敞开的容器中进行，使反应操作简单而且安全。DMF是极好的能量传递介质，它不仅极性高、沸点高，而且能阻止水在反应中形成。

实验室研究用微波装置主要是采用家用普通微波炉。插上电源后，选择实验所需的加热功率和加热时间，微波炉即开始工作。微波炉内不能使用金属，以免产生火花，微波对人体有危害，必须正确使用微波炉。

4.2.4.2 微波技术在无机合成反应中的应用

微波技术在无机合成上的应用日臻繁荣，已应用于纳米材料的合成、沸石分子筛的合成和修饰、陶瓷材料的合成、金属化合物的燃烧合成等方面，尤其是具有重要应用价值的分子筛材料和纳米材料的微波合成研究更是活跃。

微波加热无机化学合成的种类按反应体系中是否有溶剂掺入大体上可以分为两类：有溶剂参与的化学反应过程和无溶剂参与的化学反应过程。无溶剂参与的化学反应过程利用反应物对微波的吸收，在反应物混合后发生反应，如用氧化物合成复合物；高速烧结法形成高致密的水泥；玻璃的溶胶修复；高品质水泥的制备；高温超导体的合成；多晶半导体的合成；高品质光学硅的合成；单结晶合成；等等。溶剂参与的无机合成过程有金属结晶微粒的制备；含金属族的层状化合物的合成；多酸金属微粒的合成；等等。和传统加热方式相比，微波加热的化学合成过程快得多，也可得到单一结晶相的生成物。在无机合成中，微波主要应用于烧结合成和水热合成。

微波烧结是从20世纪发展起来的新的陶瓷烧结技术，利用微波能使陶瓷材料实现高温烧结。它具有整体加热、烧结温度低、烧结时间短、加热效率高、安全卫生无污染等常规烧结无法比拟的优点。已成功制备出 Al_2O_3、ZrO_2、SiC、Si_3N_4、AlN、PZT 及 PTC 等陶瓷材料。微波烧结 Al_2O_3/SiC 纳米复合陶瓷的研究，已采用了常压、无压、热压及等离子体等烧结方法制备了性能比较优异的 Al_2O_3/SiC 纳米复合陶瓷材料，其强度和韧性都有显著的提高，但利用微波对 Al_2O_3/SiC 纳米复合陶瓷材料进行烧结却没有太多公开的报道。微波烧结能提高 Al_2O_3/SiC 纳米复合陶瓷的致密性，使材料的力学性能比热压烧结有显著的提高；能优化材料的显微结构，使晶粒细小、均匀，有利于制备高致密化的细晶结构或超细晶粒的陶瓷材料；微波烧结比热压烧结温度要低200℃以上。

综上，微波加热反应具有以下显著的特点：

① 和传统的加热方式相比，所用有机溶剂更少，甚至可以不采用有机溶剂；
② 热传导、对流性质不好的物质可以在短时间内得以加热，均匀性更好；
③ 可以对目标物"选择性"地进行加热，加热效率高、更节省能量；
④ 可以对热损失系数较大的物质选择性地进行加热；
⑤ 热传导较差和几何形状不规则的物质可以在短时间内得以加热；

⑥ 可以通过感应器来对温度进行控制，反应自动化程度得以提高；

⑦ 密闭加热，可以进行有压力反应和排除空气干扰。

微波辅助化学合成由于其所用时间短、选择性高、重现性好等特点，已越来越引起人们的广泛兴趣。微波作为一种新型高效的加热方式，其在化学反应中所显示出的清洁、高效、低能耗、收率高及选择性好等优点，使其在化学中的应用遍及化学的各个分支。在环境问题日益严重的今天，微波技术将发挥出越来越重要的作用。

但微波化学毕竟是一门新兴的学科，其发展还处于初级阶段，有许多问题尚待进一步研究，比如：微波作用机理尚未明了，"非热效应"如何产生，微波如何改变反应的活化能，微波功率、微波宽度、脉冲频率如何影响反应等。另外，目前微波化学实验所用设备大多是改性的家用微波炉，这样的实验设备有许多局限性，因此，研制、开发、生产出适合于微波化学实验专用的设备，也是急需解决的问题之一。但是，随着研究的不断深入及微波化学实验专用设备的研制和开发，相信以上问题将逐一得到解决，微波技术在化学及化学相关领域将得到更广泛应用和更迅速发展。可以预料，微波技术在未来的化学各分支学科及化工医药领域将有着广阔的应用前景。

4.3　超声波技术

超声波（简写为 ULT 或 u.s.）是频率高于 20000Hz 的声波，它方向性好，穿透能力强，易于获得较集中的声能，在水中传播距离远。超声波因其频率下限大约等于人的听觉上限而得名。超声波具有如下特性：

① 超声波可在气体、液体、固体、固熔体等介质中有效传播。

② 超声波可传递很强的能量。

③ 超声波会产生反射、干涉、叠加和共振现象。

④ 超声波在液体介质中传播时，可在界面上产生强烈的冲击和空化现象。

超声波可应用的领域十分广泛，如用于清洗、切削、钻孔、医疗诊断、地质测量、金属无损探伤等方面。在化学工业中，超声波的应用亦越来越受到重视，由此产生了一门新兴交叉学科——声化学。所谓声化学主要是指利用超声波加速化学反应、提高化学产率的一门新兴的交叉学科。

近年来，随着实验室用超声波清洗器的逐渐普及，对声化学的研究引起了各国越来越多学者的重视。超声技术作为一种物理手段和工具，能够在化学反应常用的介质中产生一系列接近于极端的条件，如急剧放电产生局部和瞬间高温、高压等。这种能量不仅能够激发或促进许多化学反应，加快化学反应速度，而且可以改变某些化学反应方向，产生一些令人意想不到的效果。随着科学技术的迅速发展，目前对超声化学的研究已涉及有机合成、生物化学、分析化学、高分子化学、高分子材料、表面加工、生物技术及环境保护等方面。从这些年来的蓬勃发展趋势来看，声化学在化学中的地位将会像热化学、光化学和高压化学等一样占有越来越重要的地位。甚至有人认为，声化学将比它们占有更重要的地位，因为它方法简单，使用的仪器也简单，而且容易控制，是一种安全无害的绿色技术，在绿色化学中具有广泛的应用。

4.3.1　超声波的作用原理

超声波对化学反应的促进作用不是来自声波与反应物分子的直接相互作用，因为在液体中常用的声波波长远远大于分子尺度。超声波之所以产生化学效应，一个普遍接受的观点是空化现象，即存在于液体中的微小气泡在超声场的作用下被激活，表现为泡核的形成、振荡、生长、收缩乃至崩溃等一系列动力学过程及其引发的物理和化学效应。

气泡在几微秒之内突然崩溃，气泡破裂类似于一个小小的爆炸过程，产生极短暂的高能环境，由此产生局部的高温、高压。同时这种局部高温、高压存在的时间非常短，仅有几微秒，所以温度的变化率非常大，这就为在一般条件下难以实现或不可能实现的化学反应提供了一种非常特殊的环境。

高温条件有利于反应物种的裂解和自由基的形成，提高了化学反应速率。高压有利于气相中的反应；另一方面，当气泡破裂产生高压的同时，还伴随强烈的冲击波，其速度可以达100m/s 的微射流，对于有固体参加的非均相体系起到了很好的冲击作用，导致分子间强烈的相互碰撞和聚集，对固体表面形态、表面组成产生极为重要的作用。因此空化作用可以看作聚集声能的一种形式，能够在微观尺度内模拟反应器内的高温高压，促进反应的进行。

4.3.2　超声波技术的发展及现状

早在 20 世纪 20 年代，美国的 W. T. Richard 和 A. L. Loomis 首先研究了超声波对各种液体、固体和溶液的作用，发现超声波可以加速化学反应。用于化学反应的超声频率通常为20～50kHz，产生超声的装置称作超声发生器，核心部件是压电晶体或磁致伸缩元件。由于当时的超声技术水平较低，研究和应用受到了很大影响和限制。到了 20 世纪 80 年代中期，超声功率设备的普及与发展为超声波在化学化工过程中的应用提供了重要的条件，也使沉默了近半个世纪的这一领域的研究工作又蓬勃发展起来。1986 年 4 月在英国召开了首次国际超声化学会议。此后，欧美等国相继召开了多次声化学研讨会，对声化学的机理和应用做了较为详尽的学术研究，并发表了一些有价值的学术论文和专著。

在我国，20 世纪 50 年代就有超声在化学过程中应用研究的报道，此后进展缓慢。直到20 世纪 80 年代中期，随着声化学在世界范围内的复苏与兴起，一些综述论文又陆续发表，介绍各种最新的声化学研究成果。内容包括有关理论研究、声化学反应器介绍、在化学化工方面的应用、在有机合成方面的应用、在聚合物科学方面的应用、在生物化学方面的应用等。1992 年，出版了由冯若、李化茂合写的《声化学及其应用》的专著。这些综述及专著的发表，使我国越来越多的化学家对声化学发生了兴趣。另外，随着超声设备制造技术的进步，各类国产超声设备进入了实验室，使化学家们能方便地把超声波用于他们的研究中。诸多因素都促进了我国声化学研究的开展，使我国声化学研究的成果逐年增加。

目前，如何尽快地把声化学的研究成果从实验室应用于工业生产，已成为世界各国研究的热点，特别是美、英、法、日、俄等国在工业化方面已取得一些进展。我国在这方面的研究工作起步较晚，大量的研究报道集于 20 世纪 90 年代以后，其中云南大学、清华大学、南京大学、华南理工大学等在超声理论及应用上做了较多工作。

4.3.3　超声波技术在绿色化学反应中的应用

超声波技术在化学反应中的应用是声化学研究开展最为广泛的一个领域，应用最早，成果也最多。超声波对许多有机反应，尤其是非均相反应有显著的加速效应，反应时间可较常规方法缩短数十乃至数百倍，并往往可以提高反应产率，减少副产物，简化实验操作（大多数反应不再需要搅拌），甚至可以实现在某些常规条件下不能进行的反应。综合文献报道，超声对有机合成的促进作用有以下一些特点：

① 加速化学反应，提高反应收率。例如：二苯甲胺与氯代烷在干燥的甲苯中，使用碱（KOH）和聚乙二醇甲醚为相转移催化剂，在回流条件下，反应48h，产率为70%；若在超声波作用下，40℃反应4h，产率可达98%。

② 降低反应条件。如美国北达科他州立大学Boudjouk研究了烯烃双键上铂催化的硅氢加成反应，通常此反应需300℃、$6.8 \times 10^5 Pa$压力，反应时间为24h。若采用55kHz超声作用，在常温常压下，1h便可完成。

③ 缩短反应诱导时间。如在格氏试剂的合成中，超声辐照可以使反应的诱导期缩短到几秒。

④ 改变反应历程。冯若等研究了正辛醇与硝酸的超声氧化反应。结果发现，反应后生成正辛酸而不是硝酸辛酯。

正因为声化学合成集"快（时间短）、高（产率高）、易（操作简单）"等优点于一身，它已经成为有机合成和精细化工领域内一种新的反应手段。由于声化学效应能改变反应的进程，提高反应的选择性，增加化学反应的速率和产率，降低能耗和减少废物的排放，因此，声化学技术是一种安全无害的"绿色技术"，在合成化学中应用广泛。

4.3.3.1　氧化反应

在高活性铋氧化剂的制备中，用N_2O_3、$KMnO_4$、H_2O_2或SeO_2不能直接将 **1** 氧化为 **2**，因为 **2** 不稳定，C-Bi键太弱。而用超声波法却可顺利地制得 **2**。**2** 这个氧化剂可以方便地将伯醇氧化成醛，将仲醇氧化成酮，收率都很高。

$$Ar_3Bi + PhIO \xrightarrow[\text{u.s.,35℃}]{CH_2Cl_2} (Ar_3BiO)_n$$
$$\textbf{1} \qquad\qquad\qquad\qquad\qquad \textbf{2}$$

超声用于氧化反应的研究尽管比较多，但真正用于合成目的的却很少。表4-2列出了几种氧化反应在超声波作用下的反应结果。

⊡ **表 4-2　超声波促进下的氧化反应**

反应物	产物	反应条件	收率/%
$CH_3(CH_2)_5$—CH—CH_3 〡 OH	$CH_3(CH_2)_5$—C—CH_3 ‖ O	$KMnO_4$，己烷，搅拌5h	2
		$KMnO_4$，己烷，超声波辐射5h	92
n-C_7H_{15}—CH_2OH	n-C_7H_{15}—CH_2ONO_2	60% HNO_3，室温，搅拌12h	100
	n-C_7H_{15}—COOH	60% HNO_3，室温，超声波辐射20min	100

反应物	产物	反应条件	收率/%
Ph$_2$CH—Br	Ph$_2$C=O	溴代物：NaOH(摩尔比)=1:20,超声波辐射 2h	93
		NaCO$_3$,H$_2$O$_2$,搅拌 7h	48
		NaCO$_3$,H$_2$O$_2$,超声波辐射 1h	88

4.3.3.2 还原反应

有机还原反应中很多都采用金属或其他固体催化剂，超声波对这类反应的促进作用是明显的，尤其对某些大规模工业生产中的还原反应（如黄豆油和葵花油的催化氢化）优点更加明显。又如 6-溴青霉素酯与锌在超声波作用下脱溴可得到很高产率的青霉素酯。

这比通常所使用的脱溴试剂 n-Bu$_3$SnH 或 Pd-C/H$_2$ 要清洁、有效得多，而且便宜。表 4-3 列出了几种还原反应在超声波作用下的反应结果。

表 4-3　超声波促进下的还原反应

反应物	产物	反应条件	收率/%
		H$_3$B·SMe,THF,25℃,24h	98
		H$_3$B·SMe,THF,25℃,超声波辐射,1h	98
		Al-Hg,THF-H$_2$O,超声波辐射	69
		H$_2$,Pd/C,MeOH/AcOH,超声波辐射	43
		Zn/HOAc,15℃,超声波辐射 15min	100 5α:5β=0.8:1

4.3.3.3 加成及有关的反应

超声波在加成及相关反应中的应用研究十分广泛，表 4-4 列出了部分反应的例子。

反应物	产物	反应条件	收率/%
		四丁基溴化铵,50kHz 超声波辐射,2h	98
		四丁基溴化铵,搅拌 11.7h	78
		THF,Zn-Ag,回流	33.4
		THF,Zn-Ag,室温,超声波辐射	88.9
$PhCH_2O+BrCH_2COOEt$	$PhCH(OH)CH_2COOEt$	25～30℃,活化 Zn 粉、I_2,超声波辐射 5min	98
		传统方法,12h	61
$CH_2\!=\!CH\!-\!CN+CH_3(CH_2)_{13}OH$	$CH_3(CH_2)_{13}O(CH_2)_2CN$	搅拌,2h	0
		超声波辐射,2h	91
		$NaCN/PhSO_2Cl$,甲苯/H_2O,超声波辐射	94
		$NaCN/PhSO_2Cl$,甲苯/H_2O,搅拌	40

在下面的苯乙烯与四乙酸铅的反应中，反应条件对产物有很大的影响，该反应是离子和自由基的竞争反应，**1** 由自由基机理产生，**3** 由离子机理产生，而 **2** 则是这两种机理共同作用的结果。超声波有利于按自由基机理进行，在 50℃ 下用超声波辐射 1h，**1** 的收率为 38.7%，而搅拌 15h 只能得到 33.1% 的 **3**。

$$PhCH\!=\!CH_2 \xrightarrow{Pb(OAc)_4/AcOH} \underset{\substack{|\\OAc\\\textbf{1}}}{Ph\!-\!CHCH_2CH_3} + \underset{\substack{|\\OAc\\\textbf{2}}}{Ph\!-\!CHCH_2OAc} + \underset{\textbf{3}}{PhCH_2CH(AcO)_2}$$

在烯烃上直接引入 F 原子的报道很少，这一反应通常要用到一些危险品，如 F_2、HF、HF-吡啶配合物、乙酰次氟酸盐等，操作需要特别小心。但在下面的反应中，如采用超声波辐射的方法则可很方便地在双键上引入 F 原子。

在 Simmons-Smith 反应中，如没有活化的锌，反应是很难进行的，经典的方法是用碘或锂作活化试剂，使锌和二碘甲烷与烯烃反应，由于反应突然放热，很难控制。

$$CH_2X_2 + \text{（烯烃）} \xrightarrow[\text{乙醚}]{Zn(Cu)} \text{C-C} + ZnX_2 \ (X=I或Br)$$

1982 年 Repic 首先对该反应进行了成功的改进，他使用超声波避免了活化过程，不仅避免了突然的放热，而且提高了产率。例如：

$$Me(CH_2)_7 (CH_2)_7COOMe \xrightarrow[\text{u.s.}]{Zn,CH_2I_2} Me(CH_2)_7 \triangle (CH_2)_7COOMe$$

以上反应产率可达 91%，而通常的方法则只有 51%。这一方法已被成功地应用于大量生产，结果表明，即使用锌箔，甚至锌棒，也能得到同样好的结果。

类似的方法还可用于二磷环丙烷环的建立。

$$ArPCl_2 + Mg \xrightarrow[\text{u.s.}]{\text{THF}} P \!=\! P \xrightarrow[\text{u.s./2h/15℃}]{\text{己烷/CHX}_3\text{/固体KOH}} $$

$$X^1 = X^2 = Cl, Br$$

在第一步反应中，超声波可使产物的收率从 22% 提高到 94%，在第二步反应中，卡宾的产生需要正丁基锂或新制备的叔丁醇钾。而使用超声波时，只需在己烷中使用过量的 KOH 和卤仿，就可得到定量的产物。

超声波能促进 Diels-Alder 反应的进行，并且能够改进其区域选择性。

使用传统方法，原料在苯中回流 8h 总收率为 15%（**a**∶**b**=1∶1），而用超声波辐射 1h 收率为 76%（**a**∶**b**=5∶1）。

Thibaud 等也报道了超声波可以大大加速环戊二烯与甲基乙烯基酮的 Diels-Alder 反应。

同样，超声波对 1,3-偶极环加成反应也有类似的作用。

$$Ph\!-\!CH\!=\!CH\!-\!CH\!=\!N\!-\!Ph + Ph\!-\!CH\!=\!CH_2 \xrightarrow{\text{u.s.}}$$

在传统的加热反应条件下反应 34h，收率为 80%；而用超声波辐射只需 1h 收率即可达 81%。

在脱卤-环加成反应中，由于常常有固体金属参与，超声波的使用往往对反应有很大的促进作用，这一方法已被成功地应用于糖化学中，例如：

在超声波及 Zn-Cu 偶的存在下卤代烃与 α,β-不饱和混合物作用，通常得到的是加成产物。

$$RX + \underset{}{\diagdown}Z \xrightarrow[\text{ROH/H}_2\text{O}]{\text{Zn-Cu,u.s.}} R\underset{}{\diagup\diagdown}Z \quad (Z = CHO,COR',COOR',CONR_2',CN)$$

4.3.3.4 取代反应

在下面的反应中，如果使用常规方法，需要 18-冠-6 存在，反应 3d 以上，收率只有 35%~70%；而用超声波方法，不需使用冠醚，反应 2~4h，收率可达 80% 以上。

NaCN,u.s.

一个有趣的反应是苄溴与甲苯和 KCN 在 Al_2O_3 作用下的反应，如用机械搅拌得到的是 83% 的付-克取代产物，而用超声波辐射则得到 76% 的氰基取代产物，这里似乎存在着一个"化学开关"。

表 4-5 列出了几种取代反应在超声波作用下的反应结果。

⊡ 表 4-5　超声波促进下的取代反应

反应物	产物	反应条件	收率/%
PhCH$_2$Br+KCN	PhCH$_2$CN	H$_2$O/KCN=0.61,甲苯搅拌 24h	55
		H$_2$O/KCN=0.6,甲苯超声波辐射 24h	68
RCOCl+KCN	RCOCN	乙腈,50℃,超声波辐射	70~85
		四丁基溴化铵,放置 6h	29
n-CH$_3$(CH$_2$)$_3$Br+KSCN	CH$_3$(CH$_2$)$_3$SCN	四丁基溴化铵,搅拌 6h	43
		四丁基溴化铵,超声波辐射 6h	62
		t-BuOK,苯,40℃,搅拌 6h	28
		t-BuOK,苯,40℃,超声波辐射 6h	90
PhC≡CCl+PhSO$_2$H+CuCO$_3$	PhC≡CSO$_2$Ph	超声波辐射	73

反应物	产物	反应条件	收率/%
$p\text{-}NO_2C_6H_4Cl + PhOH$	$p\text{-}NO_2C_6H_4OPh$	$BuNBr,K_2CO_3$,超声波辐射	53～57
$\begin{matrix} CH_3 \\ \| \\ Ph-CCl \\ \| \\ CH_3 \end{matrix}$	$\begin{matrix} CH_3 \\ \| \\ Ph-C-OAc \\ \| \\ CH_3 \end{matrix}$	$Zn(OAc)_2,(n\text{-}C_8H_{17})_4NBr$,25℃,超声波辐射	65

4.3.3.5 偶合反应

超声波在偶合反应中的应用研究也比较普遍，尤其是在 Ullmann 型偶合中，如在没有超声波的情况下，很少或根本就没有反应发生。

$$\text{〇-Br} \xrightarrow[\text{u.s.}]{Li,THF} \text{〇-〇}$$

超声波也能大大促进碘对活泼亚甲基化合物在 Al_2O_3-KF 催化下的氧化偶合，收率可从 65％提高到 86％。如：

$$2EtOOC-CH_2-COOEt \xrightarrow[I_2]{Al_2O_3\text{-}KF} (EtOOC)_2C=C(COOEt)_2$$

另外，如氯硅烷的偶合在没有超声波的情况下，反应是不能发生的。

$$2Mes_2SiCl_2 \xrightarrow[Li,THF]{u.s.,20\ min} Mes_2Si=SiMes_2 \quad \text{约90\%} \quad Mes=2,4,6\text{-三甲基苯基}$$

α-不饱和酮的偶合通常得到的是混合物，但在超声波的作用下用 Zn 和三甲基氯硅烷反应，然后与 Bu_4NF 一起水解，可得到较高产率的片呐醇。

$$\begin{matrix} \text{Ph} \\ \rangle=O \end{matrix} \xrightarrow[2.Bu_4NF]{\substack{1.Zn/Me_3SiCl/\text{二噁烷}\\ \text{室温,2h,u.s.}}} \begin{matrix} OH\ OH \\ \| \quad \| \\ Ph\ Ph \end{matrix} \quad 50\%$$

4.3.3.6 缩合反应

在 Claisen-Schmidt 缩合反应中，采用超声波可使催化剂 C-200 的用量减少，反应时间缩短。

$$R^1\text{-}\underset{R^2}{\bigcirc}\text{-CHO} + CH_3COAr \xrightarrow[\text{u.s.,室温}]{C\text{-}200} R^1\text{-}\underset{R^2}{\bigcirc}\text{-}\underset{Ar}{\overset{O}{\diagup}} \quad 87\%$$

在典型的 Atherton-Todd 反应中，胺、亚胺及肟都易被磷酰化，而醇不能。但在超声波作用下，醇也能很顺利地磷酰化，且收率很高。

$$CH_3(CH_2)_3OH + HP(OEt)_2 + NEt_3 + CCl_4 \xrightarrow[2.5h]{u.s.} CH_3(CH_2)_3O-\overset{O}{\overset{\|}{P}}(OEt)_2 \quad 92\%$$

表 4-6 列出了几种缩合反应在超声波作用下的反应结果。

▫ **表 4-6　超声波在缩合反应中的应用**

反应物	产物	反应条件	收率/%
		传统方法 7d	60
		超声波辐射 15min	91
		Al$_2$O$_3$,环己烷,80℃,超声波辐射 24h	90
EtCOOH+PHX	EtCOOPh	KOH,聚乙二醇,超声波辐射 2h	80
		机械搅拌 2h	44
+ PhCH$_2$Br		N-甲基吡咯啉酮,65℃,105min	48
		N-甲基吡咯啉酮,65℃,超声波辐射 60min	79
+		搅拌 12h	43
		超声波辐射 0.75h	75
PhCHO+(NH$_4$)$_2$CO$_3$+NaCN		25℃,4～10d	20
		45℃,超声波辐射 3h	73.6

4.3.3.7　歧化反应

Cannizzaro 反应在没有超声波时，同样条件下反应不能发生。

4.3.3.8　水解反应

（1）酯的水解　超声波能促进羧酸酯的水解，例如：

而传统法回流 1.5h，产率只有 15%。

在工业上一些很重要的物质，如甘油酯、菜油和羊毛蜡的皂化反应都能被超声波显著加速，这些多相反应可在比通常所使用的温度低得多的温度下进行，这样可以避免高温反应中出现的变色。

（2）酚羟基的脱保护　叔丁基二甲硅基是酚羟基的一个最有用的保护基，但它现有的几种脱保护体系均存在这样或那样的缺点，但在超声波作用下，用 $KF-Al_2O_3$ 体系可得到很好的效果。例如：

使用 3 倍质量的 KF-酸性 Al_2O_3，以乙腈作溶剂，室温反应 48h，收率为 82%；而将 Al_2O_3 改为碱性后，同样条件下用超声波辐射 45min，收率即可达到 81%。

（3）腈的水解　在下列腈的水解中，超声波的使用不仅可以提高收率，而且可以避免使用相转移催化剂。

$$ArCN \xrightarrow{HO^-/H_2O} ArCOOH$$

如 Ar 为萘基时，回流搅拌 6h 收率为 63%；而将搅拌改为超声波辐射后收率可提高到 98%。

4.3.3.9　其他

（1）难制备的金属有机化合物的制备　对于难制备的格氏试剂，超声波能大大缩短其制备所需的时间，增强其活性。超声波也能用于有机 Al、Sn 等化合物的制备，例如：

$$3MeCH=CHCH_2Br + 2Al \xrightarrow[\text{二噁烷}]{u.s.} (CH_2=CHCH_2Me)_3Al_2Br_3 \quad 73\%$$

（2）Wittig-Horner 反应　使用常规方法虽也可得到比较高的收率，但反应时间一般很长。使用超声波时，不仅可以大大缩短反应时间，而且可减少催化剂的用量，另外反应于室温下进行即可。例如：

（3）胶粒钾的制备　许多有价值的有机合成都要用到碱金属，使用中常常选用不同的介质将其分散为如沙粒大小的颗粒，或者将其吸附在 Al_2O_3、SiO_2、木炭或石墨上，需要时间长且不安全。Luche 等用超声波技术取得了胶粒钾，并用于 Dieckman 缩合。具体方法是：在氩气保护下，于 100℃左右，用超声波辐射置于干甲苯或二甲苯中的钾，银蓝色迅速出现，几分钟后碎钾片即消失，便可得到精细的悬浮于溶剂中的钾。当把胶粒钾在室温下加到含有辛二酸二乙酯的甲苯溶液中时，几分钟内蓝色消失，得到 83% 的 2-氧代环戊烷羧酸乙酯。反应式如下：

（4）烯烃构型的转化　超声技术也可用于此类反应中，如下式：

$$R\text{—}Br \xrightarrow{\text{u.s.}} R\cdot + Br\cdot$$

R—Br 的蒸气压对反应有较大影响，较大的蒸气压对反应有利。

（5）重排反应　在下面的脱硫反应中，即使是在易挥发的溶剂（如乙醇）中，以及使用低能量的超声波清洗器作为超声源，反应也能充分地进行。

在下面的 Arndt-Eistert 反应中，室温下使用超声波辐射 2min，收率为 92%；而传统方法需 2h，收率为 88%。

$$R\text{—}COCHN_2 \xrightarrow[\text{CH}_3\text{OH,u.s.}]{\text{C}_6\text{H}_5\text{COOAg/Et}_3\text{N}} R\text{—}CH_2COOCH_3$$

（6）金属有机配合物的制备

（7）杂原子-金属键的形成

这样制得的盐的反应活性比用通常方法制得的盐要高得多。

又如在双有机膦负离子中含有一个有用的结构单元，可用于制备不同的单或双膦化合物，它可以通过用锂来断裂 P-Ph 键的方法得到，这一过程可被超声波大大加速。

$$Ph_3P \xrightarrow[\text{室温,30 min,u.s.}]{\text{Li/THF}} \left[Ph_2PLi\right] \xrightarrow[\text{2.MeI}]{\text{1.}t\text{-BuCl}} Ph_2PMe \quad 71\%$$

可以看出，超声波在有机合成中的应用研究已经十分广泛，对各种类型的反应几乎都有不同程度的促进作用，但也并非所有的研究都是正结果。如在下面的反应中，用甲苯作溶剂超声波对其没有什么促进作用，如用水作溶剂时有轻微的副作用（收率从 19% 降低到 13%）。

同时超声波也不是对所有的反应都会有作用。目前超声波的应用还缺乏应有的理论指导，尽管如此，超声波的作用还是显而易见的。限于篇幅，这里不可能将所有这方面的资料都一一介绍。但无疑超声技术确有它独特的优点，而且操作又十分简便。相信在不久的将来，无论是在理论上还是在应用上，超声波方法都会得到蓬勃的发展，成为绿色合成研究中的一种重要手段，超声波仪器也将会成为合成化学家们常用的仪器。

4.3.4　超声波技术在其他领域的应用

声化学是声学与物理化学的交叉渗透，也是物理化学的分支。超声波除了可以加速常规化学反应、加速有机溶剂中对物质的分解和合成反应等，还可以强化化工单元操作如清洗、乳化、陈化、降解等。

4.3.4.1　清洗方面的应用

目前超声波用于工业清洗方面是最为广泛的，也是最成功的。超声波清洗的物理机制归结为声空化、冲击波、微声流以及清洗液超声振动本身的效应，主要表现在：

① 声空化。存在于液体中的微气泡（空化核）在声场的作用下振动，当声压达到一定值时，气泡将迅速变大，然后突然闭合，在气泡闭合时产生的冲击水波能在其周围瞬间产生上千个大气压的压力，以此破坏不溶性污物而使它们分散在清洗液中。

② 冲击波。蒸气型空化对污物层的直接反复冲击，一方面破坏污物与清洗件表面的吸附；另一方面也会引起污物层的疲劳破坏而与清洗件表面脱离。

③ 微声流。气体型气泡的振动对固体表面进行擦洗，污物一旦有缝，气泡就可以"钻入"裂缝中振动，使污层脱落。

④ 振动效应。对于有油污包裹的固体粒子，由于超声空化的作用，两种液体在界面迅速分散而乳化，固体粒子即脱落。

对于精密工件上的空穴、狭缝、微孔及小洞等死角，通常的洗刷很难起作用，利用超声波清洗则可达到理想效果。超声波与其他清洗手段相比具有以下优点：

① 清洗效果优于其他方法，如若超声清洗效果定为100%，则刷洗、蒸汽清洗、溶剂压力清洗和浸泡分别为90%、35%、30%和15%；

② 清洗质量高，清洗效果均匀，一致性好；

③ 缩短清洗时间并节能，降低生产成本；

④ 降低工人的生产强度，改善劳动条件；

⑤ 绿色环保，超声波清洗所采用的洗涤剂为低污染型，易于降解。

崔运花研究了不同条件下的超声波洗毛效果，并与传统乳化洗毛进行了对比。研究结果表明，利用超声波洗毛可以降低洗毛温度、缩短洗毛时间、降低洗剂和助剂用量。利用超声波所得的洗净毛蓬松性好，羊毛之间不发生缠绕，白度高且洗净毛中几乎无细小杂质。另外，超声波在洗毛的同时，对羊毛鳞片有蚀刻作用。经过超声波洗毛所得洗净毛纤维鳞片变钝、变光，摩擦效应降低。且超声波洗毛所得洗净毛纤维细度分布更趋集中，长时间超声波洗毛会使羊毛纤维直径变小，断裂伸长增大，但对纤维断裂强力无明显损伤。

目前国内已有厂家推出超声波洗衣机。与传统洗涤方式不同，超声波洗衣机主要利用超声波的"空化"作用，产生巨大能量，将污垢从衣物上"震"下来溶解到水中，然后再通过内筒的转动对衣物进行摔打和水流穿透，洗净衣物；而普通洗衣机一般是用洗涤剂与衣物上的污垢发生化学反应，再用清水将污垢排出机外，达到洗净衣物的目的，但是这种洁净作用比较有限，只能清洁衣物表面，衣物表面残留的洗衣粉或洗涤剂可能刺激人体皮肤。用超声波洗衣，最大的优点是环保。普通含磷洗衣粉中，起软化水作用的是三聚磷酸钠，含其洗衣粉的洗涤废水排入下水道后再流入河流、湖泊，是造成水质富营养化的磷源之一；无磷洗衣粉采用的 4A 沸石作代磷助剂有可能堵塞下水道，产生大量的废弃物，增大三废处理量。超声波洗衣机不仅无污染，而且比普通洗衣机节水 1/3。另外已有人申请了超声波洗碗机的专利。

4.3.4.2 乳化方面的应用

超声乳化与一般乳化工艺和设备（如螺旋桨、胶体磨和均化器）相比具有许多优点：

① 所形成的乳液平均液滴尺寸小，为 0.12～2μm，液滴尺寸分布范围窄，为 0.11～10μm 或更窄；浓度高，纯乳液质量分数超过 30%，外加乳化剂质量分数可高达 70%。

② 所形成的乳液更加稳定，超声乳化的一个重要特点就是可以不用或少用乳化剂便产生极稳定的乳液。

③ 可以控制乳液的类型，采用超声乳化，在某些声场条件下，O/W（水包油）和 W/O（油包水）型乳液都可制备。

④ 生产乳液所需功率小，如制备 4155m³/h 液滴尺寸为 1μm 的乳液，若采用簧片哨，当工作压力为 $9186×10^5～1138×10^5$ Pa 时，只需 3167～5114kW 的驱动功率，而采用高压均化器，工作压力为 $6190×10^5～3145×10^7$ Pa 时，则需 2914～3617kW 的驱动功率。

此外，簧片式超声发生器还有结构简单、牢固、工作稳定、成本低、维护方便和易于实现工业规模生产等优点。超声乳化的明显优点已促使它在食品、造纸、油漆、化工、医药、纺织、石油和冶金等许多工业处理中越来越多地得到应用。

目前关于超声乳化的机理主要有两种解释，一种是空化机理，认为乳化是由于容器壁附近破裂的气泡使液体残缺不全地射入另一种液体之中进一步分散成细滴而产生；另一种是界面不稳定性机理，认为当超声射到两液体分界面上时，界面受到很高的周期性加速度，当加速度方向是从较轻液体到较重液体时，开始具有不稳定性，不稳定性可使界面的扰动增大，而最后引起一种液体残缺不全地射入另一种液体，从而导致乳化。谭必恩等分别用搅拌和超声乳化方法制备一系列苯乙烯（St）/丙烯酸丁酯（BA）细乳液。结果表明：不经过超声波处理的单体液滴显然比经过超声处理的粗得多，而且电导值也较大，在恒定的超声强度下处理乳液，超声时间在一定范围内，随其值增加，乳液稳定性也增加，但超过这一范围，再增加超声时间，对乳液的稳定性起负作用。

4.3.4.3 香料陈化方面的应用

由于天然香料来源有限，目前普遍采用合成香料，而合成香料是用芳香族化合物与少许天然香料混合配制而成的，它们在混合后的陈化却进行得很缓慢，一般需放几个月才能达到较好的效果。其原因可能是一些特殊香气是由某些物质（如酯、醛、酮、醚等）的生成而产生的，而这些物质的生成在通常条件下是非常缓慢的，而在超声波作用下其生成速度能显著加快。现在西欧各国和日本已普遍采用超声来处理香料。

4.3.4.4　超声波降解

超声波降解作用主要指对有机聚合物的降解作用及在水污染物处理过程中的应用。影响超声波降解效率的因素主要有三个：

① 超声系统因素，包括频率和声强。

② 化学因素包括溶剂、溶液中饱和气体的种类、有机物的种类和浓度、自由基清除剂及 pH 值等。

③ 与反应器有关的因素包括反应器的构造、反应器内是否建立起混响场和外部是否施加压力。

超声处理可以降解大分子，尤其是处理高分子量聚合物的降解效果更显著。纤维素、明胶、橡胶和蛋白质等经超声处理后都可得到很好的降解效果。

目前对超声降解机理一般认为，超声降解的原因是受到力的作用以及空化泡爆裂时的高压影响，另外部分降解可能是来自热的作用。例如，在超声波作用下水中微量亚甲基蓝可有效降解，降解动力学符合一级反应，亚甲基蓝超声降解速率随初始浓度的升高而降低，随介质温度的下降而升高。亚甲基蓝在酸性和碱性条件下的降解速率高于中性条件下的降解速率，能促进 $OH \cdot$ 等自由基的形成。自由基促进剂 Fe^{2+} 和 I^- 等可有效加速亚甲基蓝的超声降解。

超声技术应用于水污染物中的难降解有毒有机污染物时，主要是当超声波照射水体环境时，其高能量的输出将产生涡漩气泡，而气泡内部的高温高压状态，可将水分子分解生成强氧化性的氢氧自由基，这些自由基对于各种有机物都有很高的反应速率，可将其氧化分解成其他较简单的分子，最终生成 CO_2 和 H_2O。大量的事实表明，声化学处理方法在治理废水中难生物降解有毒有机污染物方面卓有成效。对于有机相-水相的多相反应体系，利用超声波照射时，被乳化的液体通过交错时间的接触面积，快速进行反应，甚至在没有催化剂的条件下也能发生反应。有机物经超声处理后的分解产物与高温焚烧处理类似。

4.3.4.5　超声波在电化学研究中的应用

超声在电化学中的应用主要有超声电化学发光分析、超声电化学合成、超声电镀等。超声与电化学的结合具有许多潜在的优点：可用于电极表面的清洗和除气、电极表面的去钝化、电极表面的侵蚀，可加速液相质量传递、加快反应速率、增强电化学发光、改变电合成反应的产率等。

（1）电极过程动力学的研究——超声伏安法　超声伏安法即在超声存在下进行的伏安法，它是研究电化学过程强有力的工具。其优点有：超声辐射使电极表面附近电活性物质和产物的质量传递大大加快；超声通过在水声解过程中形成的高活性自由基（如羟基自由基和氢自由基）改变化学和电化学反应的机理；在超声存在下，电化学反应中涉及的组分的吸附被减弱；超声辐射能连续地使电极表面活化。使用与超声相连的微电极能够达到极高的传质速率，超声的任何影响都集中在与电极表面冲击的瞬间，使超声对电极过程影响的研究更接近实际。

传质速率的增强可归于两个瞬态过程：

① 气泡在固液界面或附近崩溃是由于直接作用于电极表面高速液体微射流形成的结果；

② 电极扩散层中或附近气泡的移动中，产生质量传递的瞬态高速。

（2）超声伏安分析法　超声伏安分析法的研究主要是基于超声加快液相传质来提高灵敏度；基于电极的预处理和活化电极表面提高重现性以及非均匀样品中的超声电化学分析等。超声伏安分析法在非均匀相样品中的应用具有广阔的前景，高浓度的蛋白质、多糖和脂肪在电极上的吸附严重污染电极，使电极的灵敏度和重现性大大降低，在非均匀体系中，由于在超声的作用下电极表面不断地更新，电极的钝化作用被减弱。由于超声诱导声流动空化，在电极和溶液界面产生高速微射流，通过使电极腐蚀而使电极的钝化作用被减弱。Davis 和 Compton 将超声与线性扫描技术结合，建立了超声电化学分析应用于复杂基体如非均匀相鸡蛋中亚硝酸盐的测定，可免去样品的预处理。

（3）超声电化学发光分析　电化学发光过程是电极反应产物之间或电极产物与体系中某组分进行化学反应所产生的一种光辐射过程。在电化学发光研究中存在很多问题，如电极污染严重和发光效率低等。将超声技术与电化学发光连用，不仅可以提高电化学发光分析的灵敏度，而且克服了上述缺点。

除上述介绍外，超声波在其他许多领域都得到广泛应用，例如，超声强化萃取和超声强化结晶。超声强化萃取分为固-液萃取和液-液萃取。超声强化固-液萃取可应用于从中药中提取生产水杨酸、氯化黄连素、岩白菜宁等药物成分。而对于一般受传质速率控制的液-液萃取体系来说，超声波的作用十分显著，特别在有色冶金工业中金属的液-液萃取过程应用合适的超声频率和功率作用时，可以大大加强其分解速度和提高萃取速率。此外，超声化学技术在粮油食品的分析测试、包装、清洗、干燥、乳化、陈化、结晶、分离、萃取、澄清、化学合成、杀菌、酶研究等方面也有其广阔应用前景。

4.4　膜催化技术

所谓的膜，是指在一种流体相内或是在两种流体相之间有一层薄的凝聚相，它把流体相分隔为互不相通的两部分，并能使这两部分之间产生传质作用。从宏观上讲，膜就是两相之间的选择屏障，它通常是一种薄膜或薄层材料，可厚可薄，其结构可能是均相的，也可能是非均相的，能使混合物中某种成分选择性地通过或透过。

膜催化是在催化化学和膜科学基础上发展起来的新兴研究领域，即利用某些材料本身所具有的催化活性，或是将膜作为催化剂的载体，在膜内部或表面固定催化剂，使其具有催化反应功能。用这些材料组装成反应器，用于化工过程，能将反应和分离统一于一个体系内，即在膜上进行催化反应，使反应过程和分离过程同步进行，反应产物能逐步地从反应区分离，从而突破化学平衡反应的限制，实现非平衡催化转化。

膜分离现象的揭示可以追溯到 200 多年以前。1748 年 Abble Nelkt 发现，在动物膀胱里充满酒精，然后浸入水中，膀胱就逐渐胀大，甚至破裂；但如果膀胱中充满水，浸入酒精中则情况相反，膀胱中的水会向外渗透，膀胱收缩。还发现凡是和膀胱同类性质的薄膜，都具有这种渗透功能。Abble Nelkt 首先提出了 Osmosis 这一概念来描述水通过半透膜的渗透现象，由此开始了对膜技术的研究。

膜有两个特性：

① 不管膜多薄，它一定有两个界面。这两个界面分别与两侧的流体相接触。

② 膜传质有选择性，它可以使流体相中的一种或几种物质透过，而不允许其他物质透过。

4.4.1 膜材料及分类

膜是膜技术的核心，膜材料的化学特性和膜的结构对膜的性能起着决定性影响。一般对膜材料的要求为：具有良好的成膜性、热稳定性、化学稳定性、耐酸、耐碱、耐微生物侵蚀和耐氧化性能。膜种类和功能繁多，分类方法有多种，大致可按膜的材料、结构、形状、分离机理、分离过程、孔径大小进行分类，如图 4-1。

膜的分类 ｛
- 材料：无机膜、有机膜、复合膜、生物膜
- 结构：对称膜(微孔膜、均质膜)、非对称膜
- 形状：平板膜、管式膜、中空纤维膜、卷式膜
- 分离机理：扩散性膜、离子交换膜、选择性膜、非选择性膜
- 分离过程：反渗透膜、渗透膜、气体分离膜、电渗析膜、渗析膜、渗透蒸发膜
- 孔径大小：微滤膜、超滤膜、纳滤膜和反渗透膜

图 4-1 膜的分类

4.4.1.1 按膜材料的分类

（1）无机膜（无机材料膜） 无机膜主要包括金属或合金膜、多孔金属膜、多孔质陶瓷膜。以其化学稳定性好、耐酸碱、耐有机溶剂、耐高温（800～1000℃）、耐高压（10MPa）、抗生物侵蚀能力强等优点而广泛应用于各种膜反应器中。

选择性渗透无机多孔膜可用作其他膜的支撑体，也可用作催化剂或催化剂载体，同时可分离出产物或未转化的反应物。尤其是高温（＞200℃）的气相多相催化反应，操作温度已超出有机高聚物膜热稳定区，应用无机膜作为耐高温的催化剂和载体材料是唯一的选择。

（2）有机膜（高分子膜） 膜催化研究初期，由于主要局限于生物工程领域，涉及的反应条件比较温和，催化剂主要是酶。因此，有机聚合物成为制备膜的主要材料。通常是将活性组分固定于膜的表面或膜内，使膜同时具有催化功能。有机高分子膜的主要材质是聚酰亚胺-聚四氟乙烯、聚苯乙烯、聚砜、硅氯烷聚合物以及采用等离子技术处理的聚合物膜。

高聚物膜具有较好的灵敏性，其存在的主要问题是膜厚度与渗透速率之间的关系：膜厚度在 20～200μm 之间时，渗透速率较慢；厚度为 0.1～1μm 时，渗透速率较快，但膜太薄不稳定，必须有载体。此外，一些高聚物膜在某些溶剂中不能保持稳定。当反应温度达到 200℃ 以上时，有机高分子催化膜易于分解或损坏而使寿命降低，从而限制了它在工业中的应用。于是，人们将眼光投向无机膜。无机膜具有热稳定性高、机械性能好、结构稳定、孔径可以调控、高选择分离功能及抗化学及微生物腐蚀的特点，因此，在膜催化研究中越来越受到人们的青睐。随后，为降低成本，人们又采用合金膜，但由于这一类膜受渗透率低、成本高及反应过程中金属易中毒等因素的影响，限制了其应用。进入 20 世纪 80 年代后，人们

又把注意力转移到了无机陶瓷膜、金属氧化物膜、以玻璃为载体负载活性组分的复合膜等。

另外，为充分发挥有机聚合物膜的高选择性及无机膜稳定性好的特点，各国学者开发了多种形式的无机-有机复合膜。

（3）复合膜（无机-有机复合膜） 复合膜是以微孔膜或超滤膜作支撑层，在其表面覆盖以厚度仅为 $0.1\sim0.25\mu m$ 的致密均质膜作壁障层构成的分离膜，使得物质的透过量有很大的增加。

复合膜的材料包括任何可能的材料结合。包括分子筛复合膜、多孔质玻璃复合膜、金属负载型复合膜以及其他复合膜等。这些复合膜的特点是催化活性高，耐热性能很好。可以透过 $400\sim1000$℃ 的高温气体，适用于高温反应。1983 年，Koresh 首次发现碳分子筛膜具有比聚合物膜更好的气体分离性能。近年来，分子筛膜由于具有与分子大小相当且均匀一致的孔径、离子交换性能、高温热稳定性、优良的择形催化性能和易被改性以及有多种不同的类型与不同的结构可供选择，是理想的膜分离和膜催化材料。分子筛膜具有优良的分离选择性，但由于分子筛晶体生长的复杂性和难以控制分子筛晶体生长的方向，要制备完美的分子筛膜难度颇大。最近还出现了一种铜-钯复合膜将具有催化脱氢功能的铜复合膜和具有高效氢分离功能的钯复合膜结合起来，该膜的外侧具有催化脱氢活性，内侧具有氢分离功能。

（4）生物膜（生物被膜） 生物膜也称为生物被膜，是指附着于有生命或无生命物体表面被细菌胞外大分子包裹的有组织的细菌群体。目前，利用膜作为生物催化剂的固定化载体引起人们极大兴趣，包括可溶性生物催化剂膜体系和不溶性生物催化剂膜体系。

酶是活性极高的生物催化剂，在膜表面或膜内进行"固定化"，制成酶膜反应器，可用于生化工程、进行细胞培养、L-氨基酸的高效制备、连续生产谷氨酸及连续发酵生产乙醇等研究。新型人工合成膜的研究和开发，以及膜技术与生物技术相结合，必将大大推动生物工程的飞跃发展。

4.4.1.2　按膜孔径的分类

（1）微滤膜 一般来说，微滤膜（MF）是指一种孔径为 $0.1\sim10\mu m$，高度均匀，具有筛分过滤作用特征的多孔固体连续介质。

（2）超滤膜 超滤膜（UF）是介于纳滤膜和微滤膜之间的一种膜，膜孔径在 $0.01\mu m$ 以下。超滤是一种能够将溶液进行净化、分离、浓缩的膜分离技术。

（3）纳滤膜 纳滤膜（NF）是介于超滤膜与反渗透膜之间的一种膜，孔径为几纳米，因此称纳滤膜。基于纳滤膜分离技术的优越特性，其在制药、生物化工、食品工业等诸多领域显示出广阔的应用前景。

（4）反渗透膜 反渗透膜（RO）是一种模拟生物半透膜制成的具有一定特性的人工半透膜，是反渗透技术的核心构件。一般用高分子材料制成。表面微孔的直径一般在 $0.5\sim10nm$ 之间。一种满意的反渗透膜应具有适当的渗透量或脱盐率。

4.4.2　膜催化反应

膜催化概念是 20 世纪 60 年代末提出的，但一直到 20 世纪 80 年代中期膜催化技术才发展起来，是近年来在多相催化领域中出现的一种新技术，也是催化领域的一门前沿学科。该技术使用催化材料制作膜反应器或将催化剂置于膜反应器中，反应物可选择性地穿透膜并发生反应，或产物可选择性地穿过膜而离开反应区域，从而对某一反应物（或产物）在反应器中的区域浓度产生调节，打破化学反应在热力学上的平衡或严格地控制某一反应物参加反应时的量和状态，从而提高选择性。

4.4.2.1　膜催化反应模式

膜催化有三种操作模式：一是膜仅起选择性渗透分离的作用，膜只能通过选择性地将目的产物从反应区分离出去，提高其选择性与收率；二是利用膜的选择性透过功能，控制活性反应物的进料速率，以促进目的产物的选择性生成；三是将催化反应与膜的渗透选择性偶合在一起，借助膜实施催化反应，同时又将产物或产物之一通过膜选择性地从反应区移去，这对于受热力学平衡控制的反应特别有利。根据操作模式的不同，膜可以具有不同功能。

4.4.2.2　膜催化反应机理

在非分离性的膜催化反应中，膜催化机理一直是学术界感兴趣的课题。Nourbakhsh 等认为具有催化活性的多孔膜可以在某种程度上影响反应物和中间产物的浓度分布，从而对反应的选择性和产物分布进行控制。以 CO_2 氧化乙烷脱氢制乙烯的目标反应为例：

$$CO_2 + C_2H_6 \longrightarrow C_2H_4 + CO + H_2O$$

实验证明，常规催化反应的乙烷转化率略低于平衡值。采用膜催化反应后，转化率较常规催化反应明显提高，超过了平衡值，这说明膜催化反应突破了热力学平衡的限制。膜催化反应的设计目标之一是希望利用膜在反应过程中选择性地移出某种产物，从而使反应突破热力学平衡的限制，以提高反应物的转化率。在实验中，乙烯的选择性随温度、气体空速及原料气组成变化的规律与常规催化反应基本一致，说明其催化反应机理未变。膜催化反应机理仍由催化剂的本质决定，膜分离并不能改变反应体系的最终作用机制，它的作用只是通过改变反应区内各物质的配比，实现对反应体系中各个反应进程的调控。例如，通过移出产物，减少其在反应体系中的比例，可抑制有关产物副反应的发生和反应深度，并促进目标反应的进行。

4.4.2.3　膜催化反应的特点

膜催化技术将膜技术应用于催化反应领域，集催化反应和分离双重功能于一身，因此具有一些优于其他技术的特性。

① 催化活性高。由于膜表面可呈现原子状态，达到分子级或原子级水平，比表面积大，单位表面积上原子（或分子）占有率高，活性中心多，表面平滑，有时还可能出现电子状态的变化，能有效地与反应分子接触，碰撞机会频繁，显示出很高的催化活性。

② 催化活性强且微孔多、分布广，其孔径、孔体积以及孔隙分布等均可采用不同方法加以有效控制，有利于分子扩散，提高催化剂的选择性，尤其是生物膜催化剂，其选择性可达到 100%。

③ 载体型的膜催化剂呈现出耐高温、耐化学稳定性，机械强度提高、催化寿命延长的特点。载体型的复合膜催化剂包括生物膜催化剂，更有发展前途。

4.4.2.4　膜的制备及改性

具有催化功能的膜，就是把催化剂固定于分离膜的表面或膜内，赋予膜以催化反应的功能，使作为反应部分的分离膜兼具反应与分离双重功能的一种功能化膜。常见的膜的制备方法有溶胶-凝胶法、阳极氧化法、辐射-腐蚀法、相分离-沥取法、热裂解法及薄膜沉积法等。例如，以金属醇盐及其化合物为原料，在一定的介质和催化剂条件下进行水解-缩聚反应使溶液变成凝胶，再经干燥、热处理等过程得到合成材料的方法称为溶胶-凝胶法。这一方法已被广泛用于氧化物膜、分子筛膜及各种陶瓷膜的制备过程中。

为了提高膜对某种组分的选择性渗透，改善膜的内孔孔径，提高膜的稳定性等，经常需要对膜孔进行修饰或表面改性，常见的方法主要有：溶胶-凝胶法、化学气相沉积法、化学镀、溅射、电化学气相沉积法等。例如，膜缺陷或机械强度等因素要求膜具有一定的厚度，从而使金属膜的渗透率很低，在实际应用中受到限制。利用化学镀技术和化学气相沉积技术制备的金属-陶瓷复合膜可以改善并提高膜的渗透率。

4.4.2.5　膜催化反应器的分类

膜催化技术是通过膜催化反应器的设计来实现的。反应器的设计主要考虑如何实现分离功能与反应的有机结合。一般采取以下三种方式：①膜将反应器分隔为两个反应室，膜可以放在反应器的上游或下游，起到分离和净化的作用，同时控制反应进程，避免深度反应的进行。②膜作为反应器的一部分，但不充当催化剂。这种情况下，催化剂常以堆积床的形式放在膜的一侧。这时，膜只起到将产物有选择性地移出体系的作用。③膜作为催化剂的一部分或催化剂的载体，这时膜本身可以是具有催化活性的，也可以是将催化剂附着在膜的孔内，或者催化剂以薄层的形式沉积于膜的表面，膜本身实际上充当反应的场所。

膜催化反应器可分为两种类型，一种为惰性膜反应器（IMRCF），催化剂位于反应区内，邻近于膜；另一类为催化膜反应器（CMR），反应区在膜内。目前具有开发价值的是 CMR。反应特点及反应机理不同，采取的结合方式也不同，从而形成了几种典型的膜催化反应器。

（1）反应促进型膜催化反应器　反应促进型膜催化反应器主要适用于受化学平衡限制的吸热反应，如烃类的脱氢反应等。通过在反应的同时将产物不断移走，使反应不断向正方向进行，在较温和的条件下得到较高的产率。环己烷脱氢是一种典型的脱氢反应，在传统的脱氢方法中，反应转化率只有 18%，而采用膜催化反应器，以 Al_2O_3 为催化剂，用管式钯膜作为渗透膜，环己烷转化率接近 100%。

（2）反应控制型膜催化反应器　反应控制型膜催化反应器主要适用于快速反应（反应速度大于扩散速度）及选择性加氢反应和选择性氧化反应。反应物从膜的两侧透过膜孔，在膜内反应，因此，在膜内形成一定化学计量的反应面。由于两种反应物在膜表面上的浓度可以独立控制，从而使反应控制在选择性加氢和选择性氧化阶段，而不至于发生深度反应。

美国 Mischenko 等人报道了用 Pd_2Ru 合金作为氢选择性渗透膜和催化剂，进行硝基苯加氢还原制苯胺的反应。氢气在 101kPa 下，以 3mL/min 的流速连续通入膜的一侧，硝基苯蒸气以 39mL/min 的流速通入膜的另一侧，氢气在透过 Pd_2Ru 合金膜的同时被活化，并与吸附的硝基苯进行选择性加氢生成苯胺，反应温度保持在 170℃，3h 内反应的转化率和选择性均达到 100%。

（3）耦合式膜催化反应器　耦合式膜催化反应器主要是基于催化剂对正逆反应都有效的考虑，将两个反应，如脱氢和加氢反应集成在一个反应器中进行。整个反应器由一个透氢的膜隔成两室，在膜的一侧进行加氢反应，而在另一侧进行脱氢反应，其加氢所需的氢来自脱氢反应所放出的氢。为控制脱氢的程度，在脱氢一侧可以补加一定量氢气，适当控制氢压力和流量。

Basor 和 Gryaznov 用苯酚和环己醇偶合反应合成环己酮就是这方面的典型例子。环己醇在 Pd_2Ru 膜一侧脱氢生成环己酮，产物氢气透过膜后与苯酚发生加氢反应，生成同一种产物，在 683℃时，环己酮的选择性可达到 95%。

除了物质偶合外，也可以用反应热进行偶合。如反应器由钯膜分隔成两室，一室进行脱氢反应，生成的氢透过钯膜在另一室被空气氧化成水，氧化反应放出的热量经钯膜传递到另一侧，成为脱氢反应的热量来源。同时，在膜表面进行氧化反应，有效地降低了氢的反渗透程度，对提高脱氢反应的产率有利。

（4）泵氧型膜催化反应器　泵氧型膜催化反应器针对氧的传递而设计，适用于催化氧化反应。如在天然气部分氧化制合成气的膜催化反应器中，在催化膜的一侧，O_2 被催化还原成 O^{2-}，O^{2-} 通过膜传递到另一侧，与甲烷催化氧化生成 CO 和 H_2。900℃时，CO 的选择性大于 96%，CH_4 的转化率达到 90%。

（5）动态膜分离式酶解反应器　近期开发的动态膜分离式酶解反应器（DMIR）是一种全新的高效多功能酶解反应器。它将酶固定化和动态膜分离技术结合为一体，边反应边分离，可连续操作。它还能进行不同形式的酶反应操作，可以模拟活塞流型反应器（PFR），也可以模拟固定床反应器或旋转床反应器操作，与普通的固定床反应器相比，DMIR 的反应分离效率高，最终转化率和产率均提高了 2～3 倍。范益群等报道了一种光催化膜反应器，可以将光催化反应和膜分离技术相结合，利用该反应器对亚甲基蓝进行了降解，亚甲基蓝被很快降解，而悬浮在反应液里的催化剂颗粒同时可被有效地分离回收，连续在反应器里使用。但国内目前研究的多是小型悬浮式反应器，缺点在于催化剂分离回收装置复杂且催化剂粉末在水中的分散性差。最近报道了一种新型光催化固定膜反应器，采用固定膜可避免这类问题且能简化搅拌传质过程。在国外，Kim 等人曾提出过一种新型的无机膜催化反应器，在这种反应器中，催化剂溶液被保持在一种复合膜内，这种复合膜由两个不同的聚合膜中间夹着一层不锈钢多孔浸渍载体构成。第一层只允许反应物渗透，反应物渗透通过第一层后，在液相催化剂的存在下，不可逆地转化成产物；产物优先渗透通过第二层膜，这种反应器可完整地保留催化剂。目前，国外新开发的电催化膜反应器，可以在阳极和阴极同时分离产物。在这种膜反应器中，电子管以膜为载体，果糖在阳极发生氧化反应生成葡萄糖酸，同时在阴极又可被还原成山梨醇和甘露醇。

（6）共轭型膜催化反应器　共轭型膜催化反应器利用能够传递氢的贵金属膜，在其一侧可催化脱氢反应，而在另一侧催化耗氢反应，包括加氢和氢解等，两种反应可同时进行。这类反应是在 1985 年，由 Bosov 首先应用的，反应式为如下：

该反应在 Pd-Ru 膜催化剂上，一侧进行环己醇脱氢，而在另一侧进行苯酚加氢成环己酮。共轭型膜催化反应，不只限于加氢和脱氢反应，利用传递氧的膜也可以偶合氧化还原反应对及其他的反应对。从催化工艺和催化技术的发展看，这种类型的反应是值得重视的，但一直未再见这方面的报道。

4.4.2.6　膜催化研究中存在的问题

将膜分离过程与催化反应相结合的思想从产生至今已有五六十年的时间了，这期间人们在对许多体系的研究中（如脱氢、加氢、氧化反应等）都成功地运用了这一技术，使人们对它的认识更加深刻，也积累了大量的有关反应器设计等方面的经验，但真正将这一技术更广泛地应用于工业化生产，还存在着许多亟待解决的问题。

（1）高选择性膜的制备　目前，大部分膜的最小孔径为 3～4nm，虽然膜层较薄（2～5μm），无裂纹，孔隙率比较均匀，有一定的选择渗透性，但膜孔径还没有小到足以得到很高的分离效果，因此还不能更有效地影响反应进程。在这些膜中，气体的分离属于 Knudsen 机制，对大部分混合气体理想分离系数常常小于 10。如在乙苯脱氢生成苯乙烯的反应中，膜对氢与苯乙烯或氢与乙苯的分离系数约等于 7。为了得到较高的分离效果，必须利用其他扩散机制，如微孔活化扩散、分子筛分、表面扩散、多层吸附和毛细冷凝等。近几年出现的分子筛膜和分子筛复合膜适应了这一需要，具有广阔的开发前景。但这一领域的研究也面临着严峻的挑战，如何使制备的膜连续、均匀、无缺陷（克服针孔裂纹），如何表征聚晶的分子筛孔道等。最近发展起来的纳米技术如能引入分子筛成膜的基础研究，可能会最终解决这一问题。

（2）高温下的设备密封　在大多数膜催化反应器中都使用聚合物垫圈作为密封组件，但它只能用于 300℃以下。石墨垫圈在氧化气氛中能耐 450℃高温，但有一定的泄漏。采用多孔陶瓷与致密陶瓷烧结，然后在致密陶瓷管上密封，或将致密陶瓷管与金属管烧结等技术可以解决此类问题，但成本较高，工业化应用还有一定的难度。

（3）膜的污染　高温结炭对膜的污染特别严重。降低结炭的方法一般是通水蒸气作为反应物的稀释剂。另一个可能的方法是设计氧化气氛，将形成的炭除去，但氧化气氛会对反应过程产生影响，因而还有待于进一步深入研究。

（4）膜催化反应过程的数学模拟　影响膜催化反应器性质的因素很多，如物料流动方式、速率、反应物组成、膜的选择性、渗透性、催化剂活性、比表面积、操作条件等。在膜催化反应的数学模拟方面，虽然做了很多工作，但膜的性质、反应体系的特征和膜反应器结构之间的关系还缺少系统的、规律性的认识。因此，建立较全面的膜反应器模拟方法仍是一个亟待解决的问题。

4.4.3　膜催化技术在绿色化学反应中的应用

膜催化反应自 20 世纪 60 年代以来已大量应用于加氢、脱氢、氧化、酯化、生化等许多领域，表 4-7 列出了膜催化应用实例。

类型	催化加氢	催化脱氢	烃类催化氧化
应用	不饱和烯烃加氢	$C_2 \sim C_5$ 低级烷烃脱氢制烯烃	甲烷氧化偶联制烯烃
	环多烯烃加氢		甲烷直接氧化制甲醇
	芳烃加氢	长链烷烃(如庚烷)脱氢环化制芳烃	甲醇氧化制甲醛
	C_2、C_3 选择性加氢		乙醇氧化制乙醛
	精细化工合成中的加氢	丙烷脱氢环化二聚制	丙烯氧化制丙烯醛
		芳烃	C_2、C_3 环烯烃氧化制环状氧化物

（1）催化加氢　膜催化剂可用于不饱和烯烃、环多烯烃和芳烃的加氢，石油化工 C_2、C_3 馏分选择性加氢除炔烃。例如，双烯烃中两个双键中的一个加氢，需要催化剂有很高的选择性。采用可透过氢的膜催化剂，调节催化剂表面上被加氢物质与氢的浓度，就可达到选择加氢的目的。

（2）催化脱氢　$C_2 \sim C_5$ 低级烷烃脱氢制烯烃、长链烷烃脱氢环化制芳烃、环己烷脱氢制苯、乙苯脱氢制苯乙烯，丁烷或丁烯脱氢制丁二烯等反应都可由膜催化剂所催化。例如：采用多孔玻璃膜或具有高分离功能的钯膜反应器，用于环己烷脱氢，因反应产物氢可透过膜除去，反应转化率可达 50% 以上，甚至可达 100%。

（3）催化氧化　甲烷直接氧化制甲醇、甲醇氧化制甲醛以及乙醇氧化制乙醛及丙烯氧化制丙烯醛也可以采用膜催化技术来实现。用作氧化传递的无机膜，现在有银膜、氧化锆膜及金属氧化物膜。这类膜催化剂可以催化原子态氧为活性中心的各类氧化反应，如使用钼系氧化物膜催化剂，可以催化丙烯氧化为丙烯醛、1-丁烯氧化为丁二烯烃氧化反应。

4.4.4　膜催化技术的发展前景

（1）化学工业领域　由于膜催化技术能提高反应转化率、选择性，降低反应温度和节能降耗，因此，将加速新的催化反应的开发，特别是涉及催化加氢、脱氢及烃类催化氧化过程的反应。

（2）环境催化方面　期待利用膜催化反应器使污染大气的 NO_x 和 CO_2 气体高效分解，以防止环境污染，并可用于原子能工业放射性废物的处理。另外，膜催化技术还可能在清洁燃烧及高温气体除尘与脱硫一体化的研究中发挥作用。现在，陶瓷膜光催化反应器在工业废水的处理研究中已经取得了可喜的成果。

（3）生物工程方面　随着人工合成膜作为生物催化剂的固定化载体研究的深入，膜催化反应器将会在这一领域得到更为广泛的应用，从而扩大生物催化反应在有机合成中的应用。

（4）能源方面　替代石油资源的将是天然气的综合利用。利用离子-电子混合导体膜进行天然气转化的研究，使人们看到膜催化反应技术将在这一领域发挥作用。例如，现在已经开发出了两种用于甲烷氧化偶联中的钙钛矿型膜催化反应器，一种是以圆盘状构成隔离式的膜催化反应器；另一种是以管状构成管壳式膜催化反应器。Wang 和 Lin 对这两种模式的反应器进行了详细的研究，结果表明，在管壳式膜催化反应器中，产率和选择性可分别达到 84% 和 94%；而在传统的反应器中，产率和选择性分别为 28% 和 75%。

总之，膜催化的研究方兴未艾，为催化新工艺、新技术的开发应用提供了机遇。膜催化科学、膜分离科学和膜材料科学的有机结合与发展，将会在膜催化技术向工业化进程中取得惊人的突破和重大的科技成果，开创化学工业的新时代。

4.5 光催化技术

光催化（photocatalysis）是在一定波长光照条件下，半导体材料发生光生载流子的分离，然后光生电子和空穴再与离子或分子结合生成具有氧化性或还原性的活性自由基，这种活性自由基能将有机物大分子降解为二氧化碳或其他小分子有机物以及水。在反应过程中这种半导体材料也就是光催化剂本身不发生变化，这种半导体光催化剂在光催化反应过程中起的作用就是光催化作用。

光催化是光化学和催化科学的交叉点，光催化是利用光能进行物质转化的一种方式，是物质在光和催化剂共同作用下所进行的化学反应。一般来说，催化分为均相催化、多相催化和酶催化，而光催化是多相催化的一个分支。

4.5.1 光催化技术的发展及现状

1967 年，日本学者 A. Fujishima 和 K. Honda 发现在紫外光照射下，TiO_2 电极可以将水分解为氢气和氧气，即"本多-藤岛效应"。1972 年，他们将这一发现发表在 *Nature* 上，揭开了多相光催化新时代的序幕。

1976 年，Carey 等发现 TiO_2 在紫外光条件下能有效分解多氯联苯，被认为是光催化技术在消除环境污染物方面的创造性工作，继而进一步推动了光催化研究热潮，扩大了光催化在环境领域的应用。

1977 年，T. Yokota 等发现在光照条件下，TiO_2 对丙烯环氧化具有光催化活性，拓宽了光催化的应用范围，为有机物合成提供了一条新的思路。

同年，S. N. Frank 等首先验证了用半导体 TiO_2 光催化降解水中氰化物的可能性，引导大多数从事光催化的研究者将目光主要集中于降解水和空气中污染物等环境治理和改善、太阳能的转化以及界面电子转移等光电化学过程上，光催化氧化技术在环保领域中的应用成为研究的热点。

20 世纪 80 年代初，以 Fe_2O_3 沉积 TiO_2 为光催化剂成功地由氢气和氮气光催化合成氨，引起了人们对光催化合成的注意。

1983 年，光催化芳香卤代烃羧基化合成反应的实现，开始了光催化在有机合成中的应用。光催化开环聚合反应、烯烃的光催化环氧化反应等陆续有报道，光催化有机合成已成为光催化领域的一个重要分支。

虽然催化有两百年历史，但光催化兴起却只有短短几十年。光催化是催化化学、光化学、半导体物理、材料科学、环境科学等多学科交叉的新兴研究领域。截止到 2018 年，在"Web of Science"上检索"photocatalysis"，出现 4.7w＋条记录且发表成果逐年增加。光催化研究成果频频出现在 *Nature* 和 *Science* 上，更不用提 *J. Am. Chem. Soc.*、*Angew. Chem.*

$Int. Ed.$、$Nature\ Mater.$、$Chem.\ Soc.\ Rev.$、$Adv.\ Mater.$ 等国际顶级期刊了。开发光催化技术进行太阳能转换解决环境和能源问题是当今研究人员面临的最紧迫的挑战之一。

4.5.2　光催化原理

由于光催化剂大多是半导体材料，所以一般情况下光催化默认为半导体光催化。不同于导体或者绝缘体，半导体能带结构不连续，能量最高的一个价带到能量更高的下一个能带之间有一个禁带，但是这个禁带的宽度（能量）不是很大，所以有一些电子有机会跃迁到下一个能带。由于这个能带几乎是空的，所以电子跃迁到这个能带之后就可以自由地奔跑，这个能带就是导带（conduction band，CB）。价带（valence band，VB）也称价电带，通常是指半导体或绝缘体中，在 0K 时能被电子占满的最高能带，全充满的能带中的电子不能在固体中自由运动。价带和导带之间的能量差为禁带宽度，一般用 E_g 表示。

当入射光能量 $h\nu$ 大于或等于禁带宽度 E_g 时，价带上电子 e^- 吸收光能跃迁至导带，同时价带上产生空穴 h^+；产生的 e^-、h^+ 在电场或者扩散作用下分别迁移至半导体表面；具有还原能力的 e^- 与具有氧化能力的 h^+ 与吸附在半导体表面上的物质发生氧化还原反应，比如污染物降解、水分解制氢气等。以最常见的 TiO_2 为例，光催化原理如图 4-2 所示。

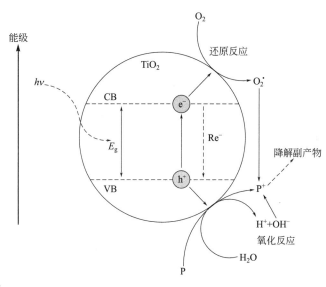

图 4-2　光催化原理图

要了解 TiO_2 光催化的一般原理，还需要解决表征过量电子的作用以及可能作为空穴或电子陷阱的中间体，确定光催化反应的限速步骤。现有的光催化机理模型还需要通过严格的测试进行检验。

4.5.3　光催化材料

光催化材料是指在光的作用下，发生光化学反应所需的一类半导体催化剂材料。世界上能作为光催化材料的有很多，包括二氧化钛、氧化锌、氧化锡、二氧化锆、硫化镉等半导体。

（1）金属氧化物　常见的金属氧化物光催化材料有 TiO_2、Fe_2O_3、WO_3、ZnO、Bi_2O_3、In_2O_3、SnO_2、Cu_2O 等。TiO_2 因其化学性质稳定、催化活性高、价格低廉、无毒无污染等优点而备受人们的青睐，是当今研究最多的光催化剂，除了 1972 年发表在 *Nature* 上的开山之作，更有多篇关于 TiO_2 的文章发表在 *Science* 上。研究结果表明，TiO_2 具有良好的抗光腐蚀性和催化活性，而且性能稳定，价廉易得，无毒无害，是目前公认的最佳光催化剂。

（2）金属硫化物　过渡金属硫化物是一类重要的半导体光催化剂，在温和的条件下可以光催化促进一系列富有意义的氧化还原反应的发生。相对于金属氧化物来讲，金属硫化物的禁带宽度较窄，这使得它们可以更加充分地利用可见光。

关于金属硫化物在光催化领域的研究历史悠久，从多相光催化兴起之后便出现了。近些年来，由于材料新合成方法的出现、新机理的研究，以及新策略将金属硫化物与金属氧化物、金属纳米粒子或者其他新兴材料结合的改进，关于金属硫化物光催化的研究焕发了生机。CdS 和 MoS_2 是硫化物在光催化领域应用中的两种代表性材料，具备二维层状结构，能带可调，当其由多层变为单层时，其禁带宽度变宽，光学和电学性能也会发生改变。CdS 光催化剂在可见光光催化方面虽具有一定应用前景，但是由于光生电子和空穴复合率很高以及 CdS 在可见光下易发生光腐蚀阻碍了 CdS 的广泛应用。

（3）$g\text{-}C_3N_4$　1996 年，华盛顿卡内基研究所的 Teter 和 Hemley 采用共轭梯度法对 C_3N_4 进行了计算，认为 C_3N_4 可能具有 5 种结构，即 α 相、β 相、立方相、准立方相和类石墨相，其中类石墨相氮化碳 $g\text{-}C_3N_4$ 是室温下最稳定的相，具有无毒和可见光响应（半导体带隙 2.7eV）等性质，使其在催化领域具有很广阔的应用前景。$g\text{-}C_3N_4$ 以其光催化活性高、稳定性好、原料价格便宜，尤其是不含金属这一突出优点，使它成为一种新型的光催化剂，特别是在光还原水制取领域有重大的研究价值。在改性研究方面，大多数是无机化合物和无机金属离子能够结合或者插入 $g\text{-}C_3N_4$ 基质中，能够有效地微调 $g\text{-}C_3N_4$ 的结构和提高反应活性。研究还发现，通过对 $g\text{-}C_3N_4$ 的改性，可拓展其可见光的响应范围，抑制 $g\text{-}C_3N_4$ 的光电子和空穴的复合，提高 $g\text{-}C_3N_4$ 的光催化活性，这对 $g\text{-}C_3N_4$ 的工业化应用有着重要意义。

$g\text{-}C_3N_4$ 是一种典型的聚合物半导体，其结构中的 CN 原子以 sp^2 杂化形成高度离域的 π 共轭体系。$g\text{-}C_3N_4$ 具有非常合适的半导体带边位置，满足光解水产氢产氧的热力学要求。$g\text{-}C_3N_4$ 作为新型非金属光催化材料与传统的 TiO_2 光催化剂相比，$g\text{-}C_3N_4$ 吸收光谱范围更宽，不需要紫外光仅在普通可见光下就能起到光催化作用；同时，比起 TiO_2，$g\text{-}C_3N_4$ 更能有效活化分子氧，产生超氧自由基用于有机官能团的光催化转化和有机污染物的光催化降解，更适用于室内空气污染治理和有机物降解。

（4）Bi 基光催化剂　铋基化合物因具有特殊的层状结构和适当大小的禁带宽度而引起光催化研究人员的注目。铋基催化剂中，卤氧化铋 $BiOX$（X＝Cl、Br、I）材料具有独特的层状结构。当 Br 4p 上电子受光激发跃迁至 Bi 6p 轨道时，层与层之间形成的内建电场有助于电子空穴对的有效分离，有助于提高其光催化活性。$BiVO_4$、Bi_2WO_6、Bi_2MoO_6 等也因其可见光催化性能而受到广泛研究。

（5）Ag 基光催化剂　研究表明，金属银沉积能使光催化剂的光催化性能得到一定程度的改善，银基半导体本身也具有较好的可见光活性。Ag_3PO_4、Ag_2CrO_4、$AgBr$ 等因其可见光响应性能而受到广泛研究，但普遍存在稳定性差、易被光腐蚀、比表面积小、缺少孔结构的问题。因而目前对银基光催化剂的研究多集中在对其的修饰改性上，尤其以半导体复合居多。

（6）元素半导体光催化剂　红磷作为其最常见的一种同素异形体，由于结构独特，具有良好的光催化性能和可见光响应。最初，红磷是作为一种掺杂剂应用于光催化领域，如在 TiO_2 中加入红磷以改善其光谱响应。2012 年，F. Wang 等首次用纯红磷作为光催化剂并对其做了相关研究，发现红磷具有 p 型半导体性质，在以 Pt 为助催化剂、可见光条件下，能将 H_2O 分解为 H_2。G. Liu 等发现 $\alpha\text{-}S_8$ 可作为一种高效的元素光催化剂用于光解水和降解有机物，并且作为一种非金属光催化剂，$\alpha\text{-}S_8$ 不会造成环境污染且原料简单、合成方便，预示着其在光催化领域具有巨大的应用潜力。

（7）其他光催化材料　此外，像金属有机框架材料（MOFs）、共轭微孔聚合物（CMPs）、共价有机框架材料（COFs）在光催化领域也有所应用。多金属氧酸盐是光催化研究领域中广泛使用的一类绿色光催化剂。研究表明，多酸和二氧化钛具有相似的电子属性，它们均为宽禁带材料。因而，二者在近紫外光的辐照下表现出较强的光催化活性。C. Wang 等合成各种金属离子掺杂 MOFs 材料，可用于 H_2O 分解、CO_2 还原和有机转化。Z. J. Wang 等合成一种含有共轭微孔聚合物（CMP）的二苯并噻吩二氧化物，能在可见光下将水分解为 H_2。P. F. Wei 等构建了一系列超稳定的苯并噁唑基共价有机框架材料作为无金属光催化剂，可在可见光下将芳基硼酸氧化为酚。

光催化剂在光照下产生具有氧化还原能力的空穴和电子，驱动化学键的断裂与生成，在污染物降解、水分解产氢、二氧化碳还原等领域具有潜在应用前景，受到了全球研究者的广泛关注。

虽然光催化在能源和环境领域具有潜在的应用前景，但绝大多数光催化剂受到了光吸收范围或光生载流子复合速率等因素的限制，光催化活性和效率不高。因此，在光催化研究中，人们一直致力于解决两个核心问题：①拓展光催化剂的光吸收范围；②提高光生载流子的分离效率。

4.5.4　光催化技术在绿色化学反应中的应用

光催化在有机合成中已经引起了大量的关注，主要原因是它具有以下几个显著的潜能：①光催化反应具有以太阳能作为反应光源的潜能，大大减少了能量的消耗。②光催化反应在温和的条件下就可以进行，并且不需要加入危险、有害的化学物质。③激发光能量较高，可以激发分子，而且能够补偿反应中吉布斯自由能的增加量。因此，光催化可以激发常温下热力学不能自发进行的反应，在某些情况下，光催化作用甚至可以打破热力学平衡。④许多光催化剂，特别是 TiO_2 光催化剂，当贵金属负载到 TiO_2 上，在 O_2、H_2O 存在的条件下，显示了其强氧化性能，有助于有机物的合成。⑤许多光催化作用有一些普通催化反应所不具有的独特的机理，能够提供简短的反应历程，将副反应的发生减小到最小限度。⑥光催化反应能够定向地选择性合成目标产物，提高目标产物的产率。⑦有的催化剂在使用多次后，其光催化选择性合成有机物的催化活性依然很稳定。

传统有机合成经常使用到有害有毒或者危险试剂，且一些反应条件苛刻，而光催化有机合成反应条件温和，具备高选择性，简单环保，成为有机合成研究热点。目前，光催化在有机合成中的应用主要有：

① 醇、胺、烯烃和烷烃的氧化。

$$R \text{—} CH_2OH \xrightarrow[\text{CH}_3\text{CN},\text{O}_2(1\text{atm})]{\text{TiO}_2,\text{蓝LEDs}} R \text{—} CHO$$

R = H、pCH₃、pCl、pNO₂、oCH₃O、tBu,conv. = 99%,
select. = 99%；R = pOH,conv. = 85%,select. = 23%

可见光照下，O_2 作为氧化剂，乙腈为溶剂，TiO_2 催化醇合成相应的羰基化合物。

$$\text{（四氢异喹啉）NH} \xrightarrow[\text{CH}_3\text{CN},\text{O}_2]{\text{TiO}_2,>420\text{ nm},300\text{ W},\text{Xe灯}} \text{（二氢异喹啉）NH} + \text{（异喹啉）N}$$

yield = 68%

可见光照射下，O_2 作为氧化剂，乙腈为溶剂，TiO_2 催化 1,2,3,4-四氢喹啉氧化脱氢得到 3,4-二氢喹啉和异喹啉混合物。

$$n\text{-}C_7H_{15}\text{—CH=CH}_2 + H_2O_2 \xrightarrow[\text{CH}_3\text{CN}/\text{C}_3\text{H}_7\text{CN}]{\text{TiO}_2,>440\text{ nm},500\text{ W Xe灯}} n\text{-}C_7H_{15}\text{—（环氧）} + H_2O$$

yield = 52%

500W 氙灯照射下，H_2O_2 作为氧化剂，在乙腈和丁腈的混合溶剂中，TiO_2 可催化 1-癸烯的环氧化反应。

$$\text{（烷烃）} + 1/2O_2 + SO_2 \xrightarrow[\substack{150\text{ W},\text{Xe灯},\\ \text{CH}_3\text{COOH}}]{\text{TiO}_2,>400\text{ nm}} \text{（烷基）—SO}_3\text{H}$$

yield = 3.5 mmol/(L·h)

在可见光照射下，烷烃和氧气直接发生氧化反应是很困难的。但如果在反应物中加入含杂原子的物质如 SO_2，TiO_2 则可以催化该氧化反应的发生。在 150W 氙灯照射下，SO_2 中的电子转移到 TiO_2，引发烷烃 C-H 键的活化，得到的烷烃自由基进一步与 O_2 和 SO_2 反应生成硫氧化物。

② 芳香族化合物羟基化反应。

$$\text{（苯）} \xrightarrow[\text{H}_2\text{O},300\text{ W},\text{Xe灯}]{\text{Photocatalyst}} \text{（苯酚）—OH}$$

Au/TiO₂,太阳能灯,CO₂(2.3 atm),conv. = 14%,select. = 89%;
Au/钛酸盐,420 nm,O₂(1 atm),conv. = 64%,select. = 96%;
Au/TiO₂,>400 nm,O₂,conv. = 69%,select. = 91%

苯环上 sp^2 C-H 键比 sp^3 C-H 键稳定，所以苯发生羟基化反应比较困难。但使用等离子体光催化剂在紫外光或可见光的照射下，这一反应可以发生。在不同反应条件下，使用不同的催化剂，苯转化率和产品选择性不同。

③ 用亲核试剂活化、官能化 C—H 键以构建新的 C—C 或 C—X（X=O、N 或 S）键。

$$\text{（四氢异喹啉）N—（苯基）—R} + R^1\text{—CH}_2\text{—NO}_2 \xrightarrow[\text{CH}_3\text{CN},60\text{ W节能灯}]{\text{mpg-C}_3\text{N}_4,\text{O}_2(0.1\text{ MPa})} \text{（产物）}$$

R^1 = H；R = pCH₃、pC₂H₅、pCH₃O、pF、pBr、oCH₃, yield = 80%～92%
R^1 = CH₃、C₂H₅；R = H、pCH₃、pCH₃O, yield = 81%～91%

R = pCH$_3$、pCH$_3$O, yield = 65%～92%

在可见光照射下，0.1MPa O$_2$ 作为氧化剂，mpg-C$_3$N$_4$ 作为光催化剂催化 N-芳基四氢喹啉与硝基烷或二甲基丙二酸酯反应生成含有新 C-C 键的产品。

X = O,R = H、CH$_3$、Cl,conv. = 70%～99%,select. = 69%～75%；
X = NCH$_3$,R = H、CH$_3$、Cl,conv. = 97%～99%,select. = 91%～98%；
X = S,R = H、CH$_3$O、Cl,conv. = 91%～97%,select. = 92%～97%

在可见光照射下，温度 373K，mpg-C$_3$N$_4$ 作为光催化剂可催化苄胺和邻取代苯胺反应生成苯并噁唑、苯并咪唑和苯并噻唑杂环化合物，形成含有 C—X（X＝O、N 或 S）键的新产品。

④ 将硝基苯还原成氨基苯或偶氮苯等。

可见光照射下，Au/TiO$_2$-Ag 共催化硝基苯还原生成苯胺。

x = 2,R = H、Cl、CH$_3$、CH$_3$O,conv. = 58%～100%,select. = 56%～99%；
x = 1,R = H,conv. = 100%,select. = 95%

在氩气气氛中，紫外光照射下，以 KOH 作为活化剂，Au/ZrO$_2$ 选择性催化硝基苯还原反应生成相应的芳香偶氮化合物。

目前不同结构的光催化剂对反应底物的活化机理主要有三种，即单电子转移、氢原子夺取和能量转移。其中最常见机理就是光催化的单电子转移机理，光催化剂吸收光子进入电子激发态，导致其拥有很强的氧化还原性。其可以快速将电子转移到缺电子受体 A，或接受富电子供体 D 的电子，反应循环包括氧化和还原两种路径，最终的结果是产生一对包含氧化供体（D·$^+$）和还原受体（A·$^-$）的反应性自由基离子。

4.5.5 光催化技术在其他领域的应用

能源短缺与环境恶化是全球经济快速发展中面临的两大危机，利用太阳光实现半导体光催化制氢及环境污染物降解等是目前能源与环境领域重要的前沿性课题。半导体光催化开始研究的目的只是为了实现光电化学太阳能的转化，之后研究的焦点转移到环境光催化领域。

光催化原理是基于光催化剂在光照的条件下具有的氧化还原能力，从而可以达到净化污染物、物质合成和转化等目的。因此光催化技术作为一种高效、安全的环境友好型技术，已得到国际学术界的认可。

（1）水污染治理　随着工业化和现代化的不断发展，环境污染问题日趋严重，水污染是其中重中之重。相比传统水污染治理方法，光催化法绿色环保、无二次污染。除了常见的各种染料，如亚甲基蓝（MB）、罗丹明B(RhB)、甲基橙（MO）等，其他无色的污染物，比如苯酚、双酚A(BPA)，或者各种抗生素农药等都可以降解掉。此外，光催化还可以将水体中的有毒重金属离子，如Cr^{6+}、Pt^{4+}、Au^{3+}等还原为低价离子，减弱其毒性。

（2）水分解制氢　传统的化石能源储量有限，且燃烧后会造成温室效应和环境污染，如何制造清洁可再生能源是研究热点。利用光催化将水分解为H_2和O_2，用氢能源取代化石能源，生态环保、成本低。但目前产氢效率还比较低，距离实际工业化应用还有很长的路要走。

（3）CO_2还原　随着大气中CO_2浓度不断增加，温室效应越发明显，极端气候频发，如何降低大气中CO_2含量是亟待解决的重大问题。利用光催化技术，将CO_2还原为甲烷、甲醇、甲酸等有机化合物，具有很高的应用价值。

（4）净化空气　空气中含有的污染物主要有氮氧化物（NO_2、NO等），硫氧化物（SO_2、SO_3等），各种挥发性有机化合物（甲苯、苯、二甲苯、乙醛、甲醛等）。目前处理空气污染常见方法为物理吸附或者借助贵金属降解，物理吸附适用面广，但只适合于浓度较高污染物；贵金属降解成本高且条件苛刻、耗能高、效率低，只适用于有经济条件的工厂。光催化作为一种新型的绿色环保技术，成本低，适用面广，显示出广阔应用前景。

（5）抗菌　抗菌材料分为有机和无机抗菌材料两类，有机材料抗菌性弱、耐热性差、稳定性较差等特点限制了其使用，并逐渐被无机抗菌材料取代，而负载有银、铜等金属离子的无机杀菌剂能使细胞失去活性，但细菌被杀死后，可释放出致热和有毒的组分，如内毒素。而TiO_2等光催化剂不仅能杀死细菌，还能彻底降解有毒组分。

光催化的研究方向绝不止上面提到的这些，其他如自清洁、太阳能电池等。光催化技术将绿色丰富的太阳能转化为便于直接利用的化学能，被认为是解决能源短缺与环境污染问题最有潜力的绿色手段之一。总而言之，光催化技术可以有效利用太阳能这种地球上最丰富的能源来驱动多种不同的催化反应，是一个充满朝气与挑战的领域，其中一些技术能实现大规模生产和应用的话，将对人类生活带来莫大的改善。

绿色合成技术以其环境友好的特征越来越受到人们的重视。除上述介绍之外，电化学合成技术、等离子体合成技术、组合合成技术、一锅合成技术等也是近年来发展迅速的几种主要绿色合成技术。特别是声、光、电、磁在有机合成中的广泛应用，对缩短反应时间、提高反应产率，减少能耗与污染方面起到意想不到的效果。绿色技术的发展日新月异，这些新技术都将大大促进绿色化学的发展。同时，新技术有待在理论、实践领域中进行更深入的研究，为化学工业带来革命性的变化，进而推动能源、制造业等领域的绿色化，促进人类社会与自然环境的和谐发展。

第5章

绿色能源

　　能源，是人类生存的基本要素，也是国民经济发展的主要物质基础，能源安全则是国家经济安全的基本支撑。随着国际工业化的进程，全球未来能源消耗预计仍将以 3％的速度增长，常规能源资源面临日益枯竭的窘境。20 世纪 70 年代中期，世界能源发生危机，石油价格剧烈上涨，极大地刺激了那些能源消耗大国，使他们把研究开发其他能源放到了重要位置。新一轮波及全球的能源危机也正深刻影响着各国间的经济、政治、军事关系。从能源发展战略来看，人类必须寻求一条可持续发展的能源道路。而且随着经济的发展，生活水平的提高，人们越来越重视所生存、居住环境的改善，环境保护意识不断增强，迫切需要一些清洁、无污染、可再生的新能源。开发和利用可再生能源已成为人类解决生存问题的战略选择。

　　绿色能源也称清洁能源，是环境保护和良好生态系统的象征和代名词。它可分为狭义和广义两种概念。狭义的绿色能源是指可再生能源，如水能、生物能、太阳能、风能、地热能和海洋能。这些能源消耗之后可以恢复补充，很少产生污染。广义的绿色能源则包括在能源的生产及其消费过程中，选用对生态环境低污染或无污染的能源，如天然气、清洁煤和核能等。

　　实际上，相比较煤炭、石油等化石燃料能源，更多其他能源形式如水能、太阳能、风能等，蕴藏着更大的能量储备。理论上讲，整个地球在十天内所吸收到的太阳能刚好等于世界上全部化石燃料的能量储备总和。气象学家估计，地球所接收的太阳能中大概有 1％转换成了风能。据 20 世纪 80 年代末有关资料统计，只需地面风能的 1％（也即太阳能的 0.01％），就能满足全球当时的能源需要。可以预见，未来能源结构将发生根本变化，以化石燃料为主体的传统能源将逐步被太阳能、风能、生物质能、核聚变能等其他新能源所替代。

　　绿色能源作为绿色化学的一个重要组成部分，越来越引起科学家们的重视，如太阳能、氢能、生物质能、风能、海洋能、水力资源能、地热能等。寻找替代能源，是未来能源战略的关键。

5.1　太阳能

　　太阳能（solar energy）是太阳内部连续不断的核聚变反应过程产生的能量。太阳是一个巨大无尽的能源，尽管太阳辐射到地球大气层的能量仅为其总辐射能量的二十二亿分之一，但每秒辐射到达地球表面的能量高达 1.465×10^{14}J，相当于 500 万吨煤，也相当于全球能源消耗总量的 7000 倍。它既可免费使用，又不需运输，既不会出现大气污染，也不必担心生态平衡被破坏，可持续时间长，而且太阳光所及的地方都有可利用的太阳能。因此，太阳能是一种清洁的再生自然资源。在目前世界性能源短缺和对环境保护要求日益严格的情况下，太阳能的利用具有特别重要的意义。

5.1.1 太阳能的利用方式

目前太阳能的利用方式，主要是太阳能的热利用和太阳能的光利用，且主要用于发电。太阳能的热利用，就是使用各种形式的集热器将太阳光转换成热能收集起来，利用气体、液体等中间介质输送到需要热量的设备中，以用于热力发电、供暖、干燥、海水淡化、制冷等生产生活目的。其中，用于太阳能热力发电的技术与设备是多年来研究的重点，其大型集热器需要应用镜面反射及日光定向跟踪系统将太阳光聚集起来，在集热器上形成较高的温度，再由中间介质吸热产生蒸汽，推动汽轮机组发电，目前发达国家已取得了较大进展，美国单机容量已达 80MW。2012 年 7 月初，图雷索尔能源公司在西班牙南部塞维利亚建造了太阳能光热塔，成功实现了 24h 不间断供电，从而成为世界上首个能够全天供电的商业化太阳能热电站。该太阳能光热塔式电站的占地面积为 $1.85 \times 10^6 m^2$，总计 2650 面定日镜，并且按同心圆状依次排开。这些定日镜安装有光线跟踪系统，使定日镜像向日葵一样跟随太阳移动，能将 95% 的太阳辐射汇聚到位于中心塔顶的集热装置吸热器上，可提供约 25000 户家庭的电力。太阳能热利用的其他形式对技术的要求相对简单，已趋于成熟，如今已大量用于家庭的小型太阳能热水器、供暖器等。

太阳能的光利用是根据半导体的光电效应制成太阳能电池，太阳光照到这种电池上直接转换成电能。太阳能电池重量轻，无活动部件，使用安全，单位质量的输出功率高，适用于小型或大型发电，所以一问世就备受关注。太阳能的光利用关键是研制高效、长寿、廉价的光电转换材料。经过多年努力，光电转换材料不断得到了改进。1998 年，日本设置的太阳能电池的发电量已达到 13.3 万千瓦，居世界第一，且还在以每年 10 万千瓦的速度增长，其中家庭用户占了大头，其家庭用户的太阳能电池系统安装在屋顶吸收太阳光发电。我国太阳能资源十分丰富，全国 2/3 地区全年日照在 2200h 以上，高的达到 2800～3300h。其中内蒙古、新疆、甘肃、宁夏、青海、西藏等地区都是日照充足，气温较低，居民分散，在这些地区发展太阳能，利用太阳能进行发电、供暖、制冷，解决当地能源需求，意义十分重大。在我国西部大开发中，这一点理应得到足够的重视。

太阳能发电方式包括太阳能光伏发电和太阳能光热发电。目前，太阳能光伏发电技术日趋成熟，达到了商业使用所要求的能级。其优点是设备简单易行，但也有着电能难以储存、太阳光不稳定对电网产生冲击的缺点，这也是单一的光伏发电，甚至水力发电、风力发电等其他常规可再生能源发电共同面临的发展瓶颈。而太阳能光热发电可与储热系统或火力发电结合，从而实现连续发电，并且稳定性高，兼容性强，便于调节。此外，光热发电设备生产过程绿色环保，光热发电产业链中基本不会出现光伏电池板生产过程中的高耗能、高污染等问题，这也是其他发电方式不可比拟的优势。因此，太阳能光热发电被视为未来取代煤发电的最佳备选方案之一，已成为可再生能源领域开发应用的热点。

尤其是最近十年，光热发电发展迅速。太阳能资源开发相对较早的美国、西班牙两国，无论在技术上还是商业化进程，都在全球位列前茅。其他太阳能资源国也相继出台了各种经济扶持和激励政策，宣布建设更多新的光热电站，大力发展光热发电产业。从目前形势来看，在全球范围内已经掀起了新的投资和建设热潮，并且不断有新的市场加入，全球太阳能光热发电总装机规模持续上升，世界各国宣布建设的光热装机规模爆发式增长，太阳能光热发电行业呈现出一派蓬勃发展的繁荣景象。

5.1.2　太阳能利弊分析

太阳能既是一次能源，又是可再生能源。它资源丰富，既可免费使用，又无须运输，对环境无任何污染。为人类创造了一种新的生活形态，使社会及人类进入一个节约能源、减少污染的时代。

5.1.2.1　优点

① 普遍。太阳光普照大地，没有地域的限制，无论陆地或海洋，无论高山或岛屿，都处处皆有，可直接开发和利用，且无须开采和运输。

② 无害。开发利用太阳能不会污染环境，它是最清洁能源之一，在环境污染越来越严重的今天，这一点是极其宝贵的。

③ 巨大。每年到达地球表面上的太阳辐射能约相当于130万亿吨煤，其属现今世界上可以开发的最大量能源。

④ 长久。根据目前太阳产生的核能速率估算，氢的储量足够维持上百亿年，而地球的寿命也约为几十亿年，从这个意义上讲，可以说太阳的能量是用之不竭的。

5.1.2.2　缺点

① 不稳定性。由于受到昼夜、季节、地理纬度和海拔高度等自然条件的限制以及晴、阴、云、雨等随机因素的影响，所以，到达某一地面的太阳辐照度既是间断的，又是极不稳定的，这给太阳能的大规模应用增加了难度。为了使太阳能成为连续、稳定的能源，从而最终成为能够与常规能源相竞争的替代能源，就必须很好地解决蓄能问题，即把晴朗白天的太阳辐射能尽量储存起来，以供夜间或阴雨天使用。但目前蓄能也是太阳能利用中较为薄弱的环节之一。

② 分散性。到达地球表面太阳辐射的总量尽管很大，但是能流密度很低。平均说来，北回归线附近，夏季在天气较为晴朗的情况下，正午时太阳辐射的辐照度最大，在垂直于太阳光方向 $1m^2$ 面积上接收到的太阳能平均有 $1000W$ 左右；若按全年日夜平均，则只有 $200W$ 左右。而在冬季大致只有一半，阴天一般只有 $1/5$ 左右，这样的能流密度是很低的。因此，在利用太阳能时，想要得到一定的转换功率，往往需要面积相当大的一套收集和转换设备，造价较高。

③ 效率低和成本高。目前太阳能利用的发展水平，有些方面在理论上是可行的，技术上也是成熟的。但有的太阳能利用装置，因为效率偏低，成本较高，总的来说，经济性还不能与常规能源相竞争。在今后相当一段时期内，太阳能利用的进一步发展，主要受到经济性

的制约。

④ 太阳能板污染。太阳能板也叫太阳能电池组件,是由若干个太阳能电池片按一定方式组装在一块板上的组装件。现阶段,太阳能板是有一定寿命的,一般最多3～5年就需要换一次太阳能板,而换下来的太阳能板则非常难被大自然分解,从而造成相当大的污染。

5.1.3　国内外太阳能行业发展状况

近年来,在应对全球气候变暖的大背景下,大力发展可再生能源以替代化石能源已成为众多国家能源转型的大势所趋,节能环保的发电方式越来越受到各国的青睐。在目前众多备选的可再生能源类型中,太阳能无疑是未来世界最理想的能源之一,在各国中长期能源战略中占有重要地位。

5.1.3.1　国外发展状况

丰富的太阳能资源是发展太阳能光热发电的首要条件。根据国际太阳能热利用区域分类,全世界太阳能辐射强度和日照时间最佳的区域包括北非、中东地区、美国西南部和墨西哥、南欧、澳大利亚、南非及南美洲东、西海岸和中国西部地区等。目前全世界在运、在建和规划发展的太阳能光热发电站都位于上述国家或地区。其中,西班牙、美国光热发电产业发展最早也最成熟,光热发电规模居世界前两位;印度、摩洛哥、南非、智利等国家光热开发相对较晚,在运的光热发电站发电容量也相对较小,但在建的光热发电站装机容量已大幅增加,并且还宣布将开发更多新的光热发电项目;中国也开始开发光热发电项目,虽然进入该市场的步伐较慢,但在建和规划的光热发电站装机容量已位居世界前列。

国际可再生能源署(IRENA)统计数据显示,截至2015年12月底,西班牙在运光热电站总装机容量为2300MW,占全球总装机容量近一半,位居世界第一,美国第二,总装机量为1777MW,两者合计光热装机超过4GW,约占全球光热装机的88%。其后是印度、南非、阿联酋、阿尔及利亚、摩洛哥等国。中国截至2015年底已建成光热装机约14MW的光热发电站,其中最大为青海中控德令哈50MW太阳能热发电一期10MW光热发电项目,其他项目多不足1MW,处于商业规模化的前期阶段。

根据国际能源署太阳能热发电和热化学组织(Solar PACES)统计,截至2016年2月底,全球在建太阳能光热发电站装机容量约1.4GW。其中摩洛哥在建装机容量最高,达350MW,包括装机200MW的NOORⅡ槽式光热电站和装机150MW的NOORⅢ塔式光热电站;中国在建装机容量位居第二位,为300MW;印度尼赫鲁国家太阳能计划推动了国内光热发电产业发展,位居第三位;其后是南非、以色列、智利等国。

随着太阳能光热发电产业在越来越多的太阳能资源国相继启动,南非、摩洛哥、印度、智利等新兴市场开始崛起。凭借较好的光照条件、丰富的太阳能资源和巨大的太阳能热发电潜能,这些国家规划、宣布建设更多新的太阳能光热发电站,正在成为未来太阳能光热发电装机的主要增长市场。

5.1.3.2　国内发展状况

我国太阳能资源丰富。根据全国700多个气象站长期观察积累的资料表明,青海西部、宁夏北部、甘肃北部、新疆南部、西藏西部等地区，年辐射总量可达 $1855\sim2333kW\cdot h/m^2$，满足建造规模化太阳能光热发电站所对应的辐射资源要求。另外，我国的沙化土地面积达 169 万平方千米，其中有水力和电网资源的沙地约有 30 万平方千米，有充分的土地资源条件发展太阳能光热发电。

与国外光热发电技术在材料、设计、工艺及理论方面长达 50 多年的研究相比，我国的太阳能热发电技术研究起步较晚，直到 20 世纪 70 年代才开始一些基础研究。"十二五"期间，我国太阳能光热发电行业实现突破性发展，形成了太阳能光热发电站选址普查、技术、导则、行业标准等指导性文件。

2013 年 7 月 16 日，青海中控德令哈 50MW 塔式太阳能热发电站一期 10MW 工程顺利并入青海电网发电，标志着我国自主研发的太阳能光热发电技术向商业化运行迈出了坚实步伐，填补了我国没有太阳能光热电站并网发电的空白。

2016 年 3 月，国家能源局发布的《关于建立可再生能源开发利用目标引导制度的指导意见》提出，到 2020 年，除专门的非化石能源生产企业外，各发电企业非水电可再生能源发电量应达到全部发电量的 9％以上。目前我国非水电可再生能源中以光伏发电和风力发电为主，2019 年光伏和风力发电在总发电量中的占比总和仅为 4％。光热发电尚在发展初期，如要达到国家能源局提出的 9％的发展目标，光热等发电产业将有巨大的发展空间。

根据国家能源局《太阳能利用"十三五"发展规划》，"十三五"光热装机规模到 2020 年完成 10GW。按当前光热电站建设每瓦 30 元的造价水平，短期 1GW 示范项目对应 300 亿元投资市场规模，而到 2020 年的 10GW 目标对应的总市场容量接近 3000 亿元，考虑造价成本的降低因素，空间也可超千亿元，我国光热发电正在经历新的历史转折。

最近十年，光热发电发展步伐迅速。太阳能资源开发相对较早的美国、西班牙两国，无论在技术上还是商业化进程，都在全球名列前茅。其他太阳能资源国也相继出台了各种经济扶持和激励政策，宣布建设更多新的光热电站，大力发展光热发电产业。从目前形势来看，在全球范围内已经掀起了新的投资和建设热潮，并且不断有新的市场加入，全球太阳能光热发电总装机规模持续上升，世界各国宣布建设的光热装机规模爆发式增长，太阳能光热发电行业呈现出一派蓬勃发展的繁荣景象。按照国际能源署预测，中国光热发电市场到 2030 年将达到 29GW 装机，到 2040 年将达到 88GW 装机，到 2050 年将达到 118GW 装机，成为全球继美国、中东、印度、非洲之后的第五大市场。确信在我国政府和企业的共同努力下，太阳能光热发电产业必将在我国能源利用中发挥越来越重要的作用，未来发展前景广阔。

5.2　生物质能

生物质能（biomass energy），是自然界中有生命的植物提供的能量。就是绿色植物通过叶绿素将太阳能以化学能形式储存在生物质中的能量形式，即以生物质为载体的能量。它直接或间接地来源于绿色植物的光合作用，可转化为常规的固态、液态和气态燃料，取之不尽、用之不竭，是一种可再生能源，同时也是唯一一种可再生的碳源。

生物质能的原始能量来源于太阳，所以从广义上讲，生物质能是太阳能的一种表现形式。目前，很多国家都在积极研究和开发利用生物质能。生物质能蕴藏在植物、动物和微生物等可以生长的有机物中，它是由太阳能转化而来的。有机物中除矿物燃料以外的所有来源于动植物的能源物质均属于生物质，通常包括木材及森林废弃物、农业废弃物、水生植物、油料植物、城市和工业有机废弃物、动物粪便等。地球上的生物质能资源较为丰富，而且是一种无害的能源。地球每年经光合作用产生的物质有 1730 亿吨，其中蕴含的能量相当于全世界能源消耗总量的 10～20 倍，但目前的利用率不到 3％。

5.2.1 生物质能的来源与特点

5.2.1.1 生物质能的来源

生物质能的来源主要有森林能源、农作物秸秆、禽畜粪便和生活垃圾四大类。

（1）森林能源 森林能源是森林生长和林业生产过程提供的生物质能源，主要是薪材，也包括森林工业的一些残留物等。森林能源在我国农村能源中占有重要地位，1980 年前后全国农村消费森林能源约 1 亿吨标煤，占农村能源总消费量的 30％以上，而在丘陵、山区、林区，农村生活用能的 50％以上靠森林能源。

薪材来源于树木生长过程中修剪的枝杈，木材加工的边角余料，以及专门提供薪材的薪炭林。1979 年全国合理提供薪材量 8885 万吨，实际消耗量 18100 万吨，薪材缺口 1 倍以上；1995 年合理提供森林能源 14322.9 万吨，其中薪炭林可供薪材 2000 万吨以上，全国农村消耗 21339 万吨，供需缺口约 7000 万吨。

（2）农作物秸秆 农作物秸秆是农业生产的副产品，也是我国农村的传统燃料。秸秆资源与农业主要是种植业生产关系十分密切。数据显示，我国每年会产生 7 亿多吨的秸秆，目前全国农村作为能源的秸秆消费量约 3 亿吨，但大多处于低效利用方式即直接在柴灶上燃烧，其转换效率仅为 40％左右。随着农村经济的发展，农民收入的增加，地区差异正在逐步扩大，农村生活用能中商品能源的比例正以较快的速度增加。事实上，农民收入的增加与商品能源获得的难易程度都能成为他们转向使用商品能源的契机与动力。在较为接近商品能源产区的农村地区或富裕的农村地区，商品能源（如煤、液化石油气等）已成为其主要的炊事用能。以传统方式利用的秸秆首先成为被替代的对象，致使被弃于地头田间直接燃烧的秸秆量逐年增大，许多地区废弃秸秆量已占总秸秆量的 60％以上，既危害环境，又浪费资源。因此，加快秸秆的优质化转换利用势在必行。

（3）禽畜粪便 禽畜粪便也是一种重要的生物质能源。除在牧区有少量的直接燃烧外，禽畜粪便主要是作为沼气的发酵原料。中国主要的禽畜是鸡、猪和牛，根据这些禽畜品种、体重、粪便排泄量等因素，可以估算出粪便资源量。根据计算，目前我国禽畜粪便资源总量约为 8.5 亿吨，折合 7840 多万吨标煤，其中牛粪 5.78 亿吨，折合 4890 万吨标煤；猪粪 2.59 亿吨，折合 2230 万吨标煤；鸡粪 0.14 亿吨，折合 717 万吨标煤。

在粪便资源中，大中型养殖场的粪便是更便于集中开发、规模化利用的。我国目前大中型牛、猪、鸡场约有 6000 多家，每天排出粪尿及冲洗污水 80 多万吨，全国每年粪便污水资源量为 1.6 亿吨，折合 1157.5 万吨标煤。

（4）生活垃圾 在城市化进程中，垃圾作为城市代谢的产物曾经是城市发展的负担，世界上许多城市均有过垃圾围城的局面。而如今，垃圾被认为是最具开发潜力的、永不枯竭的"城市矿藏"，是"放错地方的资源"。这既是对垃圾认识的深入和深化，也是城市发展的必然要求。

随着环境问题逐渐被重视，节能、环保成为各国的发展主题，已经开始为垃圾处理提供产业发展的机会。全世界垃圾年均增长速度为 8.42%，而中国垃圾增长率达到 10% 以上。全世界每年产生 4.9 亿吨垃圾，仅中国每年就产生近 1.5 亿吨城市垃圾。中国城市生活垃圾累积堆存量已达 70 亿吨。在如此巨大的垃圾压力下，有理由相信，垃圾处理产业会成为未来国内的明星产业。

中国大城市的垃圾构成已呈现向现代化城市过渡的趋势，有以下特点：一是垃圾中有机物含量接近 1/3 甚至更高；二是食品类废弃物是有机物的主要组成部分；三是易降解有机物含量高。目前中国城镇垃圾热值在 4.18MJ/kg（1000kcal/kg）左右。

5.2.1.2 生物质能的特点

生物质能是在煤炭、石油和天然气之后居于世界能源消费总量第 4 位的能源，在整个能源系统中占有重要地位。生物质具有以下特点：

（1）可再生性 生物质能属可再生资源，生物质能由于通过植物的光合作用可以再生，与风能、太阳能等同属可再生能源。只要太阳辐射存在，绿色植物的光合作用就不会停止，生物质能就永不枯竭。资源丰富，可保证能源的永续利用。

（2）储量丰富 生物质能是世界第四大能源，仅次于煤炭、石油和天然气。根据生物学家估算，地球陆地每年生产 1000～1250 亿吨生物质；海洋每年生产 500 亿吨生物质。另外，地球上每年通过绿色植物光合作用所生成的生物质总量约为 2200 亿吨，相当于 3×10^8 kJ 的能量，约为现在全球年耗能总量的 10 倍。我国每年生产的生物质中农作物秸秆约为 7 亿吨，薪柴为 1.58 亿吨，粪便为 4.43 亿吨，垃圾为 1.43 亿吨，农业加工残余物为 0.86 亿吨。生物质能源的年生产量远远超过全世界总能源需求量，相当于目前世界总能耗的 10 倍。我国可开发为能源的生物质资源在 2010 年为 3 亿吨。随着农林业的发展，特别是炭薪林的推广，生物质资源还将越来越多。

（3）可替代性 正在开发的可再生能源中，生物质能源在化学分子构成、能源利用形态上均与化石能源非常相似。它在不必对已有工业技术作任何改进的前提下即可替代常规能源，对常规能源有最大的替代能力。

（4）低污染性 生物质转化过程中排放的二氧化碳量等于生长过程中吸收的量。可见，生物质是一种二氧化碳零排放的可再生资源。同时，生物质的挥发组分高，炭活性高，硫、氮和灰分含量少，在利用转化过程中的硫化物、氮化物和粉尘排放量很低或较少。因此，生物质作为能源资源比石油、煤炭和天然气等燃料在生态环境保护方面具有很大的优越性。

（5）广泛分布性 缺乏煤炭的地域，可充分利用生物质能。

综上所述，开发生物质能有助于减轻温室效应和维持生态良性循环，是解决能源和环境问题的有效途径之一，具有广阔的前景。

5.2.2 生物质能利用技术及发展趋势

生物质能作为能源使用已有几千年。至今，世界上仍有 15 亿以上的人口以生物质能作为生活能源，但生物质的利用不再是简单的燃烧，而是基于现代技术的高效利用。生物质转化利用途径主要包括热化学转化法、物理转化法和生物转化法等，可转化为二次能源，包括热量或电力、固体燃料（木炭或成型燃料）、液体燃料（生物柴油、生物原油、甲醇、乙醇和植物油等）和气体燃料（氢气、生物质燃气和沼气等）。目前，在生物质能源利用上主要集中在热化学转化和生物转化的研究开发。热化学转化包括直接燃烧、液化、气化和热解四种。生物质转化技术及产品如图 5-1 所示：

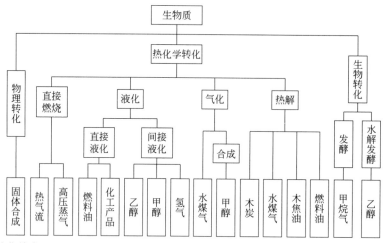

图 5-1 生物质转化技术

5.2.2.1 生物质直接燃烧技术

生物质因具有低污染性特点，特别适合燃烧转化利用，是一种优质燃料。生物质燃烧所产生的能源可应用于炊事、室内取暖、工业过程、区域供热和发电及热电联产等领域。工业过程和区域供暖主要采用机械燃烧方式，适用于大规模生物质利用，效率较高，配以汽轮机、蒸汽机、燃气轮机或斯特林发动机等设备，可用于发电及热电联产。

在国外，以高效直燃发电为代表的生物质发电技术已经比较成熟。丹麦已建立了 15 家大型生物质直燃发电厂，年消耗农林废弃物约 150 万吨，提供丹麦全国 5％的电力供应。目前，以生物质为燃料的小型热电联产（装机多为 10～20MW）已成为瑞典和德国的重要发电与供热方式。芬兰从 1970 年就开始开发流化床锅炉技术，现在这项技术已经成熟，并成为生物质燃烧供热发电工艺的基本技术。美国的生物质直接燃烧发电占可再生能源发电量的 70％。奥地利成功推行建立燃烧木质能源的区域供电计划，目前已有八九十个容量为 1000～2000kW 的区域供热站，年供热 10×10^9 MJ。瑞典和丹麦正在实行利用生物质进行热电联产的计划，使生物质能在提供高品质电能的同时满足供热的要求。

秸秆燃烧发电在中国正成为现实。秸秆是一种很好的清洁可再生能源，是最具开发利用潜力的新能源之一，具有较好的经济、生态和社会效益。在生物质的再生利用过程中，排放的 CO_2 与生物质再生时吸收的 CO_2 达到碳平衡，具有 CO_2 零排放的作用，对缓解和最终解决温室效应问题具有潜在的贡献价值。中国首台秸秆混燃发电机组已于 2005 年底在华电国际枣庄市十里泉发电厂投运。该机组每年可燃用 10.5 万吨秸秆，相当于 7.56 万吨标准煤。另外，河南许昌、安徽合肥、吉林辽源、吉林德惠和北京延庆等地也在建设秸秆发电厂。由内蒙古普拉特交通能源有限公司投资 4.2 亿元建设的包头垃圾环保发电厂，占地 8.85 公顷，按照日处理城市原始垃圾 1200～1500t 设计，建 3 条垃圾焚烧处理线（另备用 1 条处理线），3 台 12MW 凝汽式汽轮发电机组，并预留供热能力，可实现年售电 2.1 亿千瓦·时，于 2011 年 9 月投入使用。

生物质直接燃烧发电的技术问题主要是锅炉的设计制造、生物质原料的收集与运输和原料预处理设备研制。

5.2.2.2　生物质液化技术

生物质是唯一能转化为液体燃料的可再生能源。生物质液化技术是把固体状态的生物质经过一系列化学加工过程，使其转化成液体燃料（主要是指汽油、柴油、液化石油气等液体烃类产品，有时也包括甲醇和乙醇等醇类燃料）的清洁利用技术。根据化学加工过程技术路线的不同，液化可分为直接液化和间接液化。目前，生物质液体燃料主要包括燃料乙醇、生物柴油和二甲醚等。

（1）燃料乙醇　燃料乙醇是目前世界上生产规模最大的生物能源。燃料乙醇技术是利用酵母等乙醇发酵微生物，在无氧的环境下通过特定酶系分解代谢可发酵糖生成乙醇。乙醇以一定的比例掺入汽油可作为汽车燃料，替代部分汽油，使排放的尾气更清洁。按原料来源可分为糖质原料、淀粉原料和纤维素原料。

将糖或淀粉发酵生产燃料乙醇是传统的成熟工艺，利用纤维素原料生产乙醇是今后发酵法生产乙醇的重点发展方向之一。目前，美国国家可再生能源实验室（NREL）进行同时糖化和共发酵工艺（SSCF）的研究，把葡萄糖和木糖的发酵液放在一起用于发酵。与单纯用葡萄糖发酵菌和单纯利用五碳糖发酵菌相比，乙醇的产量分别提高 30％～38％ 和 10％～30％。NREL 还建立了一套日处理生物质 1t 规模的中试装置，积极开发基于木质纤维素类原料燃料乙醇生产技术，并进行综合技术分析。美国马斯科马（Mascoma）公司开发的统合生物处理技术是利用纤维类生物质为原料、低成本生产生物燃料的加工工艺。公司利用工程化微生物（包括令纤维素发酵）转化的耐热菌，而不是成本高昂的纤维素酶，一步实现了纤维素至乙醇的转化。美国爱荷华州立大学（Iowa State University）的研究人员正在开发利用热化学催化技术，从植物生物质中高效提取乙醇的综合体系。英国英力士公司（INEOS）已经掌握了将生活垃圾转变为燃料的技术工艺，并采用这项工艺生产燃料。在生产过程中，加热垃圾产生气体，气体和某些细菌反应产生乙醇，乙醇经过净化变为燃料。

酶在化学或生物化学中成本高，这成为纤维素或生物质转化为乙醇的一大障碍。美国南达科他州立大学研究人员于 2010 年 7 月 19 日宣布，开发了使酶重复利用于纤维素生产乙醇过程的方法。结果表明，将酶使用 5 次，仍可保持酶原来活性的 40％。

由于木质素、半纤维素对纤维素的保护作用以及纤维素自身的晶体结构，使得催化剂很难与纤维素接触，直接影响其糖化水解以及发酵过程。A. Wojcia 和 A. Pekarovicova 报道了超声波处理法对酶水解和发酵的影响。超声波能碎解木质素大分子，影响纤维的化学性能和物理结构。Kitchaiya 等研究了微波处理木质纤维对酶水解的影响。在常压下，240W 的微波处理稻草或蔗渣（浸入甘油中）10min 后，反应温度为 200℃，还原糖浓度提高两倍。

据有关部门统计，在 2004～2006 年三年内，国内以生物燃料乙醇或非粮生物液体燃料等名目提出的意向建设生产能力已超过千万吨。中国成为继巴西、美国之后的全球第三大生物燃料乙醇生产国和消费国。我国现在已经开始在交通燃料中使用燃料乙醇。以非粮原料生产燃料乙醇的技术已初步具备商业化发展条件。作为我国起步最早、规模最大的燃料乙醇加工企业，中粮集团国内现有产能约为135万吨/年，销量占国内市场份额的43％以上，在我国生物质能源领域发挥着支柱性作用，并引领燃料乙醇产业发展的方向。

华东理工大学承担的"纤维素废弃物制取乙醇技术"课题已打通了纤维素原料酸水解制取乙醇的工艺路线，在国内首次建成了由纤维素废弃物年产酒精600t的示范工程，累计运行超过1000h，通过生物和热转化方法有机结合，开发了水解残渣快速裂解液化、活性炭的制备以及纤维素酶水解等工艺技术。该系统将成为我国自主开发纤维素原料生产燃料乙醇技术的中试研究实验平台，为工业示范放大提供技术基础。农业部规划设计研究院承担的"甜高粱茎秆制取乙醇技术"课题，发展了甜高粱茎秆固体发酵工艺。甜高粱茎秆制取乙醇技术成果的推广应用，不仅形成具有中国特色的燃料乙醇发展模式，还开辟了具有战略性的能源农业和生物质能源产业，对我国实现可持续发展具有重要意义。

我国发展燃料乙醇应坚持"非粮"原则，纤维素生产乙醇在技术上已有相应进步，是未来生物质能源技术与产业化利用的发展方向。

（2）生物柴油　生物柴油是以各种油脂（包括植物油、动物油脂和废餐饮油等）为原料，经过转酯化加工处理后生产出的一种液体燃料，生物柴油可作为柴油的替代品。目前，工业上生产生物柴油的方法主要是酯交换法，包括酸或碱催化法、生物酶催化法、工程微藻法和超临界法等。

生物柴油是典型的"绿色能源"，具有环保性能好、发动机启动性能好、燃料性能好、原料来源广泛、可再生等特性。近年来许多研究证实，无论是小型、轻型柴油机还是大型、重型柴油机或是拖拉机，燃烧生物柴油后烃类化合物减少55％～60％，颗粒物减少20％～50％，CO减少45％以上，多环芳烃减少75％～85％。

近几年来，国内外较多研究采用脂肪酶催化酯交换反应生产生物柴油，即用动植物油脂和低碳醇通过脂肪酶进行转酯化反应，制备相应的脂肪酸酯。加拿大BIOX公司将David Bookcock公司开发的技术（美国专利6642399和6712867）推向工业化。该工艺使转化速度和效率提高，而且采用酸催化步骤使含游离脂肪高达30％的任意原料转化为生物柴油。日本大阪市立工业研究所成功开发使用固定化脂肪酶连续生产生物柴油，分段添加甲醇进行反应，反应温度为30℃，植物油转化率达95％，得到的产品可直接用作生物柴油。芬兰纳斯特（Neste）石油公司投资1亿欧元在芬兰帕尔伏炼油厂建设加氢法生物柴油装置，通过加氢裂化方法生产生物柴油。

美国制生物柴油的原料广泛，其中豆油占了近60％以上，2019年生物柴油产量达到600～650万吨。美国对于农业的扶持力度较大，故对于生物柴油也出台了相应的鼓励政策，一方面，自2010年起美国环境保护署设定每年生物柴油最低使用量，例如2011年为30.3亿升，2018年为79.5亿升，2019年为92亿升，2020年为92亿升，目前美国产能在96.5亿升，约840万吨；另一方面，生物柴油有着1美元/加仑的补贴，还有税收抵免的政策。2020年，在政策不变的情况下，预计美国生物柴油净进口量与2019年持平，维持在20万吨的水平，为达到美国环境保护署的最低使用量标准，其国内需求和产量将继续增加，预估增量为50～100万吨，原料端植物油增量为40～80万吨，其中豆油增量为25～55万吨。

积极发展燃料乙醇和生物柴油一直是我国石油替代能源战略中的重要内容之一。从20

世纪 90 年代开始，长沙市新技术研究所与湖南省林业科学院对能源植物和生物柴油进行了长达 10 年的合作，并完成了"植物油能源利用技术"研究。陕西省汉中春光生物能源开发公司的春光项目，由中国日用化学工业研究院设计完成，项目选用"预酯化酯交换制取脂肪酸甲酯"，由中科院自动化研究所为其提供生物柴油生产线自动控制工艺及其装置。国风塑业大股东国风集团建设完成了 60 万吨/年生物柴油项目。清华大学完成了生物酶转化可再生油脂原料制备生物柴油，该生物柴油的关键技术指标符合美国及德国生物柴油标准，并符合我国 0 号优等柴油标准，这种环境友好的生物酶法生物柴油技术将有望实现产业化。中石化开发了基于超临界的生物柴油生产技术。2009 年，武汉理工大学成功开发出以菊芋为原料生产 $C_7 \sim C_{15}$ 烷烃类柴油的全新生物柴油加工路线，专家认为，该原料路线符合我国制定的生物燃料发展原则，其产业化将为生物柴油行业带来重大变革。

从全球生物柴油的产量分布来看，欧盟接近 1000 万吨，占比 36%；中南美洲、北美、亚洲及大洋洲基本一致，产量为 500～600 万吨，占比在 20% 左右。从全球生物柴油的消费量分布来看，欧盟占据了半壁江山，达到了 1200 万吨，占比 48%；中南美洲、北美、亚洲及大洋洲基本一致，为 400～450 万吨，占比在 18% 左右。从历年欧盟生物柴油的原料结构可以看出，废弃食用油、动物油的消费量逐年增长，植物油则出现了一定的下滑，未来这种趋势还将延续。

生物柴油作为一种优质的液体燃料，是我国生物质能产业的一个发展方向。解决原料来源及其相配套的技术问题是生物柴油产业发展的关键。

(3) 二甲醚　二甲醚（DME）是一种无色、具有轻微醚香味的气体，是最简单的脂肪醚，又称木醚、甲醚。DME 具有燃料的主要性质，其热值约为 64.686MJ/m^3，且其本身含氧量为 34.8%，能够充分燃烧，不析碳、无残液，是一种理想的清洁燃料。未来 DME 应用的最大的潜在市场是作为柴油代用燃料。

相比而言，常规发动机代用燃料如液化石油气、天然气、甲醇等的十六烷值都小于 10，只适合于点燃式发动机。十六烷值含量是柴油燃烧性能的重要指标，二甲醚的十六烷值高于柴油，具有优良的压缩性，非常适合压燃式发动机，二甲醚替代柴油可降低氮氧化物排放，实现无烟燃烧，是理想的柴油发动机洁净燃料。中国已成为汽车大国，国内柴油供需矛盾突出，中国每年都要大量进口柴油。用二甲醚取代柴油，作为汽车燃料的市场前景广阔。

二甲醚的工业生产技术主要有甲醇脱水工艺和合成气直接合成工艺。目前，工业上主要是甲醇脱水技术生产二甲醚，合成气一步合成二甲醚的工业化仍在开发之中。华东理工大学、浙江大学、中国科学院山西煤化所和广州能源研究所等单位利用可再生的生物质转化为清洁的燃料二甲醚，开展了相关的实验室研究。2004 年，由中科院广州能源研究所生物质合成液体燃料实验室承担的国家"863"项目——生物质催化制氢及液体燃料合成新工艺研究项目取得很大的进展，实现了在小型固定床上由生物质一步法合成二甲醚的连续运行。该工艺合成二甲醚所用原料便宜，为秸秆、树枝等各种农林废弃物。该套工艺是在固定床或循环流化床中将生物质气化，变成 H_2、CO 和 CO_2 等组分，经净化在重整反应器中和沼气一起在催化剂的作用下调整 H_2 和 CO 的比例，达到 1.5:1 左右，同时降低二氧化碳的比例，使之适于合成二甲醚。气体经过压缩进入二甲醚反应器，在催化剂的作用下合成二甲醚。

目前，生物质合成二甲醚还处于研发示范阶段，国际上还没有商业化投入运行。

(4) 燃料甲醇　甲醇，又名木醇，木酒精，甲基氢氧化物，是一种最简单的饱和醇。甲醇燃烧后释放水和二氧化碳，是世界公认的"清洁燃料"，可替代汽油、柴油，用于各种机动车、锅灶炉。由于甲醇燃料理化性能接近汽油，在汽油机上使用甲醇燃料，发动机不需做大的变动，甲醇与汽油相溶性较好，可实现各种比例掺烧。再加上它是含氧化合物，燃烧完全，在汽车发动机中的能量利用效率高于汽油，其经济性具有很大竞争力。

国外从 20 世纪 80 年代开始研究生物质气化合成甲醇燃料。20 世纪 90 年代，生物质气化合成甲醇系统的研究得到了广泛的发展，如美国的 Hynol Process 项目、NREL 的生物质甲醇项目、瑞典的 BAL-Fuels 项目和 Bio-Meet 项目以及日本 MHI 的生物质气化合成甲醇系统等。日本筑波大学材料科学院的研究人员开发出一种新型催化剂，可有效地将生物质低温气化，用所得到的无焦油气体作为合成气来生产甲醇、二甲醚或液体燃料。美国国家可再生能源实验室建成了合成甲醇小型示范装置，研究生物质气化间接合成液体燃料的机理和可行性。

我国朱灵峰等以秸秆合成气为原料，在直流流动等温积分反应器中，使用国产 C301 铜基催化剂，在 5MPa 压力下，进行催化合成甲醇优化试验研究。试验获得了玉米秸秆合成气合成甲醇的最佳反应条件，为生物质（秸秆）气制甲醇中试研究提供科学和实用的参考依据。目前，人们对生物质间接液化制备发动机燃料试验及工艺的研究还不多，但由于其清洁环保的特点，已经引起人们的重视。

燃料乙醇和生物柴油等能源产品都要依托能源作物的大面积种植，这会造成能源作物与粮食作物争地、争政策和争资源的局面。如何保持能源作物与粮食作物的平衡，既保证国家粮食安全，又促进能源农业发展是一个难点。我国政府提出发展生物质燃料要按照"不与人争粮，不与粮争地"的原则进行。木本油料植物为原料生产生物柴油将是今后生物能源发展的方向。我国可以充分利用 11608 万公顷边际性土地来种植甜高粱、木薯、甘薯和旱生灌木等能源植物，以非粮食作物为原料生产燃料乙醇等，具有极大的能源开发潜力。

生物质液体燃料需要大力发展，其进程与规模涉及资源的获得、技术的进步和成本的下降一系列重大问题。应大力支持用纤维素、半纤维素作原料的燃料乙醇技术发展。生物质转化为液体燃料时还需要消耗等量甚至更多的化石能源，所以除了通过改进原有工艺减少能耗外，还应积极探索新的工艺路线。低能耗转化技术将成为新的研究热点。

5.2.2.3 生物质气化技术

生物质气化技术是一种热化学处理技术。气化是以氧气（空气、富氧或纯氧）、水蒸气或氢气等作为气化剂，在高温条件下通过气化炉将生物质中可燃部分转化为小分子可燃气（主要为一氧化碳、氢气和甲烷等）的热化学反应。在生物质气化过程中，所用的气化剂不同，得到的气体燃料也不同。典型的气化工艺有干馏工艺、快速热解工艺和气化工艺。其中，前两种工艺适用于木材或木屑的热解，后一种工艺适用于农作物（如玉米、棉花等）秸秆的气化。气化可将生物质转换为高品质的气态燃料，直接应用于锅炉燃料或发电，或作为合成气进行间接液化以生产甲醇、二甲醚等液体燃料、化工产品或提炼得到氢气。

（1）生物质气化设备　1883 年诞生的最早的气化发生器是以木炭为原料，气化后的燃气驱动内燃机，推动早期的汽车或农业排灌机械的发展。1938 年，建成了世界上第 1 台气化炉——上吸式气化炉。1942 年，美国建成了第 1 套石油催化裂化流化床反应器。1973 年的石油危机后，各国加强了对气化技术及其设备的研发，主要设备有固定床气化器和流化床气化器。1987年，在奥地利POLS纸浆厂建成了具有工业规模的循环流化床气化装置。1996年，鲁奇公司在德国柏林Rudersdorf公司建成了当时世界上最大规模的循环流化床气化反应器。瑞典已生产出2.5kW～25MW的下吸式生物质气化炉，其科研机构正致力于循环流化床和加压气化发电系统的研究。

国外生物质气化装置一般规模较大，自动化程度较高，工艺较复杂，以发电和供热为主。如加拿大摩尔公司（Moore Canada Ltd）设计和发展的固定床湿式上行式气化装置、加拿大通用燃料气化装置有限公司（Omnifuel Gasification System Limited）设计制造的流化床气化装置、美国标准固体燃料公司（Standard Solid Fuels Inc.）设计制造的炭化气化木煤气发生系统以及德国茵贝尔特能源公司（Imbert Energietechnik GMBH）设计制造的下行式气化炉-内燃机发电机组系统等，气化效率可达60%～90%。近年来，美国在生物质热解气化技术方面有所突破，研制出了生物质综合气化装置-燃气轮机发电系统成套设备，为大规模发电提供了样板。

我国在流化床方面最早的研究是1948年汪家鼎院士关于流化床褐煤低温干馏技术，20世纪80年代以后生物质气化技术又得到了较快的发展。到2005年底，全国已建成秸秆气化集中供气站639处，供气1.5亿立方米，用户22000户。我国自行研制的集中供气和户用气化炉已形成了多个系列的炉型，如中国农业机械化科学研究院研制的ND系列生物质气化炉；江苏省苏州市吴江区生产的稻壳气化炉，利用碾米厂的下脚料驱动发电机组，功率达到160kW，已处于使用阶段；中科院广州能源所对上吸式生物质气化炉的气化原理和物料反应性能做了大量试验，并研制出GSQ型气化炉；大连市环境科学设计研究院研制的LZ系列生物质干馏热解气化装置，建成了可供1000户农民生活用燃气的生物质热解加工厂；云南省研制的QL-50和QL-60型户用生物质气化炉已通过技术鉴定，并在农村进行试验示范；中国林业科学院林产化学工业研究所研究开发了集中供热、供气的上吸式气化炉，先后在黑龙江省和福建省得到工业化应用，其气化效率达70%以上；江苏省研究开发的内循环流化床气化系统产生接近中热值的煤气，供乡镇居民使用；山东省能源研究所研究开发的下吸式气化炉在农村居民集中居住地得到较好的推广应用，并已形成产业化规模。

我国气化炉主要集中在固定床生物质气化炉，而流化床生物质气化炉比固定床生物质气化炉具有更大的经济性，应该成为我国今后生物质气化设备研究的主要方向。

（2）沼气　沼气是指有机物质（如作物秸秆、杂草、人畜粪便、垃圾、污泥及城市生活污水和工业有机废水等）在厌氧条件下，通过功能不同的各类微生物的分解代谢，最终产生以甲烷（CH_4）为主要成分的气体。此外，还有少量其他气体，如水蒸气、硫化氢、一氧化碳和氮气等。沼气发酵过程一般可分为3个阶段：水解液化阶段、酸化阶段和产甲烷阶段。沼气发酵包括小型户用沼气池技术和大中型厌氧消化技术。

瑞典在沼气开发与利用方面独具特色，利用动物加工副产品、动物粪便、食物废弃物生产沼气，还专门培育了用于生产沼气的麦类植物，沼气中含甲烷64%以上。瑞典由麦类植物生产沼气，除沼气被用作运输燃料外，所产生的沼肥又被用于种植。瑞典Lund大学开发了"二步法"秸秆类生物质制沼气技术，并已进行中间试验，还开发了低温高产沼气技术，可在10℃条件下产气。瑞典还用沼气替代天然气。美国纽约州康奈尔大学（Cornell University）的植物学科学家发明了一种分离沼气中有毒物质硫化氢的新方法，去除硫化氢后的沼气更加环保。

我国有"世界沼气之乡"的美称。2004~2009年，中央投资了190亿元，建了3050万户小沼气和39500个沼气工程，生产沼气约122亿立方米/年，生产沼肥约3.85亿吨/年，形成了成熟的沼气技术和科学的建设模式。

填埋垃圾制取沼气也是处理城市生活垃圾、有效利用生物质能的主要方法。杭州天子岭垃圾填埋场是我国第一座大型按卫生填埋要求设计，并采用合理填埋规划和工艺的城市生活垃圾无害化处理工程，1991年6月正式运行。山东省科学院能源研究所以秸秆在发酵过程中的物料特性和微生物菌群对秸秆的作用原理为研究出发点，开发了简单、快速、高效的秸秆预处理技术和专门适用于秸秆的高效厌氧发酵反应器，秸秆的消化率和产气率得到很大提高，克服了秸秆沼气发酵进出料难的技术难题，实现了进出料的机械化与自动化。

沼气可用于发电，目前成熟的国产沼气发电机组的功率主要集中在24~600kW这个区段。从沼气工程的产气量来看，有不少沼气工程适宜配建500kW以上的沼气发电机组。

推进沼气综合利用，不仅要高质利用沼气，还要利用好沼渣沼液，形成综合性的技术开发，这将有助于种植业、加工业、养殖业、服务业和仓储业的发展。

（3）生物质气化发电　生物质气化发电技术是生物质通过热化学转化为气体燃料，将净化后的气体燃料直接送入锅炉、内燃发电机或燃气机的燃烧室中燃烧发电。生物质气化发电的过程如图5-2所示。

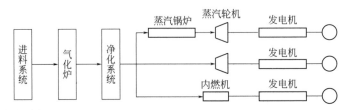

图5-2　生物质气化发电过程图

农林生物质发电产业主要集中在发达国家，印度、巴西和东南亚等发展中国家也积极研发或者引进技术建设相关发电项目。目前，欧洲和美国在利用生物质气化方面处于世界领先地位。美国建立的Battelle生物质气化发电示范工程代表生物质能利用的世界先进水平，可生产中热值气体。美国纽约的斯塔藤垃圾处理站投资2000万美元，采用湿法处理垃圾，回收沼气，用于发电，同时生产肥料。印度Anna大学新能源和可再生能源中心最近开发研究用流化床气化农林剩余物和稻壳、木屑、甘蔗渣等，建立了一个中试规模的流化床系统，气体用于柴油发电机发电。芬兰是世界上利用林业废料和造纸废弃物等生物质发电最成功的国家之一，其技术与设备为国际领先水平。芬兰最大的能源公司——福斯特威勒公司是具有世界先进水平的燃烧生物质循环流化床锅炉的制造公司，该公司生产的发电设备主要利用木材加工业、造纸业的废弃物为燃料，最大发电量为30万千瓦，废弃物的最高含水量可达60%，排烟温度为140℃，热电效率达88%。

我国生物质气化发电技术研究始于20世纪60年代，具有代表性的是壳式气化发电系统。其160kW和200kW生物质发电设备已得到小规模应用。

在我国农村都是以户为生产单位，虽然我国生物质资源丰富，但资源比较分散，在原料收集和转化过程中的投入较高，使原料总成本居高不下，这给气化技术的规模化应用造成了障碍。为了就地取材，节约成本，还应积极发展农村户用小型气化设备的研制。

生物质气化中对气化气体的净化、废水处理及产生大量焦油的合理处理都是生物质气化技术急需解决的瓶颈问题，因此焦油裂解技术和工艺成为研究的重点。利用我国现有技术，研究开发经济上可行、效率较高的生物质气化发电技术将成为生物质高效利用的一个主要课题。

5.2.2.4　生物质热解技术

热解是在少量给氧或不给氧的热力作用下，使生物质分解产生烃类化合物、含油液体和残炭的混合物。通过生物质热解及其相关技术，可生产焦炭和甲醇、丙酮、乙酸、焦油等副产物。热解按温度、升温速率、反应时间和颗粒大小等条件，可分为慢速热解、常规热解和闪速热解 3 种方式。快速热解是以非粮食类的生物质为原料制取液体燃料的方法之一，尺度小的稻壳、木屑等的干燥物料是快速热解工艺的理想原料。由快速热解工艺获得的液体燃料含氧量高，但是热值较石化燃料低，还需要进一步精制处理才能有效利用。如果能够开发出选择性优良的快速热解工艺，生产出低含氧量、高热值的液体燃料，那么快速热解工艺将具有非常强的竞争力。生物质热裂解技术是世界上生物质能研究的前沿技术之一。中科院理化技术研究所在不外加氢的条件下，利用生物质直接脱氧液化制备高热值的碳、氢液体燃油的工艺路线，得到组成、H/C 摩尔比与热值等方面与石油均很相似的液体燃油——生物石油，是目前较理想的能替代化石能源的生物质液体燃料。

5.2.2.5　生物质物理转化技术

生物质固化技术是一种物理转化技术，是将生物质中的木质素在加热条件下软化或液化使其具有相当的黏着强度，然后通过机械的方式给生物质施加适当的压力，将分散的生物质转化为具有一定形状和密度的燃料。制成的商品性燃料，体积小、能量密度相对高，便于运输、销售及燃用。生物质直接燃烧和固化成型技术的研究开发，主要着重于专用燃烧设备的设计和成型物的应用。

国外生物质压缩成型燃料的开发工作始于 20 世纪 40 年代。1948 年，日本申报了利用木屑为原料生产棒状成型燃料的第 1 个专利。50 年代初期生产出了商品化的棒状成型机。60 年代成立了木质成型燃料行业协会。70 年代初，美国又研究开发了内压滚筒式粒状成型机。亚洲除日本外，泰国、印度和菲律宾等国从 80 年代开始开展了生物质致密成型机设备及成型工艺方面的研究。70 年代末，瑞典 Stockholm Energy 公司首先将 3 座 100MW 燃油锅炉改为使用生物质颗粒燃料。Kraft 热电工厂在世界上首先开发热、电、颗粒燃料联产技术并投入商业化生产，能效高达 86％。现已成功开发的成型技术按成型物形状分主要有 3 大类：以日本为代表开发的螺旋挤压生产棒状成型物技术、欧洲各国开发的活塞式挤压制得圆柱块状成型物技术以及美国开发研究的内压滚筒颗粒状成型技术和设备。

我国从 20 世纪 80 年代起开始致力于生物质致密成型技术的研究。中国林业科学研究院林产化学工业研究所在"七五"期间承担了生物质致密成型机及生物质成型理论的研究课题，在 1990 年研究开发成功棒状成型燃料成型制造工艺设备系统，在 1998 年率先研究开发成功颗粒成型燃料热成型制造工艺设备系统。上海申德机械有限公司在消化引进欧洲成熟生物质固化成型技术基础上，自主研发创新，在国内率先成功研制生物质固化成型成套设备。辽宁省能源研究所对生物质压缩成型的原理、主要因素、工艺及生物质压缩成型机械等方面展开了研究；浙江大学对切碎棉秆进行了高密度压缩成型试验，研究了压力、温度和切碎棉秆粒度大小对成型块松弛密度的影响。山东临沂生物质型煤示范厂是目前国内唯一的具有工业规模的生物质型煤生产厂，设计年产量为 3 万吨，实际年产量为 1 万吨。辽宁省能源研究所、西北农业大学、中国林科院林产化工研究所、陕西武功轻工机械厂和江苏东海县粮食机械厂等十余家单位研究和开发生物质成型燃料技术与设备。《可再生能源中长期发展规划》提出到 2020 年生物质固体成型燃料年利用量要达到 5000 万吨的目标，生物质固化成型技术的产业化发展成为必然趋势。

目前，固化技术仍存在的主要问题：一是对设备的要求较高，成型燃料的密度是决定成型炭质量的重要指标，它与成型机的性能特别是螺杆的性能有极大关系；二是成型炭燃烧过程中产生大量的可燃性气体，其中含有很大一部分焦油，对人体和环境会造成污染；三是得率较低。这些都是该领域研究工作者亟待解决的问题。

5.2.3　国内外生物质能行业发展状况

生物质能源作为一种洁净而又可再生的能源，是唯一可替代化石能源转化成气态、液态和固态燃料以及其他化工原料或者产品的碳资源。生物质能的开发利用是发展新型能源的重要选择，是国际可再生能源领域的焦点。

5.2.3.1　国外发展状况

由于生物能源所具有的优势，世界各国已经将其作为发展新型能源的重要选择。近年来，燃料乙醇、生物柴油、生物质发电及沼气等生物质能产业在世界范围内得到了快速的发展，尤其进入 21 世纪后，随着国际石油价格的不断攀升及《京都议定书》的生效，生物质能更是成为国际可再生能源领域的焦点。许多国家纷纷制定了开发生物质能源、促进生物质产业发展的研究计划和相关政策，如美国的《生物质技术路线图》《生物质计划》，欧盟委员会提出的到 2020 年运输燃料的 20% 将用生物柴油和燃料乙醇等生物燃料替代计划，日本的"阳光计划"，印度的"绿色能源工程计划"以及巴西实施的酒精能源计划等。

美国在开发利用生物质能方面处于世界领先地位，生物质能利用占一次能源消耗总量的 4% 左右。美国从 1979 年就开始采用生物质燃料直接燃烧发电，乙醇产量自 2001 年以来已翻了一番，已成为仅次于巴西的燃料乙醇大国。2006 年，乙醇约占美国汽油消费总量的 5%，添加乙醇的混合汽油占全国汽油供应总量的 46%。2007 年乙醇的产量比 2000 年增加了 4 倍。根据美国可再生燃料协会统计，截至 2008 年底，美国共有 189 个乙醇生产厂，生产能力为 3300 万吨。美国商业性生产生物柴油始于 20 世纪 90 年代初。2006 年，生物柴油生产能力为 260 万吨，实际产量为 125 万吨，截止到 2007 年底，有生物柴油生产企业 171 家，生物柴油产量 17 亿升，比 2006 年提高 80%。到 2015 年，生物柴油产量占全国运输柴油消费总量的 5%，达到 610 万吨。

欧洲主要国家的生物质能源开发利用均以丰富的森林资源为基础，具有政府重视、起步较早、以市场运作和龙头企业带动为主等特点，主要利用形式有供暖、发电和生物柴油等 3 种，其中以供暖为主。芬兰生物质能源提供方式以建立燃烧站为主，较小规模的燃烧站仅提供暖气，大型燃烧站则同时提供暖气和电，全国年能源总消耗 4000 亿千瓦·时，其中 810

亿千瓦·时由生物质能源提供，占 20％。瑞典利用无工业价值的木材采用热电联合装置产热和供电，其联合气化（BIG-CC）工艺处于世界领先地位。生物质能源达 1100 亿千瓦·时。其中，330 亿千瓦·时以区域供暖的形式提供，530 亿千瓦·时供给工业，130 亿千瓦·时供给居民及服务部门，110 亿千瓦·时供应交通部门。

丹麦在生物质直燃发电方面成绩显著。丹麦的 BWE 公司率先研究开发了秸秆生物燃烧发电技术，迄今在这一领域仍是世界最高水平的保持者。目前，丹麦已建立了 130 家秸秆发电厂，使生物质成为丹麦重要的能源。

德国是生物质柴油的最大生产国，德国对生物柴油的生产企业全额免除税收；自 2004 年起，无需标明即可在石化柴油中最多加入 5％的生物柴油，2007 年生物柴油产量达到了 289 万吨；然而由于德国政府取消生物柴油企业免税优惠，2008 年产量出现下滑，生物柴油行业产能利用率仅为 55％。在发电方面，德国使用生物质能源发电占 22％，其中 57％以木材为燃料发电，40％为沼气发电，3％通过液体生物质（如生物柴油）发电等。目前，德国生物质能源发电站 1MW 以上的有 350 家，有超过 7 万户家庭使用以木材颗粒燃料为原料的供暖机、发电机。据预计，到 2030 年，德国生物质能源占年能源总消耗量的比例将达到 17.4％。

巴西目前已经成为世界上最大的乙醇生产国和消费国。巴西生产乙醇的原料主要是甘蔗，2005～2006 年，甘蔗产量为 4.23 亿吨，其中 50％用于生产乙醇。2008～2009 年，巴西乙醇产量达到 210.9 亿千克。巴西法律规定，汽油中必须添加 25％的乙醇燃料，巴西国内生产的 82％的汽车都采用了混合燃料发动机，可以使用普通汽油也可以使用乙醇，或者使用两种燃料的混合物。巴西是世界上最大的乙醇出口国，其乙醇生产总量的 15％用于出口，主要销往美国、印度、韩国、日本、牙买加等国。2008 年乙醇出口量为 51.6 亿升，比 2007 年增长 46％，主要出口市场为美国。此外，巴西还大力利用可再生资源进行发电，其中 80％以上的电力都是来自可持续技术，主要是水力发电（占 77％）。来自生物质和水力发电厂的能源总量占巴西能源生产总量的 45％。

印度是沼气使用历史悠久的国家，在 1975 年启动国家沼气开发计划（NPBO），到 2008 年已建沼气池 450 万个，为农村无电区的数十万家庭提供了炊事和照明。近期生物质压缩成型、技术气化等进展显著。气化发电主要用于水泵、磨谷机和其他小型电气设备；气化产出燃气则主要用于烟草、茶叶、食品等加工生产过程中。

5.2.3.2　国内发展状况

我国生物质资源丰富，能源化利用潜力大。全国可作为能源利用的农作物秸秆及农产品加工剩余物、林业剩余物和能源作物、生活垃圾与有机废弃物等生物质资源总量每年约 4.6 亿吨标准煤。中国的生物质资源相当丰富，但目前得以利用的规模却十分小。我国的生物质能开发主要是沼气、秸秆热裂解制气、秸秆固化成型、燃料乙醇和生物柴油等 5 大领域。

我国生物质能源利用的研究起步较晚，虽然经过多年的发展，产生了一定的社会效益和经济效益，但和国外相比，仍然存在差距，真正实际应用还取决于生物质的各种转化利用技术能否有所突破。目前中国的生物质能产业发展初具规模，积累了一些成熟的经验，但不同的应用领域技术的成熟程度不尽相同。少数生物质能转化利用技术初步实现了产业化应用，如农村户用沼气、养殖场沼气工程和秸秆发电技术；生物质发电、生物质致密成型燃料、生物质液体燃料等正进入商业化早期发展阶段，还有许多新兴生物质能技术尚处于研究阶段。截至 2015 年，生物质能利用量约 3.5 亿吨标准煤，其中商品化的生物质能利用量约 1.8 亿吨标准煤。

2010～2017 年，我国生物质及垃圾发电装机规模呈现上升趋势，累计装机容量由 2010 年的 5.6GW 增加至 2017 年的 15.3GW，7 年间增加了 2 倍。2010～2017 年，我国生物质能发电并网容量呈上升趋势，2016 年全国生物质能发电并网容量为 1214 万千瓦，到了 2017 年年底，并网容量达到 1476.2 万千瓦，较上年增长 21.59%。

据预测，2050 年我国生物质能开发利用量将达到 5 亿吨标准煤，占一次能源供应量的 8%。生物质发电和液体燃料产业已形成一定规模，在国家政策的支持下，近 5 年来中国生物质发电事业得到飞速发展，呈现不断上升的趋势。2014 年，全国生物质能发电量为 461 亿千瓦，到 2017 年底，发电量达到 795 亿千瓦，较上年增长 22.87%。最新统计数据显示，2018 年前三季度的发电量达 661 亿千瓦。生物质成型燃料、生物天然气等产业已起步，呈现良好发展势头。随着研究的不断深入，人们有理由期待研制开发出经济性合理的应用工艺，使得生物质这种清洁的可再生能源成为最便宜最有竞争力的能源之一。根据国际能源署（IEA）的判断，中国有望在 2023 年超越欧美成为全球最大的生物质能源生产国和消费国。在中国各项政策的支持和引导下，生物质能源将在中国得到迅速发展。

针对目前我国生物质产业发展过程中存在的一些消极和阻碍性的因素，如原料资源短缺、生物质能源工业体系不完备、研究开发能力不足、产业基础薄弱以及产品市场竞争力不高等问题，我国生物质能开发利用应重点规划以下几个方面：

① 发展新的生物质能资源，建立能源基地。目前，以粮食为原料的生物质燃料生产已不具备再扩大规模的资源条件，发展多元化原料是大势所趋。今后，应合理评价和科学规划，利用山地、荒地和沙漠，发展新的生物质能资源，研究、培育和开发速生、高产的植物品种，在条件允许的地区发展能源农场、林场，建立生物质能源基地，提供规模化的木质或植物油等能源资源。

② 加大研发力度，突破关键技术难点。我国生物质能利用技术总体水平与先进国家相比还存在着一定的差距，关键技术未能得到完全解决。必须加大对我国生物质能的技术研发投入力度，加强生物质能的新技术引进、试点和示范工作，积极引进、消化、吸收国外先进生物质能利用技术，并进行生物质能利用技术的再创新与集成创新，形成具有自主知识产权的关键技术与前沿技术。特别是要解决产业化关键技术，降低生产成本，增强我国生物质能的市场竞争力。

③ 加大政府扶持力度。国家要将生物质能源发展纳入国民经济发展计划当中，确保有计划、有步骤地推进生物质能源工作，健全相应的配套政策和标准体系，建立和完善质量保证机制和信息服务系统，鼓励和促进生物质能产业的健康发展。

生物质能是世界上重要的新能源，技术成熟，应用广泛，在应对全球气候变化、能源供需矛盾、保护生态环境等方面发挥着重要作用，是全球继石油、煤炭、天然气之后的第四大能源，成为国际能源转型的重要力量。研究开发利用生物质能这种可再生能源已经成了世界各国的一项重要任务。科学家预言，到 2050 年，生物质能源将提供世界 60% 的电力和 40% 的液体燃料（植物石油、酒精），使全球 CO_2 的排放量大幅度减少，生物质能有可能成为未来可持续发展能源系统中的主要能源。

5.3 氢能

氢能（hydrogen energy）通常是指氢在物理与化学变化过程中释放的能量。氢在地球上主要以化合态的形式出现，是宇宙中分布最广泛的物质，它构成了宇宙质量的 75%。由于氢气必须从水、化石燃料等含氢物质中制得，因此是二次能源。氢是宇宙中质量最小，分布最广的气体，如果用作能源，它将成为我们"永远的燃料"。而且氢分子中没有碳原子，所以燃烧时没有二氧化碳排出。氢能源不像石油能源（这是导致世界近现代局部战争的罪魁祸首）有地理差异。氢能源是贫民能源，地球上随处都可以找到氢。因此，氢能源无疑是我们人类最理想的能源之一。

5.3.1 氢能的特点

① 氢来源广泛，具有再生性。氢气是宇宙中分布最广的气体，氢及其同位素占到了太阳总质量的 84%，宇宙质量的 75% 都是氢。如果用作能源，它将成为我们"永远的燃料"。

② 氢本身无毒，氢分子中没有碳原子，燃烧时没有二氧化碳排出，产物是水，所以是零碳能源，是世界上最干净的能源。

③ 储存安全性高。正常情况下，氢气泄漏安全性高于汽油泄漏安全性。从气体、液体到固体，可储存于不同物质中，如甲醇、乙醇和金属氢化物。

④ 氢能源不像石油能源有地理差异。氢能源是贫民能源，地球上随处都可以找到氢。

⑤ 氢具有燃烧热值高的特点，是汽油的 3 倍，酒精的 3.9 倍，焦炭的 4.5 倍。氢资源丰富，可持续发展。因此，氢能源无疑是我们人类最理想的能源之一。

氢与其他燃料的比较见表 5-1。

▷ 表 5-1 氢与其他燃料的比较

特性	氢	甲烷	甲醇	乙醇	丙烷	汽油
摩尔质量/(g/mol)	2.016	16.043	32.04	46.0634	44.10	约107.0
密度(20℃,101.325kPa)/(kg/m³)	0.08375	0.66822	791.8	789	1.865	751
沸点/℃	−252.8	−161.5	64.5	78.5	−42.1	22~225
燃点/℃	<−253	−188	11	13	−104	−43
空气中的可燃极限(体积分数)/%	4.0~75.0	5.0~15.0	6.7~36.0	3.3~19.0	2.1~10.1	1.0~7.6
每个能量单位的 CO_2 产量	0	1.0	1.5			1.80
空气中的自燃温度/℃	565	540	385	423	490	230~480
HHV/(MJ/kg)	142.0	55.5	22.9	29.8	50.2	47.3
LHV/(MJ/kg)	120.0	50.0	20.1	27.0	46.3	44.0

所以，与核能、太阳能、风能、生物质能、地热能、海洋能比较，氢能的上述特点使之作为高效、清洁替代能源较具竞争力。因为氢能没有其他替代能源候选者的污染物排放问题、地域性问题，低能量密度和间歇性问题，收集、储存、输运问题等，潜在的竞争仅来自

核聚变。

5.3.2　氢的制备、储存和输送技术

5.3.2.1　氢的制备技术

因为氢是一种二次能源，它的制取不但需要消耗大量的能量，而且目前制氢效率很低，因此寻求大规模的廉价的制氢技术是各国科学家共同关心的问题。工业上生产氢的方式很多，目前国际上主要的制氢方式为：电解水制氢、矿物燃料制氢、生物质制氢以及太阳能热化学循环制氢等。下面从原料来源、技术优势、经济效益以及对环境的影响等方面进行比较。

（1）电解水制氢技术　水电解制氢是目前应用较广并且比较成熟的制氢方法之一。用水作原料制氢的过程实际上是氢与氧燃烧生成水的逆过程，因此只要提供一定形式的能量，就可以使水分解。利用电能使水分解生产氢气的效率一般在 $75\%\sim85\%$，这种制氢方法工艺过程比较简单，无污染，但耗电量太大，一般每立方米氢气耗电 $4\sim5.5kW\cdot h$ 左右，因此从节约能源方面考虑，这种制氢方法受到一定的限制。

（2）矿物燃料制氢技术　矿物燃料制氢主要是指以煤、石油及天然气为原料制取氢气。这种方法是当今制取氢气最主要的方法，但其储量有限，且制氢过程会对环境造成污染。目前制得的氢气主要用作化工原料，如生产合成氨、合成甲醇等。用矿物燃料制氢的方法包括含氢气体的制备、气体中一氧化碳组分变换反应及氢气提纯等步骤。该方法在我国已经具有成熟的工艺，并建有工业生产装置。

① 以煤为原料制取氢气。以煤为原料制取含氢气体方法主要有煤的焦化（又称高温干馏）和煤的气化两种。焦化是煤在隔绝空气条件下，在 $900\sim1000℃$ 制取焦炭，副产品为焦炉煤气。焦炉煤气可作为城市煤气，也是制取氢气的原料。气化是指煤在高温常压或加压下，与气化剂反应转化成气体产物。气化的目的是制取化工原料或城市煤气。

② 以天然气或轻质油为原料制取氢气。该法是在有催化剂存在条件下与水蒸气反应转化制得氢气。

③ 以重油为原料部分氧化法制取氢气。重油原料包括常压、减压渣油及石油深度加工后的燃料油。重油与水蒸气及氧气反应后可制得含氢气体产物，因原料成本较低，被人们重视。

（3）生物质制氢技术　生物质资源丰富，是重要的可再生能源，生物质制氢技术具有良好的环保性和安全性。

① 生物质气化制氢。生物质原料如薪柴、锯末、麦秸、稻草等压制成型后，在气化炉（或裂解炉）中进行气化或裂解反应可制得含氢燃料气。

② 微生物制氢。江河湖海中的某些水藻，如小球藻、固氮蓝藻等能以太阳光为能源，以水作原料，能够源源不断地放出氢气。类似地采用各种工业和生活有机废水及农副产品的废料作为原料，可进行微生物制氢，该技术受到人们的关注。

（4）太阳能制氢技术　如果能用太阳能来制氢，那就等于把无穷无尽的、分散的太阳能转变成了高度集中的干净能源了，其意义十分重大。

太阳能分解水制氢方法有太阳能热分解水制氢、太阳能发电电解水制氢、阳光催化光解

水制氢、太阳能生物制氢等。利用太阳能制氢有重大的现实意义，但这却是一个十分困难的研究课题，有大量的理论问题和工程技术问题要解决。比如，太阳能热分解水制氢技术采用太阳能聚光器聚集太阳能以产生高温，推动热化学反应的进行。从整个生命周期过程看，热化学反应器的加工和最终的废物遗弃以及金属、金属氧化物的使用都会带来一定的环境污染。另外，由于反应都是在高温下进行，氢和氧的重新结合在反应器中有引起爆炸的危险。

（5）其他制氢技术　除热化学方法外，太阳能半导体光催化反应制氢也是目前广泛研究的制氢技术。TiO_2 及过渡金属氧化物、层状金属化合物如 $K_4Nb_6O_{17}$、$Sr_2Ta_2O_7$ 等，以及能利用可见光的催化材料如 CdS、Cu-ZnS 等都经研究发现能够在一定光照条件下催化分解水从而产生氢气。但由于很多半导体在光催化制氢的同时也会发生光溶作用，并且目前的光催化制氢效率太低，距离大规模制氢还有待深入研究。

核能制氢技术也是一种实质上利用热化学循环的分解水的过程，即利用高温反应堆或者核反应堆的热能来分解水制氢。

5.3.2.2　氢的储存技术

储氢是实现大规模利用氢能的道路上必须解决的关键技术问题之一。氢的高密度储存一直是一个世界级难题。储氢技术一般基于化学反应或者基于物理吸附。氢可以以高压气态、液态、金属氢化物、有机氢化物和吸氢材料强化压缩等形式储存。衡量一种氢气储运技术好坏的依据有储氢成本、储氢密度和安全性等几个方面。

（1）高压气态储氢技术　高压气态储氢以气罐为储存容器，通过高压压缩的方式存储气态氢。其优点是成本低、能耗相对小，可以通过减压阀调节氢气的释放速度，充放气速度快，动态响应好，能在瞬间开关氢气。根据应用方式的不同，高压气态储氢分为车用高压气态储氢和固定式高压气态储氢。高压气态储氢技术近年来的研究进展主要体现在改进容器材料和研究吸氢物质这两个方面。

首先是对容器材料的改进，目标是使容器耐压更高，自身质量更轻，以及减少氢分子透过容器壁，避免产生氢脆现象等。过去十多年来，在储氢容器研究方面已取得了重要进展，储氢压力及储氢效率不断得到提高，目前容器耐压与质量储氢密度分别可达 70MPa 和 7%～8%。所采用的储氢容器通常以锻压铝合金为内胆，外面包覆浸有树脂的碳纤维。这类容器具有自身质量轻、抗压强度高及不产生氢脆等优点。

美国通用汽车公司（GM）首先开发出用于燃料电池、耐压达 70MPa 的双层结构储氢罐。其内层由无接缝内罐及碳复合材料组成，外层是可吸收冲击的坚固壳体，体积与以往耐压为 35MPa 的储氢罐相同，可储存 3.1kg 压缩氢。美国加利福尼亚州 Irvine 的 Impco 技术公司也研制出耐压达 69MPa 的超轻型 Trishield 储氢罐，单位质量储氢密度可达 7.5%。加拿大 Dynetek 公司也开发并商业化了耐压达 70MPa、铝合金内胆和碳纤维增强树脂外包层的高压储氢容器，广泛用于与氢能源有关的行业。美国福特公司（Ford）也曾报道过类似的压缩储氢瓶，其成本比液氢储罐成本约低 20%，但由于最大耐压为 20MPa，故储氢密度偏低。

德国基尔 HDW 造船厂所研制的新型储氢罐内装有特种合金栅栏，气态氢被高度压缩进栅栏内，其储氢量要比其他容器大得多，另外这种储氢罐所用材料抗压性能好，可靠性高，理论使用寿命可达 25 年，是一种既安全又经济的压缩储氢工具。

研究进展的第二个方面则是在容器中加入某些吸氢物质，大幅度地提高压缩储氢的储氢密度，甚至使其达到"准液化"的程度，当压力降低时，氢可以自动地释放出来。这项技术对于实现大规模、低成本、安全储氢具有重要的意义。

经过对储氢容器材质的改进及辅助储氢物质的添加，可以更好地发挥压缩储氢技术的优点。该技术凭借其简单易行的特点，有望成为最为普遍的氢能储运技术。

（2）低温液态储氢技术　低温液态储氢是将氢气压缩后冷却到−252℃以下，使之液化并存放在绝热真空储存器中。与高压气态储氢相比，低温液态储氢的质量和体积的储氢密度都有大幅度提高，通常低温液态储氢质量储氢密度可以达到 5.7%。仅从质量和体积储氢密度分析，低温液态储氢是比较理想的储氢技术，是未来重要的发展方向，它的运输能力是高压气态氢气运输的十倍以上，具有十分诱人的应用前景。然而，由于氢的液化十分困难，导致液化成本较高。其次是对容器绝热要求高，使得液氢低温储罐体积约为液氢的 2 倍，因此目前只有少数汽车公司推出的燃料电池汽车样车上采用该储氢技术。

实际应用中液化储氢需要一个或多个冷却循环装置，导致成本偏高。墨西哥 SS-Soluciones 公司发明了一种能循环冷却的装置，内部是特殊冷却材料 CRM，其最大特性是热焓变化大，该液化储氢系统有望很快应用到燃料电池车的供氢装置中。

总的来说，液化储氢技术是一种高效的储氢技术，优点非常明显，存在的问题主要是液化成本太高，目前制取 1L 液氢的能耗为 11～12kW·h。2004 年德国 Linde 公司曾宣称可使液氢制备价格与欧洲的石油价格相当，但这还未成为公认的事实。如果能够有效降低氢的液化成本，液化储氢技术也将是一种非常有前景的储氢技术。

（3）金属氢化物储氢技术　金属氢化物储氢是利用过渡金属或合金与氢反应，以金属氢化物形式吸附氢，然后加热氢化物释放氢。稀土类化合物（$LaNi_5$）、钛系化合物（TiFe）、镁系化合物（Mg_2Ni）以及钒、铌等金属合金等都是合适的金属储氢材料，能有效克服高压气态和低温液态两种储氢方式的不足，且储氢体积密度大、操作容易、运输方便、成本低、安全等，特别适合对体积要求较严格的场合，如在燃料电池汽车上的使用，是最具发展潜力的一种储氢方式。

目前金属氢化物储氢主要用于小型储氢场合，如二次电池、小型燃料电池等。主要使用的储氢合金可分为 4 类：

① 稀土镧镍，储氢密度大；

② 钛铁合金，储氢量大、价格低，可在常温、常压下释放氢；

③ 镁系合金，是吸氢量最大的储氢合金，但吸氢速率慢、放氢温度高；

④ 钒、铌、锆等多元素系合金，由稀有金属构成，只适用于某些特殊场合。

在将储氢合金用作规模储氢方面，很多公司正在做尝试性工作。但该技术还存在两个突出问题：一是金属氢化物自身质量大而导致其质量储氢密度偏低；二是金属氢化物储氢成本偏高。

（4）有机液体储氢技术　有机液体储氢是利用不饱和芳香烃、烯炔烃等作为储氢载体，与氢气发生可逆化学反应来实现储放氢，质量储氢密度达到 7% 左右，在到达用户端时，载氢液体通过催化反应器释放氢气供氢燃料电池使用。经脱氢后储氢载体再回流到储罐中，并到加氢站置换新的载氢液体有机储氢。液体有机储氢材料最大的特点就是常温下为液态，能够十分方便地运输和储存。整个使用过程中完全通过热交换降低能耗，且没有温室气体排放，安全可靠。主要问题是脱氢效率低，需开发低温、高效、长寿命的脱氢催化剂。而且储氢及释氢均涉及化学反应，需要具备一定条件并消耗一定能量，因此不像压缩储氢技术那样简便易行。

（5）活性炭储氢技术　利用高比表面积活性炭作吸附剂，在中低温（77～273K）、中高压（1～10MPa）下吸附储氢。该方法具有成本低、储氢量高、解吸快、循环使用寿命长和易实现规模化的优点。储氢分数与温度和压力有关，达到1.9%～9.8%，等温脱附率可达95.9%，活性碳纤维和纳米碳纤维是有前途的吸附剂。

（6）纳米碳管储氢技术　受碳纳米管高比表面积结构优势的鼓舞，开发高储氢潜力的碳纳米管储氢技术是有意义的尝试，其储氢原理包括物理吸附和电化学储氢，研究对象有单壁管和多壁管。到目前为止，由于储氢机理尚未得到充分理解，储氢分数的实验值分散在0.4%～14%之间，并且存在实验的可重复性问题。

（7）其他储氢技术　除上述储氢技术外，还有碳凝胶储氢、玻璃微球储氢、氢浆储氢、冰笼储氢、层状化合物储氢、无机物储氢技术等，这些储氢技术尚处研发阶段。

5.3.2.3　氢的输送

氢气输送是氢能利用的重要环节。一般而言，氢气生产厂和用户会有一定的距离，这就存在氢气输送的需求。目前各种输送氢气的方法实际是输送储存的氢。如果储氢密度提高了，输送氢气的效率自然也能提高。按照氢在输运时所处状态的不同，和如何储存一样可以分为：气氢输送、液氢输送、固氢输送及其他输送途径。其中前两者是目前正在大规模使用的两种方式。

（1）气氢的输送　氢气的密度特别小，为了提高输送能力，一般将氢气加压，使体积大大缩小，然后装在高压容器中，用船舶或牵引卡车进行较长距离的输送。在技术上，这种运输方法已经相当成熟。

（2）液氢的输送　液态氢气运输是将氢气深冷至−252℃以下液化，把液氢装在专用低温绝热槽罐内，放在机车、卡车、船舶或者飞机上运输。这是一种既能满足较大输氢量又比较经济、快速的运氢方式。

（3）固氢的输送　固态氢气运输是通过金属氢化物吸附氢气实现氢气输送。用金属储氢材料储存与输送氢比较简单，即用储氢合金储存氢气，然后运输装有储氢合金的容器。固氢输送有如下优点：①体积储氢密度高；②容器工作条件温和，不需要隔热容器和高压容器；③系统安全性好，避免爆炸危险。最大的缺点是运输效率太低（不到1%）。

（4）其他输送途径　专家们已经设计并试验了没有氢气的氢输送系统即首先将氢转化为某种液体形式，如甲醇、氨、环己烷等，然后将这些液体送到用户，就地制氢，从而实现氢的高效输送。但此项技术目前还没有得到技术及经济上的详细论证。

5.3.3　氢能的利用及安全性

5.3.3.1　氢能的利用

氢能转化为其他形式的能量，即氢能的利用技术已经应用于实际，并且还在不断地取得技术进步和扩大应用范围。我国氢能的应用场景有三种，分别为：传统石油化工生产的原材料、可再生能源储能发电、氢燃料电池为核心的能源网络。目前，传统石化生产应用领域占据 95％的氢能应用份额，氢能源在新能源领域的 5％应用份额集中在储能和燃料电池方面。清华大学核能与新能源技术研究院毛宗强教授预计，到 2030 年我国将成为世界最大的氢能与燃料电池市场，2040 年氢能将会成为我国主体能源，消费占比将达到 10％，2050 年将达到 18％。

氢能的利用技术大致可分为三类：与氧直接反应燃烧产生热能；在燃料电池中发电；氢化物中的化学能与氢能相互转换。在这些利用技术中充分体现了氢能的两个优点——高效和洁净。

（1）第一类氢能利用技术　与氧直接反应燃烧又可分为以下三种：①直接燃烧产生水蒸气，其效率接近 100％，可用于电厂用电高峰期间发电、工业水蒸气供给、小型生物和医药用水蒸气发生器。②内燃机和涡轮发动机燃料。氢内燃机比汽油内燃机的平均效率要高出约 20％，并且其排放的氮氧化物要低 1 个数量级。尽管由于其在内燃机缸内混合气体中的能量密度较低，导致约 15％的能量损失，但可以通过采用先进的燃料喷射技术和液氢加以改进。氢涡轮发动机的进口温度比燃油涡轮发动机高出 800℃，提高了效率，并且由于燃烧后的产物为水蒸气，避免了发动机叶片上的沉积物，减轻了高温腐蚀，减少了维护费用和延长了发动机的寿命。③低温催化氧化。在合适的催化剂上，氢可与氧在室温至 500℃范围内催化氧化为水蒸气产生热能，由于催化氧化的温度远低于氢火焰的温度（约为 3000℃），不会产生氮氧化物污染物，并且氢源的浓度远高于氢爆炸的极限浓度（75％），因此这种方式用于家庭厨房灶具燃料较安全。

（2）第二类氢能利用技术　在燃料电池中发电是氢能利用技术中最具吸引力和最有前途的技术，即无需燃烧，依靠电化学反应产生直流电。氢燃料电池与普通电池的区别，主要在于干电池、蓄电池是一种储能装置，能把电能储存起来，需要时再释放出来；而氢燃料电池严格地说是一种发电装置，像发电厂一样，是把化学能直接转化为电能的电化学发电装置。另外，氢燃料电池的电极用特制多孔性材料制成，这是氢燃料电池的一项关键技术，它不仅要为气体和电解质提供较大的接触面，还要对电池的化学反应起催化作用。根据电池中采用电解液的不同，燃料电池可分为碱性燃料电池（alkaline fuel cells，AFC）、导电聚合物膜或质子交换膜燃料电池（polymer electrolyte membrane or proton exchange membrane fuel cells，PEMFC）、磷酸燃料电池（phosphoric acid fuel cells，PAFC）、熔融碳酸盐燃料电池（molten carbonate fuel cells，MCFC）、固体氧化物燃料电池（solid oxide fuel cells，SOFC）。相对于氢与氧直接反应燃烧，燃料电池最大的优点是具有更高的能量转换效率。燃料电池的理论效率为 $\eta_{FC} = \Delta G / \Delta H$，接近 83％，而实际效率只是电池电压的函数。例如，燃料电池在典型工作电压 0.6～0.8V 时，能量转换效率为 0.48～0.64，而且产物只有水蒸气，从而实现了零排放。当然，燃料电池最大的缺点是成本太高。一方面是生产规模较小，另一方面是原材料昂贵，如其隔膜材料目前广泛采用磺化全氟聚合物、电极材料表面铂和铂合金催化剂以及受腐蚀因素限制的不锈钢和镍合金双极板材料等。燃料电池的另一个缺点是加氢站等基础设施少。为了解决这一问题，电动汽车生产厂家已经与石油、天然气公司合作开发以汽油和甲醇为燃料的汽车用燃料电池，但汽油和甲醇作为燃料也带来了一些诸如催化剂中毒、发动机瞬间载荷降低等额外技术困难。

20 世纪 60 年代，氢燃料电池就已经成功地应用于航天领域。往返于太空和地球之间的

"阿波罗"飞船就安装了这种体积小、容量大的装置。进入 70 年代以后，随着人们不断地掌握多种先进的制氢技术，很快，氢燃料电池就被运用于发电和汽车。大型电站，无论是水电、火电或核电站，都是把发出的电送往电网，由电网输送给用户。但由于各用电户的负荷不同，电网有时呈现为高峰，有时则呈现为低峰，这就会导致停电或电压不稳。另外，传统的火力发电站的燃烧能量大约有 70% 要消耗在锅炉和汽轮发电机这些庞大的设备上，燃烧时还会消耗大量的能源和排放大量的有害物质。而使用氢燃料电池发电，是将燃料的化学能直接转换为电能，不需要进行燃烧，能量转换率可达 60%～80%，而且污染少、噪声小，装置可大可小，非常灵活。

（3）第三类氢能利用技术　氢与金属可逆反应生成金属氢化物不但可以储氢，而且还伴随着热量的放出（生成氢化物）与吸收（氢化物分解）以及氢气压力的变化。因此有可能用于制冷制热、气体压缩、真空系统、废热利用、发电以及氢气的提纯与分离等，目前这些技术还有待于进一步开发。

5.3.3.2　氢能的安全性

氢气是一种易燃易爆的气体，但不是人们通常想象的那样危险。氢气的危险性并不比天然气、汽油和丙烷大，这主要是由于氢气的物理化学性质不同于其他可燃性工业气体。

常温常压下氢气的密度为 $0.0898kg/m^3$，约为空气的 1/4，分子小且黏度小（$0.0101mPa \cdot s$），扩散系数很大，为 $0.634cm^2/s$，所以易扩散和泄漏。扩散速率为空气的 3.8 倍，导致常温低压下氢气通过相同小缝的泄漏速度为天然气的 1.26～2.8 倍。从高压储氢罐中发生大量泄漏时，泄漏速度取决于介质中的声速，氢气中声速为 1308m/s，约为天然气中 449m/s 的 3 倍，因此泄漏速度也较天然气快得多。但同温同压下天然气的能量密度是氢气的 3 倍，导致泄漏带来的能量损失差不多，并且当有泄漏发生时氢气也可以很快消散，从而降低爆炸的危险性。氢气还可以对有些金属材料产生氢脆影响，特别是高温高压时会使材料变脆，降低其韧性从而发生开裂失效，因此选择储氢罐、输氢管线材料时一定要选择对氢脆不敏感的材料。

氢气为无色、无臭的可燃性气体，在空气中的燃点为 574℃，着火燃烧界限为 4%～75%（体积分数，下同），范围较其他工业燃气大（天然气 5.3%～15%，丙烷 2.1%～10%，汽油 1%～7.8%）。但实际上当泄漏发生时，燃烧取决于界限下限，氢气的可燃下限约为汽油的 4 倍，丙烷的 2 倍，只比天然气略大。然而氢气的燃烧速度是天然气和汽油的 7 倍，而且其泄漏速度大，因此一旦被点燃，爆炸的危险性较大。氢气的爆炸界限为 18.3%～59%，其中爆炸下限的氢气/空气比为 13%～18%，是天然气的 2 倍，汽油的 12 倍。事实上爆炸的发生很复杂，取决于温度、合适的燃气/空气比，有时还与泄漏发生时的空间几何形状有关。在敞开的大气中氢气难以发生爆炸，只有非常特殊的情况时才会发生爆炸。如氢气在一个相对密闭的空间发生泄漏并积累至 13%，一旦有火星就会触发爆炸。当然发生爆炸时，由于氢气的能量密度小，爆炸能量为相同条件下汽油的 1/20。由于氢火焰无色无味，导致人们没有意识到氢气在燃烧从而产生危险，这可通过在氢气中加入显色的化学试剂来解决。

液氢的泄漏也是一个安全问题，较大的泄漏在敞开的条件下很快就消散；另一个潜在的危险是液氢压力阀失效时会膨胀从而发生猛烈爆炸。总之，从许多方面来看，氢较汽油和天然气更安全。迄今为止，氢无论作为全世界广泛应用的工业气体还是民用燃气的组成部分之一，都具有良好的安全记录。

5.3.4　国内外氢能行业发展状况

氢能作为一种清洁、高效、安全、可持续的新能源，被视为 21 世纪最具发展潜力的清洁能源，是人类的战略能源发展方向。人类对氢能应用自 200 年前就产生了兴趣，到 20 世纪 70 年代以来，世界上许多国家和地区就广泛开展了氢能研究。

5.3.4.1　国外发展状况

早在 1970 年，美国通用汽车公司的技术研究中心就提出了"氢经济"的概念。1976 年美国斯坦福研究院就开展了氢经济的可行性研究。20 世纪 90 年代中期以来多种因素的汇合增加了氢能经济的吸引力。这些因素包括：持久的城市空气污染、对较低或零废气排放的交通工具的需求、减少对外国石油进口的需要、CO_2 排放和全球气候变化、储存可再生电能供应的需求等。

世界各国如冰岛、中国、德国、日本和美国等不同的国家之间在氢能交通工具的商业化方面已经出现了激烈的竞争。虽然其他利用形式是可能的（例如取暖、烹饪、发电、航行器、机车），但氢能在小汽车、卡车、公共汽车、出租车、摩托车和商业船上的应用已经成为焦点。

由于氢能利用过程中 CO_2 的零排放这一优势，其能源供给及转换技术已被认真加以评估。氢能能够通过从化石燃料或生物物质（包括城市废物等）中获取氢原子而得到，或者通过用化石发电、无碳能源电解水得到。后种方式通常花费更为昂贵并且产品利用率仅能达到 4%。虽然如此，这种基于混合资源的电解氢会增加 CO_2 的排放，因为此种方法通常增加了低效、碳基能源产品的产量。在近几年内，除了在斯堪的纳维亚（半岛）、巴西和加拿大这些地区有价格低廉而又丰富的水力电能，从天然气、甲醇、重油或 MSW 中获取氢的成本是最低的。早期在岛屿应用的有冰岛、夏威夷岛、瓦努阿图、大西洋群岛，氢能的应用具有特别的吸引力，然而即使包括 CO_2 的回收和封存的成本，在大型市场当中从化石燃料中提取氢产品的成本仍然比电解氢的成本低。

随着国际气候变化和对石油进口依赖程度的不断加深，导致人们对氢能市场生存能力发展的普遍兴趣。日本是世界上第一个以审慎的态度投入 2 亿美元开展氢能研究的国家（研究计划年限为 1993~2002 年），在其之后，又兴起了大量寻求构建氢经济的国家。

从历史的角度上说，能源观念的转变需要花费几十年才能实现，一定范围内政府、跨国公司和个人企业对氢能产业的推动将是加速能源转换的必要因素。已有的一些有关氢能研发顺序的问题也会影响氢能经济的发展方向。举例来说，氢生产集中与分散，研究、发展和氢能汽车的营销，燃料电池技术的发展与内燃机，基础设施的改进（包括燃料运输和建立燃料供应站）等，氢能商业化和市场渗透往往依赖于这些因素相互间错综复杂的影响，也影响它的成本、效率、能量存储密度和交通工具的成本、性能和安全性，而且在一个地区氢能和燃料电池发展突破将不可避免地影响其他地区全球性的经济发展计划。

5.3.4.2　国内发展状况

我国是世界第一大产氢国。2012 年，我国氢气产量约为 1600 万吨，2017 年达到 1915

万吨，年均增长率约为 3.66%。中国对氢能的研究与发展可以追溯到 20 世纪 60 年代初，中国科学家为发展本国的航天事业，对作为火箭燃料的液氢的生产、H_2/O_2 燃料电池的研制与开发进行了大量而有效的工作。将氢作为能源载体和新的能源系统进行开发，则是从 20 世纪 70 年代开始的。后来，为进一步开发氢能，推动氢能利用的发展，氢能技术被列入《科技发展"十五"计划和 2015 年远景规划（能源领域）》。我国初步形成了一支由高等院校、中国科学院及石油化工等部门为主的从事氢能研究、开发和利用的专业队伍。在国家自然科学基金委员会、国家科学技术部、中国科学院和中国石油天然气集团公司的支持下，这支队伍承担着氢能方面的国家自然科学基金基础研究项目、国家"863"高技术研究项目、国家重点科技攻关项目及中国科学院重大项目等。科研人员在制氢技术、储氢材料和氢能利用等方面进行了开创性工作，拥有一批氢能领域的知识产权，其中，有些研究工作已达到国际先进水平。

《中国氢能产业基础设施发展蓝皮书（2016）》首次提出了我国氢能产业基础设施的发展路线图和技术发展路线图。根据蓝皮书规划：2020 年，我国以能源形式利用的氢气产能规模将达到 720 亿立方米，加氢站数量达到 100 座，燃料电池车辆达到 10000 辆，氢能轨道交通车辆达到 50 列，行业总产值达到 3000 亿元。2030 年，氢能产业将成为我国新的经济增长点和新能源战略的重要组成部分，产业产值将突破 10000 亿元；加氢站数量达到 1000 座，燃料电池车辆保有量达到 200 万辆。2050 年，氢能市场规模达到 40000 亿人民币。

中投顾问发布的《2016～2020 年中国氢能行业投资分析及前景预测报告》显示：中国在过去几年里已经成为氢燃料电池的最大市场之一，需求主要来自交通部门。虽然氢燃料电池还未市场化，但国际各大公司已纷纷准备抢占我国市场，通用汽车公司、戴姆勒-克莱斯勒公司、杜邦公司、福特汽车公司等都在我国不同场合召开燃料电池研讨会和论坛，培育中国氢能市场。中国也被国际公认为最有可能率先实现氢能燃料电池产业化的国家。

2019 年的政府工作报告在修改之后，增加了"推动充电、加氢等设施建设"这样一句话，引起了市场关注，这是氢能源首次写入政府工作报告。业内人士认为，氢能产业或将迎来大繁荣。产业链的发展需要基本的配套设施，政府在这其中扮演着非常重要的角色。此次政府工作报告的修订标志着政府对氢能源利用的重视。氢能已经被纳入我国能源战略，成为我国优化能源消费结构和保障国家能源供应安全的战略选择。

经过近几年的努力，我国在氢能和燃料电池技术领域取得了较大进展，在氢制备、储运等技术领域，我国的天然气制氢以引进技术为主，技术相对成熟，与发达国家的差距不大；在燃料电池技术领域，我国已经掌握了诸如电催化剂、质子交换膜、双极板材料等关键技术，与国际先进水平保持同步；但在关键零部件规模生产和电堆批量组装及相关性能指标上，我国还落后于先进国家。由于中国的氢能研究发展仍处于初步阶段，研发投入有限，今后需要解决的问题主要有以下三个：

① 制氢成本高。氢属于二次能源，地球上单质氢含量微乎其微，只能由其他能源转化得到。化石燃料制氢消耗能源的同时排放出大量温室气体，污染环境。目前的关键问题是以尽可能小的代价和成本获得氢能源。

② 安全则是氢经济的另一大挑战。氢气比石油更容易挥发，同时无色无味等独特物理特质决定了其火焰不可见、气味也闻不着、着火范围更宽、火焰传播速度更快、更容易泄漏、更容易爆炸。这使得氢气的储存、运输和补充都成为亟待攻关的难题。

③ 氢能经济体系的建立。没有足够的车辆，燃料供应商不愿投资，而未建立起加氢站网络，汽车制造商又不会行动，造成了氢燃料网络投资和氢燃料汽车开发之间的矛盾，而这只是整个氢能经济体系建设众多矛盾中的一个缩影。

氢能具有清洁、无污染、效率高、重量轻和储存及输送性能好、应用形式多等诸多优点，赢得了人们的青睐。从煤、石油和天然气等化石燃料中制取氢气，国内虽已有规模化生产，但从长远观点看，这已不符合可持续发展的需要。从非化石燃料中制取氢气才是正确的途径。根据技术发展趋势，今后储氢研究的重点是在新型高性能规模储氢材料上。国内的储氢合金材料已有小批量生产，但较低的储氢质量比和高的价格仍阻碍其大规模应用，因而廉价储氢材料的开发仍是今后氢能利用过程中很关键的一环。

5.4　风能

风能（wind energy），即空气流动所产生的动能，是太阳能的一种转化形式。由于太阳辐射造成地球表面各部分受热不均匀，引起大气层中压力分布不平衡，在水平气压梯度的作用下，空气沿水平方向运动形成风。风能资源的总储量非常巨大，一年中技术可开发的能量约为 5.3×10^{13} 千瓦时。空气流速越高，动能越大。风能的大小取决于风速和空气的密度。

风能是可再生的清洁能源，利用风力发电非常环保，且风能蕴量巨大、分布广，因此日益受到世界各国的重视。在一定的技术条件下，风能可作为一种重要的能源得到开发利用。据估计，到达地球的太阳能中只有大约 2% 转化为风能，但其总量仍是十分可观的。

风能作为一种无污染和可再生的新能源有着巨大的发展潜力，特别是对沿海岛屿，交通不便的边远山区，地广人稀的草原牧场，以及远离电网和近期内电网还难以达到的农村、边疆，作为解决生产和生活能源的一种可靠途径，有着十分重要的意义。即使在发达国家，风能作为一种高效清洁的新能源也日益受到重视，比如：美国能源部就曾经调查过，单是得克萨斯州和南达科他州两州的风能密度就足以供应全美国的用电量。

5.4.1　风能的优缺点

风能量丰富、近乎无尽、广泛分布、干净并能缓减温室效应，存在地球表面一定范围内。经过长期测量、调查与统计得出的平均风能密度的概况称该范围内风能利用的依据，通常以能密度线标示在地图上。

（1）优点

① 风能为洁净的能量来源。风能设施日趋进步，大量生产降低成本，在适当地点，风力发电成本已低于发电机。

② 风能设施多为不立体化设施，可保护陆地和生态。

③ 风力发电是可再生能源，很环保。

（2）缺点

① 风力发电在生态上的问题是可能干扰鸟类，如美国堪萨斯州的松鸡在风车出现之后已渐渐消失。目前的解决方案是离岸发电，离岸发电价格较高，但效率也高。

② 在一些地区，风力发电的经济性不足，许多地区的风力有间歇性，更糟糕的情况是如台湾等地电力需求较高的夏季及白日是风力较少的时间，必须等待压缩空气等储能技术发展。

③ 风力发电需要大量土地兴建风力发电场，才可以生产比较多的能源。

④ 进行风力发电时，风力发电机会发出庞大的噪声，所以要找一些空旷的地方来兴建。

⑤ 现在的风力发电还未成熟，还有相当大的发展空间。

5.4.2 风能利用概述及历史

在自然界的能源中，风能是极其丰富的。据粗略估计，近期可以利用的风能总功率约为 $10^6 \sim 10^7 \mathrm{MW}$，这个数值比全世界可以利用的水力资源大 10 倍。但是，这笔巨大的自然财富还有待人类去大力开发。

人类利用风能的历史可以追溯到公元前，中国是世界上最早利用风能的国家之一。公元前数世纪中国人民就利用风力提水、灌溉、磨面、舂米，用风帆推动船舶前进。到了宋代更是中国应用风车的全盛时代，当时流行的垂直轴风车，一直沿用至今。在国外，公元前 2 世纪，古波斯人就利用垂直轴风车碾米。10 世纪伊斯兰人用风车提水，11 世纪风车在中东已获得广泛的应用。13 世纪风车传至欧洲，14 世纪已成为欧洲不可缺少的原动机。在荷兰风车先用于莱茵河三角洲湖地和低湿地的汲水，以后又用于榨油和锯木。只是由于蒸汽机的出现，才使欧洲风车数目急剧下降。

数千年来，风能技术发展缓慢，也没有引起人们足够的重视。但自 1973 年世界石油危机以来，在常规能源告急和全球生态环境恶化的双重压力下，风能作为新能源的一部分才重新有了长足的发展。风能作为一种无污染和可再生的新能源有着巨大的发展潜力，特别是对沿海岛屿，交通不便的边远山区，地广人稀的草原牧场，以及远离电网和近期内电网还难以达到的农村、边疆，作为解决生产和生活能源的一种可靠途径，有着十分重要的意义。即使在发达国家，风能作为一种高效清洁的新能源也日益受到重视。

美国早在 1974 年就开始实行联邦风能计划。其内容主要是：评估国家的风能资源；研究风能开发中的社会和环境问题；改进风力机的性能，降低造价；主要研究为农业和其他用户用的小于 100kW 的风力机；为电力公司及工业用户设计的兆瓦级的风力发电机组。美国已于 20 世纪 80 年代成功地开发了 100kW、200kW、2000kW、2500kW、6200kW、7200kW 6 种风力机组。目前美国已成为世界上风力机装机容量最多的国家，超过 $2 \times 10^4 \mathrm{MW}$，每年还以 10% 的速度增长。

现在世界上最大的新型风力发电机组已在夏威夷岛建成运行，其风力机叶片直径为97.5m，重 144t，风轮迎风角的调整和机组的运行都由计算机控制，年发电量达 1000 万千瓦·时。根据美国能源部的统计，至 1990 年美国风力发电已占总发电量的 1%。在瑞典、荷兰、英国、丹麦、德国、日本、西班牙，也根据各自国家的情况制定了相应的风力发电计划。如瑞典 1990 年风力机的装机容量已达 350MW，年发电 10 亿千瓦·时。

丹麦在 1978 年即建成了日德兰风力发电站，装机容量为 2000kW，三片风叶的扫掠直径为 54m，混凝土塔高为 58m，2005 年丹麦电力需求量的 10% 来源于风能。德国 1980 年就在易北河口建成了一座风力电站，装机容量为 3000kW，到 20 世纪末风力发电占总发电量的 8%。英国濒临海洋，风能十分丰富，政府对风能开发也十分重视，到 1990 年风力发电已占英国总发电量的 2%。

在日本，1991 年 10 月轻津海峡青森县的日本最大的风力发电站投入运行，5 台风力发电机可为 700 户家庭提供电力。中国位于亚洲大陆东南，濒临太平洋西岸，季风强盛。季风是中国气候的基本特征，如冬季季风在华北长达 6 个月，在东北长达 7 个月。东南季风则遍及中国的东半壁。根据国家气象局估计，全国风力资源的总储量为每年 16 亿千瓦，近期可开发的约为 1.6 亿千瓦，内蒙古、青海、黑龙江、甘肃等省风能储量居中国前列，年平均风速大于 3m/s 的天数在 200 天以上。

中国风力机在 20 世纪 50 年代末是各种木结构的布篷式风车，1959 年仅江苏省就有木风车 20 多万台。到 60 年代中期主要是发展风力提水机。70 年代中期以后风能开发利用列入 "六五" 国家重点项目，得到迅速发展。进入 80 年代中期以后，中国先后从丹麦、比利时、瑞典、美国、德国引进一批中、大型风力发电机组。在新疆、内蒙古的风口及山东、浙江、福建、广东的岛屿建立了 8 座示范性风力发电场。1992 年装机容量已达 8MW。新疆达坂城的风力发电场装机容量已达 3300kW，是全国目前最大的风力发电场。至 1990 年底全国风力提水的灌溉面积已达 2.58 万亩。1997 年新增风力发电 10 万千瓦。目前中国已研制出 100 多种不同型式、不同容量的风力发电机组，并初步形成了风力机产业。尽管如此，与发达国家相比，中国风能的开发利用还相当落后，不但发展速度缓慢而且技术落后，远没有形成规模。在进入 21 世纪时，中国应在风能的开发利用上加大投入力度，使高效清洁的风能能在中国能源格局中占有应有的地位。

5.4.3 国内外风能行业发展状况

从全球市场来看，风能产业发展方兴未艾。全球风能产业从探索阶段逐渐走向成熟，无论是制造商、开发商还是运营商，都有明显的国际化、大型化和一体化的趋势。

5.4.3.1 国外发展状况

丹麦、荷兰等一些欧洲国家因为其丰富的风力资源，风力发电技术发展比较早，风能产业也受到国家大力支持，在国际上风力发电技术和设备制造业的发展逐步领先。近年来，我国也开始大力发展大型风力发电技术，并有相关推进风电产业发展的政策。发展大型风力发电机组需要风电技术的支持，其对于环境条件的要求，大型风电机组是非常严格甚至可以说是苛刻的。其一般都只能在风力资源比较丰富的地方建立风场，而且由于发电机组工作环境比较恶劣，需要适应复杂的工作条件，所以对于技术的要求也越来越高。之前我国大型风电技术还不够成熟，特别是一些重要核心技术和关键部件的制造还主要依靠国外，但我国的风电产业正在国家大力支持和推动下快速地发展。

20 世纪 80~90 年代，风力发电技术得到了飞速的发展并且逐渐成熟。风力发电凭借它自身的优点，已经延伸到了电网难以达到的地方，给人们带来了很多方便。据全球风能协会（GWEC）发布的全球风电市场装机数据显示，2010 年新增加的设备总容量为 3827 万千瓦，在过去的 10 年中新设备增加了 10 倍左右。其中，我国新设设备达到了 1893 万千瓦，远远超过其他国家。中国一个国家就占到了世界全部的 49.5%。而美国在中国之后排在第二位，新增设备为512万千瓦。紧接着是印度、西班牙、德国和法国。中国在总容量上仍然是第一，已经安装了4473万千瓦的设备，占到了全球总量的22.7%。排在中国之后的是美国，其总容量为4018万千瓦，也占到了全球总量的20.4%。紧随其后的是德国、西班牙、印度、意大利。世界86.4%的装机容量被排名前10位的国家拥有。

2011年新增风电装机容量达4100万千瓦，这一新增容量使全球累计风电装机达到23800万千瓦。这一数据表明全球累计装机实现了两成多的年增长，新增装机增长达到6%。到目前为止，全球七十多个国家有商业运营的风电装机，其中22个国家的装机容量超过100万千瓦。据估计到2030年，欧洲风电装机可达300亿瓦，可满足欧洲20%的电力需求。

2015年，全球风能协会（GWEC）预测，未来五年全球风电累计装机量将保持10%以上的增长速度，预计到2021年全球累计装机容量将达到817GW，成为全球绿色能源发电的重要来源。目前，亚洲是全球最大的风电市场，2016年新增装机容量占比超过50%，其次是欧洲和北美洲，占比分别为22%和17%，拉丁美洲、太平洋、中东与非洲总占比不足10%。预计2016～2020年亚洲和欧洲新增装机容量与之前持平，北美、拉丁美洲、太平洋、中东与非洲保持较快的增长速度，其中太平洋、中东和非洲、拉丁美洲这五年复合年均增长率分别为30%、44%、17%。

5.4.3.2　国内发展状况

我国的风力发电机设备制造业首先经历了1985～1995年以建设和运营风电场为基础，学习国外先进的风力发电机核心设备制造技术时期。然后是在1996～2000年期间通过引进核心技术在国内进行生产制造。紧接着从2000年开始，我国已经研发出了拥有自主知识产权的新产品。现在，我国已经开始向大型海上风电产业进军。

2009年，中国在电装机容量方面增加约为1380万千瓦，和2008年比增加了1.24倍，在新增装机容量方面跃居世界榜首，超过之前排名第一的美国，在装机总容量方面也是屡破新高，成功跃居德国和西班牙之上，装机总容量仅次于美国，成为全球装机总容量第二的国家。仅仅在一年之后的2010年，我国就超过了美国，成为装机总容量全球第一的国家，累计装机容量已经增加到4473万千瓦。而新增装机容量仍然位居全球榜首，达到了1893万千瓦。在"十一五"规划中，中国的风力发电产业发展更加迅猛。

2010～2017年，我国风电累计装机容量呈上升趋势。尽管2011年我国风电面临诸多挑战，但风电累计装机容量依然达到6236万千瓦，进一步巩固了在全球风电领袖的地位；2014年，中国累计装机容量达到了11461万千瓦，同比增长25.38%；截至2017年末，我国累计装机容量达到了18839万千瓦，在全球累计风电装机容量的占比上升为34.94%，较上年上升0.24个百分点。

2010年以来，我国风电行业发电量逐年增长，从2010年的430亿千瓦时，增长到2017年的2695亿千瓦时。2015年，中国风力发电量为1863亿千瓦时，同比增长31.94%。2016年，中国风电发电增长25.73%，上涨到2113亿千瓦时。2017年，中国风电发电增长27.56%，上涨到2695亿千瓦时。

2019年，是风电行业快速增长的一年。国家能源局权威数据显示，2019年，全年新增并网风电装机2574万千瓦，累计并网装机21005万千瓦，其中陆上风电新增并网装机2376万千瓦，海上风电新增装机198万千瓦。陆上风电累计并网装机2.04亿千瓦、海上风电累计并网装机593万千瓦，风电装机占全部发电装机的10.4%。

"十五"电力规划发布以来，"十一五""十二五"期间都未发布电力规划，但在此期间，我国电力工业取得了快速发展，装机容量迅速提升。2016年11月7日，国家发改委、国家能源局召开新闻发布会，对外正式发布《电力发展"十三五"规划》。这是时隔15年之后，电力主管部门再次对外公布电力发展5年规划。根据国家能源局牵头编制的《可再生能源发展"十三五"规划》提出的要求，到2020年底风力发电要达到2.5亿千瓦时，理论上预计，到2020年，国内风电累积总装机可达3亿千瓦；到2050年，总装机规模将在此基础上增长9倍达到300亿千瓦，其所消费电量将占据国内能源总消费量的80%，成为名副其实的主体能源。

风能是一种清洁、安全、可再生的绿色能源，利用风能对环境无污染，对生态无破坏，环保效益和生态效益良好，对于人类社会可持续发展具有重要意义。风能可以用来发电、提水、助航、加热等。目前，利用风力发电已越来越成为风能利用的主要形式，受到各国的高度重视，且发展速度最快。风能目前作为除水能之外的最可实现市场化运营的清洁能源，已经得到了世界主要国家与地区的认可。

5.5 海洋能

海洋能（ocean energy）指依附在海水中的可再生能源，海洋通过各种物理过程接收、储存和散发能量，这些能量以潮汐、波浪、海流（潮流）、温度差、盐度梯度等形式存在于海洋之中。一望无际的大海，不仅为人类提供航运、水源和丰富的矿藏，而且还蕴藏着巨大的能量，它将太阳能以及派生的风能等以热能、机械能等形式蓄在海水里，不像在陆地和空中那样容易散失。

地球表面积约为$5.1 \times 10^8 km^2$，其中陆地表面积为$1.49 \times 10^8 km^2$（占29%）；海洋面积达$3.61 \times 10^8 km^2$，以海平面计，全部陆地的平均海拔约为840m，而海洋的平均深度却为380m，整个海水的容积多达$1.37 \times 10^9 km^3$。中国拥有18000km的海岸线和总面积达$6700 km^2$的6960座岛屿。这些岛屿大多远离陆地，因而缺少能源供应。要实现我国海岸和海岛经济的可持续发展，必须大力发展我国的海洋能资源。

海洋能具有以下四个特点：

① 海洋能在海洋总水体中的蕴藏量巨大，而单位体积、单位面积、单位长度所拥有的能量较小。这就是说，要想得到大能量，就得从大量的海水中获得。

② 海洋能具有可再生性。海洋能来源于太阳辐射能与天体间的万有引力，只要太阳、月球等天体与地球共存，这种能源就会再生，就会取之不尽，用之不竭。

③ 海洋能有较稳定与不稳定能源之分。较稳定的为温度差能、盐度差能和海流能。不稳定能源分为变化有规律与变化无规律能源两种。属于不稳定但变化有规律的有潮汐能与海流能。人们根据潮汐潮流变化规律，编制出各地逐日逐时的潮汐与潮流预报，预测未来各个时间的潮汐大小与潮流强弱。潮汐电站与潮流电站可根据预报表安排发电运行。既不稳定又无规律的是波浪能。

④ 海洋能属于清洁能源，也就是海洋能一旦开发后，其本身对环境影响很小。

海水是一个庞大的蓄能库，只要有海水存在，海洋能永远不会枯竭，所以人们常说海洋能是取之不尽、用之不竭的新能源。而且开发海洋能不会产生废水、废气，也不会占用大片良田，更没有辐射污染，具有可再生性和不污染环境等优点，因此是一种亟待开发的具有战略意义的新能源。

5.5.1 海洋能的主要能量形式

海洋能通常是指海洋中所特有的可再生自然能源，即潮汐能、波浪能、海流能、温差能和盐差能。究其成因，除潮汐能和海流能是由于月球和太阳引潮力作用产生以外，其他海洋能均来源于太阳辐射。海洋能按能量的储存形式可分为机械能、热能和物理化学能。海洋机械能也称流体力学能，包括潮汐能、波浪能、海流能；海洋热能是指温差能，也称海洋温度梯度能；海洋物理化学能是指盐差能，也称海洋盐度梯度能、浓差能。

（1）潮汐能 因月球引力的变化引起潮汐现象，潮汐导致海水平面周期性地升降，因海水涨落及潮水流动所产生的能量称为潮汐能。

潮汐与海流能来源于月球、太阳引力，其他海洋能均来源于太阳辐射，海洋面积占地球总面积的 71%，太阳到达地球的能量，大部分落在海洋上空和海水中，部分转化成各种形式的海洋能。

潮汐能的主要利用方式为发电，目前世界上最大的潮汐电站是法国的朗斯潮汐电站，我国的江夏潮汐实验电站为国内最大电站。

（2）波浪能 波浪能是指海洋表面波浪所具有的动能和势能，是一种在风的作用下产生的，并以位能和动能的形式由短周期波储存的机械能。波浪的能量与波高的平方、波浪的运动周期以及迎波面的宽度成正比。波浪能是海洋能源中能量最不稳定的一种能源。

波浪发电是波浪能利用的主要方式，此外，波浪能还可以用于抽水、供热、海水淡化以及制氢等。

（3）海流能 海流能是指海水流动的动能，主要是指海底水道和海峡中较为稳定的流动以及由于潮汐导致的有规律的海水流动所产生的能量，是另一种以动能形式出现的海洋能。

海流能的利用方式主要是发电，其原理和风力发电相似。全世界海流能的理论估算值约为 10^8 kW 量级。利用中国沿海 130 个水道、航门的各种观测及分析资料，计算统计获得中国沿海海流能的年平均功率理论值约为 1.4×10^4 kW，属于世界上功率密度最大的地区之一，其中辽宁、山东、浙江、福建和台湾沿海的海流能较为丰富，不少水道的能量密度为 $15 \sim 30$ kW/m^2，具有良好的开发值。特别是浙江舟山群岛的金塘、龟山和西堠门水道，平均功率密度在 20kW/m^2 以上，开发环境和条件很好。

（4）温差能 海水温差能是指涵养表层海水和深层海水之间水温差的热能，是海洋能的一种重要形式。低纬度的海面水温较高，与深层冷水存在温度差，而储存着温差热能，其能量与温差的大小和水量成正比。

温差能的主要利用方式为发电，首次提出利用海水温差发电设想的是法国物理学家阿松瓦尔，1926 年，阿松瓦尔的学生克劳德试验成功海水温差发电。1930 年，克劳德在古巴海滨建造了世界上第一座海水温差发电站，获得了 10kW 的功率。

温差能利用的最大困难是温差太小，能量密度低，其效率仅有 3% 左右，而且换热面积大，建设费用高，目前各国仍在积极探索中。

（5）盐差能 盐差能是指海水和淡水之间或两种含盐浓度不同的海水之间的化学电位差能，是以化学能形式出现的海洋能。主要存在与河海交接处。同时，淡水丰富地区的盐湖和地下盐矿也可以利用盐差能。盐差能是海洋能中能量密度最大的一种可再生能源。

据估计，世界各河口区的盐差能达 30TW，可能利用的有 2.6TW。我国的盐差能估计为 $1.1\times10^8 kW$，主要集中在各大江河的出海处，同时，我国青海省等地还有不少内陆盐湖可以利用。盐差能的研究以美国、以色列的研究为先，中国、瑞典和日本等也开展了一些研究。但总体上，对盐差能这种新能源的研究还处于实验室实验水平，离示范应用还有较长的距离。

5.5.2 我国海洋能开发的优势及不足

中国可开发海洋能资源丰富，因地制宜开发海洋能，可切实解决海岛发展、海上设备运行、深远海开发等用电用水需求问题，对于维护国家海洋权益、保护海洋生态环境、拓展发展空间具有战略意义。

5.5.2.1 海洋能开发的优点

① 总量大。覆盖在地球表面达 71% 的海洋是地球上最大的太阳能采集器，太阳辐射到地球表面的能量换算为电功率约为 80 万亿千瓦，其中海洋每年吸收的太阳能相当于 37 万亿千瓦·时，每平方千米大洋表面水层含有的能量相当于 3800 桶石油燃烧放出的热量，因此海洋又被称为"蓝色油田"。

② 分布广。海洋能分布范围广泛，在我国大陆沿岸和海岛附近蕴藏着较丰富的海洋能资源，至今却尚未得到应有的开发。据调查统计，我国沿岸和海岛附近的可开发潮汐能资源理论装机容量达 2179 万千瓦，理论年发电量约为 624 亿千瓦·时，波浪能理论平均功率约为 1285 万千瓦，海流能理论平均功率为 1394 万千瓦，这些资源的 90% 以上分布在常规能源严重缺乏的华东沪浙闽沿岸。

③ 可再生。海洋能来源于太阳辐射能与天体间的万有引力，只要太阳、月球等天体与地球共存，这种能源就会再生，就会取之不尽、用之不竭。

④ 污染小。海洋能是一种洁净的能源，它既不会污染大气，也不会带来温室效应。海洋能指蕴藏于海水中的各种可再生能源，包括潮汐能、波浪能、海流能、温差能、盐差能等。这些能源都具有不污染环境等优点，是一项亟待开发应用的具有战略意义的新能源。

5.5.2.2 海洋能开发存在的问题

① 海洋能发展缺乏整体规划。在我国海洋能发展历史中，由于对资源状况缺乏整体认识，没有形成系统的发展方向、目标和计划，基本处于试验、探索阶段，甚至有一定的盲目性和重复性，从而影响了我国海洋能的研究开发和利用。当前，国家已制定了可再生能源中长期发展规划和可再生能源发展"十三五"规划，对海洋能开发的思路越来越清晰。

② 海洋能高新技术研发能力不足。海洋能利用属于高新技术产业范畴，对工程技术有很高的要求。然而，我国历史上海洋能开发技术时冷时热，有些领域的研究曾因各种原因而

一度中止，没有系统的科研规划和发展计划，只是由各研究单位开展了一些零星研究，从而造成我国海洋能开发利用停留在低水平重复阶段，未能形成规模和产业，总体研发能力不强。

③ 海洋能开发市场化运作难度大。我国乃至世界海洋能利用都还处于初级阶段，技术不成熟，投入有风险，难以和其他类型能源开发在同一个市场上竞争，使得海洋能利用除国家投资的少数试验电站外，其他社会资金难以进入海洋能开发利用领域，限制了海洋能的发展规划。

④ 海洋能发展缺少相关扶持政策。一些发达国家都从国家的科技政策、环境政策、经济政策等方面，向包括海洋能在内的可再生能源领域倾斜，激励海洋能开发利用向产业化方向发展。目前，我国尚未形成促进海洋能发展的政策体系，海洋能发展的动力明显不足。

5.5.3 国内外海洋能行业发展状况

海洋能作为战略性资源得到国际社会普遍认同，无论是承担更多碳减排责任的传统海洋强国，还是能源需求增长迅速的新兴国家，抑或是受全球变暖威胁的小岛屿发展中国家，都对海洋可再生能源的开发利用表现出浓厚兴趣。

5.5.3.1 国外发展状况

国际社会对保障能源安全、保护生态环境、应对气候变化等问题日益重视，加快开发利用海洋能已成为世界沿海国家和地区的普遍共识和一致行动。沿海国家和地区更加重视海洋能发展，纷纷通过制定中长期发展路线图，布局和推动海洋能发展，提供多元化资金支持，出台针对性强的激励政策，建设海洋能研究中心、海上试验场等公共平台等多种方式支持海洋能发展。海洋能技术正向高效、可靠、低成本、模块化及环境友好等方向发展，海洋能利用规模化和商业化趋势越发明显。

(1) 潮汐能：技术已经商业化应用　世界最大的潮汐电站已建成投产，新型潮汐潟湖电站立项启动；海流能技术基本成熟，单机功率已达 1MW，百兆瓦级海流能发电场立项启动；波浪能技术种类较多，部分百千瓦级波浪能发电装置基本完成海上测试及示范运行，兆瓦级装置正在加紧研发；温差能技术研发开始升温，50kW 温差能电站实现并网运行，正在推进 10MW 温差能项目。国际海洋能产业初现雏形，越来越多国际知名企业进军海洋能产业，海洋能产业化进程正不断加快。海洋能将成为未来能源供给的重要组成部分和未来海洋经济的重要增长点。

(2) 海流能：迈向商业化应用　在海流能技术方面，目前国际上已有数个单机兆瓦级机组实现并网，也有单机百千瓦级机组实现并网。对于海流能资源丰富海域，研发布放兆瓦级机组可有效降低单位发电成本。百千瓦级机组既适合于浅水区安装，又可在短期内实现海流能发电阵列的应用，降低整个发电场成本。

2015 年 9 月，荷兰布放了 1.2MW 海流能发电阵列，为 1000 户居民提供电力，成为国际上首个并网运行的海流能发电阵列。2016 年 11 月，英国一海流能发电场 6MW 发电阵列并网发电，截至 2017 年 3 月末，累计发电 400MW·h，满足了 1250 个英国家庭用电。这两个项目的成功并网发电，标志着国际海流能技术迈向商业化应用。近年来，美国 GE 公司，法国 DCNS 公司、EDF 公司等国际知名公司也纷纷进入海流能领域，国际海流能技术商业化进程进一步加快。

（3）波浪能：技术处于示范运行阶段　目前，全球虽然有不少波浪能发电装置进行了长期海试，但波浪能技术基本处于示范运行阶段。在恶劣环境下，波浪能发电装置的生存性、长期工作的可靠性、高效转换能力等关键技术问题仍有待突破。同时，波浪能发电现有装置基本安装在近岸海域运行，如西班牙穆特里库波浪能电站，装机 296kW，2012 年运行以来，年均发电 40MW·h，尚未到波浪能资源更好的离岸 6km 外开展示范运行。

2004 年和 2009 年先后实现并网的英国海蛇波浪能装置、"牡蛎号"波浪能装置，由于技术问题迟迟未能商业化。至今十几年，这些项目积累了大量的海试经验，对其他波浪能装置研发具有重要借鉴意义。

（4）温差能：进入兆瓦级电站建设阶段　近年来，日本、美国、印度等国家建造了几个百千瓦级温差能发电及综合利用示范电站，取得了较好的运行效果，为兆瓦级电站建造积累了重要经验。法国、美国、韩国等国家启动了兆瓦级温差能电站建设。

2015 年 8 月，美国 100kW 闭式循环海洋温差能转换装置在夏威夷自然能源实验室启动，成为美国首个并网的温差能电站，可满足 120 户家庭年用电需求。2013 年，日本在冲绳的久留岛建成了 50kW 示范电站，为温差能技术商业化奠定了基础。2012 年，印度在米尼科伊岛建造了日产淡水约 100t 的温差能海水制淡示范电站，韩国海洋科学与技术研究所于 2013 年建成了 20kW 温差能试验电站，法国 DCNS 公司正在塔希提开展 10MW 温差能电站建设可行性研究。总体来看，国际温差能技术仍处于核心技术突破阶段，其冷水管技术、平台水管接口技术、热力循环技术以及整体集成技术等方面仍存在一定问题。温差能发电要突破高发电成本的制约，需要向 10MW 甚至百兆瓦电站规模发展。

近年来，随着英国、美国等海洋强国持续加大海洋能技术研发力度，大型跨国能源和制造业巨头也开始进军海洋能领域，国际海洋能技术取得了一系列重要进展：世界最大的潮汐电站装机达 254MW，海流能发电场（总装机 398MW）一期工程已建成 6MW 电站，多个波浪能发电站（最大 1MW）已示范运行多年，温差能发电及其综合利用即将开展兆瓦级工程建设，海洋能技术在边远海岛、深远海、海底等的供电及综合利用逐步成为现实。

5.5.3.2　国内发展状况

"十二五"时期，我国海洋能发展迅速，整体水平显著提升，进入了从装备开发到应用示范的发展阶段。基本摸清了海洋能资源总量和分布状况，完成了重点开发区潮汐能、海流能、波浪能资源评估及选划。自主研发了 50 余项海洋能新技术、新装置，多种装置走出实验室进行了海上验证，向装备化、实用化发展，部分技术达到了国际先进水平，我国成为世界上为数不多的掌握规模化开发利用海洋能技术的国家之一。4.1MW 的江厦潮汐试验电站已稳定运行三十多年，3.4MW 模块化大型海流能发电系统的首套 1MW 机组实现下海并网发电，100kW 鹰式波浪能发电装置和 60kW 半直驱式水平轴海流能发电装置累计发电量均超过 $3 \times 10^4 kW \cdot h$，在建海洋能项目总装机规模超过 10000kW。海洋能试验场相继启动选址、设计和建设，以山东海洋能研究试验区、浙江海流能示范区、广东波浪能示范区为核心的海洋能发展区域布局已现雏形。一批企业进军海洋能行业，产学研紧密结合的海洋能开发队伍初步形成。我国加入了国际能源署海洋能源系统实施协议，并与多个国家签订了海洋能开发合作协议，海洋能领域国际影响力显著提升。

2016 年 12 月，国家海洋局印发了《海洋可再生能源发展"十三五"规划》，计划到 2020 年，海洋能开发利用水平显著提升，科技创新能力大幅提高，核心技术装备实现稳定发电，形成一批高效、稳定、可靠的技术装备产品，工程化应用初具规模，一批骨干企业逐步壮大，产业链条基本形成，标准体系初步建立，适时建设国家海洋能试验场，建设兆瓦级海流能并网示范基地及 500kW 级波浪能示范基地，启动万千瓦级潮汐能示范工程建设，全国海洋能总装机规模超过 50MW，建设 5 个以上海岛海洋能与风能、太阳能等可再生能源多能互补独立电力系统，拓展海洋能应用领域，扩大各类海洋能装置生产规模，海洋能开发利用水平步入国际先进行列。

5.5.3.3 我国发展海洋能的重点任务

（1）推进海洋能工程化应用 开发高效、稳定、可靠的海洋能技术装备，按照工程设计、制造、运维等要求，开展一批海洋能示范工程建设，提高稳定发电能力，推动在海岛供电、海水养殖、海洋仪器供电等领域的实际应用，提升海洋能工程化应用水平。

（2）积极利用海岛可再生能源 加强成熟海洋能技术在海岛地区和极区的推广应用，鼓励《全国海岛保护规划》重点支持的边远海岛和符合条件的近岸海岛实施海岛多能互补示范工程，为海岛居民生活生产、海岛资源保护和海洋权益维护提供能源供给。加强海岛可再生能源建设项目生态环境影响评估。

（3）实施海洋能科技创新发展 以"上规模、提效率"为目标，进一步夯实海洋能技术研究基础，加强海洋能原始创新，发展适合我国海洋能资源特点的高效能量转换新技术、新方法，为海洋能持续快速发展提供科技支撑和发展后劲。

（4）夯实海洋能发展基础 在海洋能资源普查及部分重点区资源详查的基础上，进一步开展海洋能资源精细化调查与评估，加快海洋能公共服务平台建设，健全海洋能开发利用标准体系，夯实我国海洋能发展基础。

（5）加强海洋能开放合作发展 积极引入全球创新资源，鼓励技术引进与合作开发，促进引进消化吸收再创新，构建国际合作新机制。

我国海洋能资源丰富，岛屿众多，具备规模化开发利用海洋能的条件。海洋强国、生态文明建设等国家战略和"一带一路"倡议的提出，为海洋能发展带来了前所未有的历史机遇。《"十三五"国家战略性新兴产业发展规划》将海洋能作为重要支持方向。海洋能产业作为战略性新兴产业，具有产业链条长、带动性强等特点，在国家良好的可再生能源产业政策支持下，各地和企业开发海洋能的热情持续高涨，智能电网、独立供电等技术的长足发展也为海洋能产业发展奠定了坚实基础。因此，大力发展海洋能既是优化能源结构、拓展蓝色经济空间的战略需要，也是开发利用海洋和海岛、维护海洋权益、建设生态文明的重要选择。

5.6 地热能

地热能（geothermal energy）是由地壳抽取的天然热能，这种能量来自地球内部的熔岩，并以热力形式存在，是引致火山爆发及地震的能量。地热能是可再生资源，简称

"地热"。

地热是来自地球内部核裂变产生的一种能量资源。地球内部的温度高达 7000℃，而在 80～100km 深度处，温度会降至 650～1200℃。地球上火山喷出的熔岩温度高达 1200～1300℃，天然温泉的温度大多在 60℃以上，有的甚至高达 100～140℃。这说明地球是一个庞大的热库，蕴藏着巨大的热能。这种热量透过地下水的流动和熔岩涌至离地面 1～5km 的地壳，热力得以被转送至较接近地面的地方。高温的熔岩将附近的地下水加热，这些加热了的水最终会渗出地面。运用地热能最简单和最合乎成本效益的方法，就是直接取用这些热源，并抽取其能量。地热能是一种清洁能源，是可再生能源，其开发前景十分广阔。

（1）地热能的优点

① 再生能源。岩浆/火山地热活动的典型寿命从最低 5000 年到 100 万年以上。这么长的寿命使地热源成为一种再生能源。此外，地热库的天然补充率从几兆瓦到 1000MW（热）以上。地热资源能够可靠、安全和可持续性地运行。地热生产的可持续性也可从存在于热库岩石（含热量 85%～95%）中的热源判断。

② 运转成本低。地热发电不需锅炉、燃料，故其运转成本可相对降低。

③ 附加价值多元化。地热能源除可以发电外，尚可供温室农业栽培、建筑物空调、温泉沐浴等使用，亦同时兼具观光、病理治疗等经济价值。地热能源系属自产型替代能源，其经济规模不但具备发展远景，且拥有能源供应稳定、产量适合开发等优点，还能与其他能源相互结合应用，节省相当大比例的其他燃料消耗，达到高温高效率的利用价值。

（2）地热能的缺点

由于地热资源的开发，受环境先决条件之限制颇多，且开发过程中易造成环境污染，相对地其研究困难度也较大，因此即使在能源多依赖国外进口的台湾，地热发电还是较少被考虑，其最主要的缺点如下：

① 初设成本高。开发初期的探勘、钻井费用极高，且所需相关技术要求极为严苛。

② 环境负荷大。挖凿地热井将破坏地表自然景观并影响生态，对土地使用造成影响。

③ 工安管理风险高。发电时蒸汽中可能带有毒性气体，热水中也可能溶有重金属等有害物质，对环境将造成污染；若暴露量高，工作人员甚至有遭受危害之虞。

④ 不够稳定。供应源位置掌握不易，且持续供应稳定度难以精确计算。

5.6.1　地热能的分类及分布

常见的地热依其储存方式，可约略分为如下两种类型：①水热型。水热型（又名热液资源），系指地下水在多孔性或裂隙较多的岩层中吸收地热，其所储集的热水及蒸汽，经适当提引后可为经济型替代能源，即现今最常见之开发方式。水热型又可分为蒸汽型和热水型。②干热岩型。干热岩型（又名热岩资源），系指浅藏在地壳表层的熔岩或尚未冷却的岩体，可以人工方法造成裂隙破碎带，再钻孔注入冷水使其加热成蒸汽和热水后将热量引出，其开发方式尚在研究中。

根据温度不同，地热资源可分为高温（>150℃）、中温（>90℃且<150℃）和低温（<90℃）三种类型。根据建筑节能的实际应用需求，将地表以下一定深度范围（200m）内低焓值热能定义为浅层地热能。

世界地热资源主要分布于以下 5 个地热带：

（1）环太平洋地热带　世界最大的太平洋板块与美洲、欧亚、印度板块的碰撞边界，即从美国的阿拉斯加、加利福尼亚到墨西哥、智利，从新西兰、印度尼西亚、菲律宾到中国沿海和日本。世界许多地热田都位于这个地热带，如美国的盖瑟斯地热田，墨西哥的普列托、新西兰的怀腊开、中国台湾的马槽和日本的松川、大岳等地热田。

（2）地中海、喜马拉雅地热带　欧亚板块与非洲、印度板块的碰撞边界，从意大利直至中国的滇藏。如意大利的拉德瑞罗地热田和中国西藏的羊八井及云南的腾冲地热田均属这个地热带。

（3）大西洋中脊地热带　大西洋板块的开裂部位，包括冰岛和亚速尔群岛的一些地热田。

（4）红海、亚丁湾、东非大裂谷地热带　包括肯尼亚、乌干达、扎伊尔、埃塞俄比亚、吉布提等国的地热田。

（5）其他地热区　除板块边界形成的地热带外，在板块内部靠近边界的部位，在一定的地质条件下也有高热流区，可以蕴藏一些中低温地热，如中亚、东欧地区的一些地热田和中国的胶东、辽东半岛及华北平原的地热田。

5.6.2　地热能的利用方式

人类很早以前就开始利用地热能，例如利用温泉沐浴、医疗，利用地下热水取暖、建造农作物温室、水产养殖及烘干谷物等。但真正认识地热资源，并进行较大规模的开发利用却是始于 20 世纪中叶。

1904 年，意大利人在拉德瑞罗（Larderello）地热田建成了世界上第一台试验性的热发电机组，开了地热发电之先河。

1913 年，他们建成了第一座商业性的热电站。

1958 年，新西兰的北岛开始用地热源发电。

1960 年，美国加州的喷泉热田开始发电。

1990 年，安装的发电能力达到 6000MW，直接利用地热资源的总量相当于 4.1Mt 油当量。

20 世纪 90 年代中期，以色列奥玛特（Ormat）公司把上述地热蒸汽发电和地热水发电两种系统合二为一，设计出一个新的被命名为联合循环地热发电系统，该机组已经在世界一些国家安装运行，效果很好。

地热能的利用可分为直接利用和地热发电两大类，在世界上 80 多个直接利用地热的国家中，中国直接利用地热装置采热的能力已经位居全球第一。地热能几千年来一直被用来为家庭、烹饪和农业供暖。20 世纪 70 年代初以来，由于能源短缺，地热能作为一种具有广阔开发前景的新能源日益受到关注。

对于不同温度的地热流体可能利用的范围如下：

① 200～400℃，直接发电及综合利用；

② 150～200℃，双循环发电，制冷，工业干燥，工业热加工；

③ 100～150℃，双循环发电，供暖，制冷，工业干燥，脱水加工，回收盐类，罐头食品；

④ 50～100℃，供暖，温室，家庭用热水，工业干燥；

⑤ 20～50℃，沐浴，水产养殖，饲养牲畜，土壤加温，脱水加工。

5.6.2.1　地热发电

地热发电是地热利用的最重要方式。地热发电是利用地下热水和蒸汽为动力源的一种新型发电技术。其基本原理与火力发电类似，也是根据能量转换原理，首先把地热能转换为机械能，再把机械能转换为电能。

高温地热流体应首先应用于发电。地热发电和火力发电的原理是一样的，都是利用蒸汽的热能在汽轮机中转变为机械能，然后带动发电机发电。所不同的是，地热发电不像火力发电那样要装备庞大的锅炉，也不需要消耗燃料，它所用的能源就是地热能。地热发电的过程，就是把地下热能首先转变为机械能，然后再把机械能转变为电能的过程。要利用地下热能，首先需要有"载热体"把地下的热能带到地面上来。目前能够被地热电站利用的载热体，主要是地下的天然蒸汽和热水。按照载热体类型、温度、压力和其他特性的不同，可把地热发电的方式划分为蒸汽型地热发电和热水型地热发电两大类。

（1）蒸汽型地热发电　蒸汽型地热发电是把蒸汽田中的干蒸汽直接引入汽轮发电机组发电，但在引入发电机组前应把蒸汽中所含的岩屑和水滴分离出去。这种发电方式最为简单，但干蒸汽地热资源十分有限，且多存于较深的地层，开采技术难度大，故发展受到限制。主要有背压式和凝汽式两种发电系统。

（2）热水型地热发电　热水型地热发电是地热发电的主要方式。目前热水型地热电站有两种循环系统：①闪蒸系统。当高压热水从热水井中抽至地面，于压力降低部分热水会沸腾并"闪蒸"成蒸汽，蒸汽送至汽轮机做功；而分离后的热水可继续利用后排出，当然最好是再回注入地层。②双循环系统。地热水首先流经热交换器，将地热能传给另一种低沸点的工作流体，使之沸腾而产生蒸汽。蒸汽进入汽轮机做功后进入凝汽器，再通过热交换器而完成发电循环。地热水则从热交换器回注入地层。这种系统特别适合于含盐量大、腐蚀性强和不凝结气体含量高的地热资源。发展双循环系统的关键技术是开发高效的热交换器。

5.6.2.2　地热供暖

将地热能直接用于采暖、供热和供热水是仅次于地热发电的地热利用方式。因为这种利用方式简单、经济性好，备受各国重视，特别是位于高寒地区的西方国家，其中冰岛开发利用得最好。该国早在 1928 年就在首都雷克雅未克建成了世界上第一个地热供热系统，现今这一供热系统已发展得非常完善，每小时可从地下抽取 7740t 80℃的热水，供全市 11 万居民使用。由于没有高耸的烟囱，冰岛首都已被誉为"世界上最清洁无烟的城市"。此外利用地热给工厂供热，如用作干燥谷物和食品的热源，用作造纸、制革、纺织、酿酒、制糖等生产过程的热源也是大有前途的。目前世界上最大两家地热应用工厂是冰岛的硅藻土厂和新西兰的纸浆加工厂。我国利用地热供暖和供热水发展也非常迅速，在京津地区已成为地热利用中最普遍的方式。

5.6.2.3　地热务农

地热在农业中的应用范围十分广阔。如利用温度适宜的地热水灌溉农田，可使农作物早熟增产；利用地热水养鱼，在 28℃ 水温下可加速鱼的育肥，提高鱼的出产率；利用地热建造温室，育秧、种菜和养花；利用地热给沼气池加温，提高沼气的产量等。将地热能直接用于农业在我国日益广泛，北京、天津、西藏和云南等地都建有面积大小不等的地热温室。各地还利用地热大力发展养殖业，如培养菌种、养殖非洲鲫鱼、鳗鱼、罗非鱼、罗氏沼虾等。

5.6.2.4　地热行医

地热在医疗领域的应用有诱人的前景，目前热矿水就被视为一种宝贵的资源，世界各国都很珍惜。由于地热水从很深的地下提取到地面，除温度较高外，常含有一些特殊的化学元素，从而使它具有一定的医疗效果。如含碳酸的矿泉水供饮用，可调节胃酸、平衡人体酸碱度；含铁矿泉水饮用后，可治疗缺铁贫血症；氢泉、硫水氢泉洗浴可治疗神经衰弱和关节炎、皮肤病等。由于温泉的医疗作用及伴随温泉出现的特殊地质、地貌条件，使温泉常常成为旅游胜地，吸引大批疗养者和旅游者。在日本就有 1500 多个温泉疗养院，每年吸引 1 亿人到这些疗养院休养。我国利用地热治疗疾病的历史悠久，含有各种矿物元素的温泉众多，因此充分发挥地热的医疗作用，发展温泉疗养行业是大有前途的。

未来随着与地热利用相关的高新技术的发展，将使人们能更精确地查明更多的地热资源，钻更深的钻井将地热从地层深处取出，因此地热利用也必将进入一个飞速发展的阶段。

地热能在应用中要注意地表的热应力承受能力，不能形成过大的覆盖率，这会对地表温度和环境产生不利的影响。因此，需要我们充分计算。

5.6.3　国内外地热能行业发展状况

在各种可再生能源的应用中，地热能显得较为低调，人们更多的关注来自太空的太阳能量，却忽略了地球本身赋予人类的丰富资源，地热能将有可能成为未来能源的重要组成部分。相关专家指出，倘若给予地热能源相应的关注和支持，在未来几年内，地热能很有可能成为与太阳能、风能等量齐观的新能源。

5.6.3.1　国外发展状况

全球地热储量十分巨大，理论上可供全人类使用上百亿年。据估计，即便只计算地球表层 10km 厚这样薄薄的一层，全球地热储量也有约 1.45×10^{26} J，相当于 4.948×10^{15} t 标准煤，是地球全部煤炭、石油、天然气资源量的几百倍。

根据 2010 世界地热大会的数据，2010 年，全球有 24 个国家开发了地热发电项目，总装机容量 10715MW，年发电利用总量为 67246GW·h，平均利用系数为 0.72；有 78 个国家开展了地热直接利用活动，总设备容量为 50583MW，年利用热能为 121696GW·h，平均利用系数为 0.27。

截至 2015 年，世界地热直接利用的总装机容量为 70.33GW，直接利用总装机容量世界排名前五的国家分别为：中国，17.87GW；美国，17415MW；瑞典，5600MW；土耳其，2886MW；德国，2848MW。

和其他可再生能源起步阶段一样，地热能形成产业的过程中面临的最大问题来自技术和资金。地热产业属于资本密集型行业，从投资到收益的过程较为漫长，一般来说较难吸引到商业投资。可再生能源的发展一般能够得到政府优惠政策的支持，例如税收减免、政府补贴以及获得优先贷款的权力。在相关优惠政策的指引下，投资者们将更有兴趣对地热项目进行投资建设。

地热能的利用在技术层面上有待发展的主要是对于开采点的准确勘测，以及对地热蕴藏量的预测。由于一次钻探的成本较高，找到合适的开采点对于地热项目的投资建设至关重要。现在，地热产业采取引进石油、天然气等常规能源勘测设备，为地热能寻找准确的开采点。

全世界到处都有地热资源，特别是在许多发展中国家尤其丰富，它们的使用可取代带来污染的矿物燃料。对地热的研究和开发终将使人类能使用含在不同深度的岩石中的热能，而不单单是火山地区中的地热能。到那时，地热能将供应全世界所需电与热量的 25%～50%。既缓解了能源紧张的压力，又有利于环境保护。

5.6.3.2 国内发展状况

中国是世界上开发利用地热能资源最早的国家之一，对温泉等地热资源的利用可追溯至先秦时期，21 世纪以来，在政策引导和市场需求推动下，我国地热能资源开发利用得到快速发展。

① 中国地热能资源潜力巨大，分布广泛。地热能是蕴藏在地球内部的热能，是一种清洁低碳、分布广泛、资源丰富、安全优质的可再生能源，可以分为浅层地热能、水热型地热能和干热岩型地热能。地热能开发利用具有供能持续稳定、高效循环利用和可再生的特点，可以减少温室气体排放，改善生态环境，有望成为能源结构调整的新方向。

② 中国地热能利用水平逐步提升。中国是世界上开发利用地热能资源最早的国家之一，对温泉等地热资源的利用可追溯至先秦时期，21 世纪以来，在政策引导和市场需求推动下，我国地热能资源开发利用得到快速发展。

《中国地热能发展报告（2018）》数据显示，2000 年我国利用浅层热能供暖（制冷）建筑面积仅为 10 万平方米，随着绿色奥运、节能减排等发展，浅层地热能利用进入快速发展阶段。截至 2017 年底，我国地源热泵装机容量达 2 万兆瓦，位居世界第一，年利用浅层地热能折合 1900 万吨标准煤，实现供暖（制冷）建筑面积超过 5 亿平方米，其中京津冀开发利用规模最大。按往年发展速度测算，2018 年浅层地热能供暖（制冷）建筑面积约为 6 亿平方米。

近 10 年来，我国水热型地热能直接利用以年均 10%的速度增长，已连续多年位居世界首位。我国地热能直接利用以供暖为主，其次为康养、种植、养殖等。截至 2017 年底，全国水热型地热能供暖建筑面积超过 1.5 亿平方米。2018 年我国水热型地热能供暖建筑面积约为 1.65 亿平方米。

③ 政策助推，行业发展目标明确。近年来，我国加强能源体系建设，优化能源消费结构，提高清洁能源的比重，地热能作为清洁可再生能源受到了国家的重视，国家出台一系列政策为行业发展指明了方向。

其中《地热能开发利用"十三五"规划》明确提出，"十三五"时期各地区根据地热资源特点和当地用能需要，因地制宜开展浅层地热能、水热型地热能的开发利用，开展干热岩开发利用试验，在"十三五"时期，新增地热能供暖（制冷）面积 11 亿平方米，其中新增浅层地热能供暖（制冷）面积 7 亿平方米，新增水热型地热供暖面积 4 亿平方米。新增地热发电装机容量 500MW。到 2020 年，地热供暖（制冷）面积累计达到 16 亿平方米，地热发电装机容量约 530MW。

④ 干热岩地热能源成为未来主攻方向。目前我国地热能开发利用发展较快，但是仍然存在地热资源勘察评价和科学研究不充分的问题，全国性地热资源评价缺乏，评价结果精度较低，同时受勘察精度与开发速度不协调的影响，开发利用选区、开采规模确定等方面存在着一定的盲目性。未来我国必须要提高地热资源勘察技术水平，加强地热资源评价。

在《地热能开发利用"十三五"规划》提出，积极推进水热型地热供暖，按照"集中式与分散式相结合"的方式推进水热型地热供暖，在"取热不取水"的指导原则下，进行传统供暖区域的清洁能源供暖替代；大力推广浅层地热能利用，加强我国南方供暖制冷需求强烈地区的浅层地热能开发利用。中国大陆埋深 5500m 以浅干热岩型地热能资源量折合约为 106 万吨标准煤，随着加强地热能开发利用关键技术的研发，开展干热岩资源发电试验项目的可行性论证，选择场址并进行必要的前期勘探工作，未来 15～30 年干热岩地热等将成为重点研究领域和主攻方向。

地热能是蕴藏在地球内部的热能，是一种清洁低碳、分布广泛、资源丰富、安全优质的可再生能源。地热能开发利用具有供能持续稳定、高效循环利用和可再生的特点，可以减少温室气体排放，改善生态环境，有望成为能源结构调整的新方向。

长期以来，能源一直是我国国民经济发展中的热点和难点。随着我国经济的发展，能源生产和消费的矛盾、能源与环境的矛盾越来越大，我国的能源形势非常严峻。对中国来说，大力开发和利用绿色能源将是升级能源结构、保护环境、促进经济可持续发展的重要战略之一。

第6章

绿色化工技术与清洁生产实例

化学工业的发展极大地推动了人类物质生产和生活的巨大进步。从钢铁冶炼、水泥陶瓷、酸碱肥料、塑料橡胶、合成纤维，到医药、农药、日用化学品等行业都与化学工业息息相关，并且为人类创造了大量的物质财富，可以说现代社会生活已完全离不开化学工业和化工产品。然而，目前化学工业在给人类带来益处的同时，也给人类和自然环境带来了严重的有害影响甚至是灾难。长期以来，污染一直是困扰化学工业的致命问题，它阻碍着化学工业的健康发展。

发达国家已经走过的道路表明，传统的工业生产方式能源消耗高、资源浪费大、污染严重，导致资源逐渐枯竭，工业污染远远超出环境容量，污染控制难度很大。工业污染的"末端治理"是一种被动的管理模式，投入高、费时费力、影响企业的经济效益，其最终的经济代价是昂贵的。企业普遍缺乏治理污染的积极性，企业生产与环境保护不能协调一致，而且发展是不可持续的，正是在这种背景下绿色化工应运而生。

6.1 绿色化工与可持续发展

近年来，化学工业对环境的污染引起人们的广泛关注，人们已经深刻认识到，化工生产造成环境污染的根本原因在于人们的环境社会意识和化工工艺的落后。在这种形势下，人类要求得自身的生存与可持续发展，就必须综合考虑环保、经济、社会以及化学工业本身发展的要求，大力开发能够与周围事物和谐共处的绿色化工工艺与产品。

现在，人们已经认识到，污染是一种浪费，是一种必须在生产计划中应该加以考虑的成本，它所造成的大气、水和土壤污染的严重后果，是一种对环境、经济、社会可持续发展的破坏，它不仅破坏化工行业的生产，也制约着化工行业进一步的发展。为此，许多西方发达国家已把环保放在首位，把防止污染确立为基本国策。

目前，化工行业的环保措施主要还是采用末端治理的方法，末端治理是在生产过程的末端即在污染物排入环境前增加的治理污染的环节。它只是为防治污染而采取的一种补救措施，确实能对环境质量的改善起到非常大的作用。但是化工污染物主要产生于生产过程，而末端治理却偏重于污染物产生后的处理上，忽视全过程控制，治标而不治本，而且治理投资和运行费用高，企业负担重甚至难以承受，资源、能源得不到有效利用，企业缺乏应有的积极性，环境质量难以得到根本的改善，以致化工污染成为阻碍社会、经济共同发展的制约因素。这就要求我们必须采取绿色化工的有效方法彻底控制化工污染，从根本上缓解经济发展与环境保护之间的矛盾，有效地改善我们的生存环境，保证人类和化工行业持续、稳定、健康地发展。

6.1.1 绿色化工是控制化工污染的最有效手段

绿色化工强调通过技术革新，使物料得到有效利用，将污染物消灭在生产过程中，从源头上减少或消除污染，使废物不再产生，不再有废物处理问题，彻底改变过去被动滞后的污染物末端治理手段，是化工污染控制过程由末端控制向生产全过程控制转变的最佳途径。这样不仅环境效益高，而且有明显的经济效益，可实现环境效益与经济效益同步增长，能在环境资金投入不多和较短的时间内，显著地削减污染物，彻底缓解化工行业经济发展与环境保护之间的矛盾，是控制化工污染的有效手段。

推行绿色化工是实现经济增长方式从粗放型向集约型转变的一项重要保障。通过绿色化工，改进工艺技术和设备，最大限度地提高资源、能源的利用率，将环境保护与合理利用资源、降低物耗、提高经济效益有机地结合起来，有利于化工企业走内部挖潜的道路，有利于提高化工企业的管理水平和技术水平，达到节能降耗，减少污染物的产生量和排放量的目的，有效地促进化工行业经济增长方式由粗放型向集约型转变，从而实现经济、社会与环境保护之间的协调发展。

6.1.2 绿色化工是化工行业可持续发展的必然选择

可持续发展的实质是资源的可持续利用，强调的是环境与经济协调发展，要实现资源的可持续利用，最有效的措施就是开源节流，提高资源利用率及转化率。

绿色化工通过工艺技术和设备的革新，对生产过程的污染进行预防和控制，达到控制污染物产生的目的。这样将合理利用资源、降低物耗、提高经济效益与环境保护有机地结合起来，实现以尽可能小的环境代价和最少的能源、资源消耗，获得最大的经济效益。

绿色化工是一项复杂的化工系统工程，它会随着科技与社会的进步不断发展与完善。实践证明，绿色化工是缓解化工行业经济发展与环境保护之间尖锐矛盾，实现我国化工环保上新台阶的最有效战略，是化工行业可持续发展的必然选择。

6.1.3 实施清洁生产发展绿色化工

清洁生产是绿色化学在生产中的实施，是将污染预防战略持续地应用于生产全过程，通过不断地改善管理和技术进步，提高资源利用率，减少污染物排放，以降低对环境和人类的危害。清洁生产的核心是从源头抓起，预防为主，生产全过程控制，清洁生产和循环经济不仅能够改善环境，而且能够产生巨大的经济效益。清洁生产从本质上来说，就是对生产过程与产品采取整体预防的环境策略，减少或者消除它们对人类及环境的可能危害，同时充分满足人类需要，使社会经济效益最大化的一种生产模式。积极实施清洁生产是发展绿色化工的重要途径。

6.2 化学工业的清洁生产

清洁生产是指以节约能源、降低原材料消耗、减少污染物排放量为目标，以科学管理、技术进步为手段，以提高污染防治效果，降低污染防治费用为目的，消除或减少工业生产对人类健康和环境的影响。因此，清洁生产可以理解为工业发展的一种目标模式，即利用清洁能源、原材料，采用清洁生产的工艺技术，生产出清洁的产品。同时，实现清洁生产，不是从单纯技术、经济角度出发来改进生产活动，而是从生态经济的角度出发，根据合理利用资源，保护生态环境的这样一个原则，考察工业产品从研究、设计、生产到消费的全过程，以协调社会和自然的相互关系。

实施清洁生产可通过改进设计，即在工艺和产品设计时，要充分考虑资源的有效利用和环境保护，生产的产品不危害人体健康，不对环境造成危害，能够回收的产品要易于回收；使用清洁的能源，并尽可能采用无毒、无害或低毒、低害原料替代毒性大、危害严重的原料；采用资源利用率高、污染物排放量少的工艺技术与设备；充分利用废渣、水循环利用、废物回收等综合利用；改善原料管理、设备管理、生产过程管理、产品质量管理、现场环境管理等途径进行。实施清洁生产体现了减量化、资源化、再利用、无害化原则。

当前，清洁生产作为一套系统而完整的可持续发展战略，已为社会各界所认可和接受，并在世界各个国家和地区都有了一定程度的推广和应用。因此对清洁生产方案的实施效果进行评价是非常必要的。

6.2.1 清洁生产评价指标

清洁生产评价指标是为界定一个生产工艺或产品的环境品质的清洁状况而设计的，为评价选定的清洁生产方案的实施效果提供客观依据，是评估生产工艺或产品是否符合清洁生产理念的比较基准。清洁生产指标具有标杆之功能，为评价清洁生产绩效提供了一个比较标准，为清洁生产理念的推广和持续清洁生产的推动提供动力支持。

6.2.1.1 清洁生产评价指标的类型

世界各国常用的清洁生产指标依据其性质，大致可以分为三类，分别是：宏观性指标、微观性指标和为环境设计指标（Design for Environment，简称 DfE）。

宏观性指标，可以表明工厂经营者和管理者对于环境的承诺，属定性指标范围，例如是否有减废计划，是否通过 ISO 14001 环境管理系统的验证。此外，宏观性指标还可以显示企业管理水平。但由于这类指标常常具有相对性，有的无法提供具体证据。

微观性指标，是通过对检测的结果进行一系列计算得到具体数值，来表示工厂的环境影响程度，属定量指标范围。这类指标的针对性比较强，要求有明确的分类和定义。例如，产品的废弃物产生率（waste generationrate），首先必须详细定义废弃物的种类，然后根据定义从工厂获取实际数据，依据相应公式计算各自的废弃物产生率，然后与基准数据进行对比。这个指标数值只与工艺、设备有关，而与工厂所处的地点无关，所以，必须经过现场调查、检测以获取真实数据。微观性指标既可以用于识别工厂的减废空间，也可以说明企业的环境绩效。

为环境设计指标，通常是由产品生命周期的分析结果得来，是以产品生命周期模式将产品分成制造、销售、使用和弃置四个阶段，每个阶段再依其特性设计出适用的清洁生产指标。产品研发部门在产品开发阶段，就将该产品在不同阶段的环境影响加以考虑，例如考虑避免使用禁用的原材料或使用废物回收技术，就是考虑生产后要降低对环境的负面影响。为研发人员在选择原材料、能源、工艺和污染物处理技术时提供参考依据，这类指标也可以为研发人员在开发新产品时提供设计指南。

6.2.1.2 国内常用清洁生产指标

我国自1993年开始清洁生产试点示范和相关研究以来，制定和颁布了一系列规范和推动清洁生产的法律法规和行业规范，各行各业、各个不同地区和部门进行了不断地探索和努力，取得了较大成绩，清洁生产评价指标方面也进行了大量的探索和尝试，形成了初步规范。但是，所用指标定性评价多，定量考评少，没有形成具有普遍应用性的科学体系。

到目前为止，我国较常用的清洁生产评价指标是依据生命周期分析的原则进行分类的，主要有四大类：原材料指标、产品指标、资源指标和污染物产生指标，见表6-1。其中，前两者是定性指标，后两者主要为定量指标。

原材料指标体现了原材料的获取、加工、使用等各方面对环境的综合影响，从毒性、生态影响、可再生性、能源强度以及可回收利用性五个方面建立指标。

产品指标应涉及销售、使用过程、报废后的处置以及寿命优化问题四个方面。

这两类指标比较宏观，主要是靠专家打分，得各项指标的权重值，然后与相应的国际/国内标准进行比较，以确定相应的等级。这两类指标与欧盟的生态指标比较相似，区域性较强，不同行业、不同地区难以比较。

资源（消耗）指标是指在正常操作情况下，生产单位产品对资源的消耗程度，可以部分地反映一个企业的技术工业和管理水平，即反应生产过程的状况。从清洁生产的角度看，资源指标的高低同时也反映企业的生产过程在宏观上对生态系统的影响程度，在同等条件下，资源消耗量越大，对环境的影响越大。资源指标可以由单位产品的耗水量、能耗和物耗来表示。资源指标与美国环保署的减废情况交换所指标类似，只适用于同一工厂在工艺改进前后的比较，难以发现对生态环境的直接损耗。

污染物产生指标是除资源指标外，另一类反映生产过程状况的指标。污染物产生指标代表着生产工艺先进性和管理水平的高低。基于对一般的污染问题的考虑，污染物产生指标分为三类，即废水、废气和固体废物。这类指标与英国ICI公司的环境负荷指标及美国3M公司的废弃物产生率类似，无法表明真正的环境影响程度。

⊡ 表 6-1　清洁生产评价指标

评价指标	分指标	指标内涵	指标权重
原材料指标	毒性	原材料所含毒性成分对环境的影响	7
	生态影响	原料取得过程中的生态影响程度	6
	可再生性	原材料可再生或可能再生的程度	4
	能源强度	原材料在采掘和生产过程中消耗能源程度	4
	可回收利用性	原材料的可回收利用程度	4
产品指标	销售	产品销售过程中对环境造成的影响程度	3
	使用	产品在使用期内使用的消耗品和其他产品可能对环境造成的影响程度	4
	寿命优化	产品的技术寿命、美学寿命和初设寿命处于优化状态	5
	报废	产品报废后对环境的影响程度	5
资源指标	单位产品新鲜耗水量	正常操作下,生产单位产品整个工艺使用的新鲜水量	11
	单位产品的能耗	正常操作下,生产单位产品消耗的电力、油和煤等	10
	单位产品的物耗	正常操作下,生产单位产品消耗的构成产品的主要原料和对产品起决定性作用的辅料的量	8
污染物产生指标	废水产生指标	单位产品的废水产生量、单位产品主要水污染物产生量	29
	废气产生指标	单位产品废气产生量、单位产品主要大气污染物产生量	
	固体废物产生指标	单位产品主要固体废物产生量	

6.2.1.3　国外常用清洁生产指标

（1）气候变化指标　温室气体的排放会改变大气的组成，提高地表温度，引起全球变暖。荷兰所制定的气候变化指标是将全国每年 CO_2、CH_4、N_2O 的排放量，以及 CFCs 的使用量都折算成 CO_2 当量后相加，以表示它们对温室效应或全球变暖的贡献。荷兰政府逐年调查此类指标，并制定相应的削减目标。这一指标适用于政府对全国的温室气体控制，它能提供明确的指引，但是对于个别企业却无法指导清洁生产的进行。

（2）环境绩效指标　欧盟绿色圆桌组织（European Green Table）在所提出的环境绩效指标（Environmental Performance Indicators in Industry，简称 EPI）报告中，针对铝冶炼业、油汽勘探制造业、石油精炼、石化、造纸等行业，根据行业特性提出该行业应该建立的清洁生产指标项目。虽然欧盟所提出的环境绩效指标对我国并不完全适用，但是针对行业特性发展清洁生产指标的这一原则，对于我们建立各行业的指标体系还是具有极高的参考价值的。

（3）生态指标　欧盟用环境影响的观念来评估污染物质对生态环境的影响和对人类健康的危害，并建立各项指标体系，其逻辑和程序示意图如图 6-1 所示。生态指标是根据污染物排放后对环境、生态系统或人类健康造成的危害的大小所建立的指标。不过，由于这些危害的大小是根据当地的环境标准、气候状况、天文状况、水力状况而定的，所以生态指标的区域性很强，对其他区域，如亚洲，这些指标并不一定适用。

（4）环境负荷指标　英国得利公司（ICI）所属的 FCMO（Fine Chemicals Manufacturing Organization）发展出一种称为环境负荷指标（Environmental Load Factor，简称 ELF）的

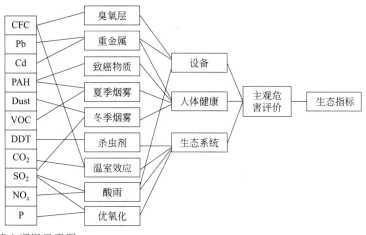

图 6-1 生态指标建立逻辑示意图

简单指标供化工工艺开发人员作为评估新工艺的参考值，其定义如下：

$$环境负荷指标 = \frac{废弃物(t)}{产品(t)}$$

上式中的废弃物不包括工序用水和空气，不参与反应的氮气（N_2）也不算在内。这个公式适合于有化学反应的工序。不过，"废弃物"没有有害、无害之分，只以总当量指标值表示，不能真正表示其对环境的影响程度。

（5）废弃物产生率指标　美国 3M 公司自 1975 年开始执行 3P（Pollution Prevention Pays，污染预防支付）计划以来，绩效卓著，第一年就减少各类（气、液、固）污染物约 50 万吨。3M 公司有一个简单的指标作为评估工艺的参考值。它的定义如下式：

$$废弃物产生率 = \frac{废弃物(t)}{产品(t)}$$

3M 公司的废弃物产率与英国 ICI 公司的环境负荷指标极为相似，废弃物的定义相同，只是比较的基准不同。环境负荷指标以产品为基准，废弃物产生率指标以总产出（包括产品、副产品和废弃物）为基准，其值永远小于 1，而 ELF 值则可以大于 1。与 ELF 相同，废弃物产生率的值也无法真正表示其对环境的影响程度。

（6）减废情况交换所指标　美国环保署的减废情况交换所（Pollution Prevention Information Clearinghouse，简称 PPIC）指标所采用的方式是经常调查/评估废弃物产生量、原料、水及能源的耗用量。在每次调查/评估之间必须进行某项改善，然后比较改善前后的情况，以评估改善的程度。需要注意的是，这类指标只适用于同一工厂在工艺改进前后的比较。

6.2.2　清洁生产评价方法

（1）百分制法　百分制法具有容易理解，计算简单的特点，主要用于工业建设项目中。百分制评价方法是国内一般较常采用的清洁生产评价方法。

首先确定出有针对性的清洁生产指标，并针对不同的评价指标，确定不同的评价等级，各指标按照等级评分标准分别进行打分，然后分别乘以各自的权重值，最后累加起来得到总分。通过总分值的比较可以基本判定建设项目整体所达到的清洁生产程度。专家根据企业的实际情况，对各项指标按表 6-2 中的等级分值打分，然后分别乘以各自的权重值，最后累加起来得到总分。根据累计得分情况总体评价可分为清洁生产、传统先进、一般、落后、淘汰 5 个项目。

（2）生产清洁度法　生产清洁度是表征企业整体在某一时期清洁生产的相对程度，参数有：消耗系数、排污系数、无毒无害化系数、职工健康系数和资源化系数，其中，消耗系数是指生产单位产品所消耗的各种原料、能源等物质的量；排污系数是指生产单位产品所排放的污染物之和的量；无毒无害化系数是指生产单位产品所使用的有毒有害原材料和能源之和的量；职工健康系数是指生产单位产品给员工身体带来的影响；资源化系数是指生产单位产品资源综合利用的量。根据各参数的相对重要性，通过专家对这些参数打分，以权重加和法计算可得到企业的生产清洁度。具体评价方法见表 6-2。清洁度是表征企业实施清洁生产所获效益的一个综合指标，可集中反映企业在某时点的清洁生产水平，已有用于啤酒行业清洁生产的先例。

⊡ 表 6-2　百分制与生产清洁度评价方法

评价方法	评价标准	等级分值					清洁生产水平分级				
		很差	较差	一般	较清洁	清洁	清洁生产	传统先进	一般	落后	淘汰
百分制法	资源指标	0～0.20	0.20～0.40	0.40～0.60	0.60～0.80	0.80～1	＞80	70～80	55～70	40～55	＜40
	污染物产生指标										
	产品清洁指标										
	环境经济效益指标										
生产清洁度法	消耗系数	5～∞	2～5	1.5～2	1～1.5	0～1	＞80	70～80	55～70	40～55	＜40
	排污系数										
	无毒无害化系数										
	职工健康系数										
	资源化系数										

（3）模糊数学评价方法　此方法先从定性的模糊选择入手，然后通过模糊变换原理进行运算取得结果，考虑到一些因素的确定是模糊的，也就是在确定各因素指标体系之后对各因素指标不做定量处理，由评估专家对各因素指标进行模糊选择，统计出专家群体对各评估因素指标体系的选择结果，再按照所建立的数学模型进行计算。

首先建立模糊数学综合评价的模式，再将复杂的评价问题演变为一个较为简便的模糊变换。

设 X 是评价因素集，即 $X=\{x_1,x_2,\cdots,x_n\}$；Y 是评价水平等级决策集，即 $Y=\{y_1, y_2,\cdots,y_n\}$，对于任意的 $x_i \in X$，$y_i \in Y$，r_{ij} 表示 x_i 在 y_i 上的特征指标（可能程度），对于每个 x_i 得一组 $(r_{i1},r_{i2},\cdots r_{im},)$ 是 x_i 关于 Y 的特征指标，$(i=1,2,\cdots,n)$，再以这几组量

作为行组成 $n \times m$ 的矩阵 $\boldsymbol{R} = (r_{ij})_{n \times m}$（如下所示矩阵），就得出 X 到 Y 的模糊关系矩阵，称为单因素评价矩阵。

$$
\boldsymbol{R} = \left\{
\begin{array}{cccccc}
r_{11} & r_{12} & \cdots & r_{1j} & \cdots & r_{1n} \\
r_{11} & r_{22} & \cdots & r_{2j} & \cdots & r_{2n} \\
\cdots & \cdots & \cdots & \cdots & \cdots & \cdots \\
r_{i1} & r_{i2} & \cdots & r_{ij} & \cdots & r_{in} \\
\cdots & \cdots & \cdots & \cdots & \cdots & \cdots \\
r_{m1} & r_{m2} & \cdots & r_{mj} & \cdots & r_{mn}
\end{array}
\right.
$$

其中 r_{ij} 表示第 i 个评价因素隶属第 j 个评价水平等级的可能程度，$\sum\limits_{j=1}^{n} r_{ij} = 1, 2, \cdots, m$；$j = 1, 2, \cdots, n$。

用 $\boldsymbol{X}$ 上的模糊集 $\boldsymbol{K} = (k_1, k_2, \cdots, k_n)$ 表示权重分配，即 k_i 是因素 x_i 的数量指标，由 $\boldsymbol{A} = \boldsymbol{K} \cdot \boldsymbol{R}$，经计算得 $\boldsymbol{A} = (a_1, a_2, a_3, \cdots, a_n)$ 表示决策集上各种决策的可能性系数，再用最大隶属度原则选择最大的 a_j，对应 y_i 为评价结果。

$$
\boldsymbol{A} = \boldsymbol{K} \cdot \boldsymbol{R} = (k_1, k_2, \cdots, k_m) \left\{
\begin{array}{cccc}
r_{11} & r_{12} & \cdots & r_{1n} \\
r_{21} & r_{22} & \cdots & r_{2n} \\
\cdots & \cdots & \cdots & \cdots \\
r_{m1} & r_{m2} & \cdots & r_{mn}
\end{array}
\right\} = (a_1, a_2, a_3, \cdots, a_m), \sum\limits_{i=1}^{m} a = 1
$$

模糊数学评价方法的类型有一级评价模型和多级评价模型两种。

6.2.3 清洁化工过程系统集成方法

清洁生产是对工艺和产品不断采用一种一体化的预防性环境战略，用来减少工艺和产品对人体与环境的风险。对清洁生产而言，过程系统集成是关键。过程集成（Process Integration）是 20 世纪 80 年代发展起来的过程综合领域中一个最活跃的分支，它不仅考虑物料流的流程生成，而且将物料流、能量流、信息流（自动控制）加以综合集成，从而找到理想的清洁化工流程。

清洁化工过程系统集成方法，有直观推断法、质量交换网络综合法、模拟优化法、灵敏度分析法、热力学分析法及产品周期分析法。

（1）直观推断法 直观推断法又称分层决策法，这种方法将过程设计分成若干层次，在每一层次中提出若干需要决策的问题（如物料选择、流程结构、加工路线、技术筛选等），提出若干与污染最小有关的决策问题。通过不同的决策可产生不同的流程结构，通过合理的决策可使设计出的过程污染尽量降低。

（2）质量交换网络综合法 质量交换网络综合法又称夹点分析法，它是用温度热焓（T-H）图示的方法进行分析。其重点放在"目标的设定"上而不是"设计"上，因此它已成为工艺流程设计和模拟上游过程概念设计的通用方法而得到广泛应用，目前已在世界范围内应用了 2500 多个项目。对老厂改造可节省操作费 $20\% \sim 50\%$，投资回收期为 1 年左右；对新厂设计，可比传统方法节省投资 $10\% \sim 20\%$，操作费节省 $30\% \sim 50\%$。在减少废液排放中，则以污染物浓度为纵坐标，污染物的质量流量为横坐标，用类似于构造焓复合曲线的方法，可得到废液的复合浓度曲线，从而确定最少新鲜水用量和最少废液排放量。德国BASF公司推广夹点技术后，CO_2排放量减少了218t/h，SO_2减少1.4t/h，NO_x减少0.7t/h，废水排放量减少70t/h。

（3）模拟优化法　此法有代表性的研究成果是，美国麻省理工学院Stephanopoollos等人开发的间歇过程设计工具箱，它是由工艺综合器、工艺流程评价器和溶剂选择器三部分组成的，并考虑环境影响的间歇过程工艺流程开发平台；新泽西工学院开发的环境工程计算机辅助设计Enviro CAD，是一套末端治理的计算机辅助设计软件，是一个模拟评价与专家系统相结合的系统；Flower等人1994年提出的工艺过程——三废处理联合优化法，是一种基于模拟的洁净工艺过程综合方法，由过程模块及流程优化器两个子系统构成。

（4）灵敏度分析法　灵敏度分析法（Sensitivity Analysis Method）利用定量分析法使污染最小的同时取得最大的净利润。因此这种方法是将污染指标与过程的净利润紧密地联系起来，在废料产生最少与净利润最大之间作最优权衡（tradeoff）的一种方法。

（5）热力学分析法　热力学分析方法有［㶲］分析法（Exergoecologic Analysis）和网络模式热经济学方法两种。

①［㶲］分析法。墨西哥石油研究院Rivero提出，他指出一个工业工程是否完善，可用改进潜力衡量，潜力越大则完善程度越差：

$$POt_{ec} = I_{rr}(1-\varepsilon) + \sum EfI_k + \sum EfI_j(1+\lambda_j)$$

式中，I_{rr}为绝对潜力，即系统不可逆损耗；$(1-\varepsilon)$为相对潜力，它由系统的效率ε衡量；EfI为向环境排放的损失，EfI_k为非物料排放，EfI_j为物料排放；λ_j为估计毒性影响的污染系数。

②网络模式热经济学方法。网络模式热经济学方法是对生态系统建模，并将生态系统和生态平衡问题与常规的热经济学融合在一起，进行分析和优化，从而形成能同时考虑生态平衡的网络模式热经济学。

（6）产品生命周期分析法　产品生命周期分析法，又称环境影响最小化法，是英国帝国理工学院1995年提出的，试图将产品生命周期分析与过程优化结合起来。一个新的化工过程，从科研开始到设计施工、生产运行、维修改造，直到根据市场需求停产拆除，构成其整个过程生命周期。此生命周期每个阶段都有机会影响成本和污染环境。其中科研开发（包括概念）及过程设计（工艺设计及初步设计）阶段影响最大，机会最多。该法系通过过程系统的总环境影响指标GEI，考虑所有污染物对环境的影响：

$$GEI = \sum_{W=1}^{W} EI_W = (CTAM, CTWM, SMD, GWI, POI, SODI)_{过程}^T$$

式中，GEI为过程系统的总环境影响指标；W为某种污染物；EI_W为污染物W的环境影响指标；$CTAM$、$CTWM$、SMD分别为衡量大气、水、固体污染物的参数；GWI为衡量温室效应的参数；POI为衡量光化学效应的参数；$SODI$为同温层臭氧损耗。

他们以1-萘基甲胺酸酯农药为例，展示这种新方法的效果。根据产品的官能团，利用计算机辅助分子设计，设计出参与反应的"协同物料"共19种，然后根据协同物料找出各种可能形成的反应路径13种，最后再按此法评价这些反应路径，得出不用剧毒原料也可生产出同样产品，且经济效益提高1倍以上的反应路线。

6.2.4 开展清洁生产的主要途径

清洁生产是以节能、降耗、减污、增效为目标，以科学技术和科学管理为手段，实施工业生产全过程控制，使污染物的产生量和排放量都降低到最低限度，不断提高企业的综合效益。同时对人体和环境无害的绿色产品的生产，亦将随着可持续发展进程的深入而日益成为今后产品生产的主导方向。清洁生产主要谋求目标：一是通过资源的综合利用、短缺资源的代用、二次能源的利用及其节能、降耗、节水、合理利用自然资源，以减缓资源的耗竭；二是减少废料和污染物的生成和排放，降低整个工业活动对人类和环境带来的风险。

（1）改革工艺和设备　我国多数企业一般装备水平较低，生产工艺落后陈旧，造成原料的转化率和产品的产出率均较低，直观的表现就是消耗高、损耗大、废弃物多。这是造成企业成本增加和污染严重的重要原因。要达到清洁生产的目标，就必须采用先进的生产工艺和技术装备，这样既淘汰了落后工艺，带动了产品升级，提高了市场竞争力，又降低消耗，减少了污染，有利于企业的可持续发展。

（2）合理有效利用资源　在一般的工业产品中，原料费约占成本的70%，因此通过原料的综合利用可直接降低生产成本、提高经济效益，同时减少废料的产生和排放。首先需要对原料进行正确的鉴别，列出目前和将来有用的组分，制订其转变成产品的方案，实现原料的综合利用，使资源的利用发挥最大的效益。

（3）合理组织物料循环　企业内的物料循环分为下列几种情况：一是将流失的物料回收后作为原料返回流程；二是将生产过程中生成的废料经适当处理后作为原料或原料的替代物返回生产流程；三是将生产中生成的废料经适当处理后作为原料用于其他生产过程中。如企业生产过程中的循环用水、含铁尘泥、钢渣、煤气等的综合利用，既节约了能源和资源，又大幅度减少了物料流失和"三废"的排放。

（4）产品体系改革　清洁产品的原则是节约原料和能源，少用昂贵或稀缺的原料；产品在使用过程中及使用后，不含危害人体健康和生态环境的因素；产品易于回收、复用和再生，易处置、易降解；赋予产品合理的寿命，考虑产品报废的因素；简化包装，鼓励采用可再生的材料制成包装材料或使用便于多次使用的包装材料。清洁产品在生产过程、使用过程中甚至使用之后，都对环境无害。

（5）加强企业管理　根据全过程控制的概念，环境管理要贯穿于企业整个生产过程及落实到企业的各个层次及企业生产过程的各个环节，与生产管理紧密结合起来。国外推行清洁生产时，常把强化企业的管理作为优先考虑的措施，而管理措施一般费用较低，但效果明显。加强管理的主要措施有：完善制度，严格执行；将环境目标层层分解，纳入岗位责任；加强设施维护，消除跑、冒、滴、漏；安装必要的监控仪表，强化计量监督；原料和成品的妥善存放，保持合理的原料库存量；组织安全文明生产，保持良好的企业形象。

（6）进行必要的末端治理　全过程控制中同样包括必要的末端治理，只不过其优先的次序有所变化。末端治理，只能成为一种采取其他措施之后的最后把关措施。这种企业内的末端治理，往往作为送往集中处理前的预处理措施。在这种情况下，它的目标不再是达标排放，而是只需处理到集中处理设施可以接纳的程度，如清浊分流、减量化处理（脱水、压缩、包装、焚烧）、预处理等。减少处理量有利于组织物料循环。污染物的控制应以源头为主，末端治理对保护环境是不得已而为之。

（7）深入开展创建清洁工厂活动　清洁工厂是企业通过对废水、废气、固体废弃物、噪声等污染源的治理，工业"三废"资源的回收利用，厂区绿化、美化的建设和环境的综合整治，而成为无污染或少污染的清洁文明企业。创建清洁工厂是清洁生产内容的具体体现，创建清洁工厂活动又是一项系统工程，涉及企业的生产管理、设备管理、现场管理和企业的两个文明建设。作为化工企业，积极开展创建清洁工厂活动，并结合企业的技术改造、污染治理和环境管理，可极大地促进清洁生产推广。

6.2.5　清洁生产的发展趋势

目前世界范围内的清洁生产表现出以下几个方面的发展趋势：

（1）环境法规遵循长期性和可持续原则　自20世纪80年代后期以来，欧美发达国家先后进行了环境战略、政策与法律的重大调整，调整的结果是加大了清洁生产法规建设的力度，从"末端处理"为主的污染控制转向污染预防，清洁生产是这其间主要特征。1990年美国国会通过了"污染预防法"，这是从源头防止污染源的排放、实施预防技术（清洁生产）的一部重要法规。欧洲共同体及其许多成员国把清洁生产作为一项基本国策，例如欧洲共同体委员会在1977年4月就制定了"清洁生产"的政策，在1984年、1987年又制定了欧洲共同体促进开发"清洁生产"的两个法规，明确对清洁工艺示范工程提供财政支持。丹麦于1991年6月颁布了新的丹麦环境保护法（污染预防法），于1992年1月1日起正式执行。可以看出，环境法规的制定一方面由基于末端处理和污染控制转向污染预防和清洁生产，另一方面逐渐集成到企业经营法规、财政税法以及投资和贸易体系中，越来越多地体现了环境法规遵循长期性和可持续的原则。

（2）与建立ISO 4000环境管理体系结合　ISO 4000环境管理体系作为一种操作层次的、具体的、界面很明确的管理手段，是集近年来世界环境管理领域的最新经验与实践于一体的先进体系，它主要通过建立、实施一套环境管理体系，达到持续改进、预防污染的目的。与清洁生产比较，二者尽管在企业实施、技术内涵和预期目标上存在着差别，但均是从经济环境协调、贯彻可持续发展战略的角度而提出的新思想和新措施，具有相近的目标且具有很强的互补性。因此，二者的结合是必然趋势，ISO 4000环境管理体系可以看作实现清洁生产思想的手段之一，支持着清洁生产的持续实施，且不断地丰富着清洁生产思想的具体内容。

（3）向第三产业延伸　清洁生产最初关注的是生产管理，后来进一步转移到第三产业以及消费领域，这就是污染预防原则的非物质化进程，在这一进程中最为强调的是生态效率这一理念。生态效率指在满足人类需要和提高生活质量的同时，提供具有竞争力价格的商品和服务，且不断减少这些商品和服务在整个生命周期中的生态影响和资源消耗强度，使之降低到与估计的地球承载能力相一致的水平。生态效率要求实现三个战略目标，即零排放、零填埋和零增长（能耗）。实现这些目标特别是减少自然资源的能耗是《FACTOR 10》（资源能源利用效率必须在现有基础上扩大10倍才能满足人类可持续发展要求）所致力的方向。

（4）注重产品生态设计　产品生态设计（绿色设计、环境友好设计、生命周期设计等都是与之类似的概念）就是致力于将创新活动真正融入产品设计的前端以实现真正意义上的污染预防。产品生态设计的基本思想在于从产品的孕育阶段开始即遵循污染预防的原则，把改善产品环境影响的努力灌输到产品设计之中。经过生态设计的产品对生态环境没有不良的影响，在延续使用中是安全的，对能源和自然资源的利用是高效的，并且是可以再循环、再生或易于安全处置的。例如，美国克莱斯勒、通用和福特三大汽车公司共同成立了汽车回收开发中心，在进行汽车设计时就考虑到了汽车的拆卸、翻新、复用的可能性，以及最终销毁部件的最小量化。

（5）生态工业园区建设　随着清洁生产活动的深入开展，人们逐渐认识到推行清洁生产不能停留在解决生产过程中的跑、冒、滴、漏问题，而要谋求将工业系统纳入生物圈之中，组建生态工业园区。这就要求清洁生产从早期企业层次上的活动上升到区域范围内的宏观经济规划和管理的层次，亦即着手生态工业园的建设，以达到工业群落的优化配置，节约土地，互通物料，提高效率，最大限度地谋求经济、社会和环境三个效益的统一。工业生态学的诞生和发展为区域系统层次上的清洁生产提供了理论和技术支持，被认为是清洁生产最为彻底的解决方案。生态工业园区（Eco-Industrial Park，EIP）是工业生态学最为普遍的实践形式。EIP通过成员间的副产物和废物的交换、能量和水的逐级利用、基础设施和其他设施的共享在整体上来实现经济和环境协调发展。丹麦的 Kalundborg 工业园区被认为是 EIP 的经典范例，受到了工艺界和学术界的普遍关注。进入 20 世纪 90 年代后，美国、加拿大、荷兰、法国、日本等工业发达国家普遍进行了生态工业园区理论与实践方面的探索。随后，一些发展中国家如印度、泰国、印度尼西亚、菲律宾、纳米比亚和南非等已经开始考虑进行生态工业园区的建设。

6.3　清洁生产工艺

6.3.1　印染行业清洁生产工艺

纺织业是我国的主导产业，这是由我国的国情和今后相当长时期内国际贸易垂直分工所决定的。但是随着消费者对纺织品的环保品质意识的日益增强，社会公众对改善环境条件、提高公共生活质量的要求必将引起一场"绿色"浪潮。中国的纺织工业尤其是印染行业，由于存在环境污染、生态恶化和能源消耗、资源浪费等方面亟待解决的问题，必将受到"绿色"浪潮的冲击。清洁生产是一种将污染防治战略持续地应用于生产全过程的新的生产方式，其核心是从源头抓起，预防为主，全过程控制，实现经济与环境的协调发展。就企业来说，开展清洁生产可以提高资源利用效率，降低生产成本，强化企业内部管理，改进和改革生产工艺，减少污染物的排放，强化污染物的治理，实现资源的重复使用，达到企业健康、稳定、持续发展。

6.3.1.1　对生态前处理工艺和助剂的应用

采用生物酶前处理工艺（生物酶退浆、精炼及生物酶在漂白中的应用），采用高效短流程前处理工艺（生物酶退煮、双氧水漂白），复合酶用于无碱常温退煮工艺，产生的废水呈中性，COD 值降低一半以上。研究开发的创新前处理工艺——无水前处理工艺如低温等离子体技术、其他离子溅射技术、激光技术、超声波技术和紫外线辐射技术等。这些创新工艺，不仅污染小（甚至无污染），还可在纤维表面引入一些有利染色、印花和整理的官能团，是即将进入工业化应用阶段的最新技术。

6.3.1.2　生态染色工艺、生态染料和助剂的应用

① 采用天然染料和生态型染料染色。采用生态型染色助剂提高染料利用率，这是减少废水染料数量的生态染色工艺。

② 采用无水、非水染色技术。如应用超临界 CO_2 流体作为染色介质，染色不用水，染色后一般情况下可不经水洗或轻度水洗且 CO_2 汽化后变成超临界流体仍可反复利用，该技术用于分散染料染涤纶纤维，具有上染速度快、匀染、透染和重现性好的特点，染色过程短、无废水产生，是理想的清洁生产工艺。

③ 采用低温染色工艺。如应用活性染料冷轧堆染色工艺、应用特种染色助剂的增溶染色、应用物理化学或化学方法对织物改性后进行低温染色。采用低浴比、低给液染色，不仅可节省用水而且染料利用率高，废水排放少。采用喷雾、泡沫及单面给液辊系统给液，可极大程度降低给液率，特别适合轧染时施加染液或其他化学品的情况，不仅减少了用水和废水、提高了固色率，还节约能源。

④ 其他染色工艺。超声波染色，低温等离子体对织物改性后，可增强纤维的染色性能和利用紫外线微波及高温射线处理织物来改善纤维染色性能。应用计算机技术进行染色工艺控制，不仅可高效地进行正确染色，而且产品质量好，生产周期短，成本低、用水耗能少、废水少。

6.3.1.3　生态印花工艺的应用

生态印花工艺首先应选用对人体无害的染料、涂料、糊料和助剂。用环保型糊料制备色浆，可采用天然、易回收净化的环保型糊料，这是实现生态印花工艺的途径。

① 开发应用生态染料，特别是天然染料的应用。随着生物技术的发展，利用基因工程可望得到性能好、产量高的天然染料。应用涂料印花工艺简单、流程短、不需水洗、无污水或少污水，符合清洁生产原则。应开发应用环保型涂料黏合剂、增稠剂，并禁用火油乳化糊。采用数字喷墨印花，其工艺简单，无需制网打样，自动化程度高，可实现即时交货，颜色丰富，印花精度高（其分辨率高达 1440dpi）。最主要的是墨水无浪费、无环境污染，是真正的生态高科技印花工艺。

② 转移印花。目前广泛应用的为分散染料升华转移印花，正在研究开发的新型热扩散转移印花和活性染料等一些离子性染料湿态转移印花（但印花后还需水洗和排放污水）。如采用涂料转移印花，印花后不需焙烘和水洗、无污水排放。采用光电成像印花工艺，利用静电产生潜在的静电图像，通过带相反电荷的有色颗粒显影，再转移到被印织物上，经过固着即可，该工艺无污水、不需事先分色、制网和调色浆印制，其印制精细度很高，是近代一种不接触成像技术，该技术是一种效率极高的印花技术，是很有前途的生态印花技术，但目前这种技术还未能工业化应用。

③ 微胶囊印花、辐射能印花。又如利用激光辐射也可用于纤维改性印花和染料、涂料的固色，织物局部改性后染色，可获得深浅不一的花纹，在限定条件下，用激光对织物进行

刻蚀，可获得新颖花纹，如和超声波结合，将切割的纱线熔结在一起则效果更佳。该工艺适合小批量生产，在电脑控制下，重现性很好。

6.3.1.4　生态整理工艺和生态整理助剂的应用

近年来化学整理加工愈来愈多，其毒性和危害逐渐暴露出来，如树脂整理剂、涂层剂、防水剂和柔软剂等所含的甲醛，阻燃剂、防水剂等所含的重金属离子及抗微生物整理剂、防蛀虫剂等所含的有害物质，因此生态整理工艺和助剂的开发研究受到人们的关注。关于整理方面的清洁生产，除不用有害染料外，主要是控制和减少污染物的排放，可采用的工艺有：生物酶整理工艺、泡沫整理工艺。采用天然功能性助剂的保健舒适整理，如甲壳整理、丝素胶整理；采用无甲醛整理工艺，如应用多元羧酸类整理剂其弹性、耐久性、外观平整度等都已达到 2D 树脂水平。采用新型物理机械整理工艺的生态整理技术不断出现，如 AiRo-1000，整理、磨毛、起绒、拷花、轧光等物理机械整理工艺再次受到重视。

6.3.1.5　在印染生产过程中综合应用节能节水技术

染整行业中能源消耗的形式占较大比重的主要是蒸汽（占 80% 以上），因此要了解能耗上的浪费。主要以蒸汽为主来进行分析。

① 减少供热系统方面的浪费。这是能否抓好节能工作的关键。如由于供热与用热之间负荷压力不匹配而造成的浪费达 5%～15%；全厂冷凝水未能回用而造成的浪费达 8%～12%；锅炉上未能控制好低氧燃烧，风机转速及空气预热器、省煤器及排污膨胀器的失效而浪费的能源达 10%～25%。以上几点如采取措施则可减少的浪费达 20%～40%。据有关资料介绍，全国在蒸汽供热系统中每年要浪费标煤约 3000 万吨，其中回水系统的浪费达 1100 万吨，由于疏水阀阻汽排水不好造成的浪费竟达 900 万吨。

② 减少热输送系统方面的浪费。在二次能源中的蒸汽、热风、热水的跑、冒、滴、漏和散热的损失，其有形和无形的散热浪费是惊人的；目前染整厂的泄漏率一般都在 10‰ 以上（有的厂高达 20‰），能达到国家规定泄漏率 2‰ 以下的企业为数不多，按目前这样高的泄漏率，一年就要浪费标煤几百吨。蒸汽管道如不保温则其散热损失也是巨大的。

③ 减少用热系统方面的浪费。在染整加工中，烘燥、水洗、湿热、干热处理的能耗要占全厂能耗的 70% 以上。能量损耗主要是排液、排汽的热损失和管道设备的表面散热损失。在染整加工过程中烘燥耗汽量最大，其中绝大部分用在蒸发水分上，因而设法降低织物的轧余率就能节约大量能源。平洗机的耗汽量也较高，如采用高效低水位逐格倒流工艺对节能有很大的好处，而蒸化机的热效率最低其节能的潜力也最大。染整厂的节能重点就要抓住上述浪费原因，在工艺上尽量减少中途的烘干次数，采用高效轧车降低轧余率，在机械设计上要多考虑能源的充分利用，对散失的热能和余热尽量采用热交换器加以回用。

④ 减少热回收系统方面的浪费。目前在染整厂对蒸汽冷凝后的回汽水和烧碱回收设备的冷凝水都未加回用，其热能和水的浪费是十分惊人的。据有关资料统计，染整企业用水单耗竟高达 2.8～3.8t/100m，低的为 2～2.7t/100m，主要耗用在漂炼用水（占全厂用水的 30%～40%），烧碱回收占 10%，洗涤用水占 15%～20%，三者用水就要占全厂用水的 55%～70%。如能对余热、余水采取措施加以回用并采用一水多用措施，则可节约用水 2/3。

⑤ 减少其他方面的浪费。如电力方面的浪费，大马拉小车、拉空车，长明灯、灯具老化；用水方面的浪费，长流水、水龙头的泄漏及地下管道的损漏等，如一只水龙头滴流时损失水量为 1.6kg/h，线流时的损失为 17kg/h，大流时损失水量就要达 670kg/h，还要消耗泵和水的电力，至于地下管道的损漏更是无法计算（目前都采用明管）。现在不少企业不重视检测计量控制仪表的使用和检校维修，据有关资料介绍，因为仪表失灵或根本未使用仪表而浪费的热量达 45%，又如烘燥机未安装测湿仪，导致织物过烘而浪费了大量蒸汽。

⑥ 染整行业在废水治理还未实现从末端处理向源头预防的转变时，加强印染废水的治理，则是染整行业实现清洁生产的关键，因此其治理原则是最大限度地减少污染源头污染物的产生，对源头不能减少的污染物则采取废水的总量控制，降低废水浓度，采取无害于环境的循环、回收利用。如前处理采用生物酶处理无碱工艺，通过强力喷水循环高效洗涤方法节约用水，利用气动隔膜泵将烘筒冷凝水回用，漂洗水实行清浊分流、清水回用，碱回收蒸浓，空压站冷却水循环使用，利用电导采报仪测量煮炼洗水的电导率，换算成含固量，以控制回用或排入，对轻度污染的水经过滤后回用。采用超滤法回收还原染料等疏水性染料，不仅降低了废水的色度，还减少了废水中 COD 的量。用膜分离法浓缩回用退浆废水中的浆料，不仅降低了污染负荷，并可使聚合物浆料反复利用，如使用同一种染料同一色泽时则染液可重复利用，染料残留量可用分光光度计测量，染液经多次使用后存在较多油剂杂质，可排放或过滤后再利用，这样可减轻处理负担和节约用水。用活性炭吸附法回收废水中的铬。

在染整行业中，很多企业还从未开展过能量平衡和水平衡工作，以致企业领导根本不知道自己单位的能源结构，因而很难制订出本单位有效的节能方案和相应的对策，这种浪费才是最大的浪费。由于生产的不均衡和设备维修的不正常，导致设备运转不正常，不能处于最佳状态下工作，这不仅增加了由冷状态到热状态的加热能耗和由静止状态到正常运转状态的启动电能消耗，而且大大降低生产效率，影响产品质量，这里损失的就不单是直接能源，而且也损失了大量的间接能源。

6.3.2 啤酒企业清洁生产工艺

啤酒作为一种含丰富氨基酸、有机酸、糖类和维生素的营养型饮料，受到众多消费者的喜爱。近年来，我国啤酒工业发展迅速，已成为世界第二大啤酒生产国。同时啤酒工业又是资源消耗大户和产污排污大户，它在消耗大量资源同时向环境排放了大量的污染物，这些污染物包括废水、废气、废渣和噪声。但水耗高、水污染物排放量大是啤酒生产最显著的特征。一般厂家生产 1t 啤酒产生 10t 左右的废水，高排放工厂可达到 20t 以上。啤酒废水主要产生于制麦、糖化、发酵酿造和洗瓶罐装车间，基本由以下排放水组成：浸麦水、糖化排出的麦糟水、发酵后的剩余酵母水、麦汁过滤冷却水、发酵罐刷洗水、洗瓶废水、生活污水等。啤酒废水的污染主要衡量指标是 BOD_5、COD_{cr}、SS、pH 值。一般来说 COD_{cr} 的含量平均在 1000～2500mg/L，BOD_5 含量平均在 700～1500mg/L，SS 含量平均在 200～500mg/L，pH 值在 5～9。啤酒废水的 BOD_5/COD_{cr} 比值一般不大于 0.6，属于可生化性较好的废水。

6.3.2.1 大麦代替部分麦芽生产啤酒技术

① 工艺原理。麦芽本身是由大麦制成的，两者有许多成分相同：大麦与麦芽具有相同

的谷皮；皆可形成良好的滤层；大麦蛋白质与麦芽蛋白质基本性质相同；蛋白质分解工艺条件相同；大麦淀粉与麦芽淀粉基本性质相同。两者之间也有一定差别：大麦的酶系与麦芽的酶系不同；麦芽中含有多种酶；在糖化中起主要作用的酶有 α-淀粉酶、β-淀粉酶、蛋白酶、葡聚糖酶等；大麦中不含 α-淀粉酶，蛋白酶含量很低，含有较高的葡聚糖酶；大麦中虽含有较高的 β-淀粉酶，但一半以上与蛋白质通过 S-S 键结合，不能发挥作用，但在蛋白质分解较彻底的情况下，大麦中的 β-淀粉酶可释放出来。

根据大麦酶系较之于麦芽酶系的缺陷，在糖化时添加适量 α-淀粉酶、蛋白酶进行弥补是可行的。在选择合理原料配比的前提下，根据大麦淀粉糖化、糊化及蛋白质分解的特点确定基本工艺参数。首先在确定蛋白质休止温度时应同时兼顾大麦淀粉糊化和蛋白质分解，如在 52℃时糊化与蛋白质分解同时进行；其次蛋白质休止时间要适中，既要有利于大麦淀粉的糊化，又要有利于中、低分子氮的形成；同时，要保证麦汁中的 α-氨基氮能满足酵母的需要并不至于因蛋白质的过度分解而影响啤酒的泡沫。

② 糖化工艺。传统工艺原料配方：大米 40%左右；麦芽 60%左右。以大麦代替部分麦芽工艺的原料配方为大米 20%、大麦 40%、麦芽 40%。添加合适的复合酶制剂；添加量为大麦质量的 0.2%。加水比：糖化锅为 1:3.9，糊化锅为 1:4.2。糖化锅：麦芽、大麦、酶制剂。糊化锅：大米（酶制剂）。按以上操作工艺生产出的麦汁完全达到传统工艺的技术指标要求。

③ 发酵工艺。采用露天发酵罐工艺对上述糖化工艺产出的麦汁进行发酵，其发酵速度、双乙酰还原等均达到生产技术要求，啤酒保持了传统工艺的品质，质量达到部优级标准。

6.3.2.2 啤酒废酵母回收利用技术

在啤酒生产过程中，每生产 1 万吨啤酒约有 15t 剩余酵母产生，其中 2/3 是主酵母，这部分酵母质量较好、活性高、杂质少，回收之后约有 1/5 即 2t 用作接种酵母。其他 1/3 乃是后酵酵母，在储酒过程中与其他杂质共同沉淀于储酒罐底，一般弃置不用，排放于下水道内。由于其 COD 负荷极高，故造成很大的污染。总体来看，万吨啤酒可产生闲置酵母 13t（以干酵母计），总 COD 负荷为 7150kg，单从减少排污方面考虑，也应对这部分啤酒废酵母进行回收利用。

啤酒废酵母中含有丰富的氨基酸、核苷酸及其他营养成分，经深度处理加工后的产物可应用于食品、调味品、医疗和啤酒酿造（如酵母水解液可返回到糖化过程用于增加麦汁的 α-氨基氮），可制成酵母抽提物、核苷酸、蛋白粉、酱油等。在此介绍利用啤酒废酵母生产酱油工艺。

啤酒废酵母的预处理：选择染菌少、无臭味的正常啤酒废酵母用于深度加工；异常者可直接干燥作饲料添加剂。工艺流程如下：啤酒废酵母→加 2 倍体积无菌水→70 目筛子筛分→90 目筛子筛分→300r/min 离心 5min→固体鲜啤酒废酵母→加 2 倍体积 1%NaOH→离心分离→加 2 倍体积无菌水→离心分离→干净废酵母。

酵母泥筛分时要保证去除酒花碎片及酒花脂片等较大的杂物，干净啤酒废酵母的 pH 值为 6.5～7.0，经去杂脱苦、脱色后的啤酒废酵母呈乳白色，无苦味。

酵母自溶生产酱油：用水将干净的啤酒废酵母调到 8%～15%的浓度；并调 pH 值为 4～8，开动搅拌器，用蒸汽缓慢升温，经 2h 左右升温到 48℃，保温 6h，充分激活酵母内源自溶酶体系进行自溶，然后再缓慢升温至 52℃ 左右，加入 500g 木瓜蛋白酶/T 酵母，并搅拌 30min，保温 14h，然后升温至 65℃，保温 4h，冷却静置 24h，将自溶液离心，去除细胞残渣等得到上浊液；并通过超滤机过滤得到上清液，进而可用其生产出酱油，当然也可制成其他产品。

用此项工艺制得的产品如酵母抽提物或酱油均符合相关产品的要求标准，可产生一定的经济效益。如利用废酵母生产酱油，不需要复杂的设备，技术含量低，投资少，且这种酱油味道鲜美，营养价值高于普通酱油，特别适用于一些中小型啤酒生产企业采用。同时酵母回收利用技术可减少由于酵母排放而产生的 COD 负荷的 70%，即万吨啤酒可减少排放 COD 负荷 5200kg。另外，酵母中的氮、磷含量较高，而普通废水处理技术对氮、磷的去除率偏低，故废酵母回收利用后，可使处理后啤酒废水中的氮、磷含量大大降低。

6.3.2.3　加强工艺、设备管理，降低总损失

啤酒生产过程中的跑、冒、滴、漏等流失的麦汁或啤酒产生的污染负荷占排放废水污染负荷的相当部分，啤酒生产总损失可以衡量这种流失的程度。啤酒生产总损失指生产过程中，各工序生产期所发生的流失量与总量之比的综合指标，包括冷却损失、发酵损失、过滤损失、包装损失等几个方面。目前，国内各啤酒厂的啤酒生产总损失相差悬殊，最低在 6% 的国际水平上，而许多厂为 10%～15%，有的甚至高达 20% 以上。减少啤酒生产损失对降低排污十分重要，因此必须抓好工艺和设备管理。

改进技术，降低各环节啤酒生产损失。努力做好各车间工序的残留麦汁、残留酒液、酒头酒尾的回收利用工作。

采用热凝固物回收装置，将旋涡沉淀槽底的热凝固物和酒花槽中夹带的麦汁回收，可降低啤酒生产总损失的 1.5%～2.0%。

加强酵母泥中酒液回收，可使总损失下降 0.5% 左右。改善麦汁过滤和洗糟效果，尽可能控制最低残糖浓度，可降低总损失的 0.5% 左右。安装次酒回收罐，尽可能回收次酒，将次酒在每次麦汁煮沸结束前打入煮沸锅中，进行杀菌处理，此举可使总损失降低 1.2% 以上。

加强啤酒的过滤管理，采用硅藻土过滤技术，严格按操作规程操作，根据硅藻土过滤特性，找到预涂规律，改进方法，增大一次预涂的滤酒量，减少酒头酒尾的损失，同时防止重滤或返滤，并对酒头酒尾进行回收。

严格工艺管理。根据双乙酰还原情况，尽可能提前降温，促进酵母凝聚，以减少酵母排放次数，从而减少酒损。加强对啤酒理化指标控制，如 CO_2 含量过高，易使瓶破，造成酒损，且灌酒时易冒沫。

采取工艺措施，降低灌酒温度、压力，防止冒酒损失。灌酒过程中要控制好巴氏灭菌温度，以防止超温引起瓶爆，造成啤酒损失。

加强设备管理。设备尤其是灌装设备是造成酒损的主要因素，应严格各项管理制度，提高设备完好率。加强对进口灌装设备的消化、吸收、改造，注意选用性能先进的灌装国产设备，可使酒损保持 2.0%～2.5% 左右，较一般情况下减少酒损 2.0%～3.0%。保证国产设备有足够的备品备件，以便有故障时及时排除。

定期进行维修保养。要定机定人、跟班维护，定期大修和及时解决设备存在的问题，减

少跑、冒、滴、漏损失。

通过抓好工艺、设备管理，至少可使总损失减少 6%～8%，万吨啤酒可减少排放 COD 负荷 78～104t，减少废水排放量 600～800t。以一个每年 10 万吨的啤酒厂为例，酒损 1%，年损失就达到 300 万～350 万元，可见降低酒损所产生的经济效益是可观的。

6.3.3 钢铁企业清洁生产工艺

东北特钢集团北满特殊钢有限责任公司（北满特钢）2007 年开始开展清洁生产审核，共提出原燃材料替代措施、技改措施、管理措施等方面的方案 43 项，落实 37 项；2008 年，清洁生产方案实施效果集中显现，加热炉蓄热式改造、电厂剩余蒸汽取代重油锅炉蒸汽等项目的实施，使煤气消耗大幅度下降，淘汰了污染严重的重油产蒸汽工艺，实现了二氧化硫全年减排超过 50t，取得了很好的节能减排效果。

6.3.3.1 淘汰落后产能与产业结构调整方面

根据产业结构调整目录，钢铁企业 300m³ 以下的小高炉、20t 以下的小转炉、小电炉按要求限期淘汰。同时《粗钢生产主要工序单位产品能源消耗限额》的发布，又将进一步加大落后工艺淘汰的力度和速度。因此，淘汰落后产能和实施产业结构调整，已经成为老钢铁企业实现"脱胎换骨"转变的必然选择。

北满特钢淘汰了 10t 电炉，逐步实施了原有 3 台电炉的增钢节能改造；淘汰了老轧钢横列式轧机，对原有初轧机进行工艺改造，可直接生产成品大圆材，部分产品实现了轧制取代锻造，降低了能源消耗；新建成的"初炼—精炼—连铸—连轧"四位一体短流程生产线是世界第六套特殊钢生产线，采用了碳氧枪技术、余热锅炉技术、结晶器液面自动控制技术等，是节能减排的典型工艺。中国宝武钢铁集团有限公司（宝钢）通过兼并重组来加速淘汰落后产能，同时兼并重组有利于实现工艺装备的大型化、连续化、自动化，而大型设备比小型设备更具系统节能降耗效应。太原钢铁（集团）有限公司（太钢）累计淘汰落后炼焦能力 130 万吨、炼钢能力 80 万吨、轧钢能力 50 万吨，高起点实施项目改造，实现了生产全线工艺技术装备的大型化、现代化和高效化。莱芜钢铁集团有限公司（莱钢）淘汰了三座 25t 电炉、四座 120t 高炉、两座小焦炉，新上大高炉、大转炉、大焦炉等现代化工艺装备，引进顶燃式热风炉、数字化蓄热加热炉等世界先进设备，通过以大换小、以新换旧，实现了主体工艺装备大型化、现代化、节能化。

6.3.3.2 节能降耗项目

中国钢铁行业能耗占全国能源的比重在 14.7% 左右，占工业能耗的 20% 左右。钢铁工业节能降耗对于整个工业领域的节能降耗影响巨大。

北满特钢实施的富氧提高煤气热值的技术，可提高煤气可燃成分的比例，该技术实施后，煤气热值由 5910kJ/m³ 提高到 6540kJ/m³，每吨钢煤气消耗下降 500m³。同时逐步实施了多台加热炉的蓄热式改造，单台炉节能效果在 25% 以上。

武汉钢铁（集团）公司（武钢）在节能减排、提高能源利用效率上走在了前列，炼铁系统狠抓高煤比、高风温、高顶压、高煤气利用率、高富氧等关键生产工艺技术，炼钢厂、轧钢厂积极开展热送热装等节能生产工艺。在节能技术开发上，自主开发实施了轧钢加热炉蓄热式燃烧技术，并将该技术推广到高温热处理炉和钢包、中包烘烤器上。开发了转炉煤气回收新技术，采取 OG 法转炉一次烟气湿式净化工艺，利用余热锅炉回收一次烟气余热产生蒸汽，公司炼钢厂均实现了负能炼钢。

太钢实施了从矿粉运输到高炉喷煤、转炉煤气回收、高炉煤气余压发电和锅炉燃用高炉煤气等一批重大的节能减排技术措施，实现了生产全过程各种资源的循环和再利用。在原料系统，采用国际先进的管道输送技术，实现精矿粉的远程运输，采用管状皮带，实现了成品石灰 4.5km 的全流程封闭输送，杜绝了运输损耗，减少了扬尘排放。在余能余热利用上，发展高炉炉顶煤气压差发电技术，目前吨铁发电已达到 40kW·h，不仅满足高炉自身用电，还有外供。实施余热利用技术，回收蒸汽量已占公司用量的 40%，每年可节约动力煤约 12.68 万吨。采用蓄热式燃烧技术改造轧钢加热炉、推进连铸坯的热装热送等节能措施，使轧钢加热炉能耗下降 40% 以上。

济南钢铁集团总公司（济钢）焦化厂一系列清洁生产方案实施后，节能减排效果显著。焦化循环水采用直燃型制冷机制冷的低温水，减少了冷却水用量和蒸发损失，实现了节水 60%，同时制冷机直接以燃烧煤气为热源，能源利用率明显提高，且杜绝了蒸汽生产和输送过程的能源浪费，大大提高了热效率，使制冷机的运行成本明显降低。针对传统蒸氨生产中存在的能耗高、效率低、污染大、设备腐蚀严重的问题，济钢研究并移植了多溢流复合型斜孔塔板和以热导油为热媒介质替代蒸汽加热两项核心技术，成功开发出了无蒸汽高效蒸氨新工艺，提高了蒸氨塔的效率。在干熄炉耐火材料砌筑方面，济钢研究并成功应用了五段组合式砌炉技术。该技术针对干熄炉不同部位对耐温、耐压和耐磨要求的不同，研究开发了相应的耐火材料，并采取了不同的组合砌筑方法，大大提高了干熄炉炉体的使用寿命，由设计的 0.5 年提高到了 2 年，降低了干熄焦的运行成本。余热锅炉采用自然循环工艺，降低了锅炉的泄漏率，节省了强制循环所用的设备投资和运行费用，提高了锅炉的热效率。

首钢正在开发超大高炉系统工艺技术、大型焦炉高效能源转换技术等，为未来的钢铁企业能源转换和规划提供了方向。

6.3.3.3 环境治理和发展循环经济方面

北满特钢通过严格执行三同时制度，实现了新建项目废水零排放，工艺废气达标排放，同时，对水质要求不高的轧钢冲渣水等实施串级改造，用临近企业的电厂冷却水作为冲渣水串级使用，提高了生产水的重复利用率，节约了新水耗量。北满特钢 2007 年建成的钢渣处理厂，年钢渣处理 5 万吨，年回收废钢、跑钢、铁粉等 1 万余吨，磁选余料用于彩色路面砖的生产，既解决了钢渣堆放污染环境的问题，又回收了有用的铁资源，创造了效益，一举多得。

武钢利用冶炼渣成功开发了超细粉、彩色路面砖、烧结助熔剂等产品，取得了可观的经济效益和环境效益。实施多项直流水改循环水工程，仅蒸汽鼓风机、高炉冲渣水两项改造就实现了年新水耗量降低 1.5 亿吨。

太钢投资 6500 万元，采用国内领先工艺技术和装备扩建的粉煤灰标砖生产线，使剩余粉煤灰得到充分利用，并满足用户对空心砖、空心砖砌块、地面砖的需求。高炉水渣全部用于水泥生产和混凝土掺合料，干渣用于筑路和地基建设。

济钢研究开发湿磨焦粉配煤炼焦新工艺，实现了焦粉低污染、高效益的最佳资源化利用开发化产废渣黏结剂技术配煤炼焦新工艺技术，实现了焦化三大渣资源化闭路应用。焦炉炉门高压水自动清扫系统通过在上下及两侧设置水压高达65MPa的高压水喷枪，产生高压高速的水流对炉门不锈钢刀边、密封槽以及耐火砖进行全方位、高效率清扫，实现了炉门管理的自动化，提高了炉门的密封质量，杜绝了炉门处外泄烟气对环境造成的污染。

首钢集团有限公司（首钢）与其他企业合作建设了30万吨钢渣磨细粉生产线和60万吨高炉水渣超细磨生产线，生产混凝土掺合料，提高混凝土的质量，解决了冶金渣堆放的污染；对炼钢产生的污泥压制成球，替代进口矿石作炼钢冷却剂；将氧化铁皮用于烧结原料，还可以生产粉末冶金、磁性材料；对焦化有机固体废弃物作为型煤黏结剂，实现了无害化处理和资源化利用。首钢矿业公司充分利用尾矿生产精矿粉年产量达87万吨，既解决了原料不足的问题，又创造了可观的经济效益。利用首钢焦化工艺大规模处理废塑料新技术示范工程，既可解决白色污染，又可提高焦炭质量，降低炼焦成本。首钢特钢公司还建设了报废机动车拆解厂，既可提取炼钢原料，又可改善环境。

实施清洁生产方案，建设节能环保企业是大势所趋，以上列举的钢铁企业清洁生产方案只是比较典型的少数，因为生产工艺、建设时期，以及发展定位的不同，不同钢铁企业会根据企业本身特点选择适用的方案，同时因为节能环保技术、循环利用技术的发展，会有更多先进的清洁生产方案产生。可以预见，企业能源中心建设、构建标准流程，以及废旧橡胶、塑料入炼钢炉冶炼实现废物处理和节能"双赢"等理论应用于实践的探索一旦成功，必将会引起钢铁企业清洁生产方案革命性的发展。

6.3.4　石油炼制业清洁生产工艺

在炼油生产过程中分析各个生产环节污染物的产生和效率低下的原因时，可以从下面几个方面来考虑，并有针对性地提出清洁生产技术方案。

6.3.4.1　技术改进

① 废物产生部位及原因。因催化裂化原料多采用重质馏分油，其中含有较多的含硫化合物，在催化反应过程中产生的硫化物，将转移到产品和催化剂中，部分硫化物在催化剂再生烧焦时，随烟气和催化剂粉尘排放到环境中污染环境。

② 清洁生产方案。应为催化裂化装置提供低硫原料，加工高硫含量的催化裂化原料油容易引起设备腐蚀和再生烟气对大气的污染。而且产品含硫高，需进一步精制。若采用减压馏分油加氢脱硫工艺，在催化原料进入装置之前，先对其进行加氢脱硫预处理，使原料油中硫、氮大幅度降低，从而为催化裂化装置提供低含硫量的催化原料油。催化原料的改善不仅可降低再生烟气中SO_2含量，减少含硫污水等其他污染物的产生，而且对减少设备的腐蚀、提高产品质量也大有好处。

6.3.4.2　"三顶"瓦斯从火炬气或燃料升级为高附加值产品

① 废物产生部位及原因。常压、减压蒸馏装置初馏塔顶气体、常压塔顶气体、减压塔顶气体（不凝气）约占蒸馏量的0.03%，这部分气体含80%的$C_3 \sim C_4$组分，可燃成分占

90％以上，因其中含有硫化物，所以恶臭难闻，污染环境。一般这部分不凝气引入火炬烧掉。

② 清洁生产方案。改造初馏塔、常压塔顶，将塔顶气体压缩冷凝，回收丙烷、丁烷作为产品。减压塔顶气体抽出，脱硫后作为加热炉燃料。

6.3.4.3 水的重复利用和循环使用

① 废物产生部位及原因。有些炼油企业爱用直流供水对设备冷却，冷却后的水直接排入环境，增加了污水的排放量。

② 清洁生产方案。根据炼油工艺过程对水质的不同要求，采用一水多用、重复循环使用等方法，以提高水的循环利用率，降低用水量，压缩排污量。最大限度地采用循环水作为冷却水、一水多用、重复串联使用，根据炼油装置中被冷却油品的终温要求不同，可采用一水多用、重复串联使用等节约用水的措施。

6.3.4.4 用 H_2S 酸性气直接制硫酸

① 废物产生部位及原因。由于原油中含有硫化物，在催化裂化、加氢精制、加氢裂化等生产装置中形成 H_2S 酸性气，排出装置。

② 清洁生产方案。含 H_2S 酸性气在焚烧炉内过氧状态下充分燃烧，生成 SO_2 和 H_2O。过程气经降温后进入反应器，在催化剂作用下 SO_2 转化为 SO_3，从反应器出来的过程气进入 WSA 冷凝器，温度降低，硫酸蒸汽在冷凝器内冷凝，形成硫酸，从气体中分离出来。硫回收率高达 99％以上，尾气排放 SO_2 浓度低，生产过程不产生废水，流程简单，布置紧凑，操作弹性大，热能回收利用充分，生产高压过热蒸汽。

6.3.4.5 加强管理

加强管理是实施清洁生产的重要措施之一，目前我国石油炼制生产过程中许多污染物产生和物料流失的环节是由于管理不善造成的。所以在分析污染物产生和生产效率低下时，一定要分析在生产运营管理上是否有缺陷。采取有效的管理措施可使企业在有限资金投入的情况下，清洁生产现状大为改观。主要的清洁生产方案有：加强设备的管理，减少泄漏；改进操作，减少油品储运过程中的油气混发损失；分级控制，取消地面冲洗水；将装置区的雨水切换到雨水系统；加强员工的教育和培训以及采取激励措施等。

石油炼制业清洁生产和生产清洁产品是大势所趋，不可逆转。面对严峻的形势，需要以积极的态度应对，迅速做出调整，把挑战转化为发展的机遇。从国外发展情况看，未雨绸缪，早做准备，就可以捷足先登，占领市场，获得效益。例如，在美国 20 世纪 90 年代初清洁空气法修正案出台以前，有的炼厂已有较好的准备，正式实施时便很快推出新的清洁汽油，夺得商机，企业得以发展；有的炼厂因未能跟上形势而倒闭。但从总的情况看，由于清洁生产和生产清洁产品需要大量资金投入，大型和综合炼厂发展机会较大，小型炼厂大多站不住脚。因此，20 世纪 90 年代初，美国有 150 多座较小的炼厂关闭，近年来重组、关闭的浪潮还在继续。然而，回顾历史，炼油工业总是在挑战中发展前进的，例如，20 世纪 70～80 年代的 "能源危机"，70 年代的汽油禁止加铅等。每有危机必有发展。所以，挑战总是和机遇相伴而来的。我国的炼油工业为应对当前和今后形势，也必将会有更大的发展。

6.3.5　黄磷企业的清洁生产工艺

随着国民经济的高速增长，资源、能源、环境的问题越来越制约黄磷工业的发展，尤其是 2003 年开始的全国性电力供应紧张，使大部分黄磷生产企业停产或限产，加上磷矿资源的日益短缺，已严重制约磷化工行业的生存和发展。目前，黄磷行业新的污染物排放标准正在制订中，今后污染物排放标准将日渐严格，环境问题将成为制约黄磷工业发展的主要问题。

如何做到环境、经济、资源的协调发展是黄磷行业迫切需要考虑的问题，而解决这一问题的关键是从源头入手，节能降耗，全过程控制污染的产生和排放，废弃物综合利用，即推行清洁生产和循环经济，走新型工业化道路。

（1）原辅材料和能源

① 原料防潮。对露天堆放的矿石，在雨天进行遮盖，晴天进行晾晒，防止雨水进入原料内，以降低原料烘干负荷，减少灰、水的带入量，提高产出率。

② 加强原料的制备。对原料进行烘干和筛分处理，以减少入炉料灰分和水分，降低电耗及减少污染物的排放量，减轻电炉尾气净化负担，提高产出率。

③ 选用精矿（水洗矿）。选用精矿可减少筛分处理工序及入炉料灰分，同时减轻电炉尾气净化工序的负担，最终可减少尾气中的烟尘、氟化物等的排放量。

④ 选用固定碳含量高的焦炭。此措施可降低焦炭的消耗量，减少尾气中烟尘、SO_2 等的排放量。

⑤ 粉矿烧结。对原料筛分出的粉矿进行回收，烧结后重新利用可提高现有资源回收利用率。

⑥ 加强对原材料质量的进厂验收管理。严格按合同进行验收，控制原材料的灰分、水分、粒度等指标，减少灰分、水分及其他杂质的带入量，可降低电耗，提高产率。

（2）技术工艺

① 对电炉整体进行改造。加大加高炉体内径尺寸，使其三相电流做功状态更佳，从而降低电耗，减少污染物的排放量。

② 电极水封技改。由水冷式改造为水冷干式（全封闭循环使用），可节约新鲜水用量、减少废水排放量，降低污水处理费用。

③ 加长电极升降器丝杆，减少跳闸提夹头次数，提高开车率。

④ 在清水循环池增设一台排风扇，降低电炉变压器循环水温，由此减少循环清水的损失。

⑤ 泥磷回收由传统的碳铵蒸煮法改为滤布过滤法，减少蒸煮法所产生的废气，减少污染物的排放量。

⑥ 用纸浆渣棒替代木渣棒，降低成本，保护自然资源。

（3）设备

① 设备和管道的检修及维护。定期进行检修和维护，提高设备的正常运行率，降低原燃料的消耗，防止物料及污染物质的跑、冒、滴、漏，提高设备运转率，降低检修费。

② 设备更换。更换腐蚀严重的设备、管道，防止原料的损失和污染物的泄漏。原料烘

干工序烘干机除尘由传统的旋风或袋式除尘更换为水膜除尘，大大降低粉尘排放量，改善员工操作环境，减少职业病患病概率。

③ 污水处理站安装吸泥泵。此措施可随时抽去污水池中的污泥，提高再生循环水的水质。

（4）过程控制

① 加强生产用水控制，优化工业用水配置。严格控制各用水点和冲洗水的用水量，节约用水，提高生产效率。

② 加强中控分析，及时调整工艺。根据生产情况、化验室提供的样品化验数据，及时调整工艺参数，降低原燃材料的消耗。

③ 保证电炉工艺控制参数稳定。保证电流、电压的稳定和下料管、导气管、放空管的畅通，可降低消耗，提高产量，减少废弃物的产生和排放。

④ 换钢封，提高开车率，改善工作环境，降低劳动强度。

⑤ 加强生产过程中物料的分析化验。根据情况随时调整工艺参数，保证生产正常运行，防止废弃物的增加。

（5）管理

① 对各生产部门建立经济考核制度，明确奖罚措施及指标，促进节能、降耗、减污目标的实现。

② 建立和完善各岗位责任制、操作规程，使作业人员正确操作，严格执行各项工艺指标，减少原燃料的过量使用，减少安全事故，提高设备正常运行率。

③ 制定环保管理制度和奖惩措施，加大环保宣传力度，提高职工的环保意识，避免人为污染物。

④ 加强对人工操作过程中洒漏现象的管理，减少原、燃材料的损失，提高原料利用率。

⑤ 稳定工人岗位，降低人为设备故障和事故的发生，提高设备运行率。

（6）员工

① 创造条件，引进企业急需的技术和操作人才，提高企业的人员综合素质。

② 对中高层管理干部进行管理知识、技能培训，提高全厂干部管理水平。

③ 加强岗位设备操作人员的培训及考核，使设备的日常运行维护落在实处，同时可通过一线操作人员进一步挖掘企业降耗、节能、减污的潜能。

（7）产品

① 改变产品初级、单一结构，向精细化工领域发展。

② 开发磷副产品及衍生产品的深加工。

（8）废物

① 电炉尾气作锅炉燃料。尾气经净化后，可全部或部分代替燃煤作为锅炉燃料生产蒸汽，以减少燃煤对空气的污染，同时提高电炉尾气的综合利用率。

② 建热水循环交换器。利用电炉尾气作燃料，建热水循环交换器用于磷的漂洗，以及替代锅炉蒸汽对磷槽进行保温，以减少锅炉燃煤量和锅炉尾气排放量，降低生产成本，减少污染物的排放量。

③ 电炉尾气净化后用作碳酸二甲酯生产原料。尾气经净化提升浓度后，用作碳酸二甲酯的生产原料，从而减少尾气的排放。

④ 建泥磷回收装置。利用电炉尾气作燃料建泥磷回收装置，以提高黄磷产出率，提高尾气综合利用率。

⑤ 加强废水处理。降低水中氟化物含量，使循环水在冷凝喷淋过程中将电炉尾气中大部分的氟化物吸收，降低电炉尾气中氟化物的排放量。

⑥ 设备冷却水及除尘水的封闭循环使用。将烘干除尘水、锅炉除尘水经折流沉降后封闭循环使用，减少清洁水用量，将变压器及电极夹头冷却水回到二级泵房循环使用，以减少新鲜水的取用量和废水的排放量。

⑦ 磷渣生产水泥。磷渣含 CaO 和 SiO_2 都较高，此外还含有少量氟、硫、磷，在水泥生产中可代替部分石灰石和黏土，同时也是很好的天然复合矿化剂。掺磷渣后能明显提高熟料强度和产量，降低热耗。

6.3.6 废纸造纸行业的清洁生产工艺

废纸造纸具有设备投资少，工艺技术简单，环境污染负荷相对较小，能有效利用废纸资源等优点，已经在造纸行业中占有相当大的比重。据统计，国外废纸回收利用率已达 40%～50%，我国的回收利用率也已超过 20%，而且正在逐年提高。然而，国内许多废纸造纸生产的集约化程度不高，管理缺乏科学性，生产过程控制不严，工艺技术和设备落后，从而导致生产效率不高，环境污染严重。据有关研究与测定结果可知：非脱墨再生纸生产废水的 COD 为 800～1500mg/L，BOD 为 150～350mg/L，SS 为 700～1200mg/L；脱墨再生纸生产废水的 COD 为 1200mg/L 以上，BOD 为 300～900mg/L，SS 为 500～1500mg/L。废水中主要含有木质素、纤维素、半纤维素、糖类、醇类以及抄纸过程中添加的施胶剂、滑石粉等，脱墨制浆造纸废水中还含有油墨、脱墨剂及增白剂等物质，均属环境有害污染物，若不经过处理直接排放，不仅会对环境造成严重污染与危害，还会浪费大量可用资源。所以，转变传统的思维方式，摒弃高消耗、高投入的生产模式，积极推行清洁生产，推进废纸造纸行业可持续发展之路。

6.3.6.1 强化企业内部科学管理量化各项管理指标

内部管理是企业提高生产效率和获得效益的根本。目前，国内多数企业缺乏科学的管理制度和指标体系，生产过程控制不科学，导致企业的管理效率较低。对此造纸企业应借助清洁生产审计，建立健全各项管理制度，优化生产控制指标，提高员工的综合素质。清洁生产实践证明，强化企业内部管理，量化各项管理指标可减少污染物产生量的 40% 左右。而且企业管理方面的改进方案，基本上都是易实施的无/低费方案，企业通过实施这些方案，可获得一定的经济与环境效益，为进一步实施其他的中/高费方案积累资金，从而提高企业实施清洁生产方案的积极性与主动性。

企业管理清洁生产方案主要有：建立明确的清洁生产职责机构，制订有关清洁生产的长期规划和规章制度，使清洁生产的运行和管理制度化、规范化；定期进行员工技术培训，提高员工素质，规范各项操作；严格控制工艺的操作条件，规范操作规程，加强岗位责任制，完善考核机制；有效地指挥调度生产，合理安排生产计划；加强原辅料进厂质量与储存管理，减少杂损和腐蚀；建立健全设备维护、保养制度，杜绝跑、冒、滴、漏现象；安装必要的检测仪表，加强生产过程控制和计量监督，减少废物产生。

6.3.6.2　采用清洁工艺和低耗高效设备

我国现有的废纸造纸企业多数属于中小型企业，有些甚至是从草浆造纸工艺改造而成。这就造成了许多企业工艺布局与控制的优化程度、设备的先进性与可靠性均存在一定的问题。因此，废纸造纸企业的清洁生产强调依靠科技进步，结合技术改造，推行清洁工艺与设备。通过清洁生产审计，找出生产过程中消耗高、浪费大、污染严重的陈旧设备和工艺技术，用更高效的生产设备和更先进的工艺技术进行替换或改造，从源头上减少污染物的产生。

工艺设备清洁生产方案主要涉及以下几个方面：改静压洗涤为水平带洗浆机或真空洗浆机，变间歇生产为连续生产；稳定筛浆机浆量和浓度，提高筛选质量；整修圆网浓缩机和侧压浓缩机，提高进浆浓度；改造纸机喷水嘴，节约用水，增加水冲面积；纸机上毛布改为聚酯成形网，提高浆料脱水率，降低物耗；网槽由木制改为不锈钢，防止浆料的流失，提高纸浆上网的匀度；在打浆、配料或网部添加助剂（如湿强剂、助留剂、助滤剂等）；纸机采用高压水洗网和洗毛布；完善微机控制浆料浓度设施，稳定浆料浓度，减少质量波动；调整浆、水、汽、电等管线布局，避免不必要的能耗等。

6.3.6.3　加强物料循环回用与综合利用

废物料的循环回用与综合利用是实施清洁生产的主要内容之一。在废纸造纸中原料费约占生产成本的 $60\%\sim70\%$，通过充分利用原料资源，不仅可以直接降低产品成本，还可以减少废物的产生与排放量。我国多数废纸造纸企业由于缺乏科学的生产过程成本核算与控制方法，普遍存在纤维流失严重，废水回用量少等问题，导致物料循环利用率低。针对废纸造纸工艺而言，清洁生产审计过程中应主要考虑废水、纤维原料的循环、回收及综合利用。

这方面主要的清洁生产的方案有：回收粗浆渣，提高纤维利用率；在纸机末段除渣器安装节浆器，减少纤维流失，提高净化效率；用斜网过滤回收白水中流失的纤维，提高白水回用率，节约清水用量；利用浆渣和中段水纤维抄造瓦楞纸；碎解木浆板、损纸以及筛选净化使用白水；将纸机冷凝水循环利用；加设回浆设置，回收细小纤维；使用二级处理后含短纤维的低浓白水，作为喷淋水；不含纤维的废水，单独收集、处理后单独使用；中段水部分回用于锅炉除尘；浆渣用于提取饲料，沤制肥料。

6.3.6.4　采用先进的废水处理技术

为实现有效的废水处理，必须应用一些技术先进、处理效果好、投资少、见效快、有利于物料循环的处理工艺。目前该类废水常用的处理方法主要有气浮或沉淀、生化法及化学氧化法等。由于废纸造纸废水中 COD 的分子量差异较大，采用单一的处理方法只能去除其中一部分。一般混凝沉淀法只能去除废水中分子量较高的 COD 组分；生化、吸附等方法只能去除分子量较低的 COD 组分。因此为了提高废水处理的效率，一般采用将几种处理方法结合在一起的多级综合处理法，例如，混凝沉淀-化学氧化处理法、厌氧-好氧生物处理法、混凝沉淀-好氧处理法等。

6.3.7 玻璃工业的清洁生产工艺

玻璃具有较高的化学稳定性，耐大气、水酸、碱的侵蚀，且无毒性，同时可回收利用，一般对环境污染比较小。在20世纪发现长期使用铅釉的陶瓷杯可导致铅中毒，进而又发现搪瓷色釉中会溶出对人类有害的铅、镉物质的情况，而陶瓷釉和搪瓷色釉的基础成分均为低熔玻璃，于是引起公众对玻璃中有毒物质溶出的关注，发达国家纷纷制定了限制陶瓷釉中铅溶出量的规定，有些国家参照此规定来检测玻璃餐具中铅的溶出量。

1972年2月日本报纸上刊载了用铅晶质玻璃瓶装威士忌酒，保存5年后，从酒中检测出了 $0.05 \times 10^{-6} \sim 1.2 \times 10^{-6}$ 的铅，于是玻璃中溶出有害物质便在日本作为问题提出。近年来，我国用含铅的晶质玻璃装名酒出口时，国外也在酒中测定出铅。因此玻璃中有害物质溶出量的研究已由安瓿瓶、保温瓶的脱片，扩大到食具、酒具、水具等玻璃制品方面。

6.3.7.1 玻璃的污染

玻璃的污染分为玻璃本身的污染和玻璃生产过程对环境的污染两种。

(1) 玻璃本身的有害物质 基础玻璃成分无毒，但可溶出有害物质，当用这类玻璃容器盛装食品时，溶出的铅、砷等有害元素将随食品进入人体。环境中的废玻璃溶出的有害元素，则会污染水源和土壤，使食物链受污染。有些玻璃制品本身无毒，但是其中含有有放射性物质的添加剂，如发光的稀土元素同位素等对人体及环境造成危害。还有些基础玻璃成分本身有毒，如硫、硒、碲玻璃，砷酸盐玻璃，铊玻璃，铍玻璃等。

(2) 玻璃工业的污染 色彩斑斓的玻璃制品给人以赏心悦目的感觉，为我们生活增添了不少的情趣。可是在这个五彩缤纷的玻璃世界中，却包含着有害的甚至剧毒的元素，如铅、铬、镉、镍、铜、锰等重金属，以及砷、氟、氯、硫等非金属。在工业生产过程中，这些元素会释放、气化，污染大气、水源，以致对人类造成伤害。

(3) 大气污染 构成普通玻璃各种鲜艳颜色的重金属氧化物、硫化物或硫酸盐、铬酸盐，特种玻璃使用的硫化砷、硒化砷、氧化铊、氧化铍在高温熔化时少量气化进而污染大气。

熔化过程产生的有毒气体 SO_2、NO_2、CO、HF 等污染大气，如乳白玻璃以冰晶石 (Na_3AlF_6)、萤石 (CaF_2) 为原料，在高达1400℃的火焰窑中，HF 的挥发严重污染大气，在国内某些玻璃厂中，炉前空气中 HF 浓度达 $11.2 \sim 19.7 mg/m^3$，超过卫生标准的10～20倍。

燃料产生的废气 CO_2、CO、硫氧化物等污染大气。据统计我国1995年 SO_2 排放量为1396万吨，2000年约为3800万吨。SO_2 不仅对人体有害，而且可产生酸雨。由于 SO_2 的污染，我国每年经济损失高达1100亿元。

原料粉尘及玻璃加工粉尘的污染，是造成工人硅沉着病（硅肺）的罪魁祸首。国内有些企业车间中粉尘浓度达到 $1000 mg/m^3$ 超过回收容许标准的几千倍。

(4) 水源污染 在玻璃的生产过程中，一些含磨料与抛光剂的废水，含洗涤剂的废水，含 HF、H_2SO_4、HCl、酚的废水，含重金属的废水进入水体对水源造成严重污染。

(5) 噪声污染 玻璃工业的噪声除各种动力设备及机械噪声外，还有甩碎玻璃产生的特有噪声，它比车间内的其他噪声高 15～20 分贝。

6.3.7.2　玻璃工业的清洁生产

可以通过替代原料及对生产设备的改造促进玻璃工业的清洁化生产。具体措施如下。

① 采用毒性小、挥发性低的原料。铅玻璃以硅酸铅代替红丹（Pb_3O_4）和黄丹（PbO），可把铅的挥发量从 20％降至 5％。磷酸盐玻璃在 P_2O_5 量不高且含有 CaO 时，以磷矿石或磷酸钙代替磷酸二氢铵和磷酸氢二铵，以减少磷的挥发。以冰晶石代替硅氟酸钠，氟挥发量从 30％～40％降至 10％～20％。

② 以电炉或坩埚窑代替池窑。采用池窑熔化，PbO 挥发量为 6％，最高达 30％。改用坩埚窑，PbO 挥发量可降至 2％～5％，而采用电炉则可降至 0.2％，F 的挥发可降至 3％。

③ 改进火焰窑的结构。加长加料口，避免油枪直接接触料堆，减小燃油小炉的二次风进角，使火焰紧贴玻璃液面燃烧，可减少铅的挥发。

④ 采用冷碹顶全电熔窑。冷碹顶全电熔窑下部温度高，上部温度低，减少配合料的挥发度，如熔化 PbO 24％的铅晶玻璃，PbO 的挥发仅为 0.2％，乳白玻璃氟化物挥发度仅为 3％～5％。

6.3.7.3　玻璃制品的绿色化

（1）优化玻璃的化学成分　为了避免或减少玻璃容器中有害物质的溶出，首先必须优化玻璃的化学成分。在铅玻璃中加入一定数量的 Al_2O_3 并用 Na_2O 代替 K_2O 可减少铅的溶出量，或者用 BaO、ZnO、TiO_2 代替 PbO 制晶质玻璃。氧化砷在玻璃的制造中用作澄清剂，但其毒性较大。用砷酸钠代替氧化砷，可使毒性减至 1/60，且在运输过程中无粉尘飞扬。以无毒的二氧化铈和焦锑酸钠代替氧化砷。目前国内的复合澄清剂为锑、砷、铈的氧化物配合而成，毒性较小。

（2）炉渣玻璃　钢铁工业及有色冶金工业的发展产生了大量炉渣。以我国为例，每年的冶金炉渣排放量便超过了 700 万吨，累计多达 2000 多万吨。目前利用率不到 5％，且仅限于作水泥熟料的掺合料或铺路。若用以生产炉渣玻璃陶瓷制品，由于配料中可加入 50％～60％的炉渣，无疑是保护生态环境的一种最有效的方法。不仅如此，尚能产生巨大的经济效益。例如苏联 1980 年生产的 2000 万平方米炉渣玻璃陶瓷板为国家创造了近 6000 万美元的经济效益。

炉渣玻璃比普通玻璃具有更高的抗弯、抗压强度，极高的耐磨性能，良好的热性能（能耐 1000℃的冷热温差），优良的电绝缘性能和稳定的化学性能。它既是理想的建筑材料，用作建筑模板；也可代替钢材等金属材料制造输送物料的料槽、料斗及管道；在化学工业上，用于制造输送腐蚀性液体的管道、泵、轴承、反应器等；由于炉渣玻璃的抗辐射性能，还可用作原子反应堆的控制棒、喷气发动机零部件、电子管外壳等。

（3）生态环境玻璃　绿色建材在 21 世纪将成为主流产业，生态环境玻璃也有广阔的前景。生态环境玻璃材料是指具有良好的使用性能或功能，对资源、能源消耗少和对生态环境污小，再生利用染率高或可降解与循环利用，在制备、使用、废弃直到再生利用的整个过程与环境协调共存的玻璃材料。我们称其为光催化降解生态环境玻璃材料，或简称为光化解环境玻璃。

这种生态环境玻璃可以降解大气中由于工业废气和汽车尾气的污染和有机污染物，室内装饰材料放出的甲醛和生活环境中产生的甲硫醇、硫化氢、氨气等污染物，还可以降解积聚在玻璃表面的液态有机物，如各种食用油、抽油烟机产生的焦油等。余泉国等采用溶胶-凝胶法于钛酸溶液中在普通玻璃表面制备了均匀透明的 TiO_2 纳米薄膜，得到的洁净玻璃可将其表面所有的有机污染物完全氧化成 H_2O 和相应的无害无机物，有机磷农药敌敌畏和甲拌磷则被催化氧化成磷酸根离子，抑制和杀灭环境中的微生物，起抗菌、杀菌和防霉的作用。这种玻璃表面呈超亲水性，对水完全润湿，可以隔离玻璃表面与吸附的灰尘、有机物，使这些吸附物不易与玻璃表面结合，在外界风力、雨水淋和水冲洗等外力和吸附物自重的推动下，灰尘和油腻自动地从玻璃表面剥离，达到去污和自洁的要求。

这种生态环境玻璃通常采用溶胶-凝胶法和化学气相沉积法制备光催化薄膜。玻璃基片可采用钠钙平板玻璃，镀膜前需要进行清洁处理，一般先用自来水冲洗，再用丙酮洗，然后用去离子水洗，最后干燥。溶胶-凝胶法是以钛酸乙酯为主要原料，进行水解聚合反应而得到，加入适量乙二醇以控制水解速率，并在不断搅拌过程中加聚乙二醇胺以有利于薄膜形成微孔结构。玻璃表面镀半导体 TiO_2 膜是很有发展前途的光降解环境材料。为了进一步提高光催化的活性与效率，可在 TiO_2 薄膜中掺杂金属，如在 TiO_2 中掺 Pb、Ni 等金属，半导体 TiO_2 膜与掺杂金属组成短路微电池，从而抑制了光生空穴和电子对的复合，使催化剂光活性有所提高，也可以镀多层复合膜，如 SnO_2/TiO_2 多层膜，由于不同半导体膜层能带的差异，使光生电子发生转移，延长空穴寿命，由此提高光催化活性。

随着对绿色玻璃研究的深入，一定会出现更多、更好的玻璃。同时，开发各种环境相容性新材料及绿色产品，研究降低材料环境负担的新工艺、新技术和新方法等方面将成为 21 世纪材料科学与技术发展的一个主导方向。

6.3.8　塑料行业的清洁生产工艺

随着工业的发展，塑料作为人工合成的高分子材料，由于具有良好的成型性、绝缘性，耐酸碱、耐腐蚀、低透气、透水性好以及易于着色、外观鲜艳等特点，已成为一类不可替代的与人类生活息息相关的材料，广泛应用于家电产品、汽车、家具、包装用品、农用薄膜等方面。1998 年，世界塑料材料总产量为 1443 万吨，比 1997 年 1406.3 万吨增长 2.6%。表6-3 列出了 1996、1997、1998 三年世界各地域塑料材料总产量和构成比。

⊡ 表 6-3　连续三年世界各地域塑料材料总产量和构成比

地域	1996 年			1997 年			1998 年		
	产量/千吨	增长率%	构成比	产量/千吨	增长率%	构成比	产量/千吨	增长率%	构成比
亚洲	36812	10.7	28.4	43153	17.2	30.7	43588	1.0	30.2
欧洲	41814	3.0	32.2	44023	5.3	31.3	45370	3.1	31.4
北美洲	43397	2.8	33.4	45627	5.2	32.4	47120	3.3	32.7
中南美洲	5954	11.6	4.6	5939	−0.3	4.2	6340	6.8	4.4
非洲	755	7.9	0.6	736	−2.5	0.5	740	0.5	0.5
大洋洲	1100	1.9	0.8	1150	4.5	0.8	1150	0.0	0.8

6.3.8.1　塑料带来的严重污染

随着塑料产量的增加，成本降低，大量的商品包装袋、液体容器以及农膜等不再被反复使用，使塑料成为一类用过即被丢弃的产品的代表。废弃塑料带来的白色污染已成为一种不容忽视的社会公害。

废弃塑料与生活垃圾共同焚烧时，将对环境带来严重的二次污染，尤其是焚烧含氯塑料（如聚氯乙烯、聚二氯乙烯、氯化聚乙烯等）以及其中存在含氯或溴的染料、颜料、阻燃剂等添加剂的塑料时，由于它们的不延燃性，焚烧时不但会产生大量的黑烟及氯化氢气体，而且还会产生目前认为是毒性最强的二噁英（dioxine）类物质。

填埋作业仍是我国处理城市垃圾的一个主要方法，但混在垃圾中的塑料是一种不能被微生物分解的材料。在这类垃圾中的废塑料密度小，体积大，不但能很快填满场地，而且填埋后的场地由于地基绵软，以及塑料容器中包裹着大量带有细菌、病毒及其他有害物质的生活垃圾，它们不但会使填埋场地散发恶臭，并且又能渗入地下，污染地下水，使所占土地长期无法利用，并危及周围环境。

近10年来，地膜覆盖栽培技术的应用，使农作物的产量大幅度提高，但平均每年有20％～30％地膜残留田间，每亩平均残留量达5kg左右，残留的地膜给农业生产和生态环境造成了严重的不良影响，主要是：①降低了土壤的渗透性，减少了土壤的含水量，削弱了耕地的抗旱能力；②阻碍农作物根系发育，影响其生长，当地膜残留数量过多时，甚至使土地无法耕种。

一次性发泡塑料餐饮具仍大量使用。在使用一次性发泡塑料餐具装热食物和热开水的过程中，温度一般超过65℃时它含有的双酚类等有毒物质就会释出侵入食物。

6.3.8.2　塑料的绿色生产

鉴于塑料对环境的严重污染，以及日益危害人们的身体健康等问题，迫切需要我们将绿色化学提到日程上，即从始端预防，杜绝污染源。就是说，防治污染的最佳途径是一开始就不要产生有毒物质和形成有害废弃物。诚然，没有一种化学物质是绝对无污染的，多少都可能有负面影响。绿色化学的指导思想就是要求这种负作用尽可能小，制造的绿色产品可循环使用，无毒或低毒，将整体预防的环境战略应用于生产过程和产品中。

（1）降解塑料　为解决累积在农田的残留地膜对植物根系造成的危害和对农机机耕操作的妨碍，以及大量一次性使用的塑料包装品带来的环境污染，人们开始研究降解塑料，试图通过降解塑料来解决塑料地膜和一次性包装品带来的这些问题。开发降解塑料和加强使用后塑料的回收利用是解决塑料环境问题的两条互补的途径。经过国内外研究开发者20年的努力，已开发出了各种可供使用的降解塑料制品。

目前，我国已建成各种降解塑料母料和专用料的生产线约90条，生产厂家数十家，生产能力为10万吨/年，生产的母料或专用料能用于生产膜、发泡片、发泡网、发泡餐具、注塑产品等。如：江西科学院应化所研制的全淀粉塑料降解性能很好，可控制降解速率；北京轻工业学院制成了改性淀粉降解材料；宁波誉球降解塑料制品有限公司开发的光/生物双降解塑料；营口石化研究所开发的非淀粉可控光生物降解地膜，组分中不加粮食淀粉，而只在原料 PE 中添加有利于农作物生长发育的含氮、磷、钾等元素的化合物作为生物降解体系；安徽大学高分子材料所采用复合光敏剂并添加改性淀粉的方法，制备出降解诱导期可控的光/生物双降解 PE 地膜；合肥联合大学研究开发的银光可降解膜已大规模生产，该膜集降解性、安全性、经济性于一体，获日内瓦发明金奖。

降解塑料作为塑料的一个新品种，会在许多应用领域占有一席之地，作为非降解塑料的替代品，用于地膜和一次性包装制品，以减轻对环境的污染。用于育苗钵、人造草坪、热带雨林等要求较长降解时间或对降解诱导期不十分苛求的农林用途。用于制造一次性桌布、手套、婴儿尿布衬里等。充分利用降解塑料薄膜优异的印刷性，做标签、招贴等。

（2）废塑料的资源化　成灾的废弃塑料，使人们更加关注它的回收与再利用，因为这样不但能使之成为有用的资源和财富，而且又是保护环境的重要举措。然而废塑料的回收与再利用是一个系统工程，它需要在提高全民族环境意识的基础上，得到广大人民的配合。

① 直接作为材料。这种方法常称材料再循环（material recycle）。对材料为聚乙烯、聚丙烯、聚氯乙烯等废弃的热塑性塑料制品，可以在进行分类、清洗后再通过加热熔融，即可重新成为制品。然而收集到的废塑料制品常常由于所用材料无法迅速辨认而给再利用带来困难。极性的聚氯乙烯与非极性的聚烯烃是不能很好混熔的，即或暂时熔在一起，也会很快破裂，即使是同一品种不同型号的塑料也不能发挥出应有特性，故废塑料的分类成为再利用的一大障碍。

为了解决上述困难，一些国家已经开始在制品上印刷或模压上所用材料种类的标志。我国环保局也正式成立了环境标志办公室，着手进行中国环境标志国际化的工作，因为它已经成为产品进入国际市场的绿色通行证。

② 制单体和燃料油。这是一种化学再循环（chemical recycle）。把聚合体再转变成单体的操作被看成是一种绝对循环，但目前只有有机玻璃（聚甲基丙烯酸酯）的加热分解和聚酯的甲醇解比较容易实现。对于难制成单体的废塑料可以用来制造燃料油，其方法是将它放入外热式加热炉内，以分子筛等硅铝酸盐为催化剂，加热到 430～460℃ 时，即裂解成低分子的石油烃，再通过分馏便得到气、煤、柴油等有用的液体燃料。但这时不应使用含氯、含氮类废塑料，否则会产生盐酸、氢氰酸等有害气体，腐蚀设备、污染环境。这种热解装置已在北京建成投产。

③ 制燃料气。这是一种热再循环，但严格地说它不是再循环，只是有效地利用了燃烧时产生的热能而已。所用的方法实际上是类似古老的烧木炭的热裂化工艺，通过内部直接加热的内热式反应器来制造燃料气体。得到的气体烃可直接供加热燃烧。

"白色污染"造成的公害给我们的教训是：人们为了自身的需要虽然在改造着大自然并且取得了前所未有的辉煌成就，但也付出了沉重的代价。记得 20 世纪 50 年代后期，当我国人民沉浸在用氯化氢气体和电石乙炔制出聚氯乙烯树脂的喜悦时刻时，谁会料到 70 年后的今天，人们又在为减少这类树脂对环境的污染而奋斗。因此，建立起既满足当代人的需要，又不威胁子孙后代和不污染环境的绿色文明，才是我们唯一的选择。

6.3.9　橡胶工业的清洁生产工艺

"八五"期间，我国橡胶工业实现了稳定、协调的增长，全行业累计工业生产值为 1892

亿元，年平均增长速度为 8.67%；1995 年工业总产值占化工行业的 10%，利税占 12.7%，年耗胶量和轮胎产量在全世界名列第三。"九五"期间，我国橡胶工业仍保持稳定、适度的增长，平均年增长率为 8%。在新技术、新产品的自主开发能力方面正在形成新的增长点，特别是子午线轮胎、难燃及高强力输送带以及为汽车、家电、电子配套的橡胶制品。

废橡胶是仅次于废塑料的一种固体高分子材料废弃物，其来源主要是废橡胶制品，即报废的轮胎、人力车胎、胶管、胶带、胶鞋、工业杂品等。如按同期产生的废旧橡胶约为其产量的 30%～40% 推算，我国每年的废旧橡胶量也近百万吨，故应设法处理、回收利用、再资源化。随着橡胶产量的增长，环境保护工作越来越受到人们的重视，包括生产过程的改进、"三废"处理以及废胶的利用等。图 6-2 是 1995～2015 年我国橡胶消耗量，可以看出中国逐渐成为了橡胶贸易和消费大国。

图 6-2　1995～2015 年我国橡胶消耗量

6.3.9.1　工艺改革

最近某些高效催化剂的诞生，使橡胶合成技术由原来的溶液聚合流程简化为气相聚合。新工艺提高催化剂的效率，并且残留于聚合物中的催化剂不影响橡胶的质量；不用溶剂，省去脱除催化剂、脱除溶剂及溶剂回收工序，使流程大大简化。因此，减少了对环境的污染。可以预见，在合成橡胶工艺中，部分或大部分工艺过程必然会采取这种方法，例如，用气相聚合工艺已成功地合成了三元乙丙橡胶（Unipol EPDM，1992 年），产品为颗粒橡胶（φ = 0.6～0.7mm），其流程见下图 6-3。

6.3.9.2　橡胶助剂工业的发展

现代产业革命离不了高性能橡胶制品，而橡胶制品高性能的获得，除橡胶制品结构设计最佳化外，选用高新材料和高性能助剂是决定因素。根据低毒、高效、低污染的要求，为了保护橡胶助剂生产和使用的环境，欧美国家严格控制助剂生产和使用时的毒性粉尘、毒性烟气、毒液污染，因此造粒产品在欧美国家占据主要地位。近年来，我国的造粒技术有了很大的进步。

然而，我国橡胶助剂行业中的不少企业仍处于粗放型生产状态，资源消耗大，环境污染严重。为实现我国橡胶助剂工业的可持续发展，必须向集约型发展，改变消耗大、污染重的状况，并把预防污染放到首要位置。清洁生产是现代工业的发展方向，也是助剂行业解决环境污染问题的一条有效途径。

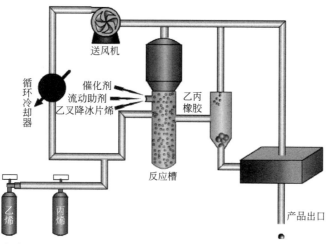

图 6-3 气相聚合工艺合成三元乙丙橡胶流程图

近年来，我国的造粒技术有了很大的进步，不少助剂生产企业也在清洁生产方面取得了成绩，如促进剂 TMTD 产品粉尘细、刺激性强，它的无尘化引起了普遍重视，目前已基本得到了解决。不少企业通过计算机控制，合理选择工艺生产路线，大大降低了能耗，减少了污染，提高了产品质量。

6.3.9.3 废旧橡胶的回收利用

废旧橡胶的回收利用有以下 4 个方面：①原形及改制利用。如轮胎翻修，制作人工鱼礁、道路垫和水土保持材料及救生圈等，此法耗费的能源和人工费较少，而又使废橡胶得到了有效利用，是一种非常有价值的利用方法。在我国，废橡胶的直接利用量占总量的 30% 以上。②热分解利用。将废橡胶热分解，利用其产生的煤气、油料及炭黑等，但此法存在设备、操作费用高等问题。③再生利用。将废橡胶脱硫后制成再生胶，并掺入橡胶制品中，可降低成本。传统的再生方法有油法、水油法，其缺点是生产效率低，性能差，能耗大，污染环境。目前国外大都以生产废胶粉为再生利用的主要手段，而以生产再生胶为辅。④以胶粉形式利用。废橡胶粉碎成胶粉，不仅可以掺入胶料代替部分生胶，而且能与沥青很好地混合，广泛用于公路建设和房屋建筑。另外，胶粉可用于改性塑料，精细胶粉还能用于涂料、油漆和黏合剂的制造。精细胶粉与再生胶相比，可省去脱硫、清洗、挤水、干燥等多道工序，大幅度节约设备、能源和劳力投入，降低成本，不存在污染问题。而且，在掺入再生料的制品中，精细胶粉比再生胶的掺入量大且力学性能好。

关于废橡胶改性塑料的应用，日本已在我国申请了专利，将破碎废橡胶得到的细颗粒与破碎废 PE 或 PP 制品制成的废塑料粗颗粒混合，并将所得材料加压及注射、模制成所需形状，由此获得的组合物具有乌木状外形，且质量好、硬度高、韧性好、耐水性好。唐善学发明的将废旧橡胶、废旧塑料、木粉组合物加工制成性能优良、成本低廉的材料，可用于制造板材、管材、包装材料、框架、浴缸、水箱等。

青岛化工学院李炳海等开发了以石油炼化厂废油渣作为 PVC/CPE 共混物的增塑剂和软化剂、以废胶粉为填充剂的新技术，为研制廉价铺地胶板及防水卷材开辟了一条经济实用的途径。

Richards 发明了用沥青、废塑料、废橡胶等制成块状物来铺设停车场、人行道、公路等的技术。Okuyama 等研制出橡胶改性苯乙烯聚合物的挤出发泡板材。

21 世纪是环保的世纪，绿色工业已成为世界工业的方向。我国橡胶行业必须加强环保意识，坚持清洁生产，本着"节能、降耗、减污、增效"的原则，不断推进科技进步，实现橡胶工业的可持续发展。

6.3.10 合成纤维的清洁生产工艺

6.3.10.1 丁二烯法生产化纤

美国杜邦与德国巴斯夫公司联合开发了此种工艺，生产己内酰胺与尼龙 66 盐，并在海南建设首套装置。与传统的以苯为原料的工艺相比，此法流程缩短，能耗约低 10%，耗水量减少 20% 左右，无废液及副产硫铵，是清洁生产工艺的发展方向。

6.3.10.2 熔法生产腈纶

美国 BP、日本东丽等公司分别开发了无溶剂的熔法腈纶工艺，能耗比湿法减少 20%，水耗减少 60%（短纤）至 90%（长丝），完全没有溶剂排放的污染，还便于生产高速纺腈纶长丝，比传统的湿法、干法前进了一大步，在碳纤维等小批量的特殊用途领域有一定优势。现正在东南亚建设首套装置。

6.3.10.3 绿色纤维

（1）Lyocell 纤维 Lyocell 纤维被誉为 21 世纪"绿色纤维"，是以 NMMO 溶剂法，不经化学反应生产纤维素纤维的新工艺。该工艺利用 NMMO 与纤维素上的多羟基可产生氢键而使纤维素溶解的特性，将纤维素浆粕溶解，并得到黏稠的纺丝液，然后以干喷湿法纺丝工艺制得纤维素。与此同时，凝固液、清洗液中析出的 NMMO 被回收精制而重复使用。整个生产系统形成闭环回收再循环系统，没有废物排放，对环境无污染。其原料来自天然的可再生的速生林，不会造成掠夺性开发；其纤维制品废弃后能在自然条件下自行降解，不会对环境造成垃圾污染。

（2）聚乳酸纤维 采用可再生小麦等淀粉原料经发酵转化成乳酸，然后经聚合、纺丝而制成。聚乳酸纤维制品废弃后在土壤中或水中，会在微生物的作用下分解成 CO_2 和 H_2O，随后在太阳光合作用下，它们又成为淀粉的起始原料。这个循环过程，既能重新得到聚乳酸纤维的起始原料——淀粉，又能借助光合作用减少空气中的 CO_2 含量。

（3）甲壳素纤维 甲壳素是一种动物纤维素，存在于虾、蟹、昆虫等甲壳动物的壳内和蘑菇、真菌、细菌等细胞膜内。将虾、蟹甲壳粉碎干燥后，经脱灰、去蛋白质等化学和生物处理后，可得到甲壳质粉末和以 N-乙酰基-D-葡萄糖胺为基本单元的氨基多糖类高分子物质——壳聚糖。将其溶于适当的溶剂中，采用湿法纺丝工艺可制成甲壳素纤维。它的原料用人们废弃的虾、蟹壳类，可减少对环境的污染，而甲壳素纤维废弃物又可自然生物降解，对环境不会造成破坏。

（4）易降解纤维 美国、日本开发的易降解涤纶、丙纶及淀粉共聚物纤维，半衰期缩短到 1～2 个月，不需掩埋、焚烧，对空气、水及土壤危害很小。

（5）抑菌纤维　通过聚合物的改性，可以得到永久抗菌的腈纶、涤纶及丙纶产品，还可以加入香料和药物扩展其保健功能，有助于人体健康，在丢弃填埋或回收的过程中也不易造成二次污染。

（6）易染涤纶　发展原液和纺丝染色，丰富色种和染料品种，可以减少下游加工的印染量，把排污限制到最低。

（7）固沙、绿化及种植用非织造布　非织造布已广泛用于交通、水利工程，由于需要大量投资，在治理沙漠、代替植被、清淤防渗等方面推广较慢。

6.3.11　涂料的清洁生产工艺

由于传统涂料对环境与人体健康有影响，所以现在人们都在想办法开发绿色涂料。所谓"绿色涂料"是指节能、低污染的水性涂料、粉末涂料、高固体含量涂料（或称无溶剂涂料）和辐射固化涂料等。

由此可见，对于绿色涂料的界定可以分为三个层次。

第一个层次是涂料总有机挥发量（VOC），有机挥发物对我们的环境、我们的社会和人类自身构成直接的危害。涂料作为现代社会中的第二大污染源，其对环境的污染问题越来越受到重视。美国洛杉矶地区在 1967 年实施了限制涂料溶剂容量的 66 法规，自此以后，国外对涂料中溶剂用量的限定也愈来愈严格。开始只对一些可发生光化学反应的溶剂实施限制，但后来发现几乎所有的溶剂都能发生光化学反应（除了水、丙酮等以外）。我们应该尽量减少这些溶剂的用量。

第二个层次是溶剂的毒性，亦即那些和人体接触或吸入后可导致疾病的溶剂。大家熟知的苯、甲醇便是有毒的溶剂。乙二醇的醚类曾是一类水性涂料常用的溶剂，在 20 世纪 70 年代，它作为无毒溶剂而被大量使用；但在 20 世纪 80 年代初发现乙二醇醚是一类剧毒的溶剂，那时，实验室的此类溶剂都被没收，严禁使用。例如，聚乙烯吡咯烷酮是一类人造血浆，制备它的单体乙烯基吡咯烷酮曾被认为是一种无毒的化学品，20 世纪 80 年代末曾被介绍给光固化涂料界，被认为是一种具有高稀释效率、高聚合速度的活性单体，而且用它作为活性稀释剂所得漆膜性能优异。但是不久就发现它是一种致癌物，因此被禁止使用。有毒的溶剂对生产和施工人员都会造成直接危害。

第三个层次是对用户安全问题。一般来说，涂料干燥以后，它的溶剂基本上可以挥发掉，但这要有一个过程，特别是室温固化的涂料，有的溶剂挥发得很慢，这些溶剂的量虽然不大，但由于用户长时间接触，溶剂若有毒，也会造成对人体健康的危害，因此在制备时一定要限制有毒溶剂的使用。

20 世纪 70 年代以前，几乎所有涂料都是溶剂型的。70 年代以来，由于溶剂的昂贵价格和降低 VOC 排放量的要求日益严格，越来越多的低有机溶剂含量和不含有机溶剂的涂料得到了很大发展。

6.3.11.1　新型涂料

（1）高固含量溶剂型涂料　高固含量溶剂型涂料是为了适应日益严格的环境保护要求在

普通溶剂型涂料基础上发展起来的。其主要特点是在可利用原有的生产方法、涂料工艺的前提下，降低有机溶剂用量，从而提高固体组分含量。这类涂料是 20 世纪 80 年代初以来以美国为中心开发的。通常的低固含量溶剂型涂料固体含量为 30%～50%，而高固含量溶剂型涂料（HSSC）要求固体含量达到 65%～85%，从而满足日益严格的 VOC 限制。在配方过程中，利用一些不在 VOC 之列的溶剂作为稀释剂是一种对严格的 VOC 限制的变通，如丙酮等。很少量的丙酮即能显著地降低黏度，但由于丙酮挥发太快，会造成潜在的火灾和爆炸的危险，需要加以严格控制。

（2）水性涂料　水性涂料可分为水溶性、水分散性和水乳化涂料三类。主要特性是以无毒的水代替有毒的有机物作为涂料溶剂，减少或消除涂料 VOC 对大气的污染。

水性涂料中水分散性涂料品种最多，由于其储存稳定性好、性能较优、使用方便而被广泛开发使用。如国内大量使用的以硅酸乙酯为基料、乙醇为溶剂的无机富锌底漆，涂料工程师使用硅酸油水液代替硅酸乙酯作基料、水为溶剂改良的涂料具有自由固化性，VOC 值低（一般不超过 15%），增强了环保的价值取向。

水性涂料仍然会含部分有机溶剂（作助溶剂），但量较少，VOC 值低。如汽车阴极电泳漆的 VOC 含量低于 2%。

（3）粉末涂料　粉末涂料就是不包含有机溶剂，固体分含量为 100% 的涂料。粉末涂料归为绿色涂料是由于其 VOC 接近于零，且比传统溶剂型涂料的综合效能高可达 90% 以上。节能降耗可达 30%～50%，涂层耐候、耐久和耐化学性优越，使其品种和产量在不断提高和扩大。

粉末涂料产量仅次于水性涂料，约占总量的 20%。粉末涂料除无溶剂 VOC 污染优点外，还可进行涂装后回收利用过喷粉末，克服了涂料喷涂过程中过喷浪费现象，提高了涂料利用率。

简而言之，使用粉末涂料时，涂料利用率可达 90% 以上，降低能耗 30%～50%，节省劳务费用 30%～40%，可替代 3～5 倍的传统溶剂性涂料。粉末涂料作为无溶剂涂料的代表，与水性涂料一样，受到涂料涂装产业界的重视，使得粉末涂料及其涂装技术在市场上十分活跃。因此，作为污染性小的粉末涂料，其产量在提高，品种也不断增多。

① 低温固化性粉末涂料。粉末涂料的烘干温度低温化以后能带来以下效果：节能，降低烘干室的运转成本；适用于粉末涂装底材的增加；由于烘干室的负荷减轻，使用寿命会增长，亦可减少维修费用、发热量，可抑制室温上升；老涂装经改造后可使用原烘干室，而且升温时间或烘干后冷却时间缩短，缩短了生产周期。

② 耐候性粉末涂料。为使粉末涂料能全面取代优质的合成树脂涂料，适用于户外产品的涂装，国外涂料公司开发了很多品牌的高性能耐候粉末涂料。铝建材用粉末涂料，建材的表面处理一般用阳极氧化法。在欧美采用粉末涂装约占 30%，亚洲各国也在逐渐增加。美国的铝合金建筑材料的涂装规格 AAMA-605 要求在佛罗里达州的试验场地暴晒 5 年，过去只有聚偏二氟化乙烯树脂通过了这一要求。英国一家公司开发的聚酯粉末涂料 D-2000 耐候性非常优异，且价格较氟树脂低，可以大量生产。

粉末涂料现以其完全不含溶剂、涂装效率高、保护和装饰综合性能等特点适应了涂料工业对节约资源、能源，减少环境污染，提高功效方面的要求具有独特的经济效益和社会效益，受到全世界的重视，得以飞速发展。因此，合理有效地利用资源、改善环境将成为 21

世纪发展的主题。为了进一步增强粉末涂料的生命力，扩大其应用范围，粉末涂料今后拟向以下几个方向发展：低温固化、合成原子和分子构件、功能化、专用化、美术化、研究开发新型固化剂。

（4）液体无溶剂涂料　不含有机溶剂的液体无溶剂涂料有双液型、能量束固化型等。液体无溶剂涂料的最新发展动向是开发单液型，且可用普通刷漆、喷漆工艺施工的液体无溶剂涂料。

涂料的研究和发展方向越来越明确，就是寻求 VOC 不断降低直至为零的涂料，而且其使用范围要尽可能宽、使用性能优越、设备投资适当等。因而水基涂料、粉末涂料、无溶剂涂料等可能成为将来涂料发展的主要方向。

（5）光固化　所谓光化学反应，一般指原子、分子、自由基或离子由于吸收光子而引起的反应。大气中的有机溶剂及其他有机污染物在光照条件下会产生许多光化学反应。一般来说，烃类化合物是光化学烟雾产生的前提；臭氧的产生除要有氧、氮氧化物和太阳紫外线等基本条件外，还得有烃类化合物同时参加反应。臭氧的产生是光化学烟雾的结果。

动物实验表明，在 $0.2 \times 10^{-6} \text{mg/m}^3$ 臭氧浓度下暴露三周，每日 5h，可使家兔和老鼠心脏纤肌细胞核的结构发生变化。研究还证明，当臭氧浓度达 $0.25 \times 10^{-6} \text{mg/m}^3$ 以上时，多数哮喘患者易发病，也有在 $0.15 \times 10^{-6} \text{mg/m}^3$ 时就发生哮喘的。由此可见，涂料在生产与使用过程中排放大量有毒的 VOC，对大气造成一次性污染，同时产生光化学反应，对局部地区光化学烟雾的形成起着"推波助澜"的作用。

涂装是涂料在底物表面附着膜化的过程。涂装过程中喷涂、剥落和设备清洗过程会产生废物污染，如喷涂中涂料的散发和清洗设备试剂废液。绿色涂装是根据涂料的品种类型、工件表面质量、涂装工件的批量而采用合适的涂装工艺条件和程序，减少有毒废物的排放，回收利用废旧物料的环保型涂装。

不同的涂料品种和不同的工序产生不同类型的废物污染，污染预防和回收利用方法则各异。企业可根据自身产品的实际情况，采用合适的工艺工序或调整原有的工艺条件或原料材料比，尽可能将废物污染及危害降到最低。

某装饰材料厂生产表面喷涂的金属装饰板，喷涂所用的溶剂为甲苯，废气中甲苯浓度为 600mg/m^3。该厂采用炭吸附和催化床组成集成工艺处理废气，经过吸附、催化氧化、脱附等处理，甲苯的净排放浓度为 60mg/m^3，符合国家《大气污染排放标准》。涂料的绿色涂装是刚刚起步的涂料清洁生产的重要组成部分，也是绿色涂料的重要内容之一。

6.3.11.2　涂料清洁生产的内容和方法

涂料的清洁生产是"绿色"涂料的重要组成部分。包括两个方面的内容：①源头治理，针对生产末端产生的污染物开发行之有效的治理技术；②开发替代产品，调整工艺过程，优化系统配置，使污染物减至最少。

近 20 年来，涂料污染严重化趋势迫使人们投入了大量的财力、物力进行末端治理，但由于工业化的扩展，污染物的迅速增加，末端治理出现了很大的局限性。人们开始醒悟，与其治理末端污染，不如开发替代产品，调整工艺和配置，把废物消灭在生产之前，亦即涂料清洁生产，最大限度地减少污染。

为取代有害有毒涂料，各种各样的新型环保涂料应运而生。根据产品实际要求，可选用效用广，低 VOC 值，水中溶解度低，在自然环境中能够降解，在食品链中无生物累积毒性的涂料。如前所述可采用水性涂料、粉末涂料或高固体分涂料，减少或停止使用有毒重金属颜料等。

再以船底防污涂料为例，目前市场上已有多种环保型无锡防污涂料流行。（甲醛）丙烯酸类树脂涂料存在聚合物析出问题，但以乳酸类聚合物为基料的防污涂料可生物降解，有析出但无残留。而以有机硅树脂和表面处理剂组成的非析出型防污涂料正在开发研究之中，相信不久将会得到广泛应用。

清洁生产需要改进生产过程，改造、替代落后生产工艺，调整原料、能源使用，优化生产程序等。为防止喷涂过程溶剂散发，可使用辐射固化配方，实现溶剂瞬间挥发完全，调整喷枪工件间距，保持喷枪与工件表面的垂直喷涂，适当降低涂料雾化气压等。

对于工件涂前的表面处理，尽量使用无毒清除剂，或采用如光辐射法等物理方法处理。对于设备清洗流程，可尽量进行连续大批量生产，减少清洗次数；水或溶剂可建立现场循环利用系统重复使用。总而言之，涂料的清洁生产是涂料工业向绿色涂料发展的新阶段，是生产企业提高产品质量和服务质量，使涂料更好地造福人类的生产模式和手段。涂料清洁生产的推广和实施在国家有关部门采取的一系列环保措施下，得到了加强和保证。

6.4 清洁生产经典案例

6.4.1 案例 1 唐山中润煤化工有限公司尾气回收

唐山中润煤化工有限公司是一家大型国有焦化企业，是典型的炼焦和煤化工结合的公司。主要包括：焦化、焦炉煤气制甲醇、粗苯加氢精制。精苯工序脱重塔为保证塔内负压需要在塔顶抽出部分含环戊烷等非芳烃和少量的苯可燃物质输送至火炬燃烧排放。

2010 年公司开展清洁生产审核活动。精苯车间作为审核重点进行了全面的物料平衡分析，发现脱重塔塔顶抽出的真空尾气中含环戊烷等非芳烃和 10.4% 的苯是生产副产品，排放燃烧是对产品的浪费。经过咨询专家和公司技术部门对排放废气物理性质的分析，提出了低温冷凝法回收真空尾气的技术方案。在生产部门协调下，能量供应部门将制冷车间的冷却水输送到精苯车间，利用冷却水将真空尾气冷凝至 10℃。在 10℃ 状态下真空尾气里的环戊烷、非芳烃和少量的苯液成为凝液，这部分凝液回收后作为非芳烃产品外售。仅此一个方案实施，企业当年就回收非芳烃 900t，增加效益 522 万元。方案的实施只投资了 132 万元安装管道系统和二套热交换器系统，投入产出比达到 1∶3.9。同时，该方案的实施也给国内非芳烃类废气排放的企业提供了成功的废气再利用经验，在同行业内有明显的示范作用。

6.4.2 案例 2 华夏实业有限公司苯回收系统

河北华夏实业有限公司是中国最早、规模最大的胶粘带生产厂家，生产各类民用和汽车用胶粘带，年生产能力达 2 亿平方米。公司主要产品为 PVC 胶带和 BOPP 胶粘带，原辅材料主要是 PVC 膜、胶水等。两种产品的生产工艺有很大相同处，主要是涂胶、干燥两大工作部分，全过程都是在涂布机内完成的。涂胶是在基布上涂上底胶，干燥是经过烘干机高温使胶中溶剂挥发。干燥过程中大量的溶剂苯蒸发，形成工艺废气排放，污染环境。

河北华夏实业有限公司每年干燥环节排放苯类废气 60 万立方米，给企业周边环境造成了污染。针对这一问题，华夏实业有限公司于 2007 年开发了活性炭苯回收系统。首台设备安装试验后效果良好，甲苯回收率达到 95%。这一系统不仅减少了有机化学废气排放，又通过回收苯给企业带来了巨大的经济效益。首台设备试验成功后，华夏实业有限公司投资 6400 万元对企业全部干燥设备进行了苯回收改造，当年回收苯 5700t，获得利润 1733.59 万元，取得了良好的经济效益；同时减少苯废气的排放 57 万立方米，有效地减少了含苯废气的排放。

6.4.3　案例 3　久鹏制药有限公司氟化氢蒸气回收技术

河北久鹏制药有限公司生产土霉素中一种主要辅助原料为氢氟酸。氢氟酸为氟化氢气体的水溶液，有很强的挥发性，挥发产生氟化氢蒸气对呼吸道黏膜及皮肤有强烈的刺激和腐蚀作用。为防止氟化氢蒸气无组织排放造成环境污染，生产过程中安装有专业的氟化氢蒸气处理系统，使氟化氢蒸气经过引风机抽入水吸收设备中，吸收了氟化氢的废水被排放至公司污水处理厂处理。

根据氢氟酸属于氟化氢气体的水溶液的特性，久鹏公司开发出一套简单实用的逆流吸收式氟化氢蒸气回收技术。通过逆流吸收，废水中氟化氢浓度达到 27%，满足了氢氟酸生产企业对水中氟化氢含量在 25% 以上的废水再制造氢氟酸的浓度要求。当年，公司投入 6.269 万元实施了此清洁生产方案，每天回收含氢氟酸废水 200kg，以每吨废水 750 元的价格出售给氢氟酸生产企业作原料，一年出售废水 60t，获得收入 4.5 万元。

6.4.4　案例 4　旭鑫工贸有限公司晾水塔改造

迁安市旭鑫工贸有限公司化工厂 6 万吨粗苯精制项目，是焦化回收产品的深加工项目。年处理粗苯 6 万吨，主要产品有精苯、甲苯、二甲苯、重苯、初馏分，年生产纯苯 39370t，甲苯 10800t，二甲苯 3100t，实现销售收入 25084.75 万元，利税 6769.86 万元。公司粗苯精制采取的是改良式连续酸洗法，生产中重点是加热蒸馏、冷却分离回收等反应步骤，设备、工艺比较简单；使用的主要设备是反应塔、分离器、冷凝冷却器等。工艺的主要原理是塔底高温蒸发、塔顶低温冷凝回收产品，通过冷却水循环降温控制塔顶冷凝温度，使塔顶保持在一定的温度范围内。冷却循环水的降温程度直接影响塔顶温度，从而影响产品收率，是生产中的一个关键环节。各塔顶降温是通过凉水塔将各塔顶冷却水降温循环利用。蒸馏过程中直接消耗的主要能源也是冷却塔布水叶轮的电耗。

为降低能耗，企业采用无填料喷雾式凉水塔取代现有的叶轮式，完全可以满足生产过程中循环水凉水水温的工艺要求。无填料喷雾式凉水塔，利用循环水回水压力通过安装在塔内的高效低压离心雾化装置，需要工作压力仅为 0.035MPa，形成高速离心运动，将循环水喷射至 2～3m 高度，循环水被粉碎成 0.5～1mm 的微小水粒，在风机的作用下，形成雾化状态，使循环水雾悬浮，将热汽排出，以水动风机取代了电动风机，完全省去原来凉水塔上

22kW·h叶轮电机能耗。此项方案实施难度不高，只需与生产无填料喷雾式凉水塔企业达成项目总包意向即可，没有更多的技术含量。

企业实施方案总投资 24.6 万元，全年节电 14.784 万度，节约电费 8.87 万元；凉水塔使用寿命为 10～15 年，项目投资偿还期为 3.24 年。

6.4.5　案例 5　中滦煤化工有限公司出冷水余热利用

承德中滦煤化工有限公司年产焦炭 60 万吨，全部用于承钢炼铁生产。配套的煤气净化系统采用德国具有 20 世纪 80 年代国际先进水平的 AS 脱硫技术，日产焦炉煤气 72 万立方米，4 万立方米用于居民使用，其他焦炉煤气和炼铁产高炉煤气掺混后用于承钢轧钢系统的加热炉和焦炉加热使用。主要副产品有焦油、粗苯、硫黄，焦油年产约 2.4 万吨，粗苯年产 7000t，硫黄年产 1000t。

2012 年企业技术部门大胆创新，改变了焦化行业用蒸汽生产低温水的工艺，创造了利用焦炉煤气冷却的初冷水余热生产低温水，每天节约蒸汽 84t，节约蒸汽购置费 8400 元。全年节约蒸汽 2.52 万吨，节约蒸汽购置成本 252 万元，为焦化行业清洁生产提供了创造性的技术。

6.4.6　案例 6　惠中化学有限公司焚烧炉 SO_2 气体热量回收

唐山市南堡开发区惠中化学有限公司主要生产焦亚硫酸钠，年产焦亚硫酸钠 2.5 万吨。公司的主要原料采用日本、加拿大的高纯度硫黄和唐山三友化工股份有限公司的"三友"牌优质食用纯碱。

焦亚硫酸钠生产工艺是：将硫黄（S）在焚烧炉中燃烧生成 SO_2 气体，高温的 SO_2 气体经多次水洗净化气体携带的硫黄粉尘，再经过气、水分离，除去气体所带水分冷却至常温。达到工艺要求的纯净 SO_2 气体送到吸收反应釜中，与釜中的纯碱反应，生成中间产物亚硫酸氢钠（$NaHSO_3$），亚硫酸氢钠达到饱和后，有结晶析出，此结晶物即为焦亚硫酸钠（$Na_2S_2O_5$）。在这个生产工艺中，硫黄燃烧生成 SO_2 气体过程放出大量热能，燃烧炉内温度在 800～1000℃之间，高温的 SO_2 气体需要在水洗过程中降温到常温才能进入下一步反应，大量热能被白白浪费。

2010 年，公司投资 13 万元实施了焚烧炉 SO_2 气体热量回收方案。在焚烧炉 SO_2 输出管道上安装特制的防腐余热蒸汽发生器，每小时产 1.2t 蒸汽供公司需要加温反应的车间使用，满足了公司生产中的蒸汽需求。此方案使公司每年减少外购蒸汽 350t，节约生产成本 7 万元。

6.4.7　案例 7　东旭化工有限公司蒸馏加热炉排烟余热回收利用

河北东旭化工有限公司是以煤化工系列产品精细加工为主，主要产品有沥青、蒽油、洗油、炭黑油、工业萘等产品，53% 的产品远销北美各个国家和地区，是国内煤化工企业在北美市场最大的供应商。尤其是公司自主研制生产的高温改质沥青，微量化学元素指标均达到国际先进水平，是国内同行业首创。

　　其主要生产工艺是传统的加热蒸馏工艺，蒸馏过程中，利用不同产品的蒸发温度不同，通过温度控制再精馏、冷却分离出不同的产品，加热用的废热气通过烟道汇集通过50m烟囱外排。生产过程中，蒸馏加热炉排烟平均温度为280℃，最高时达到400℃，平均排烟速率为6400m³/d。通过对实测数据和企业用热单元需热量分析，发现蒸馏加热炉排烟损失热量完全可以满足沥青烘干用热。因此东旭化工投资5.72万元用高温蒸馏加热炉排烟取代了沥青烘干用热风炉烘干热风，每年减少煤气消耗9万立方米，节约煤气购置费用12万元，取得了良好的经济效益。

第7章

化工过程强化技术

　　化学工业与我们的生产和生活密切相关，医药、农药、塑料、橡胶、涂料、汽油、柴油等都是化学工业制造的。传统化工给人的印象是高耸塔群林立，刺激气味迎面扑鼻，粉尘液滴四处飞溅，能耗高且对环境的污染触目惊心。不过，化工过程强化技术的出现正在改变这种情况。如果说绿色化学侧重从化学反应本身来消除环境污染、充分利用资源、减少能源消耗，化工过程强化则强调在保证生产能力不变的情况下，于生产和加工过程中运用新技术和设备，从而极大地减小设备体积或者极大地提高设备的生产能力，显著地提升能量效率，大量地减少废物排放。

　　化工过程强化目前已成为实现化工过程的高效、安全、环境友好、密集生产以及推动社会和经济可持续发展的新兴技术，美、德等发达国家已将化工过程强化列为当前化学工程优先发展的三大领域之一。

7.1　微化工技术

　　微化工技术是 20 世纪 90 年代初顺应可持续发展与高技术发展的需要而兴起的多学科交叉的科技前沿领域，它是集微机电系统设计思想和化学化工基本原理于一体并移植集成电路和微传感器制造技术的一种高新技术，涉及化学、材料、物理、化工、机械、电子、控制学等各种工程技术和学科。其主要研究对象为特征尺度在数微米到数百微米间的微化工系统，常规尺度的化工过程通常依靠大型化来达到降低产品成本的目的，而微化工过程则注重于高效、快速、灵活、轻便、易装卸、易控制、易直接放大及高度集成等方面。由于系统尺度的微细化使得各种化工流体的传热、传质性能与常规系统相比有较大程度的提高，即系统微型化可实现化工过程强化这一目标。

　　微化工技术在国外发展很快，主要有美国的杜邦公司、麻省理工学院（Massachusettes Institute of Technology，MIT）、太平洋西北国家研究所（Pacific Northwest National Laboratory，PNNL）和 UOP 公司等；德国的美茵兹微技术研究所（ Institut für Mikrotechnik Mainz，

IMM)、BASF、Axiva、Merck、Degussa-hüls 和 Bayer 等著名公司；法国的 Rhone-Poulenc/Rhodia 以及荷兰和英国的 Shell 等公司。国内研究这一技术的机构主要有中科院大连化学物理研究所、清华大学和华东理工大学等。

如今，微型化工器件已成为微型化设备的重要组成部分，主要包括微混合器、微型反应器、微型换热器、微化学分析器、微型萃取器、微型泵和微型阀门等。微型化工设备具有结构简单、操作条件易于控制和安全可靠等优点，引起众多研究者包括化学工程及其相关领域人士的极大关注。已有研究表明，在微米尺度下反应的转化率、选择性均有明显提高，传热系数和传质性能与传统设备相比显著强化，而且可以保证流体流动的均匀性和理想性。作为微化工技术核心部件的微反应器，更确切地应称为微尺度或微结构反应器，其内部通道特征尺度在微尺度范围（$10\sim500\mu m$）内，远小于传统反应器的特征尺寸，但对分子水平的反应而言，该尺度依然非常大，故利用微反应器并不能改变反应机理和本征动力学特性，而是通过改变流体的传热、传质及流动特性来强化化工过程的。

7.1.1 微反应器的微混合机理

微反应器具有狭窄规整的微通道、非常小的反应空间和非常大的比表面积。传统混合过程依赖于层流混合和湍流混合。而微化工系统中，由于通道特征尺度在微米级，雷诺数远小于 2000，流动多呈层流，因此微流体混合过程在很大程度上是主要基于扩散混合机制，而不借助于湍流。这个过程通常是在很薄的流体层之间进行，其基本混合机理如下：

（1）层流剪切　在微混合器内引入 2 次流，使流动截面上不同流线之间产生相对运动，引起流体微元变形、拉伸继而折叠，增大待混合流体间的界面面积、减少流层厚度。

（2）延伸流动　由于流动通道几何形状的改变或者由于流动被加速，产生延伸效应，使得流层厚度进一步减小，改进混合质量。

（3）分布混合　在微混合器内集成静态混合元件，通过流体的分割重排再结合效应，减小流层厚度，并增大流体间的界面。

（4）分子扩散　在常规尺度混合器中，只有当剪切、延伸和分布混合使流层厚度降至足够低的水平时，分子水平的混合才有意义。而在微混合器中，微通道当量直径可低至几微米，依据为 Fick 定律 [式（7-1）]：

$$t\approx l^2/D \tag{7-1}$$

式中，D 为扩散系数；l 为扩散特征尺度；t 为混合时间。

当混合流体处于同一微通道内时，分子扩散路径大大缩短，因此仅依靠分子扩散就可在极短的时间内（毫秒至微秒级）实现均匀混合。

7.1.2 微反应器的基本特征

与传统反应器相比，微反应器具有以下优势：

（1）比表面积大　在微反应器内，由于内部通道特征尺度的减小，比表面积大大增加。如当通道特征尺度在 $100\sim1000\mu m$ 范围内时，比表面积可高达 $4000\sim40000m^2/m^3$，而常规尺度实验室或工业反应器比表面积一般在 $100\sim1000m^2/m^3$，此时微反应器内空气的层流

传热系数可高达 $100 \sim 1000 \mathrm{W}/(\mathrm{m}^2 \cdot \mathrm{K})$，水的层流传热系数更是高达 $2000 \sim 20000 \mathrm{W}/(\mathrm{m}^2 \cdot \mathrm{K})$，在常规反应器内这几乎是一个不可逾越的值。

由于微反应器内传热速率的大大增大，反应物或产物能快速被加热或冷却，使得在拟等温条件下精确控制停留时间成为可能，有效地抑制了反应热的积累和反应床层热点的形成，最终提高了反应的转化率、选择性和产品的质量，因此微反应器常被用于强放热或强吸热反应过程。

另外，对于圆管内层流流动，当管壁温度维持恒定时，有

$$Nu = hd/\lambda \tag{7-2}$$

式中，Nu 为努塞特数；h 为传热系数；d 为通道特征尺度；λ 为热导率。

由式 (7-2) 可知，传热系数 h 与通道特征尺度 d 成反比，即通道特征尺度越小，传热系数越大。

同理，对于圆管内层流流动，当组分在管壁处的浓度维持恒定时，则有：

$$Sh = kd/D \tag{7-3}$$

式中，Sh 为传质舍伍德数；k 为传质系数；d 为通道特征尺度；D 为扩散系数。

由式 (7-3) 可知，传质系数 k 与通道特征尺度 d 成反比，即通道特征尺度越小传质系数越大，故在微通道内可实现液固高效传质过程。

（2）比相界面积大 对于气液体系而言，在微通道内流体特征尺寸通常在几十微米到数百微米，当特征尺度处于 $50 \sim 500 \mu\mathrm{m}$ 范围内时，理论上微流体的比表面积可高达 $2000 \sim 20000 \mathrm{m}^2/\mathrm{m}^3$，较常规设备大 $1 \sim 2$ 个数量级。目前，比相界面积最大的微化工系统为降膜式微反应器，高达 $25000 \mathrm{m}^2/\mathrm{m}^3$。

流体比相界面积的增加对于一些多相反应或传质过程极为有利，甚至在多相体系中只要有一相的流体层厚度被控制在微尺度范围内，就可达到强化传质的目的，故在微通道内可实现多相体系高效传质过程的操作。

（3）体积小 由于微通道线尺度的缩减，微系统的内部体积急剧减小，对微分析或微反应器系统而言，典型值可达几微升，由此可减少构造材料的用量及分析试剂的用量，具有经济性与安全性。

（4）并行放大 传统的放大过程存在着放大效应，耗时费力，一般需 $2 \sim 5$ 年。微反应器系统内每一通道均相当于一个独立的反应器，因此放大过程即为通道的叠加过程。

通常而言，微反应器的放大过程包含：单一反应芯片上微通道数目的增加和结构优化，即横向放大模式；多个反应芯片间的排列和叠加，即纵向放大模式。通过以上两个层次的放大可节约微反应器系统的研发时间和成本，实现科研成果的快速转化。

（5）易实现温度控制 微反应器具有很强的传热性能，能实现强放热反应过程的等温操作，反应过程容易控制，有效地提高了复杂反应的选择性和转化率；另外，微反应器可增强热传导，从而控制化学反应器的"点火-熄灭"现象，使得化学反应可以在常规无法达到的温度范围内操作，这对于涉及中间产物、热不稳定产物的反应有着重要意义。

（6）良好的安全性能 微反应器内部体积的缩小不但有利于传热，而且能够加强对反应过程的控制，能够有效地抑制自由基爆炸反应，并且由于换热效率极高，且系统内物料滞留量很小，即使发生爆炸，也不会造成严重后果。另外，也可大大减少反应过程中的持液量和增加反应器的耐压能力。因此微反应器系统具有极高的内在安全性，可以进行一些常规条件

下难以安全、平稳进行的反应过程。

（7）过程连续　许多化工过程采用间歇操作，对于受传递控制的快速反应过程，利用微反应器可实现连续操作，从而有效地缩短停留时间，提高反应速率，使之接近其本征动力学控制范围。还能有效抑制副反应的发生，提高转化率和目的产物的选择性。另外，可实现高空速操作模式，因而具有较高的时空收率，这种效果在金属有机合成反应中得到了验证。

（8）高度集成　利用成熟的微加工技术可将微混合、微反应、微换热、微分离、微分析等多个单元操作和一些与之相匹配的微传感器、微阀等器件集成到一块反应芯片上，实现单一反应芯片的多功能化操作，从而达到对微反应系统的实时监测和控制，以增大反应速度和节省成本。

（9）混合时间短　微反应器系统内流体混合时间通常小于1s，通过混合通道的结构优化设计可达毫秒级。

（10）能耗低　与传统反应器相比，完成同一个反应过程，采用微反应器的能耗要低得多。例如与固定床反应器相比，在相同操作条件下微反应器的压降可减小到原来的1/4～1/3；保持同样的收率，采用微反应器可使反应温度由常规尺度反应器的−60℃升高至0℃，大大降低了过程能耗。

7.1.3　微反应器的结构与分类

微反应器是一种借助于特殊微加工技术以固体基质制造的可用于进行化学反应的三维结构元件。其总体构造可分为两种：

（1）整体结构　这种结构以错流或逆流热交换器的形式体现（见图7-1），可在单位体积中进行高通量操作，但在微反应器的整体结构中只能同时进行一种操作步骤，最后由这些相应的装置连接起来构成复杂的系统。

图 7-1　简单的微反应器结构

（2）层状结构　这种结构由一叠不同功能的模块构成（见图7-2），在一层模块中进行一种操作，而在另一层模块中进行另一种操作，如换热、混合、分离等。流体在各层模块中的流动可由智能分流装置控制。

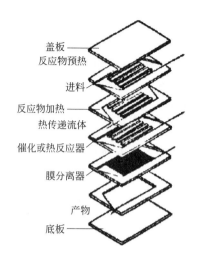

盖板
反应物预热
进料
反应物加热
热传递流体
催化或热反应器
膜分离器
产物
底板

图 7-2　复杂的微反应器系统

微反应器有多种分类方法，按操作模式可分为间歇微反应器、半连续微反应器和连续微反应器；根据不同的能量输入源，可将其分为主动微混器和被动微混器。其次根据用途的不同又可将微反应器分为实验型微反应器和生产型微反应器两大类，其中前者主要用于检测催化剂性能、筛选药物及工艺设计和优化等。在化学反应工程的角度上，微反应器的类型和反应过程密切相关，对微反应器结构随着反应过程相态的不同有不同要求，因此根据反应过程相态的不同，又可以将微反应器分为气固相催化微反应器、气液相微反应器、气液固三相催化微反应器和液液相微反应器等。

7.1.4　适用于微反应器的反应类型

根据以上有关微反应器优点的分析可知，在制药、精细化学品和中间体的合成反应中，适于微反应器内进行的反应过程主要包括下面三类：

（1）瞬间反应　反应半衰期小于 1s，这类反应主要受微观混合效果控制，即受传质过程控制，如氯化、硝化、溴化、磺化、氟化、金属有机反应和生成微/纳米颗粒的反应等。由于传质效果较差，故在传统尺度反应器内进行时，过程难以控制，且产品质量较差。

（2）快反应　快反应半衰期介于 1s～10min 之间，处于传质过程和本征动力学共同控制区域，混合效果对这类反应的影响较小甚至可忽略不计；但当这类反应的生成焓较大时，采用常规尺度反应器一般不能及时把热量移出，易造成局部温度过高，最终导致反应过程失控和副反应的发生，使反应选择性和产率都降低；而利用微反应器的高效传热性能则可以使反应在较低温度梯度下平稳进行，反应过程易控制，并可提高目的产物的选择性和产率。

（3）慢反应　慢反应半衰期大于 10min，处于本征动力学控制区域，此类反应理应更适合于间歇或半间歇釜式反应器。但对于仅在苛刻反应条件下才能发生的反应，如反应在高温、高压条件下，反应物、产物均为剧毒物质或反应放热剧烈的反应等，若从生产过程安全角度考虑，则适于在微反应器内进行，可极大地提高过程安全性能。

7.1.5 微反应器技术的应用

在微反应器技术发展时期，它主要被用于小试研究，包括工艺条件优化、催化剂筛选、反应动力学测定等。目前，微反应器技术已经成为一种高效的筛选技术，由于微反应器技术所表现的优势，它在工业生产上已得到越来越多的应用。据统计，目前已有20多家工厂在使用微反应器技术，很多欧洲的公司和研究机构，尤其是大型的化工和医药公司都在致力于开发和应用基于微反应器的新生产工艺。

微反应器技术的工业应用见表7-1。

⊡ **表 7-1　微反应器技术的工业应用**

应用场合	公司	工业应用
精细化学品合成	美国 CPC 公司	药物合成(Ciprofloxazin®)
	荷兰 DSM 公司	里特(Ritter)反应
	西安惠安公司	硝化甘油
纳米颗粒制备	克莱恩(Clariant)公司	颜料
	拜耳先灵(Schering)医药公司	复配(Formulations)
	拜耳(Bayer)技术服务公司	催化剂
日用化学品和聚合物	德固赛(Degussa)集团	环氧丙烷
	西门子公司	聚丙烯酸酯
	美国 UOP 公司	过氧化氢

近年来，国内外虽然对微反应器进行了系统研究，已在微反应器的设计、制造、集成和放大等关键技术上取得了突破性进展，尤其在微反应器的设计和制造方面，已经开发出微泵、微混合器、微反应室、微换热器、微分离器和具有控制单元的完全耦合型芯片反应系统等，但是，微反应器要真正取代传统反应器应用于实际生产，还需要解决一系列实际难题，如微通道易堵塞、催化剂设计、传感器和控制器的集成以及微反应器的放大等问题。国际上开展微化工技术的研究已有20多年的历史，我国起步虽晚，但在工程化方面取得了具有国际领先水平的成果。中国科学院大连化学物理所通过基于微化工技术的混合、传热过程强化方面的基础研究，实现了万吨级磷酸二氢铵的生产应用，彻底解决了安全、环保与产品质量稳定性的问题，具有显著的社会效益与经济效益。

21世纪的化学工业面临着前所未有的机遇和挑战。微化工技术的发展将是对现有化工技术和设备制造的重大突破，也将会对化学化工领域产生深远的影响。

7.2　超重力技术

所谓超重力指的是在比地球重力加速度大得多的环境下，物质所受到的力（包括引力或排斥力）。在地球上，实现超重力环境的最简便方法是通过旋转产生离心力，即通过旋转床实现。超重力工程技术是一项强化"三传一反"化工过程的新型技术及设备，是利用旋转造成一种稳定的、可以调节的离心力场，从而代替常规的重力场，是利用超重力环境下多相流体系独特的流动行为，强化相与相之间的相对速度和相互接触，从而实现高效的传质、传热过程和化学反应过程。

7.2.1 超重力技术基本原理

在重力加速度 $g \approx 0$ 时，两相接触过程的动力因素即浮力因子 $\Delta \rho g \rightarrow 0$，两相间不会因密度差而产生相间流动，此时分子间力（如表面张力）将会起主要作用。液体团聚至表面积最小的状态而不得伸展，相间传递失去两相充分接触的前提条件，使相间传递作用越来越弱，分离无法进行。反之，g 越大，$\Delta \rho g$ 越大，流体相对速度也越大，巨大的剪切力不但克服了表面张力，且使得相间接触面积增大，导致相间传递过程极大加强。

超重力技术正是通过高速旋转，利用离心力来增大 g，从而增大 $\Delta \rho g$ 以达到强化相间传递过程的效果。即在超重力环境下，参与反应或需要分离的流体在比地球重力场大数百倍至上千倍的超重力环境下的多孔介质或孔道中进行流动接触，不同大小分子间的分子扩散和相间传质过程均比常规重力场下的要快得多，巨大的剪切力将液体撕裂成纳米级的液膜、液丝或液滴，产生巨大的、快速更新的相界面，使相间传质速率比传统塔器中的提高 $1 \sim 3$ 个数量级，微观混合和传质过程都得到极大强化。

因此，利用超重力技术，可大幅度提高化学反应的转化率和选择性、分离过程的效率，显著地缩小反应和分离装置的体积，简化工艺流程，达到节能减排等目的。获取超重力的方式主要是通过转动设备整体或部件形成离心力场，涉及的多相流体系主要包括气-固体系和气-液体系。

7.2.1.1 超重力场气-固接触技术的特点

众所周知，传统重力场条件下，实现气-固体系加工过程的典型设备是各种重力流化床（传统重力流化床见图 7-3）。然而，由于重力场的限制，传统流化床同时也表现出许多固有缺陷，如大颗粒的腾涌、小颗粒的夹带、黏结、大气泡的存在等造成气体短路从而导致气相与固相分布不均，大大降低了系统内的传质传热和化学反应速率。为此，苏联学者首先提出了超重力（离心）流化床（见图 7-4）概念。

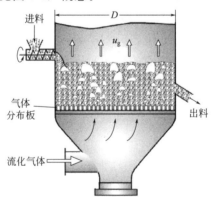

图 7-3 传统重力流化床（鼓泡床）

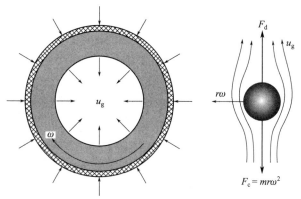

图 7-4　超重力（离心）流化床

相对于传统重力场，超重力气-固接触技术的突出特点主要表现在以下 3 个方面：

① 在超重力流化床中，由于重力场强度和流化速度均可调节，因此可将流化速度控制在鼓泡速度之下操作，从而获得良好的流化质量。

② 在超重力条件下，由于颗粒有效重力增加，因而流化时气相与固相之间的相互作用（相对速度）大大增强，从而使其传质、传热速率远高于传统流化床。

③ 近年来，随着超细粉体技术的发展，Geldart C 类颗粒或超细颗粒的流态化加工过程成为科技界和工业界的关注热点。但这类颗粒由于黏附性强，流化时易形成稳定沟流，因而难以流态化。但在超重力条件下，气相与固相之间的剪切力大为增强，有可能克服颗粒之间的团聚力，从而促进聚式流态化向散式流态化的转变，从而改善超细颗粒的流化质量。

此外，超重力流化床还有操作气速范围宽、不怕振动、空间布置灵活以及能够在重力场外（太空）操作等优点。

7.2.1.2　超重力场气-液接触技术的特点

在传统重力场中，实现多相流质量传递与反应过程的典型设备是塔器。由于重力场的限制，传统塔器中气-液体系传质反应效率的提高受到了液泛点低、气-液之间的相对速度低、单位体积气-液接触面积小等因素的制约。多年来，塔器内构件尤其是填料虽不断有所改进，但过程的强化并未获得突破性进展。为此，人们提出了超重力气-液传质强化技术，其优势主要表现在以下两个方面：

① 在超重力传质反应器（图 7-5）中，液体受到的有效重力将是传统重力场中的数十倍甚至上百倍，液泛点大大提高，使得通过提高气速来增强气-液之间的相对速度成为现实，从而极大地强化了气-液体系的传质反应效率。

② 在超重力场中，气液两相流体相对滑动速度很大，巨大的剪切应力克服了液体表面张力，使液体伸展出巨大的相际接触界面，液膜变薄，几乎没有持液现象。

7.2.2　超重力设备

通过旋转产生离心力来实现超重力环境的设备称为超重力设备，简称为超重力机。超重

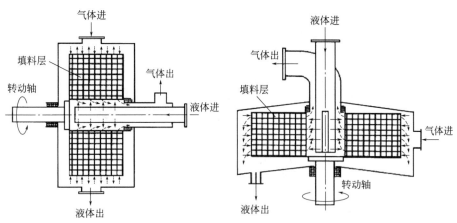

图 7-5　超重力传质反应器结构示意图

力机又称旋转填料床（rotating packed bed，RPB），它利用高速旋转的填料床产生的强大离心力（或超重力），使气液两相的流速及填料的有效比面积大大提高，使液体在高分散、高混合、强湍动以及界面急速更新的情况下与气体以极大的相对速度在弯曲流道中接触，极大地强化了传递过程。

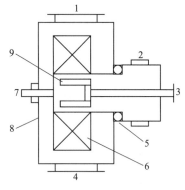

图 7-6　逆流旋转填料床结构示意图

1—气体进口；2—气体出口；3—液体进口；4—液体出口；5—密封；6—填料；7—转动轴；8—外壳；9—液体分布器

　　超重力机主要由转子、液体分布器和外壳组成（见图7-6），机器的核心部分为转子，其主要作用是固定和带动填料旋转，实现良好的气-液接触和微观混合。

　　气体由气体进口1进入旋转床空腔，在压差作用下经填料从中心引入管气体出口2排空。液体由液体分布器喷至转子内缘，进入转子的液体受高速旋转的填料作用向外流动，在填料内与气体逆向接触，最终被抛至机器内壁。在此过程中，液体被填料分散、破碎形成极大的不断更新的表面，曲折的流道更加剧了表面的更新，这样在转子内部形成了极好的传质和微观混合条件。液体被抛至内壁汇集后，经液体出口管离开旋转填充床。

　　旋转填充床所处理的介质是多种多样的，根据不同需要可以是气-液或液-液两相，也可以是气-液-固三相（如用水除尘、多相反应和发酵等），气液两相可以并流或逆流，也可以错流。有的以气相作为连续相，有的则以液相作为连续相。

7.2.3 超重力技术的特点

① 传质强度高，可大大减小设备体积，用于处理腐蚀性介质可大大节省价格昂贵的耐腐蚀材料，减小设备投资；

② 微观混合得到极大的强化，利用反沉淀法可制备粒径小、分布窄的纳米粉体材料；

③ 停留时间短，适用于热敏物料的处理和选择性吸收；

④ 不怕振动和倾斜，适用于活动场所，如在海上采油平台和舰船上使用；

⑤ 适用于处理高黏度物质；

⑥ 持液量小，适用于处理贵重物料；

⑦ 具有自清洗作用，填料不易被颗粒杂质沉积堵塞；

⑧ 填料易于更换；

⑨ 开、停车容易，可在几分钟内达到稳定操作。

7.2.4 超重力技术应用研究进展

超重力强化技术在传质和/或分子混合限制的过程及一些具有特殊要求的工业过程（如高黏度、热敏性或昂贵物料的处理）中具有突出优势，可广泛应用于吸收、解吸、精馏、聚合物脱挥、乳化等单元操作过程及纳米颗粒的制备、磺化、聚合等反应过程和反应结晶过程。

7.2.4.1 超重力技术在纳米材料合成中的应用

纳米材料被誉为 21 世纪的新材料，在微电子、信息、宇航、国防、化工、冶金、生物、医药和光学等诸多工业领域有很广泛的应用前景。纳米颗粒（材料）的制备方法与技术是当今世界高技术竞争的热点之一。这其中，反应沉淀法由于具有成本低、生产能力大、易于工业化、化学组成达分子原子尺度均匀化等优点，受到研究者和工业界的青睐。但传统的反应沉淀法一般在搅拌釜或塔中实现，存在粒径分布不均且难控、批次间重复性差及工业放大困难等缺点。理论分析表明，在传统反应器中，成核过程是在非均匀微观环境中进行的，微观混合状态严重影响成核过程，这就是目前传统沉淀法制备颗粒过程中粒度分布不均和批次重现性差的理论根源。相反，在超重力条件下，混合传质得到了极大强化，分子混合时间在 $100\mu s$ 量级，这可使成核过程在微观均匀的环境中进行，从而使成核过程可控，粒度分布窄化。这就是超重力法合成纳米颗粒技术的思想来源和理论依据。

北京化工大学教育部超重力工程研究中心实验室在超重力场中成功地合成了平均表观粒径在 $17.5\sim21.5\mathrm{nm}$，粒度分布窄的立方形 $CaCO_3$ 纳米颗粒，在国际上率先开发建成第一条 $3000\mathrm{t/a}$ 超重力法制备纳米碳酸钙粉体的工业生产线。纳米碳酸钙是最早开发的无机纳米材料之一，它作为一种优质填料和白色颜料，广泛应用于橡胶、塑料、造纸、涂料、油墨、医药等许多行业。近几年来，随着碳酸钙的超细化、结构复杂化及表面改性技术的发展，极大地提高了它的应用价值。该中心在成功实现超重力法合成无机纳米材料的基础上，发明了超重力结晶法制备纳米药物的新方法。采用超重力结晶法得到了平均粒度为 $115\mu m$ 的解热镇痛消炎药——布洛芬重结晶产品，制得了粒度小于 500nm 的治疗哮喘病的药物——硫酸沙丁胺醇颗粒，还制备了超细头孢拉定抗生素药物粒子，其通用性、混悬效果、溶出速率及溶解度要明显优于常规法产品。

此外，中北大学超重力工程研究中心以硫酸钠和氯化钡为原料，利用超重力法成功制备出粒径小、分布窄的纳米硫酸钡。可见，超重力技术和装置具有很强的通用性，是一项平台性的高新技术，可进一步推广至其他纳米材料的制备，并预计在不久的将来可实现工业化应用。

7.2.4.2　超重力技术在精馏中的应用

精馏作为相间传质过程是化学工业中最基本的单元操作，强化相间传质过程对提高精馏效率有着根本性的意义。对于传统的传质设备如填料塔、板式塔等，其相间传质速率不可避免地要受到重力场的影响。而超重力精馏中的气-液传质是在几十倍于重力的超重力场中进行的，其气-液传质单元是被超重力撕裂成微米甚至纳米级的液膜及液丝，气液两相由于接触面积大且相界面能快速更新，使得传质效率比传统塔设备提高了 1～2 个数量级。因此，超重力精馏的传热、传质过程相对于气-液接触面积小，相内扩散速度慢的传统塔设备得到了极大的强化，且在设备体积、塔板压降等方面都具有传统塔设备无法比拟的优势。

世界上许多化学公司和研究部门都在竞相对超重力技术进行开发研究，并进行了一系列中试或工业性运行，以求替代传统的精馏分离操作。其中最早的超重力精馏尝试是英国帝国化学公司（ICI）于 1983 年报道的工业规模的超重力机进行乙醇与异丙醇、苯与环己烷分离的实例，这套装置成功运转了数千小时，从而肯定了这一新技术的工程、工艺可行性。其传质单元高度仅为 1～3cm，较传统填料塔的 1～2m 下降了 2 个数量级，这也是超重力机问世的同时进行的首次实验；接下来该超重力技术又被应用于脱除被污染地下水中的有机物，成功将水中的苯、甲苯、二甲苯的含量由 500～3000μg/kg 脱除到 1μg/kg 左右；美国得克萨斯州的奥斯汀大学也建立了 1 套半工业化装置来考察超重力机的精馏特性，并成功分离了环己烷-庚烷体系，该装置的外径只有 60cm，传质单元高度在 3～5cm。

在我国，浙江大学曾进行过超重力环境下精馏分离乙醇-水体系的实验，得到的传质单元高度为 4cm 左右，此结果与美国奥斯汀大学的实验结果不谋而合；近年来，浙江工业大学分离工程研究所与杭州科力化工设备有限公司联合开发出的超重力精馏设备——折流式超重力旋转床，已成功地应用于工业生产中的连续精馏过程，此设备直径为 830mm，高度仅为 0.8m，其分离效果与 10 多米高的填料塔相当，可达 15～20 块理论板，而设备的占地面积不足 2m²，开创了在单台超重力旋转床设备中实现工业生产中连续精馏过程的先河。此外，山西省超重力化工工程技术研究中心以乙醇-水体系作为实验的考察物系开发并设计了多级超重力精馏工艺。该多级超重力精馏装置的理论塔板高度平均值为 20.71mm，当以 25%（质量分数）低浓度进料时，其塔顶分离效果在 93% 以上，塔底分离效果在 8% 以下。

目前，在化学工业上已经成功地应用了超重力精馏技术，并显示出超重力设备相对传统塔设备的极大优越性。今后超重力精馏的发展方向将主要是实现超重力精馏设备向中试和工业化的迈进以及对超重力精馏设备的转子、液体分布器以及填料的选择进行更加科学系统的研究；同时如何将超重力精馏技术与其他特殊精馏技术，如反应精馏、减压精馏、热偶精馏等结合起来，拓展超重力精馏技术的应用领域，也将是今后超重力精馏技术的发展重点。

7.2.4.3　超重力技术在电化学反应中的应用

"环境友好"技术——电化学技术，使用了无毒无害且价格低廉的电子作为强氧化还原剂，用电能代替化学试剂以实现物质的氧化或还原，已广泛应用于水和废水电解工业、氯碱工业、材料制备、有机合成、制造化学电源和电化学分析仪等方面。但其用电量较大，能耗较高，是因为电化学反应过程中不可避免会产生气泡，这会导致电解液和电解槽的阻抗增大，超电位和电极电势分布不均，电极活性降低，传质过程受阻。而超重力技术可使液体表面张力的作用变得相对微不足道，液体在巨大的剪切力作用下被拉伸或撕裂成微小的液膜、液丝或液滴，产生巨大的相间接触面积，因此极大地提高了传递速率系数。这将有利于促进电化学反应过程溶液中离子的传质，缩短电化学反应时间，提高电化学反应效率。同时，气体的线速度也得到大幅度提高，这将有利于电化学反应过程中产生的气体快速析出，从而使电极表面的相间接触面积增大，表面更新速度加快，电极电势和槽压降低，从而达到降低能耗的目的。超重力技术的应用可显著提高电化学反应效率，弥补电化学法能耗较高的不足，从而达到节能降耗、优质高效的目的。

近年来，各国研究者对采用超重力强化技术加强电化学反应中的传质过程进行了探索性的研究，取得了一系列的研究成果。氯碱工业是世界上最大规模的电化学工业，氯碱电解过程中产生的气泡造成能耗较高。王明涌等使用改进的离心机，将超重力技术应用到氯碱电解过程中，可达到提高电解效率、降低电解能耗的目的。针对导电聚合物膜的制备过程中存在聚合速率较慢、沉积效率较低等不足，Atobe等使用改进的离心机装置，研究了超重力条件下，聚苯胺膜、聚噻吩膜和聚吡咯膜的聚合速率和物理化学性质。结果表明，超重力条件下电沉积聚合物膜的聚合速率比常重力条件下的聚合速率有所增加，聚合物膜具有优良的物理和化学性能。此外，将超重力技术应用于电沉积金属薄膜的研究也取得了一定的成效。Gong等将超重力技术应用于镍基化学镀铜过程，发现铜膜生长速率随着超重力系数的增大而显著增大，并且电镀速率也在增大。Eftekhari等研究了超重力条件下硅基体上电沉积铜膜，结果表明，将超重力技术应用于电沉积金属膜，可在短时间内电沉积出性能好、附着力强的致密金属薄膜。

超重力电化学技术作为"绿色清洁"技术，可高效生产优质的电化学产品，符合"节能降耗"要求。不仅填补了电化学技术的不足，而且扩宽了超重力技术的应用领域，具有重大的研究价值和广阔的应用前景。经过30多年的发展，超重力技术已被证明是一项极富前景和竞争力的过程强化技术，具有微型化、高效节能、产品高质量和易于放大等显著特征，符合当代过程工业向资源节约型、环境友好型模式转变的发展潮流。

7.2.4.4　超重力技术在海洋平台的应用

海洋平台和油气开采船舶是海洋油气资源开发的主要工作场所。海洋平台或船舶建造成本昂贵，如何通过过程强化技术实现平台装备的集约化和小型化，满足受限空间的生产要求是迫切需要解决的重大问题。以旋转填料床（rotating packed bed，RPB）为核心装备的超重力技术是典型的化工过程强化技术之一，旋转填料床更是因其独特的过程强化特性被誉为"化学工业的晶体管"。在旋转填料床内，由于液体受数百倍或更强重力场的作用及旋转填料巨大的剪切力的作用，被切割成极微小的液滴、液丝和液膜，液体微元表面更新速率和气液两相有效传质比表面积显著增大，大幅强化分离和反应过程，使得设备体积可缩小1~2个量级。目前，旋转填料床已被成功应用于海洋平台油气生产的天然气脱硫及脱水、海水脱氧等两相反应或分离过程，在满足生产指标的情况下，极大地缩小了空间要求，节约了建设成本。

北京化工大学教育部超重力工程研究中心开发了超重力汽提海水脱氧技术，并在国际上首先将超重力水脱氧技术实现商业化应用。该团队于1998年将海水处理能力为250t/h的超重力机安装于胜利油田埕岛二号平台上，该装置可将海水中含氧量由11~17mg/m^{3}脱至0.070mg/m^{3}以下，满足注入水脱氧工业应用要求。该中心将超重力技术与真空技术耦合，开发了超重力真空水脱氧技术，并将其应用于海洋平台和浮动油气船上，实现了对注入水深度脱氧。经超重力真空脱除后，水中氧含量可降低至0.145mg/m^{3}以下。北京化工大学团队在天然气脱硫等领域也实现了重大突破，基于超重力技术发明了适用于硫化氢反应、吸收的填料层和叶片层间隔排列多环式、结构化整体填料式等多种新颖内结构高效超重力反应器，与中国海洋石油公司合作，在南海油田海洋平台进行了该技术的工业化应用。

随着我国经济的高速发展及对能源的迫切需求，对于海洋能源的依赖度将逐年提高，超重力技术因其过程强化特性在海洋工程中具有无可比拟的优势，在将来必有更广阔的应用前景。

7.3 磁稳定床技术

磁稳定床是磁流化床的特殊形式，它是在轴向、不随时间变化的空间均匀磁场下形成的只有微弱运动的稳定床层。

7.3.1 磁稳定床的特点

磁稳定床是一种新型的床层形式，兼有固定床和流化床的许多优点。
① 与流化床一样使用小颗粒固体，但不至于造成过高的压力降；
② 外加磁场的作用有效地控制了相间返混，均匀的空隙度又使床层内部不易出现沟流；
③ 细小颗粒的可流动性使装卸固体非常便利；
④ 避免流化床操作中经常出现的固体颗粒流失现象和固定床中可能出现的局部热点；
⑤ 可在较宽范围内稳定操作；
⑥ 可破碎气泡，改善相间传质。

目前对磁稳定床反应器已经形成了系统的研究，研究内容包括流体力学、传质、传热等方面。而对磁稳定床流体力学的研究多集中在相速度、相含率、压力降、操作状态以及气泡特性方面，且以宏观流体力学特性研究居多。

7.3.2 气固磁稳定床

7.3.2.1 气固磁稳定床流体力学特性

气固磁稳定床中，在一定外加磁场作用下，当表观气速较小时，床层表现为固定床形式。当表观气速大于最小流化速度后，床层像活塞一样膨胀，床层疏松、稳定、无气泡，这种膨胀的流化床就是磁稳定床。磁稳定床可在较宽表观气速范围内存在，稳定操作范围随磁场强度的增大而增大。床层稳定操作上限叫过渡速度，此时磁场不再抑制气泡的形成，气泡上升引起床层压力降涨落，颗粒振动比较剧烈，稳定床层崩溃，床类似于传统流化床。

在气固磁稳定床中，当气体的表观流速小于最小流化速度时，床层压降随气速的提高而线性增加；当气体的表观流速大于最小流化速度后，床层压力降保持恒定，基本等于单位横截面上的床层重量；当气体表观流速大于过渡速度后，由于气泡的形成，气泡上升引起床层压力降波动。最小流化气速与磁场强度的大小无关，过渡气速随磁场强度增大而提高。

7.3.2.2 磁稳定床的影响因素

（1）磁场的影响　磁场强度对磁稳定床的操作形式有明显影响。当磁场强度较小时，颗粒的磁化程度小，因此颗粒间的相互作用力小，颗粒都以单个粒子状态存在于床层中做自由运动；当磁场强度提高到一定值时，此时颗粒二聚、三聚甚至多聚沿磁力线方向排成链状，床层操作非常稳定。若磁场强度继续提高，则所有颗粒聚成一团，空隙率比较小。

磁场方向对磁稳定床的流体力学特性有一定的影响。在径向磁场中，最小流化气速随磁场强度增加而增大，最小流化速度可达无磁场时的 4 倍多。若磁场方向从径向转为轴向时，过渡气速则增大，磁稳定床应该使用轴向而非径向磁场以增大无气泡操作气速。

磁场频率对过渡气速也有影响，交变磁场能够降低磁性颗粒之间的相互作用力，对于以钢球（0.4mm）为固相的气固磁稳定床，在磁场强度为 240A/m 时，交变磁场下载气速为 0.7m/s 时开始鼓泡，稳定磁场下的过渡速度为 1.1m/s。因此，采用稳定磁场可以使磁稳定床有较宽的稳定操作区间。另外，在交变磁场中，过渡气速随磁场频率的增大而增大，直到与稳定磁场下的过渡气速相近时，则不再随频率增大而增大，而是保持恒定。磁场强度空间均匀性越好，过渡气速越大，越有利于床层稳定操作。

（2）固体颗粒的影响　在气固磁稳定床中，不仅可使用磁性颗粒，还可使用磁性颗粒和非磁性颗粒的混合物。但在磁性颗粒和非磁性颗粒混合物的磁稳定床中，要使床层稳定操作，磁性颗粒必须达到一定比例。对铁磁性镍浸渍催化剂和非磁性沸石混合颗粒磁稳定床的研究表明，要保持稳定操作，磁性颗粒所占的最小体积分数为 25%。对于轴向和径向外加磁场中铁和 MnO 混合颗粒的磁稳定床，床层中只有 MnO 颗粒时，即使外加磁场强度达到 947kA/m 时，也不能使床层稳定。但是如果掺加 5%（体积分数）的铁粒子，在场强低于 0.8kA/m 的情况下也能使床层稳定操作。最小流化速度与外加磁场方向和铁粒子的体积分数无关，而过渡速度随外加磁场强度和铁粒子所占体积分数的增加而增加；当铁粒子含量为 5%（体积分数）时，径向磁场磁稳定床的过渡速度略小于轴向磁场磁稳定床的过渡速度；当 MnO 含量较高时，过渡速度则不受磁场方向的影响。另外，混合颗粒磁稳定床的过渡气速随颗粒磁性的增加而增大，随气体密度和黏度的降低而增大。

7.3.2.3 气固磁稳定床的传热、传质

在气固磁稳定床中，当气速低于最小流化速度时，气-固传热系数与气速无关；当气速介于最小流化速度和过渡速度之间时，气-固传热 Nu 与 Re 的平方成正比，单位体积的传热速率与颗粒大小无关，传热系数随气速增大而缓慢增大，且传热系数随气速增大而增大的程

度比在固定床中高；当气速高于过渡速度时，传热系数随气速增大急剧增大。对于混合颗粒的磁稳定床，传热系数随磁性颗粒所占体积分数的增加而降低。床层与器壁的传热随磁场强度及床层结构的不同而有较大的差别。对磁稳定床径向和轴向温度分布的研究表明，当气速低于过渡速度时，磁稳定床内的温度分布类似于固定床，而当气速高于过渡速度时，磁稳定床的温度分布类似于流化床。另外提高磁场强度，由于磁性颗粒的运动受到限制，磁稳定床的有效热导率会降低。

7.3.3 液固磁稳定床

液固磁稳定床中，在一定外加磁场作用下，当液速小于最小流化速度时，床层为固定床，当液速大于最小流化速度后，床层开始膨胀，有明显的链排列，并且床层稳定，当液速较大时，链开始摇摆；当液速大于颗粒带出速度时，颗粒呈散粒状做自由运动并被液体带出。

不同磁场强度下液-固系统磁稳定床也有 3 种操作形式：散粒式、链式和磁聚式。低磁场时，床层中的固体颗粒以单个粒子形式存在，床层空隙率基本保持恒定，此时为散粒式；磁场较强时，床中颗粒二聚、三聚或者多聚形成链状，链沿磁力线方向排布，床层空隙率随场强的增加而降低；磁场进一步增强时，多聚链间相互作用，最后磁性颗粒凝聚形成不动体，使床层空隙率恒定，床体不能流化。此外，液固磁稳定床中最小流化速度和带出速度均随磁场强度的增加而增大。液固磁稳定床的轴向扩散与固定床基本相同，但比常规流化床低。

7.3.4 气液固磁稳定床

在气液固三相磁稳定床中，当气速较低时，床层在开始通入气体时有收缩现象，并且三相磁稳定床中的固相状态、床层膨胀特性与液固磁稳定床类似，但床层不如液固磁稳定床稳定，其上界面不清晰。床层中气体流动分为气泡聚并区和气泡分散区，当液速较大、磁场强度较低时，气泡小并且分散均匀，此时床层操作处于气泡分散区；当液速较小、磁场强度较高时，气泡大小不一、分散不均匀，床层中心处气泡大，上升速度快，此时床层操作处于气泡聚并区，对三相反应有利的操作区域为气泡分散区。另外，最小流化液速随气速增大而降低，固体颗粒带出量随气速增大和磁场强度降低而增多，床层中平均气含率随气速和磁场强度增大而增大。

7.3.5 磁稳定床的应用

20 世纪 80 年代末，美国首次实现了磁稳定床合成氨及环氧乙烷的工业化应用，经过几十年的快速发展，目前磁稳定床在石油化工、生物化工和环境工程等领域较常规流化床反应器和固定床反应器已显示出很大的优越性，今后还将在纳米催化、生物制药等领域获得广泛的应用。磁稳定床催化加氢在国内研究较多的是己内酰胺加氢工艺，齐世锋等首次在甲苯法己内酰胺加氢精制装置实现工业化，与原有的搅拌釜加氢精制工艺相比，磁稳定床加氢精制工艺加氢反应更稳定，催化剂消耗降低了 33%；石油化工科学研究院与中石化巴陵分公司合作进行的磁稳定床己内酰胺加氢精制研究取得了突破性进展，它以非晶态合金为催化剂，在磁稳定床反应器中对 30% 的己内酰胺水溶液进行加氢精制，与工业上常用的釜式反应器相比，加氢效果提高了 10～50 倍，催化剂耗量可以降低 70%，经济效益显著。目前，磁稳定床己内酰胺加氢精制新技术已在石家庄化纤有限责任公司成功实现了工业化应用。董明会等制备出 Pd/Al_2O_3 磁性催化剂用于磁稳定床反应器乙炔选择加氢研究，磁性 Pd/Al_2O_3 催化剂催化，乙炔转化率为 100%，乙烯选择性高达 81%，能够满足工业乙烯装置中前加氢脱炔的要求；胡宗定等研究了气液固磁稳定床在固定化细胞处理含酚废水过程中的应用；慕旭宏等以镍系非晶态合金催化剂和铁粉混合颗粒为固相，将气液固三相磁稳定床用于重整轻馏分油加氢生产新配方汽油组分及重整油烯烃选择性加氢过程。

Al-Qodah 等利用磁稳定床二相系统吸附分离了酿酒酵母细胞，该反应器利用磁性固定相吸附悬浮液中酿酒酵母细胞实现连续分离提取的目的，优化条件后该工艺最高分离效率可达 82%；张世涛等在磁稳定流化床反应器中研究了固定化 β-半乳糖酶水解乳糖工艺，很好地避免了固定床反应器压降过高及流化床返混严重的问题，最佳操作条件下乳糖水解率可达 86%；王峰等采用磁性固定化酵母细胞技术，对大规模磁场流化床反应器糖蜜酒精发酵工艺进行了系统研究，该工艺中液相流动呈返混较小的活塞流形式，颗粒与流体间的相互作用较强，颗粒表面的 CO_2 较易脱离，大大降低了发酵反应的传质阻力，与普通固定化酶反应器相比固相停留时间长，糖的转化率可高达 92% 以上，最终乙醇体积分数可达 9.5% 以上。

尽管磁稳定床反应器有许多优越之处，但其应用也有一些限制，如要求固体催化剂具有磁性和良好的低温反应活性，还要有均匀稳定的磁场等，尚需继续深入开展研究工作。

7.4 膜分离耦合技术

近年来，膜及膜技术的研究推动了膜过程耦合技术的发展，如将膜分离技术与反应过程结合起来，形成新的膜耦合过程，已经成为膜分离技术的发展方向之一。基于膜材料的设计与制备、膜反应器的开发、膜过程的模型与实验研究等方面的研究，目前我国已成功开发出成套的反应-膜分离耦合系统，并在化工与石油化工、生物化工等领域得到了推广应用。

7.4.1 基于反应-膜分离耦合技术的盐水连续精制新工艺

氯碱工业将盐制成饱和盐水，在直流电作用下，电解生产得到烧碱和氯气。盐水精制的目的是将工业盐中含有的大量 Ca^{2+}、Mg^{2+}、SO_4^{2-} 等无机杂质以及细菌、藻类残体等天然有机物以及泥沙等机械杂质彻底除去，避免这些杂质离子进入离子膜电解槽后，生成的金属氢氧化物在膜上形成沉积，从而造成膜性能下降，电流效率降低，严重破坏电解槽的正常生产，并使离子膜的寿命大幅度缩短。针对传统盐水精制工艺存在工艺流程长、生产不稳定等问题，徐南平等开发出用沉淀反应与无机膜分离耦合的盐水精制新技术。该技术采用无机陶瓷非对称膜和"错流"过滤方式，解决了有机聚合物膜对有机物、氢氧化镁絮状沉淀敏感的问题，使反应一步完成，简化了工艺流程，可大幅节省投资，且设备操作简单、运行稳定、出水质量无波动。

7.4.2　基于反应-膜分离耦合技术的化工生产新工艺

环己酮氨肟化反应和对硝基苯酚催化加氢反应都是以超细颗粒为催化剂的催化反应。由于催化剂颗粒小，因此流失现象严重，且回收困难，成为限制其工程化的关键问题之一。徐南平等采用陶瓷膜截留钛硅分子筛催化剂，构成反应-膜分离耦合系统。针对耦合过程较多的调控参数，通过流体力学和反应动力学的研究，构建了膜反应器的设计方程，优化过程参数。并且研究了超细催化剂颗粒在反应器内的吸附机理及抑制方法，提出了膜污染清洗方法，有效地解决了催化剂的循环利用问题，缩短了工艺流程，实现了生产过程的连续化。针对对氨基苯酚生产过程，通过膜反应器设计、膜过程的实验与模型计算以及催化剂吸附机理等方面的研究，开发了多釜串联的陶瓷膜连续反应器。针对苯二酚生产开展了反应-膜分离耦合过程研究，获得了连续生产苯二酚的新工艺。反应-膜分离耦合技术在丁酮肟、苯二酚等重要化工中间体生产中的成功实施，有力地促进了相关企业的技术进步。

7.4.3　基于反应-膜分离耦合的乳酸新工艺

聚乳酸具有良好的生物相容性和生物可降解性，可成为石油化工资源的重要替代品，然而聚乳酸的生产对乳酸单体的纯度提出了很高的要求。酯化-水解法被认为是获得高纯度乳酸的有效方法之一，但水解反应是可逆反应，热力学平衡限制了反应的平衡转化率。李卫星等提出采用蒸汽渗透过程来强化乳酸乙酯水解过程，即采用蒸汽渗透的形式将乳酸乙酯水解过程中生成的乙醇及时移走，实验结果表明，反应的转化率可由非耦合时的 77.1% 提高到耦合时的 98.2%。

随着研究的深入，膜过程可与其他单元操作过程相耦合，如结晶、反应精馏、萃取等，这种新的膜耦合过程，不仅能降低设备投资与能耗，而且能提高过程效率。耦合过程中还存在着诸多科学与技术难题，关键是如何运用化学工程的理论和方法及材料科学与技术，研究耦合过程的协调机理，实现物质传递与反应过程的匹配和调控，形成过程耦合强化基础理论，实现耦合系统的高效运行。

7.5　撞击流技术

撞击流（impinging streams，简称 IS）是针对两相悬浮体的特性和可实现多种目的的特点，通过相间的相互撞击，强化相间热质传递的过程。为深化认识，伍沅提出了补充分类，把撞击流分为气体连续相撞击流（GIS）和液体连续相撞击流（LIS）。

7.5.1　撞击流基本原理

撞击流基本原理如图 7-7 所示。两股或多股流体（包括均相或非均相）沿同轴相向流动撞击，由于惯性，粒子穿过撞击面渗入反向流，并来回做减幅振荡运动，直到因粒子间相互碰撞、速度降低等原因被排出系统为止。

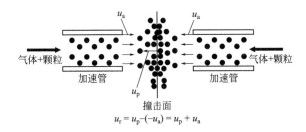

图 7-7　撞击流基本原理

在撞击流中，传递过程因下列因素而得到强化。

① 渗透粒子与反向流体间的相对速度增大。该相对速度由下式给出：

$$u = u_p - (-u_a) = u_p + u_a \tag{7-4}$$

在极端条件下，当粒子刚好进入反向流体时，其速度等于原来流体速度，即：$u_p = u_a$，相对速度可以达到两倍流速，$u_p = 2u_a$，从而大大减小传递的外阻力。

② 由于粒子以阻尼振荡方式多次反复渗入反向气流，增加了撞击区中粒子的平均停留时间或持料量，从而可以缩小装置的几何尺寸。

③ 在气-液和液-液体系中，相间或滴粒间碰撞产生的剪切力可导致滴粒破碎，增大其表面积并促进表面更新，从而增大传质速率与传递系数。

④ 相向流动连续相的碰撞，即射流相互撞击，能产生强烈的径向和轴向湍流速度分量，从而在撞击区造成良好的混合。混合作用还因粒子在浓度最高的撞击区中多次往返渗透而得到加强。连续相发生浓度和温度均化，这又进一步强化了传递过程。

撞击流中最重要的现象是粒子在相向流体中往返渗透，它导致撞击区持料量增大，平均停留时间增长。如在相同的输入比有效功率下，应用撞击流技术制得的产品粒径更细、粒径分布更窄，反应所需时间更短，显著地改善了反应器的混合性质。

7.5.2　撞击流技术的应用

7.5.2.1　撞击流技术合成超细粉体

由于撞击流技术具有促进微观混合的特性，近几年来人们开始将这一特性用于化学反应制取超细粉体，已显示出巨大的应用潜力。清华大学化学工程联合国家重点实验室吴国华等使用撞击流微反应器制备得到了平均粒径为 $90\sim110nm$，比表面积约为 $60m^2/g$ 的超细硫酸钡颗粒。颗粒为椭球形，颗粒之间的边界比较清晰，在乙醇中的分散性能良好。北京理工大学张小宁等在普通射流对撞技术基础上提出了含声波作用撞击流反应器，并利用撞击流法和微乳控制技术成功地制备了纳米粒度的奥克托今（UFHMX），颗粒的有效平均粒径为 $184.4nm$，最小颗粒为 $12.4nm$，最大颗粒为 $465.7nm$。武汉化工大学伍沺等运用撞击流技术开发出了新型的过程强化设备——浸没循环撞击流反应器。该反应器采用了循环流动结构，因此物料平均停留时间可以任意设置，并将在深入研究这些性质及其规律的基础上研发的 LIS 反应装置用反应-沉淀法制取多种"超细"或纳米粉体，显示了其优越的性能，可制得粒径更细小、分布更窄、形貌可控的产品。李国朝采用浸没循环撞击流反应器，以四氯化钛水解沉淀法制备纳米二氧化钛，得到平均粒径为 9.64nm 的产品，粒径分布相当窄。陈振采用液相还原沉淀法在浸没循环撞击流反应器中，以氨水作为络合剂，聚乙烯吡咯烷酮（PVP）为分散剂，用硼氢化钾还原氯化铜制得粒径为 5～20nm 的纳米铜粉。北京有色金属研究总院王星明等以 $ZrOCl_2$ 和 $NH_3 \cdot H_2O$ 为原料，利用撞击流管式反应器制备出了粒径大小约为 14nm，粒度分布非常窄的纳米氧化锆粉体。该撞击流管式反应器采用了撞击流反应器和管式反应器的特殊设计，实现了流体在反应器径向以全混流而在轴向以平推流的形式流动，克服了传统沉淀法常在反应中成核与核的生长在同一个环境下进行的缺点。中北大学刘有智等将超重力技术和撞击流技术有机结合，原创性地提出了新型过程强化反应设备撞击流旋转填料床反应器（IS RPB）。该反应器既继承了撞击流反应器的特点，也继承了旋转填料床反应器的特点，是一种新型的强化"三传一反"过程的设备。该设备具备传质强度高、通过强度高、停留时间短等优点，因而在很多由传递过程控制的化工过程，如干燥、混合、吸收、解吸、萃取、精馏在内的单元操作中具有广阔的应用前景。

7.5.2.2 撞击流技术在石油化工领域的应用

近几年来，撞击流技术在石油化工领域的应用研究得以深入，主要表现在以下几个方面。

（1）生物柴油生产工艺　抚顺石油化工研究院开发出采用撞击流酯交换反应系统的生物柴油生产工艺，解决了甲醇和油脂的互相分散问题。采用撞击流反应器可以在常规酯交换条件下进行反应。与搅拌釜反应器相比，在相同条件下只用 1/3 的反应时间即可达到相同的转化率，而且反应器体积缩小，反应器无运动部件，适合大规模连续生产。

（2）轻馏分油氧化脱硫/脱臭生产工艺　抚顺石油化工研究院开发出采用撞击流反应系统的轻馏分油氧化脱硫/脱臭生产工艺，用于柴油氧化脱硫时可以生产硫含量小于 $10\mu g/g$ 的清洁柴油，还可在常压馏分油脱臭时可以生产无色无臭的油品。撞击流反应器解决了采用双氧水氧化时的油水相间高效传质问题。与传统搅拌釜反应器相比，反应效率更高，也更适合大规模的连续式生产。

（3）甲醇合成反应　撞击流技术用于气液固三相甲醇合成反应可以充分发挥其优良的传热、传质性能。该项技术的应用不但解决了甲醇合成这种强放热反应易导致催化剂过热失活的问题，而且改善了由于液体介质存在而引入的传质阻力问题。在撞击流反应器内，催化剂浆料经喷嘴雾化后形成微米尺度的液滴，气液相间接触面积远大于其他三相合成反应器。

（4）湿法脱硫工艺　在重油行业，烟气中的 SO_2 排放一直是一个严重的问题。湿法脱硫工艺因其具有较高的脱硫效率而得到了广泛应用。湿法脱硫工艺的主体设备为吸收塔，在吸收塔气液两相传质中，传质效果的好坏与重力加速度的大小有关。由于重力场较弱，液膜流动缓慢，单位体积内有效接触面积小，由液膜控制的传质过程的体积传质系数低，故这类设备体积庞大、空间利用率和设备生产强度低、设备投资大。李芳等研发了新型的撞击流吸收器，该设备与传统的塔器相比有比相界面积大、传质系数高、脱硫效果好、体积小、结构简单的优点。周玉新等在撞击流气-液反应器中分别采用氨法和双碱法进行了 SO_2 脱除实验，与气-固吸收方式的钙法脱硫相比，无论是双碱法还是氨法，所采用的气-液吸收方式反应更为充分，脱硫效率也更高。广东联发化工有限公司于 2013 年 10 月，采用钠-钙双碱法脱硫技术成功完成了在一级二层撞击流气-液反应器上的试车，待运行稳定后，赵蕾等对相关参数进行了优化调试，在液气比为 $0.3\sim0.4L/m^3$、吸收液氢氧化钠质量分数为 $1\%\sim2\%$ 的条件下，处理 SO_2 质量浓度为 $1500\sim2000mg/m^3$ 的含 SO_2 尾气，脱硫效率不低于 96.0%。

7.5.2.3 撞击流技术在环保领域的应用

对于含有高浓度、有毒、难降解有机污染物的废水，传统处理手段难以达到环保要求，撞击流技术以其极好的热质传递和微观混合特性，在废水处理领域展现出良好的应用前景。苯酚是废水中常见的一类高毒性和难降解的有机物，汪铁林等用撞击流反应器对含苯酚废水进行了萃取除酚的研究，与传统反应器相比，在相同条件下撞击流反应器的单级萃取分配比可提高 20%。Jafarikojour 等设计了一种在撞击区安装了包覆 TiO_2 的不锈钢圆盘的反应器，用其光催化降解苯酚，210min 内 30mg/L 的苯酚溶液被完全降解，降解效率较好。

撞击流与超重力技术的耦合开拓了新的液-液接触机制与反应技术，衍生出了撞击流旋转填料床（IS-RPB）。祁贵生等利用 IS-RPB 作为萃取设备，磷酸三丁酯作为萃取剂，煤油作为稀释剂，对含酚废水进行了萃取，发现 IS-RPB 具有操作简单、处理能力大、萃取率高等优点。杨利锐等利用 IS-RPB 作为制乳、提取设备，开展了含酚废水的液膜分离研究，制乳率可达 99.9%，苯酚提取率达 99%，证实撞击流旋转填料床是一种制乳时间短、乳液稳定性好、提取效率高、可连续化操作的先进设备。

H_2S 作为常见的工业废气，不仅具有一定的腐蚀性和毒性，对大气可造成污染，而且当浓度超过 $15mg/m^3$ 时对人体就会造成威胁，因此我国对大气中的 H_2S 含量有严格要求。而世界对化石燃料的过分依赖，导致 CO_2 排放量有增无减。作为全球变暖的主要贡献者，其回收和减排对减小温室效应具有重要的现实意义。废气吸收是典型的传质过程之一，撞击流技术作为强化传质新方法，为其处理提供了一种新思路。李发永等采用清水在自行研制的内循环撞击流吸收器中进行了 CO_2 的吸收，同喷射式、鼓泡式吸收器进行对比发现撞击流吸收器的吸收率和体积传质系数明显优于其他；同时用氧化剂对 H_2S 进行回收制取硫黄，发现无固体产物堵塞喷嘴现象，但在制取硫黄时仅回收了硫，从环保角度出发，氢资源可以再生使用。中国石油大学（华东）胜华炼油厂在此基础上建立了制氢扩大试验装置，选取双反应工艺（氧化还原反应和电解反应）处理 H_2S 废气，在氧化吸收过程最佳工艺条件下，H_2S 吸收率大于 99%，制氢电耗降幅约 50%。2015 年，唐山三友集团远达纤维有限公司将二级四层撞击流气-液反应器应用于碱洗 H_2S 项目，成功将 $60000m^3/h$ 工业废气中的 H_2S 含量由 $2000mg/m^3$ 降至 $10mg/m^3$ 以下，完全满足国家排放标准。

在化学工业及其他工业领域，相间的热质传递现象无处不见，撞击流能够有效强化相间传递，比传统方法效率更高，能耗更低，有着巨大的应用潜力和广阔的应用前景。

第8章

绿色化学化工过程的评估

　　绿色化学及其应用技术已成为各国政府、企业界和学术界密切关注的热点，确立化学化工过程"绿色化"的评价指标、全面评估绿色化学化工过程的绿色性、开发高效的绿色技术是实现可持续发展的一个具有重要意义的理论问题。目前一些国外科学工作者进行了大量的研究，取得了一些有意义的研究成果，但仍处于探索阶段。可以相信，该领域的一些最新研究成果必将进一步促进绿色化学及其绿色产业的快速发展。

8.1　生命周期评估

　　生命周期评估（life cycle assessment，简称 LCA），是一项自 20 世纪 60 年代即开始发展的重要环境管理工具，生命周期是指某一产品（或服务）从取得原材料，经生产、使用直至废弃的整个过程，即从摇篮到坟墓的过程。按 ISO 14040 的定义，生命周期评估是用于评估与某一产品（或服务）相关的环境因素和潜在影响的方法，它是通过编制某一系统相关投入与产出的存量记录，评估与这些投入、产出有关的潜在环境影响，根据生命周期评估研究的目标解释存量记录和环境影响的分析结果来进行的。

　　依据标准条文，生命周期评估包括以下四个步骤：

　　① 目的与范围确定（goaland scope definition）。将生命周期评估研究的目的及范围予以清楚地确定，使其与预期的应用相一致。

　　② 清单分析（inventory analysis）。编制一份与研究的产品系统有关的投入与产出清单，包含资料搜集及运算，以便量化一个产品系统的相关投入与产出，这些投入与产出包括资源的使用及对空气、水体及土地的污染排放等。

　　③ 影响评估（impact assessment）。采用生命周期清单分析的结果，来评估与这些投入与产出相关的潜在环境影响。

　　④ 解释说明（interpretation）。将清单分析及影响评估所发现的与研究目的有关的结果合并在一起，形成结论与建议。

生命周期评估主要是为了找出最适宜的预防污染技术，尽可能减少环境的污染，保护生态系统；同时达到合理开发和利用资源、节约不可再生资源和能源、最大限度地进行原料和废物循环利用的目的，实现经济、社会的可持续发展。因此，生命周期评估主要应用在下列方面：

① 鉴别在产品生命周期的不同阶段改善其环境问题的机会；

② 为产业界、政府机构及非政府组织的决策提供支持，例如：企业规划、优先项目设定、产品与工艺的生态设计或改善以及政府采购；

③ 选取环境影响评价指标，包括测量技术、产品环境标志的评价等；

④ 市场营销战略，例如：环境声明、环境标志或产品环保宣传等。

生命周期评估的应用与 ISO 14001 标准的实施有着密切的关系。ISO 14001 要求组织应建立程序以识别其活动、产品及服务中的环境因素与重大环境因素，并在制定目标指标时将重大环境因素加以考虑。生命周期评估即是一个可用来识别这些环境因素的方法。但是基于时间及财务等考虑，ISO 14001 也并不要求进行完整的生命周期评估。

生命周期评估作为一个实用的分析工具，可用来为支持组织的战略计划、产品设计或再设计、环境行为评价、环境标志方案设计等收集信息，也可为政府管理机构的产品分析提供有关信息。它的颁布必将对组织的生产经营活动产生巨大而深远的影响。

随着世界各国社会经济的不断发展，人类生产经营活动的环境影响越来越大，人们迫切要求获取产品和服务的有关信息，以便进行全过程控制与改进。在大量的环境行为及其责任投诉和争议面前，消费者和利益团体要求知道某种产品真正的环境影响究竟是什么；在改善环境行为的压力下，制造商们希望知道如何在其产品的整个生命周期中减少污染；而政府和其他管理机构更要获得可靠的产品信息以帮助制定和完善其法规和环境方案。在这种背景下，国际标准化组织环境管理技术委员会（ISO/TC 207）在开始制定 ISO 14000 系列标准时，即建立了第五分技术委员会（SC5），制定生命周期评估方面的标准。其中《ISO 14040：环境管理-生命周期评估-原则和框架》于 1997 年正式颁布为国际标准；《ISO 14041：环境管理-生命周期评估-目标与范围确定及存量分析》于 1998 年正式颁布为国际标准。

8.2　原子经济性

长期以来，人们习惯用产物的选择性或产率作为评价化工反应过程或某一合成工艺优劣的标准，然而这种评价指标是建立在单纯追求最大经济效益的基础上提出的，它不考虑对环境的影响，无法评判废物排放的数量和性质，然而有些产率很高的工艺过程对生态环境带来的破坏相当严重。绿色化学又称为可持续发展化学，追求化学化工过程的最大效益，又坚持从源头上预防污染，实现废物的零排放，从而达到对环境友好。

1991 年美国 Stanford 大学有机化学教授 B. M. Trost 提出了原子经济性（atom economy，简称 AE）概念，他认为高效的有机合成反应应最大限度地利用原料分子中的每一个原子，使之结合到目标分子中，达到零排放。原子经济性可表示为：

$$原子经济性 = \frac{目标产物的分子量}{反应物分子量总和} \times 100\%$$

原子经济性是衡量所有反应物转变为最终产物的量度。如果所有的反应物都被完全结合到产物中，则合成反应具有 100% 的原子经济性。理想的原子经济性反应是不使用保护基团、不形成副产物的，因此，加成反应、分子重排反应和其他高效率的反应是绿色反应，而消除反应和取代反应等原子经济性较差。原子经济性是一个有用的评价指标，正为化学化工界所认识和接受。但是，用原子经济性来考察化工反应过程过于简单化，它没有考察产物收率、过量反应物、试剂的使用，溶剂的损失以及能量的消耗等。单纯用原子经济性作为化工反应过程"绿色性"的评价指标还不够全面，应结合其他评价指标才能作出科学的判断。

8.3 环境因子和环境系数

环境因子（E 因子）是荷兰有机化学教授 R. A. Sheldon 在 1992 年提出的一个量度标准，定义为每产出 1kg 产物所产生废弃物的总质量，即将反应过程中废弃物的总质量除以产物的质量，其中废弃物是指目标产物以外的任何副产物。E 因子越大意味着废弃物越多，对环境负面影响越大，因此 E 因子为零是最理想的。Sheldon 根据 E 因子的大小对化工行业进行划分，不同化工行业的 E 因子见表 8-1。

⊡ **表 8-1 不同化工行业的 E 因子比较**

化工行业	产量/(t/a)	E 因子
石油炼制	$10^6 \sim 10^8$	-0.1
大宗化工厂	$10^4 \sim 10^6$	$1 \sim 5$
精细化工	$10^2 \sim 10^4$	$5 \sim 50$
医药化工	$10 \sim 10^3$	$25 \sim 100$

由表 8-1 可见，从石油化工到医药化工，E 因子逐渐增大，其主要原因是精细化工和医药化工中大量采用化学计量式反应，反应步骤多，原（辅）材料消耗较大。

由于化学反应和过程操作复杂多样，E 因子必须从实际生产过程中所获得的数据求出，因为 E 因子不仅与反应有关，也与其他单元操作有关。通常大多数化学反应并非是进行到底不可逆反应，往往存在一个化学平衡，实际产率总小于 100%，必然有废弃物排放，它们对 E 因子的贡献为 E_1；为使某一昂贵的反应物充分利用，有时需将另一反应物过量，此过量物必然会排入环境，它们对 E 因子的贡献为 E_2；在分离产物时往往采用化学计量中和步骤，加入一些酸与碱，会生成无机废弃物，它们对 E 因子的贡献为 E_3；由于步骤多，常用基团保护试剂或除去保护基团试剂，它们对 E 因子的贡献为 E_4；即使对只有一个产物的反应，由于存在不同的光学异构体，必须将无用且有害的异构体分离且丢弃（这在医药工业中是很常见的），由此引起对 E 因子的贡献为 E_5；由于分离工程技术的限制，常常不可能达到完全分离，以至部分产物随副产物进入环境，对 E 因子的贡献为 E_6；在分离单元操作中常常使用一些溶剂，因不能全部回收而对 E 因子的贡献为 E_7。因此，环境因子实际值（$E_实$）应等于理论值（$E_理$）与上述各项 E_i（$i = 1 \sim 7$）的加和。在缺乏 $E_1 \sim E_7$ 等实验数据时，可用原子经济性或质量强度计算 $E_理$。

严格来说，E 因子只考虑废物的量而不是质，它还不是真正评价环境影响的合理指标。例如 1kg 氯化钠和 1kg 铬盐对环境的影响并不相同。因此，R. A. Sheldon 将 E 因子乘以一个对环境不友好因子 Q，得到一个参数，称为环境系数（environmental quotient），即

$$环境系数 = E \times Q$$

规定低毒无机物（如 NaCl）的 $Q = 1$，而重金属盐、一些有机中间体和含氟化合物等的 Q 为 $100 \sim 1000$，具体视其毒性 LD_{50} 值而定。Sheldon 相信环境系数及相关方案将成为评价一个化工反应过程绿色性的重要指标。

8.4 质量强度

为了较全面评价有机合成反应过程的绿色性，A. D. Curzons 和 D. J. C. Constable 等提出了反应的质量强度（mass intensity，简称 MI）概念，即获得单位质量产物所消耗的原料、助剂、溶剂等物质的质量，包括反应物、试剂、溶剂、催化剂等，也包括所消耗的酸、碱、盐及萃取、结晶、洗涤等所用的有机溶剂质量，但不包括水，因为水本质上对环境是无害的。

由质量强度的定义，可以得出其与 E 因子的关系式：

$$E 因子 = MI - 1$$

由此可见，质量强度越小越好，这样生产成本低、能耗少、对环境的影响就比较小。因此质量强度是一个很有用的评价指标，对于合成化学家特别是企业领导和管理者来说，评价一种合成工艺或化工生产过程是极为有用的。通过质量强度也可以衍生出绿色化学的一些有用的量度：质量产率（mass productivity）和反应质量效率（rreaction mass efficiency，简称 RME）。质量产率为质量强度的倒数，反应质量效率是指反应物转变为产物的百分数，即产物的质量除以反应物的质量。

D. J. C. Constable 等对 28 种不同类型化学反应的化学计量、产率、原子经济性、反应质量效率、质量强度和质量产率等评价指标进行了大量的实验研究，结果表明：由于化学反应的类型和评价指标的对象不同，质量强度、产率、原子经济性、反应质量效率等评价指标往往不呈现出相关性，因而不能单独用单一指标来评价一个化工反应过程的绿色性，必须结合其他评价指标进行综合考虑。例如，对于化学计量反应，将反应质量效率结合原子经济性、产率等评价指标一起用于判断化工反应过程的绿色性是有帮助的。又如，质量强度作为评价化工过程绿色性是一个很有用的指标，但是不可用单一数据进行评判，它有一个概率分布范围。对某些制药过程的研究表明，在原子经济性为 $70\% \sim 100\%$ 时，质量强度出现的概率分布最大的区域为 $10 \sim 20$，这与 E 因子具有一定的相关性。

8.5 成本关系

实验表明，对于精细化学品尤其是药物的合成，通常合成步骤多，工艺技术复杂，原材料（包括试剂、溶剂等）用量大，原材料的成本占药物合成材料总成本的比重很大，在讨论

化学化工反应过程的评价指标时，必须考虑所用原料的成本影响。对于药物合成，改变药物的合成路线、利用不对称催化合成替代手性拆分、采用清洁合成工艺将是提高合成反应原子经济性和降低生产成本更为有效的途径。

8.6 技术因素

一个理想的化工过程应该在全生命周期都是环境友好的过程，这里包括原料的绿色化、化学反应和合成技术的绿色化、工程技术的绿色化以及产品的绿色化等。为此，需要合成化学家和化学工程师们的通力合作，加强绿色化学工艺和绿色反应工程技术的联合开发，例如产品的绿色设计、计算机过程模拟、系统分析、合成优化与控制，实现高选择性，高效、高新技术的优化集成，以及设备的高效多功能化和微型化。

随着精细工程技术的开发，微化工技术正受到人们的普遍关注。采用微型反应器技术，有利于工艺过程的监控，改善反应物的停留时间和反应系统的温度分布，提高反应的选择性、产率和产品质量，同时能缩短研究开发的周期，加快新产品和新工艺的开发。

在精细化学品合成中，羰基化合物和有机金属试剂的反应是经常遇到的反应类型。反应过程所用的反应器分别为微型反应器、小型反应器、实验室用间歇式反应器（0.5L 烧瓶）和工业生产用的间歇式反应器（6000L，带搅拌反应釜）。所谓小型反应器是指功能设计与微型反应器相同，但具有较宽的通道、体积尺寸，能保持微型反应器所要求的特征，又能避免物料团聚堵塞的反应器。在微型和小型反应器中，由于浓度和温度梯度非常大，加快了质量和热量的传递速度，使得反应条件更加均一，副反应及副产物少。因此，采用微反应器技术，使化学转化的速度、选择性和产率都得到了很大的提高，能更有效地利用资源，从源头上减少和消除污染物的产生，有利于保护生态环境。

绿色技术指南作为一种评价系统，能较好地说明和评估化工反应过程和技术的绿色性，容易为使用者所掌握。但是其理论模型过于简单，对于化学化工过程绿色性的评估多限于定性研究，缺少可持续性分析的量化研究，有待进一步发展和完善。此外基于热力学分析，有人提出将［㶲］作为量化可持续性的指标，对产品和过程进行可持续性的量化分析。

第9章

绿色化学发展趋势

如今，绿色化学正处于连续性技术进步和非连续性技术进步的不断开拓中，原有技术的改进、新的发现和创造发明的涌现推动着绿色化学不断完善，以达到环境友好的目的。美国国家环保局早在 1996 年就设立了"总统绿色化学挑战奖"，从政府层面推进绿色化学的发展。"总统绿色化学挑战奖"的主要目的是表彰在化学品的生命周期中都遵守绿色化学原则的化学技术，对于鼓励社会各界在设计、制造及使用化学产品中最大限度减少危险物质的排放，对于环境保护和人类健康做出了重要贡献。

9.1 原子经济性反应

绿色化学的核心内容是"原子的经济性，也就是最大限度地完全利用反应物中的原子，在能够充分利用资源的同时有效地减少化学污染"。这一概念最早是 1991 年美国 Stanford 大学的著名有机化学家 Trost 提出的。传统上常用经济性衡量化学工艺是否可行，Trost 教授提出用一种新的标准评估化学反应过程即原子经济性的概念。原子经济性概念包括选择性和原子经济性两个方面，基于这两点考虑，首先，大部分合成的有机化学物质是由不可再生的资源产生，必须尽可能减少不可再生资源的使用量；另外，必须减少废物的产生量。这就要求必须通过反应本身的化学计量或是增加反应的选择性来实现化学反应产生最少副产物。美国科罗拉州立大学的华裔化学家及其团队使用氮杂环卡宾类有机小分子催化剂（NHC）在无金属催化的条件下实现了 5-羟甲基糠醛自身二聚为 5,5-二羟甲基糠醛（DHMF）以及二甲基丙烯酸酯的聚合反应。该工艺不仅突破了现有技术，还具有无金属催化剂、无溶剂或可降解以及 100％原子利用率的特点，获得了 2015 年的美国"总统绿色化学挑战奖"的学术奖。

从基本的研究到商业化生产过程的整个化学活动范围都需要以实现选择性和原子经济性为指导。原子经济性概念成为绿色化学的最重要基础理论之一，并广泛用于提高化学反应效率等各个领域。

9.2　催化不对称合成

催化不对称合成是以化学手段获得光学活性物质的方法之一，即合成具有手性的化合物，而分子的手性是指互为镜像关系的化合物在三维空间上的非重叠性。由于催化不对称合成是最有效的方法，它很容易实现不对称增殖，一个高效率的催化剂分子可以产生成百上千乃至上百万个光学活性产物分子，达到甚至超过酶催化的水平。因此，开发高效率、高选择性、高产出率的手性催化剂已经成为发展手性技术的核心问题。

手性配体与催化剂的设计与合成是不对称催化研究中永恒的主题，尽管已经有成百上千的优秀手性配体合成出来，但没有任何一种配体或催化剂是通用的，所以合成化学家还在不断地探索设计和合成性能更优异的新配体和催化剂。手性配体和催化剂的设计应遵循的原则是：催化效率和选择性高、适用范围广、结构简单、原料易得、合成方便和容易得到两种对映异构体。

近年来，化学家们设计合成了许多手性配体及催化剂，发展了众多的不对称催化反应和方法，其中一些不对称催化反应已经实现了手性药物及其重要手性中间体的工业化生产。K. Maruoka 教授开发了著名的相转移催化剂——Maruoka 催化剂，这种新型的手性铵盐催化剂的活性，远远超过经典的相转移催化剂如四乙基氯化铵、四丁基溴化铵等，大大减少了催化剂的用量，产率高达 98%。同时，催化剂完成多次催化反应后，依然保持良好的催化活性，能较好地达到催化剂回收再利用的目的。该课题组为进一步提高 Maruoka 催化剂的高效性和实用性，开发了多代手性联萘胺催化剂，目前已投入工业化生产，解决了多个药物中间体工业化生产的难题。

新型、高效的手性配体及催化剂的设计合成是不对称催化的关键，由手性科学产生出的不对称合成方法学，如不对称放大、手性活化、手性组合化学、手性固载、手性有机小分子催化等概念也将为手性药物的发展提供新的研究方向。

在不对称催化领域中，有机化学家在理论方面还应强化研究，争取提出更多有利手性催化剂设计的新概念。同时，在不对称催化反应的实用和高效方面也需要投入更多的研究资源。

9.3　酶催化

作为工业生物技术的核心，酶（生物）催化技术被誉为工业可持续发展最有希望的技术。中国工程院院士欧阳平凯表示，生物催化和生物转化技术，将是我国化工行业实现生产方式转变、产品结构调整与清洁高效制造的有力保证。近几十年来，随着酶工程不断的技术性突破，酶在工业、农业、医药卫生、能源开发及环境工程等方面的应用越来越广泛。

酶是一种具有特殊三维空间构象的蛋白质，它能在生物体内催化完成许多广泛且具有特异性的反应。近年来，特别是随着生化技术的进展，酶催化反应越来越多地被有机化学家作为一种手段应用于有机合成，特别是催化不对称合成反应。酶催化不会污染环境，经济可行，符合绿色化学方向。

酶的催化效率很高，在可比较的情况下其催化效率一般是无机催化剂的 10^{10} 倍，而且酶对底物有高度的专一性，每种酶只促进一定的反应，生成一定的产物，产物的纯度很高。因此，酶在有机合成中的应用，已成为合成方法学中的一个新亮点，其应用前景难以估量。

酶催化法在合成手性化合物反应中就是利用酶促反应的高度立体选择性、活性和区域选择性将前体化合物不对称合成各种复杂的手性化合物。目前该方法主要用于催化不对称还原、不对称水解及其逆反应、不对称氧化、裂解反应。近年来，随着生物技术的进步，特别是非水相酶促反应的发展，利用酶和微生物进行的手性化合物转化和合成获得的成功引起了有机化学家的极大关注。非水相酶催化技术已在食品添加剂生产中得到广泛应用，主要是在非水介质中脂肪酶催化下合成脂肪酸酯和糖酯等酯类。选择合适的功能基团，如具有亲油性的长碳链，通过非水相酶催化技术分别对底物衍生化，得到酯化衍生物，既保留着原有的亲水性和生物活性，又增加了亲油性或其他生物活性基团，扩大了食品添加剂的应用范围，如L-抗坏血酸与D-异抗坏血酸脂肪酸酯的合成、短链酸乙酯的合成、维生素A脂肪酸酯的合成等。酶技术在环保行业中的应用越来越普遍，通过酶催化技术去除废水中的污染物，利用酶将污染物中的化学链打开，以较快的速度将其降解为小分子，降低COD值，在很大程度上可减少污水处理成本。

目前科学家们正在研究的问题主要有以下几个方面：能够催化新型有机合成反应的生物催化体系和酶的发现与筛选；提高已知反应效率和选择性的生物催化体系和酶的发现与筛选；充分运用现代生物技术的发展和成就，如运用基因重组、蛋白质结构改造、定向进化等手段来改造酶的结构和功能，以期获得新型生物催化剂；充分运用基因工程等手段，构建新型基因重组菌，实现复杂天然产物和具有药用前景的复杂化合物的组合生物催化和代谢工程调控；运用生物催化途径实现有机化合物的高效合成，特别是手性医药、手性农药和手性中间体的生物催化合成，发展绿色合成化学；充分运用现代分析方法和手段，结合计算化学和生物技术方法等，阐明生物催化的机理，这也是整个生物催化研究领域中最具挑战性的理论研究方向；催化性抗体（抗体酶）的研究；细胞或酶的固定化及其在化学工业上的应用。

由于生物催化具有高效和高选择性以及反应条件温和、反应途径可控等特点，已经成为当前有机化学、生物化学、分子生物学和生物技术研究的热点。生物催化的快速发展使传统化学工业面临着巨大的挑战和变化。

9.4 分子氧的活化和高选择性氧化反应

全世界生产的主要化学品中50％以上是和选择氧化过程有关的，包括烃类化合物氧化成含氧化合物和含氧化合物的氧化转化。现在有机化学品的制造大多是以石油为原料，而石油烃分子又都是处于还原状态，因此通过氧化将它们转化为带有不同含氧基团的有机化合物在有机化学中占有重要的地位。然而氧化反应是有机反应中最难控制反应方向的，它们往往在生成主产物的同时，生成许多副产物，这使得氧化反应的选择性较低。加上至今不少氧化反应仍然采用的是化学计量的氧化剂，特别是含重金属的无机氧化物，反应完成后还有大量的残留物需要处理，它们对环境会造成严重污染，因此发展新的高选择性氧化剂十分重要。

绿色氧化过程应是采用无毒无害的催化剂，它应具有很高的氧化选择性，不产生或很少产生副反应产物，达到尽可能高的原子经济性，还要求氧化剂参与反应后不应有其分解的残留有害物。因此，最好的氧化剂是氧，其次是 H_2O_2。纯氧作氧化剂是重要发展方向，它大量减少了尾气排放量，从而减少了随尾气带入大气的挥发性有机物造成的污染。新发展的氧化催化剂应是在缓和条件下能活化分子氧，通过这种活泼的催化氧化物种，使反应物分子高选择性转化为产物。模拟酶氧化的金属配合物和分子筛将成为氧化催化剂的主要研究对象，它们将在开拓清洁的氧化工艺中发挥重要作用。

9.5 仿生的多功能试剂

人类在生活的各个方面从自然界学习到许多有益的知识，在化学领域也是如此。随着科学家对生物体系发挥功能的作用机理的了解，就有了可模拟的方法来设计未来试剂。用"生物模拟"的方法设计的催化剂和试剂具有与生物体系（如：酶）某些相同的和优异的特性。

大多数合成的催化剂和试剂集中在进行单一的转化（如：还原、氧化、甲基化），而生物体系通常是采用同一个试剂进行几种转化操作。这些操作包括：活化、构象调节和一个或几个转化与衍生化。

9.6 废弃物的利用

面对能源紧张和环境保护的双重压力，生物质废弃物资源化开发利用引起了广泛关注。利用生物质废弃物制取生物能源是目前世界上生物质能研究开发的前沿技术，该技术是将以木材、竹子、农作物秸秆等农林业废弃物为主的生物质，转化为高品位的易储存、易运输、能量密度高且使用方便的能源，如燃料乙醇、生物柴油、沼气、生物质型煤等，并可以从中提取具有商业价值的化工产品。生物质废弃物在其整个利用周期能够保持碳的平衡，可以实现 CO_2 的零排放，是能够固定碳的唯一可再生资源。

近年来，国内外相继对生物质废弃物的资源化利用技术进行了开发与研究。美国主要致力于利用有机固体废物生产生物能源，如采用湿法处理垃圾产沼气，并回收沼气用于发电和生产肥料；欧洲各国由其先天的资源优势，在生物质发电方面处于领先地位。我国与发达国家相比相对落后，但在研究开发生物质废弃物资源高效转换利用技术方面已形成一致意见。全国多家高校及科研机构在研制生物质利用装置上都相继取得了一系列的成果，如哈尔滨工业大学、中国农业科学院、广州能源所、浙江大学、中科院化工冶金研究所等。

9.7 清洁能源

由于清洁能源对解决能源短缺和环境污染问题具有重要研究价值，因而其开发应用得到了世界各国的高度重视。清洁能源能量密度较低，高度分散；能源丰富，可以循环再生；能源洁净，使用中几乎没有危害生态环境的污染物排放；能源具有间歇性和随机性，如太阳能、风能、潮汐能等；但开发利用的技术难度大，短期成本费用高。

从风力涡轮机、太阳能电池、煤粉气化到汽车锂电池，在多个清洁能源技术领域，中国已经悄悄地位居世界前列。从世界范围看，清洁能源技术主要包括以下一系列技术：洁净煤技术和 CO_2 回收技术、天然气发电技术、核能发电技术、可再生能源技术和节能技术。

洁净煤技术和 CO_2 回收技术：洁净煤技术旨在最大限度地发挥煤作为能源的潜能利用，同时又实现最少的污染物释放，达到煤的高效、清洁利用目的。洁净煤技术是一项庞大复杂的系统工程，包含从煤炭开发到利用的所有技术领域，主要研究开发项目包括煤炭的加工、高效燃烧、转化和污染控制等方面。CO_2 回收技术可以大幅度减少发电厂和工业中使用煤和天然气所排放的 CO_2，并可以达到近零排放。但目前这项技术成本昂贵，据估计到 2030年该技术的成本可以达到处理一吨 CO_2 花费 25 美元，如果将回收的 CO_2 用来增产油田的产油量，则其成本还会进一步下降，预计该技术到 2050 年对全球 CO_2 减排的贡献率在 20％～28％之间。

天然气发电技术：天然气发电在全球发电中所占的比例份额将稳步增加，到 2050 年将达到 23％～28％。天然气发电的未来发展主要受天然气价格的影响，而其最大优势是具有非常高的发电效率，现在最先进的联合循环天然气发电机组的效率已达到 60％。天然气 CO_2 排放量是燃煤 CO_2 排放量的一半，加上天然气发电的高效率，所以该项技术的广泛应用对 CO_2 减排也起了很大的作用。

核能发电技术：核能发电被认为是没有排放污染的清洁技术，该技术已历经了几代的发展。2008 年，第三代核电技术 AP1000 应用于我国三门核电站。在对 AP1000 技术消化吸收的基础上，我国自主研发的 ACP1000、CAP1400、ACPR1000＋、"华龙一号"也已成为第三代核电技术主流。目前，"华龙一号"已与英国、巴基斯坦等 20 个国家签署合作意向，标志着我国核电技术已走向全球市场。2018 年，全球在运核电机组 447 台，其中我国 43 台，占比 9.6％，核电机组发电量为 2944 亿千瓦·时，占比 4.21％。

可再生能源技术：可再生能源发电包括水力发电、风能发电、太阳能发电和生物质能发电。据估计，可再生能源发电占全球发电的比例份额，可从目前的 18％上升到 2050 年的 34％，不太乐观的估计其比例份额也会达到 23％。可再生能源发电技术到 2050 年对全球 CO_2 减排的贡献率在 9％～16％之间。可再生能源技术还包括生物制油和氢能燃料电池。

党的十九大报告明确指出，要"有效引导企业转型升级，推进技术创新，走向绿色生产"，要"鼓励发展绿色产业，壮大节能环保产业、清洁生产产业、清洁能源产业，使绿色产业成为替代产业，接力经济增长"。2019 年，中国第一个核电供暖项目正式投入商运，这标志着中国清洁能源技术取得了阶段性的成果。为降低煤炭在中国能源消费中的比例，我国加快了水、风、光、核等非化石能源的装机，截止到目前，清洁能源装机容量已达 7.99 亿千瓦。受全球气候变暖以及《巴黎气候协定》等影响，发展清洁能源是中国能源结构调整的重中之重，可以预计清洁能源在未来的"十四五"能源发展规划中将有着更重要的地位。清洁能源发展和环境需求给予清洁能源技术以新的发展机遇，相信在国家的强有力领导和促进下，在市场作用的推进下，清洁能源技术在今后一段时间会迈上一个新的台阶。

参考文献

[1] 谭天伟. 生物化工现状与展望. 化工中间体, 2003(1): 6-10.

[2] 周桂. 生物技术与绿色化学. 生物学杂志, 2007, 24(3): 58-60.

[3] 谭天伟. 绿色化学与化工的原理及应用: Ⅲ. 生物技术在化学品生产中的应用. 石化技术与应用, 2001, 19(3): 202-204.

[4] 李芳良, 李月珍, 农兰平. 微波技术在化学中的应用新进展. 广西科学, 2004, 11(2): 121-126.

[5] 张新波, 王家龙, 张雅娟, 等. 超声波在有机合成中的应用. 化学试剂, 2006, 28(10): 593-596.

[6] 赵逸云, 冯若, 鲍慈光, 等. 我国声化学的研究现状. 化学通报, 1996, 59(9): 1-5.

[7] 于凤文, 徐之超, 计建炳. 超声波在化学工业中的应用. 化工时刊, 2000, 14(7): 1-4.

[8] 覃兆海, 陈馥衡, 谢毓元. 超声波在有机合成中的应用. 化学进展, 1998, 10(1): 63-73.

[9] 王芳, 崔波, 郑世清. 膜催化技术的现状与展望. 青岛化工学院学报, 2002, 23(2): 18-22.

[10] 魏国锋, 王硕, 赵阳. 绿色合成技术的研究进展及其应用. 化工科技, 2006, 14(6): 69-73.

[11] 杜长海, 吴树新, 高伟民, 等. 膜催化技术的研究进展. 长春工业大学学报, 2003, 24(1): 19-23.

[12] 王芳, 王燕. 膜催化技术及其应用. 精细石油化工进展, 2001, 2(2): 29-37.

[13] 张兴中. 膜催化技术在石油化工中的应用. 科技资讯, 2011(18): 45.

[14] 许新兵. 绿色合成技术的应用与进展. 天水师范学院学报, 2009, 29(5): 70-73.

[15] 纪红兵, 佘远斌. 绿色化学化工基本问题的发展与研究. 化工进展, 2007, 26(5): 605-614.

[16] 贡长生. 绿色化学化工过程的评估. 现代化工, 2005, 25(2): 67-69.

[17] 戴立信, 陆熙炎, 朱光美. 手性技术的兴起. 化学通报, 1995, 58(6): 15-22.

[18] 黄量, 戴立信. 手性药物的化学与生物学. 北京: 化学工业出版社, 2002.

[19] 林国强, 王梅祥, 杜灿屏, 等. 手性合成与手性药物. 北京: 化学工业出版社, 2008.

[20] Dai L X. Chiral metal-organic assemblies-a new approach to immobilizing homogeneous asymmetric catalysts. Angew Chem Int Ed, 2004, 43: 5726-5729.

[21] Wang X, Ding K. Self-supported heterogeneous catalysts for enantioselective hydrogenation. J Am Chem Soc, 2004, 126: 10524-10525.

[22] Wang X, Shi L, Li M, et al. Heterogenization of shibasaki's binol/La Catalyst for enantioselective epoxidation of α, β-unsaturated ketones with multitopic binol ligands: the impact of bridging spacers. Angew Chem Int Ed, 2005, 44: 6362-6366.

[23] Liang Y, Jing Q, Shi L, et al. Programmed assembly of two different ligands with metallic ions: generation of self-supported noyori-type catalysts for heterogeneous asymmetric hydrogenation of ketones. J Am Chem Soc, 2005, 127: 7694-7695.

[24] Ding K, Wang Z, Wang X, et al. Self-supported chiral catalysts for heterogeneous enantioselective reactions. Chem Eur J, 2006, 12: 5188-5197.

[25] Shi L, Wang X, Sandoval C A, et al. Engineering a polymeric chiral catalyst by using hydrogen bonding and coordination interactions. Angew Chem Int Ed, 2006, 45: 4108-4112.

[26] Wang Z, Chen G, Ding K. Self-supported catalysts. Chem Rev, 2009, 109: 322-359.

[27] Ding K. Synergistic effect of binary component ligands in chiral catalyst library engineering for enantioselective reactions. Chem Commun, 2008, 44：909-921.

[28] Leeuwen P N M. Supramolecular catalysis. Wiley-VCH, 2008.

[29] Ding K，Du H，Yuan Y，et al. Combinatorial chemistry approach to chiral catalyst engineering and screening：rational design and serendipity. Chem Eur J, 2004，10：2872-2884.

[30] Ajamian A，Gleason J L. Two birds with one metallic stone：single-pot catalysis of fundamentally different transformations. Angew Chem Int Ed, 2004, 43：3754-3760.

[31] Du H，Ding K. Enantioselective catalysis of hetero Diels-Alder reaction and diethylzinc addition using a single catalyst. Org Lett, 2003, 5：1091-1093.

[32] Long J，Ding K. Engineering catalysts for enantioselective addition of diethylzinc to aldehydes with eacemic amino alcohols：nonlinear effects in asymmetric deactivation of racemic catalysts. Angew Chem Int Ed, 2001, 40：544-547.

[33] Blaser H U. Enantioselective catalysis in fine chemicals production. Chem Commun, 2003, 39：293-296.

[34] Noyori R. Pursuing practical elegance in chemical synthesis. Chem Commun, 2005, 41：1807-1811.

[35] 丁奎岭，范青华. 手性催化研究的新进展与展望. 化学通讯，2009(6)：22-28.

[36] 张星辰. 离子液体. 北京：化学工业出版社，2009.

[37] 柴兰琴. 超临界流体与绿色化学. 环境研究与监测，2004，17(2)：7-9.

[38] 靳通收，王爱卿，张建设，等. 水相中一些有机合成反应的研究进展. 有机化学，2006，26(12)：1723-1732.

[39] 张岩，王梅祥，王东，等. 水相中金属有机化学反应的研究进展. 化学进展，1999，11(4)：394-402.

[40] 李金恒，尹笃林，李国平，等. 超临界二氧化碳介质中钯催化末端炔烃双羰基化反应的研究. 有机化学，2002，22(11)：913-916.

[41] Paquette L A，Mitzel T M. Addition of allylindium reagents to aldehydes substituted at C_α or C_β with heteroatomic functional groups. Analysis of the modulation in diastereoselectivity attainable in aqueous，organic，and mixed solvent systems. J Am Chem Soc, 1996，118：1931-1937.

[42] Paquette L A，Mitzel T M. Comparative diastereoselectivity analysis of crotylindium and 3-bromoallylindium additions to α-oxy aldehydes in aqueous and nonaqueous solvent systems. J Org Chem, 1996，61：8799-8804.

[43] Paquette L A，Bennett G D，Chhatriwalla A，et al. Factors influencing 1,4-asymmetric induction during indium-promoted coupling of oxygen-substituted allylic bromides to aldehydes in aqueous solution. J Org Chem, 1997，62：3370-3374.

[44] Paquette L A，Mitzel T M，Isaac M B，et al. Diastereoselection during 1,2-addition of the allylindium reagent to α-thia and α-amino aldehydes in aqueous and organic solvents. J Org Chem, 1997，62：4293-4301.

[45] Isaac M B，Paquette L A. Experimental test of setting three contiguous stereogenic centers in water. Diastereoselective coupling of geometrically biased allylic bromides to α-oxy aldehydes with Indium. J Org Chem, 1997，62：5333-5338.

[46] Kobayashi S，Wakabayashi T，Oyamada H. Use of an organometallic reagent in water：$Sc(OTf)_3$-catalyzed allylation reactions of aldehydes in micellar systems. Chem Lett, 1997，26：831-832.

[47] 李汝雄，王建基. 无溶剂有机合成. 化学通报，2003，66(w020)：1-7.

[48] 仲崇立. 绿色化学导论. 北京：化学工业出版社，2000.

[49] 闵恩泽，吴巍. 绿色化学与化工. 北京：化学工业出版社，2000.

[50] 王琴，孙根行. 电化学法处理废水研究进展. 电镀与环保，2011，31(2)：7-10.

[51] 庞娟娟. 电解法处理采油废水的研究. 电力环境保护，2008，24(1)：57-60.

[52] Chiang L C，Chang J E，Wen T C. Indirect oxidation effect in electrochemical oxidation treatment of land fill leachate. Water Res, 1995，29：671-678.

[53] 胡俊生，郝岑汀，谢添，等. 电化学氧化处理对苯二酚废水的试验研究. 水处理技术，2010，36(1)：52-55.

[54] He J，Ela W P，Betterton E A，et al. Reductive dehalogenation of aqueous-phase chlorinated hydrocarbons in an electrochemical reactor. Ind Eng Chem Res, 2004，43：7965-7974.

[55] Ohmori T，Eldeab M S，Osawa M. Electroreduction of nitrate ion to nitrite and ammonia on a gold electrode in acidic and basic sodium and cesium nitrate solutions. J Electroanal Chem, 1999，30：46-52.

[56] 贾保军, 张东, 李永. 电化学多相催化处理硝基苯废水. 水处理技术, 2008, 34(3): 63-66.

[57] 刘艳, 鲁秀国, 饶婷, 等. 电絮凝法处理模拟染料废水的正交实验研究. 环境科学与技术, 2009, 32(12): 91-93.

[58] 求渊, 施勇琪, 张相阳, 等. 脉冲电絮凝处理电镀含铬废水的实验研究. 环境工程学报, 2009, 3(6): 1029-1032.

[59] 孙友勋, 毕学军, 赵建夫. 催化内电解法处理麦草浆造纸生化处理出水. 中国给水排水, 2008, 24(13): 92-95.

[60] 李雯, 王三反, 孙震, 等. 铁碳微电解预处理化工有机废水研究. 净水技术, 2008, 27(5): 53-55.

[61] 徐传宁. 电渗析处理含铬废水. 净化技术, 1993, 12(2): 25-27.

[62] 臧树良, 关伟, 李川, 等. 清洁生产、绿色化学原理与实践. 北京: 化学工业出版社, 2005.

[63] 张世刚, 姜恒, 宫红. 催化氧化环己酮/环己醇清洁合成己二酸. 化工科技, 2002, 10(5): 4-6.

[64] 王敏, 宋志国, 赵爽, 等. 乙酸正丁酯合成实验的改进. 大学化学, 2010, 25(6): 58-61.

[65] Wang M, Jiang H, Wang Z C. Biginelli condensation of aliphatic aldehydes catalysed by zinc methanesulfonate. J Chem Res, 2005, (11): 691-693.

[66] Wang M, Song Z G, Jiang H, et al. Copper p-toluenesulfonate/acetic acid: a recyclable synergistic catalytic system for the Tetrahydropyranylation of alcohols and phenols. Monatsh Chem, 2008, 139: 601-604.

[67] Wang M, Song Z G, Gong H, et al. Synthesis of 1,1-diacetates using a new combined catalytic system: copper p-toluenesulfonate/HOAc. Synth Commun, 2008, 38: 961-966.

[68] Wang M, Song Z G, Jiang H. Three-component Mannich reaction of aromatic ketones, aldehydes and amines catalyzed by reusable aluminium methanesulfonate. Org Prep Proced Int, 2009, 41: 315-321.

[69] Wang M, Liang Y. Solvent-free one-pot synthesis of amidoalkyl naphthols by a copper p-toluenesulfonate catalyzed multicomponent reaction. Monatsh Chem, 2011, 142: 153-157.

[70] Wang M, Song Z G, Zhang T T. Synthesis of 3-aryl-4(3H)-quinazolinones from anthranilic acid, ortho esters, and anilines using $Ce(CH_3SO_3)_3 \cdot 2H_2O$ as catalyst. Monatsh Chem, 2010, 141: 993-996.

[71] Wang M, Zhang T T, Liang Y, et al. Efficient synthesis of mono- and disubstituted 2,3-dihydroquinazolin-4(1H)-ones using copper benzenesulfonate as a reusable catalyst in aqueous solution. Monatsh Chem, 2012, 143: 835-839.

[72] Wang M, Wang Z C, Sun Z L, et al. Reaction-controlled recovery of the copper(Ⅱ) methanesulfonate catalyst for esterification. Reac Kinec Catal Lett, 2005, 84: 223-228.

[73] Wang M, Jiang H, Wang Z C. Dehydration studies of Co(Ⅱ), Cu(Ⅱ) and Zn(Ⅱ) methanesulfonates. J Therm Anal Calorim, 2006, 85: 751-754.

[74] Wang M, Gong H, Jiang H, et al. Acetic acid assisted copper methanesulfonate catalyst for chemoselective conversion of aldehydes to acylals. Synth Commun, 2006, 36: 1953-1960.

[75] 王敏, 田建军, 刘立军, 等. 甲烷磺酸盐的合成、表征及其催化酯化反应的性能. 无机化学学报, 2003, 19(7): 731-734.

[76] 王敏, 宋志国, 宫红, 等. 乙酸促进邻甲基苯磺酸铜选择性催化醛与乙酸酐合成偕二乙酸酯反应. 催化学报, 2007, 28(12): 1053-1056.

[77] 王敏, 宋志国, 姜恒, 等. 乙酸促进邻甲基苯磺酸铜选择性催化醇和酚的四氢吡喃化反应. 有机化学, 2008, 28(9): 1629-1632.

[78] Wang M, Song Z G, Jiang H, et al. Thermal decomposition of metal methanesulfonates in air. J Therm Anal Calorim, 2009, 98: 801-806.

[79] 王敏, 梁艳, 宋志国, 等. 温和条件下对甲基苯磺酸铝高效催化一锅法合成 β-氨基酮衍生物. 有机化学, 2010, 30(2): 295-298.

[80] 王敏, 张婷婷, 宋志国. 温和条件下邻甲基苯磺酸铜催化三组分"一锅法"合成喹唑啉-4(3H)-酮衍生物. 有机化学, 2010, 30(5): 740-744.

[81] 宋志国, 姜恒, 王敏. 相转移催化合成 2-羟基-4-正十二烷氧基二苯甲酮. 日用化学工业, 2010, 40(1): 35-37, 78.

[82] Wang M, Song Z G, Liang Y. Zinc benzenesulfonate-promoted eco-friendly and efficient synthesis of 1-amidoalkyl-2-naphthols. Synth Commun, 2012, 42: 582-588.

[83] Wang M, Song Z G, Wan X, et al. Ferrous methanesulfonate as an efficient and recyclable catalyst for the Tetrahydropyranylation of alcohols and phenols under solvent-free conditions. RSC Adv, 2011, 1: 1698-1700.

[84] Jiang H，Wang M，Song Z G，et al. Inorganic zinc salts catalyzed Knoevenagel condensation at room temperature without solvent. Prep Biochem Biotech，2009，39：194-200.

[85] Wang M，Gao J J，Song Z G. A practical and green approach towards synthesis of 2，4，5-trisubstituted imidazoles without adding catalyst. Prep Biochem Biotech，2010，40：347-353.

[86] Wang M，Gao J J，Song Z G. Metal benzenesulfonates/acetic acid mixtures as novel catalytic systems：application to the protection of a hydroxyl group. Naturforsch B：Chem Sci，2010，65b：1349-1352.

[87] Wang M，Liang Y，Zhang T T，et al. Silica supported methanesulfonic acid as an efficient and reusable heterogeneous catalyst for the synthesis of amidoalkyl Naphthols. Chin J Chem，2011，29：1656-1660.

[88] Wang M，Gao J J，Song Z G，et al. Cerous methanesulfonate catalyzed facile synthesis of 2-substituted-2,3-dihydro-4 (1h)-quinazolinones by grinding technique. J Heterocycl Chem，2012，49：1250-1253.

[89] Wang M，Yang Z Y，Song Z G，et al. Three-component one-pot synthesis of 2,4,6-triarylpyridines without catalyst and solvent. J Heterocycl Chem，2015，52：907-910.

[90] Wang M，Song J L，Lu Q L，et al. Green Biginelli-type reaction：solvent-free synthesis of 5-unsubstituted 3,4-dihydropyrimdin-2(1H)-ones. J Heterocycl Chem，2015，52：1907-1910.

[91] Wang M，Jiang H X，Zhang S，et al. Cerous*p*-toluenesulfonate as an efficient and recyclable catalyst for the synthesis of N1-substituted-4-aryl-3,4-dihydropyrimidin-2(1H)-ones. Org Prep Proced Int，2018，50：482-492.

[92] Song Z G，Liu L L，Wang Y，et al. Efficient synthesis of mono- and disubstituted 2,3-dihydroquinazolin-4(1H)-ones using aluminum methanesulfonate as a reusable catalyst. Res Chem Intermed，2012，38：1091-1099.

[93] Wang M，Zhang S，Jiang H X，et al. Green synthesis and structural characterization of novel N1-substituted-3,4-dihydropyrimidin-2(1H)-ones. Green Process Syn，2019，8：230-234.

[94] Song Z G，Wan X，Zhao S. A novel catalyst cobalt *m*-nitrobenzenesulfonate-catalyzed highly efficient synthesis of substituted-quinzolin-4(1H)-ones. Indian J Chem Techn，2012，19：118-123.

[95] Song Z G，Wan X，Zhao S. A modified procedure for the synthesis of 2,4,5-tri- and 1,2,4,5-tetrasubstituted imidazoles. Chem Nat Compd，2013，48：1119-1121.

[96] Song Z G，Sun X H，Liu L L，et al. Efficient one-pot synthesis of 1-carbamatoalkyl-2-naphthols using aluminum methanesulfonate as a reusable catalyst. Res Chem Intermed，2013，39：2123-2131.

[97] Song Z G，Sun X H，Yang X B. One-pot synthesis of 5-unsubstituted 3,4-dihydropyrimidin-2(1H)-ones from aldehydes, ketones, and urea under solvent-free conditions. Polycycl Aromat Comp，2016，36：242-251.

[98] 王敏，张婷婷，梁艳，等. 对甲基苯磺酸亚铈催化一锅法合成取代 2,3-二氢-4(1H)-喹唑啉酮. 化学研究与应用，2012，24（6）：980-985.

[99] 王敏，宋吉磊，万鑫，等. 苯磺酸铜催化"一锅法"合成 1-氨甲酸酯基烷基-2-萘酚. 有机化学，2013，33（3）：517-522.

[100] 王敏，向刚伟，高晶晶. 水相研磨技术合成 2-取代-2,3-二氢-4(1H)-喹唑啉酮. 化学研究与应用，2012，24（12）：1800-1804.

[101] 王敏，宋志国，刘洋，等. 非催化条件下合成 1-苯甲酰基-2-萘酚. 化学研究与应用，2014，26（1）：105-107.

[102] 王敏，宋吉磊，潘鹤，等. 无溶剂条件下对甲基苯磺酸铝高效催化合成 4,6-二芳基-3,4-二氢嘧啶-2(1H)-酮. 化学通报，2015，78（10）：949-952.

[103] 刘洋，陈宏，王敏. 甲基磺酸铜的合成及结构研究. 渤海大学学报（自然科学版），2016，37（3）：244-247，283.

[104] 王敏，张皛昊，张顺. 两种甲基磺酸金属配合物的结构和催化性能研究. 化学研究与应用，2018，30（12）：1973-1978.

[105] 宋志国，刘洋，曹春艳. 非催化条件下合成取代 2,3-二氢-4(1H)-喹唑啉酮衍生物. 化学研究与应用，2015，27（10）：1604-1608.

[106] 宋志国，姜宏旭，张顺，等. N1-取代的 3,4-二氢嘧啶酮衍生物的绿色合成及荧光性能. 陕西师范大学学报（自然科学版），2019，47（4）：84-88.

[107] 王敏，张皛昊，张顺，等. 两种苯磺酸镉（Ⅱ）配合物的结构及催化性能研究. 化学研究与应用，2020，32（2）：252-257.

[108] 宋志国，张皛昊，蒋晓宇. 一种绿色催化合成 N1-取代的 3,4-二氢嘧啶酮的简便方法. 西南大学学报（自然科学版），

2019，41（9）：101-105.

[109] 宋志国，张顺，向刚伟，等. 甲基磺酸镉的结构及催化性能研究. 化学研究与应用，2019，31（5）：954-959.

[110] 宋志国，张顺，张皛昊，等. 苯磺酸锌配合物的晶体结构和荧光性能研究. 南京理工大学学报（自然科学版），2019，43（5）：654-659.

[111] 宋志国，张皛昊，张顺，等. 两种碱土金属甲基磺酸盐的结构和催化性能研究. 渤海大学学报（自然科学版），2018，39（3）：198-203.

[112] Inoue H，Kikuchi M，Ito J I，et al. Chiral phebo-rhodium complexes as catalysts for asymmetric direct aldol reaction. Tetrahedron，2008，64：493-499.

[113] Dardennes E，Labano S，Simpkins N S，et al. Micheal addition-electrophilic quenching chemistry of maleimides using dialkylzinc reagents. Tetrahedron Lett，2007，48：6880-6383.

[114] Zhang J，Blazecka P G，Curran T T. Lewis and Brönsted acid catalyzed Friedel-Crafts hydroxyalkylation of mucohalic acids：a facile synthesis of functionalized γ-aryl γ-butenolides. Tetrahedron Lett，2007，48：2611-2615.

[115] Pandey M K，Bisai A，Pandey A，et al. Imino-ene reaction of N-tosyl arylaldimines with α-methylstyrene：application in the synthesis of important amines. Tetrahedron Lett，2005，46：5039-5041.

[116] Su W K，Li J J，Zheng Z G，et al. One-pot synthesis of dihydropyrimidiones catalyzed by strontium（Ⅱ）triflate under solvent-free conditions. Tetrahedron Lett，2005，46：6037-6040.

[117] González-Gómez J C，Foubelo F，Yus M. Tandem enantioselective conjugate addition-Mannich reactions：efficient multicomponent assembly of dialkylzines，cyclic enones and chiral N-sulfinimines. Tetrahedron Lett，2008，49：2343-2347.

[118] Epifano F，Genovese S，Rosati O，et al. Ytterbium triflate catalyzed synthesis of β-functionalized indole derivatives. Tetrahedron Lett，2011，52：568-571.

[119] Mouhtady O，Gaspard-Houghmane H，Roques N，et al. Metal triflates-methanesulfonic acid as new catalytic systems：application to the Fries rearrangement. Tetrahedron Lett，2003，44：6379-6382.

[120] Ye S Q，Wu J. Silver triflate and triphenylphosphine co-catalyzed reactions of 2-alkynylbenzaldehyde，amine，and α，β-unsaturated ketone. Tetrahedron Lett，2009，50：6273-6275.

[121] Sarma D，Kumar A. Rare earth metal triflates promoted Diels-Alder reactions in ionic liquids. Appl Catal A-gen，2008，335：1-6.

[122] 林仲茂. 声化学发展概况. 应用声学，1993，12(1)：1-5.

[123] 冯若，刘志滨，高炬，等. 声化学技术用于有机合成——醇的氧化反应. 声学技术，1993，12(1)：13-14.

[124] 崔运花. 超声波在洗毛中的应用. 中国纺织大学学报，1999，25(2)：50-54.

[125] 谭必恩，胡芳，李建宗，等. 稳定苯乙烯/丙烯酸丁酯细乳液的制备. 高分子材料科学与工程，2001，17(2)：80-83.

[126] 范益群，史载锋，徐南平，等. 光催化膜反应器用于亚甲基蓝的降解. 南京化工大学学报（自然科学版），1999，21(5)：49-52.

[127] 汪家喜，魏晓骏，沈佳宇，等. 光催化选择性合成有机物. 化学进展，2014，26(9)：1460-1470.

[128] Chong M N，Jin B，Chow C W K，et al. Recent developments in photocatalytic water treatment technology：A review. Water Res，2010，44：2997-3027.

[129] Liang X J，Chen X D，Zhao J C. Heterogeneous visible light photocatalysis for selective organic transformations. Chem Soc Rev，2014，43：473-486.

[130] Wang F，Ng W K H，Yu J C，et al. Red phosphorus：an elemental photocatalyst for hydrogen formation from water. Appl Catal B-Environ，2012，111/112：409-414.

[131] Liu G，Niu P，Yin L C，et al. α-Sulfur crystals as a visible-light-active photocatalyst. J Am Chem Soc，2012，134：9070-9073.

[132] 彭青，余兆瑜. 绿色经济背景下的投资新热点——绿色能源. 现代商贸工业，2010，24(13)：37-38.

[133] 王联芝. 绿色能源的现状及展望. 湖北民族学院学报（自然科学版），2003，21(2)：49-53.

[134] 吴捷，杨俊华. 绿色能源与生态环境控制. 控制理论与应用，2004，21(6)：864-869.

[135] 李忠东. 实施绿色新政，促进可持续发展——各国大力发展绿色能源. 安徽科技，2010(5)：52-53.

[136] 侯侠, 王静. 21世纪的绿色能源. 内蒙古石油化工, 2006, 32(12): 52-54.

[137] 朱灵峰, 范彩玲, 张杰. 秸秆燃气合成甲醇的优化试验研究. 可再生能源, 2006(6): 48-50.

[138] 袁振宏, 罗文, 吕鹏梅, 等. 生物质能产业现状及发展前景. 化工进展, 2009, 28(10): 1687-1692.

[139] 欧训民. 氢能制取和储存技术研究发展综述. 能源研究与信息, 2009, 25(1): 1-4.

[140] 贾同国, 王银山, 李志伟. 氢能源发展研究现状. 节能技术, 2011, 29(3): 264-267.

[141] 邢春礼, 费颖, 韩俊, 等. 氢能与燃料电池能源系统. 节能技术, 2009, 27(3): 287-290.

[142] 许馨予, 叶智伟, 陈浩乾, 等. 新能源——氢能. 广州化工, 2009, 37(4): 63-66.

[143] 李兵, 王培红. 氢能经济发展现状及展望. 上海电力, 2010(3): 173-176.

[144] 张轲, 刘述丽, 刘明明, 等. 氢能的研究进展. 材料导报A: 综述篇, 2011, 25(5): 116-119.

[145] 周静. 氢的制取及氢能的利用. 河北化工, 2009, 32(4): 27-28.

[146] 郭海霞, 左月明, 张虎. 生物质能利用技术的研究进展. 农机化研究, 211(6): 178-185.

[147] 屈叶青, 朱小顺, 罗晓霞. 生物质能的研究进展. 广东化工, 2011, 38(5): 13-14.

[148] 史方芳. 生物质能利用的研究现状及特点. 山东电力技术, 2011(5): 71-73.

[149] 刘富铀, 赵世明, 张智慧, 等. 我国海洋能研究与开发现状分析. 海洋技术, 2007, 26(3): 118-120.

[150] 王传崑. 国外海洋能技术的发展. 太阳能, 2008(12): 17-20.

[151] 刘伟民, 麻常雷, 陈凤云, 等. 海洋可再生能源开发利用与技术进展. 海洋科学进展, 2018, 36(1): 1-18.

[152] 冯硕颖. 地热能的利用及其前景. 内蒙古科技与经济, 2007, 24(12): 185.

[153] 陈海霞. 关于清洁生产与环境污染的综合治理分析. 资源节约与环保. 2015, 166(9): 10.

[154] 张燕燕, 边侠玲. 浅析清洁生产的评价方法. 安徽化工, 2010, 增刊(1): 81-84.

[155] 王守兰, 武少华, 焦倩. 清洁生产评价方法—模糊数学法. 北京工业大学学报, 2005, 31(1): 108-112.

[156] 马玉春, 商庆伟. 浅谈绿色化工工艺的应用研究. 黑龙江科技信息, 2011(14): 41.

[157] 刘国辉, 章文. 绿色化工发展综述. 中国环保产业, 2009(12): 19-25.

[158] 杜诚, 吴光辉, 陈梅芹, 等. 绿色化学理念下石油化工园区清洁生产评价指标体系研究. 广东石油化工学院学报, 2019(06): 30-33.

[159] 蓝耀宏. 化工行业中的清洁生产. 中国石油和化工标准与质量, 2011(2): 213.

[160] 杨辉. 化工企业开展清洁生产的主要途径. 安全、健康和环境, 2006, 6(4): 27-28.

[161] 胡卫新, 张洁, 王兴涌. 清洁生产: 化学工业的可持续发展道路. 工业安全与环保, 2005, 31(6): 46-47.

[162] 车卉淳. 浅析国外推行清洁生产的成功作法和发展趋势. 物流科技, 2009(3): 137-138.

[163] 钟颖, 杨杰. 绿色化学对化学工业节能减排的促进作用简析. 当代化工研究, 2018(7): 18-19.

[164]《三废治理与利用》编委会. 三废治理与利用. 北京: 冶金工业出版社, 1995.

[165] 陈彬. 精细化工行业清洁生产与可再生材料利用. 科技风, 2019(05): 140.

[166] 唐林生, 冯柏成. 从美国"总统绿色化学挑战奖"看绿色精细化工的发展趋势. 现代化工, 2007, 27(6): 5-9.

[167] Anastas P T, Warner J C. Green chemistry: theory and practice. Oxford Univ Press, 1998.

[168] Draths K M, Frost J W. Environmentally compatible synthesis of adipic acid from D-glucose. J Am Chem Soc, 1994, 116: 399.

[169] 钱伯章. 绿色精细化工的新进展. 精细化工原料及中间体, 2005(11): 8-13.

[170] 龙湘. 印染行业实施清洁生产工艺示范应用探讨. 江苏冶金, 2008, 36(2): 135-138.

[171] 郭斌. 清洁生产概论. 北京: 化学工业出版社, 2001.

[172] 李海红, 吴长春, 同帜. 清洁生产概论. 北京: 化学工业出版社, 2005.

[173] 徐谷仓. 我国染整工业和助剂工业的发展必须走生态工业的道路. 江苏印染学术讨论会论文集, 2002.

[174] 房宽峻. 纺织品生态加工技术. 北京: 中国纺织出版社, 2001.

[175] 刘尚义. 新常态下中国啤酒工业新思路. 酒饮料技术装备, 2018(1): 43-45.

[176] 管敦仪. 啤酒工业手册(修订版). 北京: 中国轻工业出版社, 1998.

[177] 昌帅. 啤酒酿造过程中微生物控制问题分析. 食品科技, 2019, 40(1): 49-51.

[178] 张荣. 国内啤酒发酵自动控制技术的现状与展望浅谈. 食品安全导刊, 2018(15): 119.

[179] 刘琳. 钢铁行业节能减排的思路与对策. 资源节约与环保, 2018(6): 145-146.

[180] 刁华威，马志远，张芸，等. 石油炼制业污染防治与清洁生产. 石化技术，2017(4)：210.

[181] 王天普. 石油化工清洁生产与环境保护技术发展. 北京：中国石化出版社，2006.

[182] 孙启宏. 清洁生产标准体系研究. 北京：新华出版社，2006.

[183] 蒋敏，莫代林，王韬安. 金属滤芯在黄磷清洁生产中的应用. 冶金管理，2020(1)：73，82.

[184] 崔兆杰，宋薇，张国英. 废纸造纸行业的清洁生产措施与实践. 环境科学与技术，2004，27(4)：88-90.

[185] 柴晓娟，周健飞，刘明元. 废纸制浆造纸业环境影响评价的清洁生产分析. 环境与发展，2019(11)：5.

[186] 国家环境保护总局科技标准司. 清洁生产审计培训教材. 北京：中国环境科学出版社，2001.

[187] 梁建祺. 废纸造纸建设项目的环境影响评价研究. 广东化工，2019(11)：160-161.

[188] 孙少峰，张丽. 造纸废水处理技术研究进展. 绿色科技，2018(24)：22-24.

[189] 高占峰. 清洁生产审核中环保工作重点研究. 价值工程，2020(07)：135-136.

[190] 凌光亮. 清洁生产审核中环保工作重点探讨. 中国高新区，2018(08)：268.

[191] 王佳莹，沈艳. 清洁生产审核中环保工作重点研究. 资源节约与环保，2017(05)：97-98.

[192] 郑丽银，龚雨平. 企业清洁生产审核推进节能减排和产业能级提升. 环境与发展，2017，29(06)：237，239.

[193] 魏海峰，张俊新，刘恒明. 机械加工企业清洁生产审核实践. 能源与环境，2019(02)：66-68.

[194] 余振华. 清洁生产审核技术对策论述. 环境与发展，2019(03)：218-219.

[195] 李正洁. 清洁生产审核师工作开展中的问题及对策. 资源节约与环保，2018(12)：117，120.

[196] 郭海明. 某油田公司油气运销部二轮清洁生产审核效益分析. 中国石油和化工标准与质量，2018(24)：25-27.

[197] 王艳. 清洁生产审核在废纸制浆过程中的应用. 中国资源综合利用，2019(12)：98-100.

[198] 路勇. 化工过程强化与微反应技术. 世界科学，2006(3)：20-21.

[199] 于娜娜，乔钰，马俊红. 微反应技术及发展现状. 化工中间体，2011，7：11-13.

[200] 刘冠颖，方玉诚，郭辉进，等. 微反应器发展概况. 当代化工，2010，39(3)，315-318.

[201] 丁涛，王芳. 微/纳反应器的研究现状及发展前景. 化学工程师，2010，138(12)：39-43.

[202] 陈光文，尧超群. 微反应技术研究进展. 中国化工学会橡塑绿色制造专业委员会橡塑领域微化工产业化示范工程展示大会，2018.

[203] 杨致芬，郭春绒. 超重力技术研究进展. 安徽农业科学，2008，36(20)：8432-8435.

[204] 张振翀，栗秀萍，刘有智. 超重力精馏的应用与发展. 化工中间体，2010，7：14-17.

[205] 龚全安，赵乘军. 磁稳定床研究进展. 河北化工，2005，5：11-14.

[206] 鲁威，文庆，袁华，等. 磁稳定床及磁性催化剂的研究进展. 化学工程，2012(3)：53-57.

[207] 张世涛，梁茂雨，纵伟，等. 磁场稳定流化床反应器水解牛乳中乳糖的研究. 食品与机械，2007，23(1)：18-20.

[208] 高璟，刘有智，常凌飞. 超重力在电化学反应过程中的应用进展. 化学工程，2011，39(6)：12-14.

[209] 陈建峰，邹海魁，刘润静，等. 超重力反应沉淀法合成纳米材料及其应用. 现代化工，2001(9)：9-12.

[210] 张亮亮，付纪文，罗勇，等. 面向海洋工程的超重力过程强化技术及应用. 化工学报，2020(1)：1-15.

[211] 王家廉. 我国膜技术与应用的现状和发展趋势. 中国环保产业，2010(9)：16-18.

[212] 王晓楠. 膜技术及其应用浅析. 科学咨询，2010(7)：84.

[213] 马莺，董晶莹，Maubois J L. 膜技术在乳品工业中的应用. 食品科学，2010，31(17)：402-407.

[214] 伍沅. 撞击流性质及其应用. 化工进展，2001(11)：8-12.

[215] 吴国华，周洪兆，朱慎林. 撞击流微反应器制备超细硫酸钡研究. 无机材料学报，2006，21(5)：1079-1085.

[216] AL-QODAH Z, AL-SHANNAG M. Separation of yeast cells from aqueous solutions using magnetically stabilized fluidized beds. Lett Appl Microbiol, 2006, 43: 652-658.

[217] 张建伟，沙新力，张一凡，等. 撞击流技术在环保领域的应用进展. 化工环保，2020，40(1)：7-14.

[218] Jafarikojour M, Dabir B, Sohrabi M, et al. Application of a new immobilized impinging jet stream reactor for photocatalytic degradation of phenol：reactor evaluation and kinetic modelling. J Photochem Photobiol, A, 2018, 364: 613-624.

[219] 郭艳微，朱志良. 绿色化学的发展趋势. 清洗世界，2011，27(2)：31-38.

[220] 胡居吾，付建平，韩晓丹，等. 酶催化多功能性研究进展. 生物化工，2016，1：59-64.

[221] 余琳，孙文敬，刘长锋，等. 非水相酶催化技术在食品添加剂生产中的应用. 安徽农业科学，2012，40(29)：

14502-14506.

[222] 戴立新, 金壁辉. 化学领域重要研究方向发展态势分析: 催化不对称合成. 中国基础科学, 2005, 3: 15-17.

[223] Ooi T, Kameda M, Maruoka K. Design of N-Spiro C_2-symmetric chiral quaternary ammonium bromides as novel chiral phase-transfer catalysts: synthesis and application to practical asymmetric synthesis of α-amino acids. J Am Chem Soc, 2003, 125: 5139-5151.

[224] 刘延坤, 孙清芳, 李冬梅. 生物质废弃物资源化技术的研究现状与展望. 化学工程师, 2011, 3: 28-30.

[225] 王瑾, 赵亮. 清洁能源的设计技术应用及发展趋势. 机械管理开发, 2011, 20(2): 112-113.

[226] 邓清华, 胡乐豪, 李军, 等. 大型发电技术发展现状及趋势. 热力透平, 2019, 3, 175-181.

[227] 郝宇, 巴宁, 盖志强, 等. 经济承压背景下中国能源经济预测与展望. 北京理工大学学报(社会科学版), 2020, 22(2): 1-9.

元素周期表

IUPAC 2013

图例说明：

氧化态(单质的氧化态为0, 未列入; 常见的为红色)

以 $^{12}C=12$ 为基准的原子量 (注◆的是半衰期最长同位素的原子量)

95	← 原子数
Am 镅	← 元素符号(红色的为放射性元素) / 元素名称(注▲的为人造元素)
$5f^77s^2$	← 价层电子构型
243.06138(2)◆	← 素的原子量

s区元素	p区元素
d区元素	ds区元素
f区元素	稀有气体

电子层：K L M N O P Q

主表（第1～7周期）

周期	IA 1	IIA 2	IIIB 3	IVB 4	VB 5	VIB 6	VIIB 7	VIII 8	VIII 9	VIII 10	IB 11	IIB 12	IIIA 13	IVA 14	VA 15	VIA 16	VIIA 17	VIIIA(0) 18
1	1 **H** 氢 $1s^1$ 1.008																	2 **He** 氦 $1s^2$ 4.002602(2)
2	3 **Li** 锂 $2s^1$ 6.94	4 **Be** 铍 $2s^2$ 9.0121831(5)											5 **B** 硼 $2s^22p^1$ 10.81	6 **C** 碳 $2s^22p^2$ 12.011	7 **N** 氮 $2s^22p^3$ 14.007	8 **O** 氧 $2s^22p^4$ 15.999	9 **F** 氟 $2s^22p^5$ 18.998403163(6)	10 **Ne** 氖 $2s^22p^6$ 20.1797(6)
3	11 **Na** 钠 $3s^1$ 22.98976928(2)	12 **Mg** 镁 $3s^2$ 24.305											13 **Al** 铝 $3s^23p^1$ 26.9815385(7)	14 **Si** 硅 $3s^23p^2$ 28.085	15 **P** 磷 $3s^23p^3$ 30.973761998(5)	16 **S** 硫 $3s^23p^4$ 32.06	17 **Cl** 氯 $3s^23p^5$ 35.45	18 **Ar** 氩 $3s^23p^6$ 39.948(1)
4	19 **K** 钾 $4s^1$ 39.0983(1)	20 **Ca** 钙 $4s^2$ 40.078(4)	21 **Sc** 钪 $3d^14s^2$ 44.955908(5)	22 **Ti** 钛 $3d^24s^2$ 47.867(1)	23 **V** 钒 $3d^34s^2$ 50.9415(1)	24 **Cr** 铬 $3d^54s^1$ 51.9961(6)	25 **Mn** 锰 $3d^54s^2$ 54.938044(3)	26 **Fe** 铁 $3d^64s^2$ 55.845(2)	27 **Co** 钴 $3d^74s^2$ 58.933194(4)	28 **Ni** 镍 $3d^84s^2$ 58.6934(4)	29 **Cu** 铜 $3d^{10}4s^1$ 63.546(3)	30 **Zn** 锌 $3d^{10}4s^2$ 65.38(2)	31 **Ga** 镓 $4s^24p^1$ 69.723(1)	32 **Ge** 锗 $4s^24p^2$ 72.630(8)	33 **As** 砷 $4s^24p^3$ 74.921595(6)	34 **Se** 硒 $4s^24p^4$ 78.971(8)	35 **Br** 溴 $4s^24p^5$ 79.904	36 **Kr** 氪 $4s^24p^6$ 83.798(2)
5	37 **Rb** 铷 $5s^1$ 85.4678(3)	38 **Sr** 锶 $5s^2$ 87.62(1)	39 **Y** 钇 $4d^15s^2$ 88.90584(2)	40 **Zr** 锆 $4d^25s^2$ 91.224(2)	41 **Nb** 铌 $4d^45s^1$ 92.90637(2)	42 **Mo** 钼 $4d^55s^1$ 95.95(1)	43 **Tc** 锝 $4d^55s^2$ 97.90721(3)◆	44 **Ru** 钌 $4d^75s^1$ 101.07(2)	45 **Rh** 铑 $4d^85s^1$ 102.90550(2)	46 **Pd** 钯 $4d^{10}$ 106.42(1)	47 **Ag** 银 $4d^{10}5s^1$ 107.8682(2)	48 **Cd** 镉 $4d^{10}5s^2$ 112.414(4)	49 **In** 铟 $5s^25p^1$ 114.818(1)	50 **Sn** 锡 $5s^25p^2$ 118.710(7)	51 **Sb** 锑 $5s^25p^3$ 121.760(1)	52 **Te** 碲 $5s^25p^4$ 127.60(3)	53 **I** 碘 $5s^25p^5$ 126.90447(3)	54 **Xe** 氙 $5s^25p^6$ 131.293(6)
6	55 **Cs** 铯 $6s^1$ 132.90545196(6)	56 **Ba** 钡 $6s^2$ 137.327(7)	57~71 **La~Lu** 镧系	72 **Hf** 铪 $5d^26s^2$ 178.49(2)	73 **Ta** 钽 $5d^36s^2$ 180.94788(2)	74 **W** 钨 $5d^46s^2$ 183.84(1)	75 **Re** 铼 $5d^56s^2$ 186.207(1)	76 **Os** 锇 $5d^66s^2$ 190.23(3)	77 **Ir** 铱 $5d^76s^2$ 192.217(3)	78 **Pt** 铂 $5d^96s^1$ 195.084(9)	79 **Au** 金 $5d^{10}6s^1$ 196.966569(5)	80 **Hg** 汞 $5d^{10}6s^2$ 200.592(3)	81 **Tl** 铊 $6s^26p^1$ 204.38	82 **Pb** 铅 $6s^26p^2$ 207.2(1)	83 **Bi** 铋 $6s^26p^3$ 208.98040(1)	84 **Po** 钋 $6s^26p^4$ 208.98243(2)◆	85 **At** 砹 $6s^26p^5$ 209.98715(5)◆	86 **Rn** 氡 $6s^26p^6$ 222.01758(2)◆
7	87 **Fr** 钫 $7s^1$ 223.01974(2)◆	88 **Ra** 镭 $7s^2$ 226.02541(2)◆	89~103 **Ac~Lr** 锕系	104 **Rf** 𬬻▲ $6d^27s^2$ 267.122(4)◆	105 **Db** 𬭊▲ $6d^37s^2$ 270.131(4)◆	106 **Sg** 𬭳▲ $6d^47s^2$ 269.129(3)◆	107 **Bh** 𬭛▲ $6d^57s^2$ 270.133(2)◆	108 **Hs** 𬭶▲ $6d^67s^2$ 270.134(2)◆	109 **Mt** 鿏▲ $6d^77s^2$ 278.156(5)◆	110 **Ds** 𫟼▲ 281.165(4)◆	111 **Rg** 𬬭▲ 281.166(6)◆	112 **Cn** 鿔▲ 285.177(4)◆	113 **Nh** 鿭▲ 286.182(5)◆	114 **Fl** 𫓧▲ 289.190(4)◆	115 **Mc** 镆▲ 289.194(6)◆	116 **Lv** 𫟷▲ 293.204(4)◆	117 **Ts** 鿬▲ 293.208(6)◆	118 **Og** 鿫▲ 294.214(5)◆

★ 镧系 (La~Lu)

57 **La** 镧 $5d^16s^2$ 138.90547(7)	58 **Ce** 铈 $4f^15d^16s^2$ 140.116(1)	59 **Pr** 镨 $4f^36s^2$ 140.90766(2)	60 **Nd** 钕 $4f^46s^2$ 144.242(3)	61 **Pm** 钷 $4f^56s^2$ 144.91276(2)◆	62 **Sm** 钐 $4f^66s^2$ 150.36(2)	63 **Eu** 铕 $4f^76s^2$ 151.964(1)	64 **Gd** 钆 $4f^75d^16s^2$ 157.25(3)	65 **Tb** 铽 $4f^96s^2$ 158.92535(2)	66 **Dy** 镝 $4f^{10}6s^2$ 162.500(1)	67 **Ho** 钬 $4f^{11}6s^2$ 164.93033(2)	68 **Er** 铒 $4f^{12}6s^2$ 167.259(3)	69 **Tm** 铥 $4f^{13}6s^2$ 168.93422(2)	70 **Yb** 镱 $4f^{14}6s^2$ 173.045(10)	71 **Lu** 镥 $4f^{14}5d^16s^2$ 174.9668(1)

★ 锕系 (Ac~Lr)

89 **Ac** 锕 $6d^17s^2$ 227.02775(2)◆	90 **Th** 钍 $6d^27s^2$ 232.0377(4)	91 **Pa** 镤 $5f^26d^17s^2$ 231.03588(2)	92 **U** 铀 $5f^36d^17s^2$ 238.02891(3)	93 **Np** 镎 $5f^46d^17s^2$ 237.04817(2)◆	94 **Pu** 钚 $5f^67s^2$ 244.06421(4)◆	95 **Am** 镅 $5f^77s^2$ 243.06138(2)◆	96 **Cm** 锔 $5f^76d^17s^2$ 247.07035(3)◆	97 **Bk** 锫 $5f^97s^2$ 247.07031(4)◆	98 **Cf** 锎 $5f^{10}7s^2$ 251.07959(3)◆	99 **Es** 锿 $5f^{11}7s^2$ 252.0830(3)◆	100 **Fm** 镄 $5f^{12}7s^2$ 257.09511(5)◆	101 **Md** 钔 $5f^{13}7s^2$ 258.09843(3)◆	102 **No** 锘 $5f^{14}7s^2$ 259.1010(7)◆	103 **Lr** 铹 $5f^{14}6d^17s^2$ 262.110(2)◆